高等学校计算机类系列教材

国家级线上一流课程、省级课程思政示范课程、省级精品课程配套教材

数据结构与算法设计

（第二版）

◎主　编　张小艳　李占利

◎副主编　齐爱玲　李红卫

西安电子科技大学出版社

内 容 简 介

本书重点介绍了计算机学科中常用的数据结构(包括线性表、栈、队列、串、数组、树、图)的基本概念、逻辑结构、存储结构和在不同存储结构上操作的实现，还介绍了许多经典的查找与排序算法的实现过程，并进行了综合分析与比较。本书采用 C 语言来描述算法。全书共十章，包括绪论、线性表、栈和队列、串、数组和广义表、二叉树与树、图、查找、排序、经典算法介绍等。

本书配套出版了《数据结构与算法设计实践与学习指导(第二版)》，既便于教师教学，也便于学生自学。

本书是国家级线上一流课程、陕西省课程思政示范课程、陕西省精品课程配套教材，可作为高校计算机类专业及信息类相关专业数据结构课程的教材，也可供计算机应用领域的技术人员参考。

图书在版编目(CIP)数据

数据结构与算法设计 / 张小艳，李占利主编. --2 版. --西安：西安电子科技大学出版社，2024.5(2025.1 重印)
ISBN 978 - 7 - 5606 - 7035 - 5

Ⅰ. ①数… Ⅱ. ①张… ②李… Ⅲ. ①数据结构—高等学校—教材 ②电子计算机—算法设计—高等学校—教材 Ⅳ. ①TP311.12 ②TP301.6

中国国家版本馆 CIP 数据核字(2024)第 093039 号

策　　划　李惠萍
责任编辑　李惠萍
出版发行　西安电子科技大学出版社（西安市太白南路 2 号）
电　　话　(029)88202421　88201467　邮　　编　710071
网　　址　www.xduph.com　　电子邮箱　xdupfxb001@163.com
经　　销　新华书店
印刷单位　陕西天意印务有限责任公司
版　　次　2024 年 5 月第 2 版　2025 年 1 月第 2 次印刷
开　　本　787 毫米×1092 毫米　1/16　印张　19.25
字　　数　456 千字
定　　价　49.00 元
ISBN 978 – 7 – 5606 – 7035 – 5
XDUP 7337002-2

前 言

“数据结构与算法设计”是计算机学科的一门核心课程，也是其他理工科专业必修或选修的课程。其内容不仅是一般程序设计(特别是非数值型程序设计)的基础，而且是设计和实现编译程序、操作系统、数据库系统及其他系统程序的重要基础。该课程可以培养学生将理论知识与工程应用联系起来，分析与抽象待解决问题的数据对象，进而建模寻求解决方案，最后通过编程来解决问题的能力。

本书是作者在多年讲授数据结构课程的基础上编写完成的，其特点是概念叙述简洁，语言精练，内容深入浅出，实用性强，同时尽量避免抽象理论的阐述，通过实例分析使读者理解抽象概念。

本书内容的选取符合教学大纲的要求。本次修订之处包括：增加了课程思政的内容；对第一版中的部分内容增加了图形示例；对第一版中存在的错漏进行了修正、完善。

本书包括四部分内容：数据结构的基本概念(第一章)、基本数据结构(第二至七章)、两种基本技术(第八、九章)、经典算法(第十章)。第一章概括性地介绍了“数据结构”的研究对象，简要介绍了数据、数据元素和数据类型等基本概念，并对书中描述算法的方式及算法的度量作了详细说明。第二至七章分别介绍了线性表、栈、队列、串、数组、广义表、树、图等数据结构的基本概念、存储结构和不同存储结构上的典型操作的实现；从数据元素之间固有的关系出发，给出每种结构的描述，并在讨论基本运算的基础上给出了一些应用实例，通过实例分析使学生理解抽象的概念。第八、九章讨论了查找及排序的各种实现方法，着重从时间和空间上进行定性或定量的分析与比较。第十章介绍了四种经典算法的设计思路及实现技巧。本书形式上仍然以传统数据结构的主要内容为主线，但在内容上对传统的数据结构课程进行了一定的更新与扩充。

由于数据结构的算法是底层的基本算法，因此作者将重点放到了解决问题的思路和方法上，力求清晰地描述各种基本算法的设计策略。这样，读者可将注意力集中在对算法的理解上。本书中所给出的算法需按 C 语言规范修改后才可上机运行。学习本书需要有 C 语言程序设计基础，若具有离散数学和概率论的知识，则更易理解书中的某些内容。

本书各章末均配备了适量习题，供读者练习。在习题的选择上，作者充分考虑了习题的广泛性和典型性。习题解答可参见《数据结构与算法设计实践与学习指导(第二版)》。

本书讲授学时为48～70学时。在学时少的情况下，授课教师可根据学生情况酌情删去某些内容(目录中给出了参考性的建议，建议删去**的章节)。另外，本书对应的国家级线上一流课程网址为https://www.xuetangx.com/course/XUST08091001540/16906088。

本书第一、二、六、七章由张小艳编写，第十章由李占利编写，第四章由齐爱玲编写，第五章由杨晓强编写，第八章由李红卫编写，第九章由朱宁洪编写，第三章由王伯槐编写，史晓楠整理了所有习题。全书由张小艳、李占利统稿、定稿。

由于编者水平有限，书稿虽几经修改，仍难免存在不足之处，恳请广大读者批评指正。

编　者

2024年3月

目　录

CONTENTS

第一章　绪　论

本章作为全书的导引，概括介绍了“数据结构与算法设计”课程的研究对象以及数据结构的基本概念、术语等内容。

教学目标：

使学生全面了解课程的知识体系以及研究内容，为后续章节的学习打下基础。

思政目标：

(1) 引导学生践行数据结构的现象本质论、设计方法学等，培养学生运用马克思主义哲学的科学世界观和方法论解决实际问题的能力。

(2) 培养学生勇攀科学高峰的勇气以及精益求精的大国工匠精神。

1.1　数据结构的起源

1946 年第一台计算机问世，该计算机主要用于军事和科学研究方面的科学计算。当时，人们把计算机理解为数值计算的工具，使用计算机的目的主要是处理数值计算问题。所以用计算机解决一个具体问题时，首先是从具体问题中抽象出一个适当的数学模型，然后设计一个求解此数学模型的算法，最后编写出程序并进行测试、调整，直至得到最终解答。

随着计算机科学与技术的不断发展，计算机的应用领域已不再局限于科学计算，而是更多地应用于控制、管理等非数值处理领域。相应地，计算机处理的数据也由纯粹的数值发展到字符、表格、图形、图像、声音等具有一定结构的数据，且处理的数据量也越来越大。这就给程序设计带来了一个问题：如何组织待处理的数据以及数据之间的关系(结构)？这一问题涉及的数据结构较为复杂，数据元素之间的相互关系一般无法用数学方程式加以描述。因此，解决这一问题的关键不再是数学分析和计算方法，而是要设计出合适的数据结构。

“数据结构”作为一门独立的课程，最早是美国的一些大学开设的。1968 年，美国的唐纳德·E.克努特教授开创了数据结构的最初体系，他所著的《计算机程序设计技巧》(第一卷　基本算法)是第一本较系统地阐述数据的逻辑结构和存储结构及其操作的著作。20 世纪 60 年代末到 70 年代初，出现了大型程序，软件也相对独立，结构程序设计成为程序设计方法学的主要内容，于是人们也越来越重视数据结构，认为程序设计的实质是对确定的

问题选择一种好的结构，加上设计一种好的算法，即

程序 = 数据结构 + 算法

下面我们来分析如何用计算机解决问题。

在日常生活中，我们会遇到很多问题，每个问题都有多种不同的解决方法。通常我们会对具体问题分析其中的人物关系及场景信息等，在此基础上建立清晰的解决问题的思路，进而分析这个思路是否正确，是否完美。这一步是可以不断完善的。

用计算机解决问题也是类似的，我们首先要把问题中的数据(人、事、物)以及数据之间的关系抽象出来，然后设计处理数据的步骤(又称之为算法)，最后编写程序，进行调试，直到得到最终解答。

为了有效地运用计算机解决实际问题，首先需要透过现象看本质，利用辩证思想中的本质论解决具体问题，提取出待解决问题的特征，提炼出相应的数据对象及各个对象之间的关系(数据的逻辑结构)；然后进行合理组织并将其存入计算机中(数据的物理结构)，进而设计一个“好”的处理方法(算法)；最后编制程序。

科技是第一生产力，世界正处在以“人工智能 + 信息化”为主导的第四次工业革命时期。数据结构与算法是“人工智能+信息化”的核心基础。我国人工智能发展水平虽已进入国际领先行列，但超精密制造和先进装备研制领域仍存在核心技术薄弱、顶尖人才缺乏等问题。希望读者朋友们努力夯实专业知识，积极投身于科学研究，与时俱进、勇于创新，力争为突破关键核心技术作出贡献。

1.2 数据结构的基本概念

1. 数据

大家耳熟能详的软件如 Word、WPS、Excel、酷狗、百度等，这些软件处理的对象如文字、表格、照片、音乐、视频等，都称为数据。

在计算机科学中，数据的含义非常广泛，我们把一切能够输入计算机中并被计算机程序处理的信息称为数据。

数据(Data)是描述客观事物的符号，是信息的载体，它是能够被计算机识别、存储和加工处理的对象。数据是人们利用文字符号、数字符号以及其他规定的符号对现实世界的事物及其活动所做的描述。数据不仅有整型、实型等数值类型，还有文字、表格、图像、声音等非数值类型。音乐是音频数据，图片是图像数据。也就是说，数据是符号。这些符号必须具备两个条件：一是可以输入到计算机中；二是能被计算机程序处理。

对于数值型数据，可以进行数值计算；对于文字类字符，比如 Word 软件，则需要进行非数值的处理；而像声音、图像、视频等可以通过编码的手段将它们变成字符数据来处理。那么，什么是数据元素和数据项呢？

2. 数据元素和数据项

数据的基本单位称为数据元素，换言之，数据元素是组成数据的、有一定意义的基本单位。

通常，一个数据元素是由描述一个特定事物的名称、数量、特征、性质的一组相关信

息组成的。在计算机中通常把数据元素作为一个整体进行考虑和处理。多数情况下，一个数据元素可由若干个数据项组成，有时也把数据项称为数据元素的域、字段、关键字。

例如，学生信息管理系统中的学生信息如表 1.1 所示，其中管理对象就是学生数据，数据元素就是一个学生的信息。可以用学号、姓名、性别、专业等来表征一个学生，每个学生的所有信息形成了一个数据元素，通常称为一个学生记录；学生的学号、姓名、性别、专业等就是其数据项(或称字段)。

表 1.1　学生信息表

学号	姓名	性别	专业	年级	…
130102	彭凤姣	女	信息与计算科学	13 级	…
130103	李　丽	女	软件工程	13 级	…
130104	张汉涛	男	信息与计算科学	13 级	…
130105	何颖文	女	计算机应用	13 级	…
130106	高　媛	女	计算机应用	13 级	…
…	…	…	…	…	…

通常，在解决实际应用问题时是把每个学生记录当作一个基本单位进行访问和处理的。

数据项是数据不可分割的最小单位，但是在讨论问题时，数据元素才是数据结构中建立数学模型的着眼点。

3．数据对象

数据对象(data object)是具有相同性质的数据元素的集合，是数据的一个子集。例如：字母字符数据对象的集合 C={'A', 'B', …, 'Z'}是字符数据的一个子集；偶数数据对象的集合 N={0, ±2, ±4, …}是整数数据的子集；表 1.1 中的学生信息是学生数据的子集。

在具体问题中，数据元素都具有相同的性质(元素值不一定相等)，且属于同一数据对象(数据元素类)。数据元素是数据对象的一个实例。

4．数据结构

结构，简单理解就是关系，比如分子结构就是指组成分子的原子之间的排列方式。现实世界中，数据元素之间不是独立的，而是存在特定关系的，我们将这种关系称为结构。

数据结构是指互相之间存在着一种或多种关系的数据元素的集合。计算机处理的数据是具有一定的组织方式的。比如，可以是表结构，如表 1.1 中的学生信息，学生记录之间的关系就是一个紧跟一个的关系。

将数据结构(数据及关系)存入计算机后，就可以设计算法，进而编制程序，让计算机完成我们所需要的运算。比如：将图书信息存储后，要为使用者提供查找功能；常用的导航软件是先将地图存储到计算机中，再设计路径寻优算法，给使用者提供最佳路径指引。

讨论数据结构的目的是在计算机中实现其所需的各种操作。数据结构的操作与其具体问题要求有关。操作的种类和数目不同，即使逻辑结构相同，数据结构的用途也会大不相同。定义在数据结构上的操作的种类没有限制，可以根据具体需要而定义。基本的数据操作主要有以下几种：

(1) 插入：在数据结构中的指定位置增添新的数据元素。

(2) 删除：删去数据结构中某个指定的数据元素。

(3) 修改：改变数据结构中某个元素的值，在概念上等价于删除和插入操作的组合。

(4) 查找：在数据结构中寻找满足某个特定要求的数据元素的位置或值。

(5) 排序：重新安排数据元素之间的逻辑顺序关系，使数据元素按值由小到大或由大到小的次序排列。

根据插入、删除、修改、查找、排序等操作的特性，所有的操作可以分为两大类：一类是加工型操作，其操作改变了结构的值；另一类是引用型操作，其操作不改变结构的值。

数据结构分两个层次讨论：一是面向问题的逻辑层面；二是面向计算机的物理层面。

在逻辑层面上：抽象出计算机要处理的对象——非数值的数据；寻求数据元素之间的逻辑关系；针对问题抽象出操作集合。

在物理层面上：将数据及数据之间的关系存入计算机；设计算法以实现各种操作。

综上所述，数据结构包含三个部分：数据、数据之间的关系及在数据集合上的一组操作。也就是说，数据结构是一门研究非数值计算的程序设计问题中的操作对象、对象之间的关系以及在此之上的一系列操作的学科。

1.3 逻辑结构与物理结构

数据结构包括数据的逻辑结构和数据的物理结构。可以将数据的逻辑结构看作是从具体问题抽象出来的数学模型，它与数据的存储无关。我们研究数据结构是为了在计算机中实现对它的操作，为此还需要研究如何在计算机中表示一个数据结构。数据结构在计算机中的表示(又称映像)称为数据的物理结构，或称存储结构，它是指数据结构在计算机中的实现方法，包括数据结构中元素的表示及元素间关系的表示。

1.3.1 逻辑结构

数据的逻辑结构是指在抽象的层面上数据对象中数据元素之间的关系。虽然现实世界中事物之间的关联关系纷乱复杂，但是透过现象看本质，事物之间的关系可分为四种：事物之间相互独立(没有关系)、一对一的关系、一对多的关系、任意两个之间都可能存在关系(多对多)。下面通过三个实例来说明数据结构的逻辑关系。

例 1.1 图书管理系统。

图 1.1(a)所示是一位同学的书桌，桌面上散乱地放着一些书，这些书之间没有关系。由于书桌上的书散乱放置，没有关联关系，因此只能说这些书同属于某人。这里的书就是“数据”，一本书就是一个“数据元素”。我们用圆圈表示一个数据元素，数据元素之间没有关系，只是同属于一个集合，如图 1.1(b)所示。

如果对这些书不加以整理，那么书数量少时从中找一本书是比较容易的，但当书数量多时从中找一本书就比较麻烦了。

图 1.2 所示是一个大型图书馆，里面的书是按照分类、分区、分架子放置的。我们可以理解为，图书管理员为书与书之间建立了关系，放置时就有了次序。这样我们在查找某书时就可以按照分类、分区、分架子去查找了。

(a)

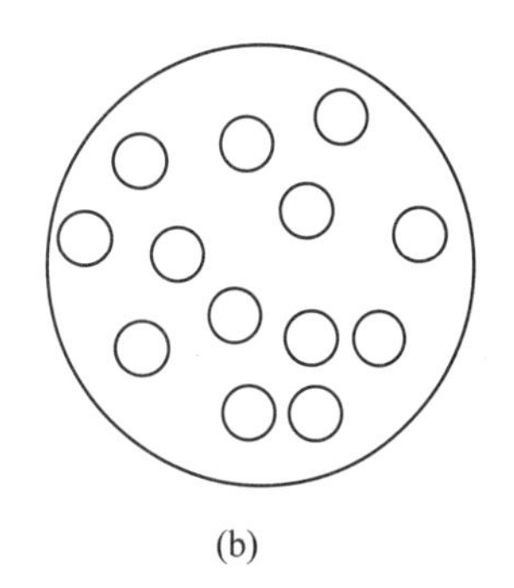

(b)

图 1.1　数据元素之间没有关系的图示

图 1.2　一个大型图书馆

假如我们要用计算机管理图书信息，那么首先需要抽象出处理对象——“书”的信息(显然这些信息是非数值型数据)。可以用书号、书名、作者、出版社……来描述一本书。每本书都有唯一一个书号，可按书号进行排序，组成一张表格存放到计算机中。如图 1.3(a)所示，这张表中的一行就代表一本书，每一行就是一个“数据元素”，在这张表中书和书是一本接着一本排列的，即数据元素之间存在一个跟一个的关系，这样书与书之间就有了关系。这种关系是线性关系，如图 1.3(b)所示。

书号	书名	编著	出 版 社	…	库存量
101	高等数学引论	华罗庚	高等教育出版社	…	300
102	计算机网络	吴功宜	清华大学出版社	…	320
103	软件工程	刘竹林	西安电子科技大学出版社	…	230
104	数据结构与算法设计	张小艳	西安电子科技大学出版社	…	206
105	高等数学讲义	樊映川	高等教育出版社	…	15
…	…	…	…	…	…

(a) 图书信息表

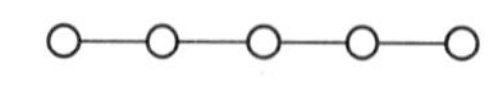

(b) 线性关系图示

图 1.3　图书信息表及线性关系图示

我们经常会按照书名、作者、出版社等属性查找图书。为了能实现图书的快速查找，需要建立索引，图 1.4 所示是按照书名、作者、出版社建立的索引表，这几张表就构成了图书管理的数学模型。

高等数学引论	101, …
计算机网络	102, …
软件工程	103, …
数据结构与算法设计	104, …
高等数学讲义	105, …
…	…

华罗庚	101, …
吴功宣	102, …
刘竹林	103, …
张小艳	104, …
樊映川	105, …
…	…

高等教育出版社	101, 105…
清华大学出版社	102, …
西安电子科技大学出版社	103, 104, …
…	…

图 1.4　图书索引表

诸如此类的还有查号系统、档案管理、仓储管理等，它们的数学模型中，计算机处理的对象之间存在着一个跟一个的线性关系。这类模型称为线性数据结构。

例 1.2　家谱族谱系统。

在中国，家谱约有三千年的历史了，它与国史、方志并称为三大历史文献，是华夏民族的一种特有的记载在同宗共祖下的世系人物文献和事迹的志系图籍。通过家谱，可使子孙后辈知悉祖先的渊源、人口、迁徙、分布、名人传略、故事传说、先贤史迹等。通过家谱，可激励子孙后辈传承家族美德，发扬优良传统，赓续家族源流。

通俗地说，家谱就是一个家族所有人员构成的大名单。这个名单中的成员并不是杂乱罗列的，而是一个用血缘联系起来的系统。通过绘制家谱树可以记录家族成员的相互关系。家谱树是一种描绘家庭关系的树形结构图。

在家谱中，每一个成员都被视为系统的一个要素，它们按照“祖—父—子—孙”的关系构成了一个树形结构。

图 1.5 是《红楼梦》中贾府的部分家谱树图，这是一个典型的树形结构。

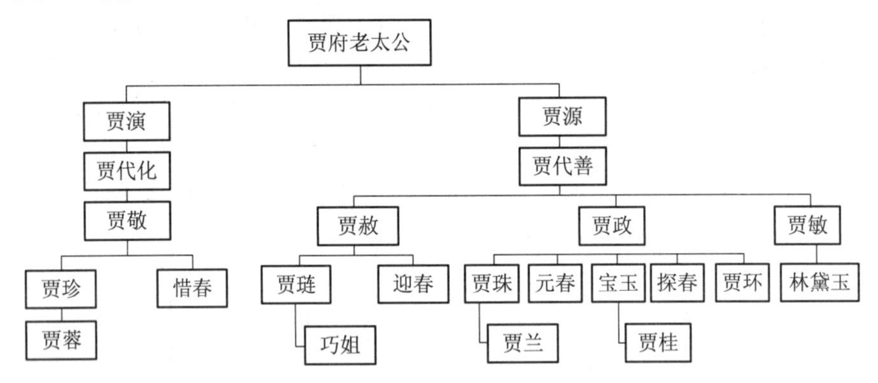

图 1.5　《红楼梦》中贾府的部分家谱树图

这个树形结构的最顶端(根)一般是一个家族的始迁祖(也叫肇基祖)，即血缘关系上的始祖。下面是一个层次结构，第二层是儿子，第三层是孙子，第四层是曾孙……。这里每一个成员称为“数据元素”，一个“数据元素”可以产生若干个“后代”，数据元素之间的关系是一个跟多个的关系。这就是树形结构。

本书中树形结构的表示方法如图 1.6 所示，它是一棵倒长的树，根在第一层，子女在第二层，以此类推，层级分明，所以树形结构也称为层次结构。

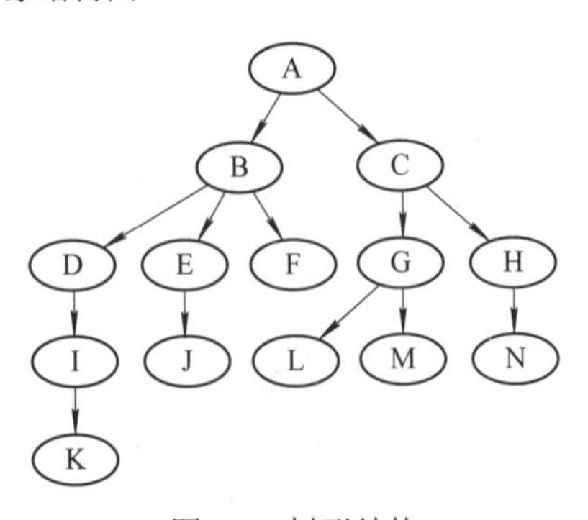

图 1.6　树形结构

诸如此类的还有组织机构、操作系统中的文件系统、书目分类等，它们的数学模型中，计算机处理的对象之间存在着一个跟多个的树形关系。这类模型称为树形数据结构。

例 1-3　导航系统。

我们常用的导航系统之所以能够提供路径指引，是软件设计者按照计算机内存储的地图，设计路径寻优算法寻找最佳路径。那么这种地图如何表示呢？

图 1.7 是一个地图，首先每一个地点抽象出来就是一个“数据元素”，用一个结点来表示，两个地点之间如果有路径可达，就在两个结点之间画一条连线，这条连线叫作边，这两点之间的距离可以作为权值赋给这条边。图 1.8 是抽象出来的图形结构，也就是数据结构中的图形结构。这里我们可以看出地点和地点之间的关系是多对多的，也就是说任意两个地点之间都可能有关系。

“图”是某些非数值计算问题的数学模型，它也是一种数据结构。在图形数据结构中数据元素之间存在着多对多的关系。

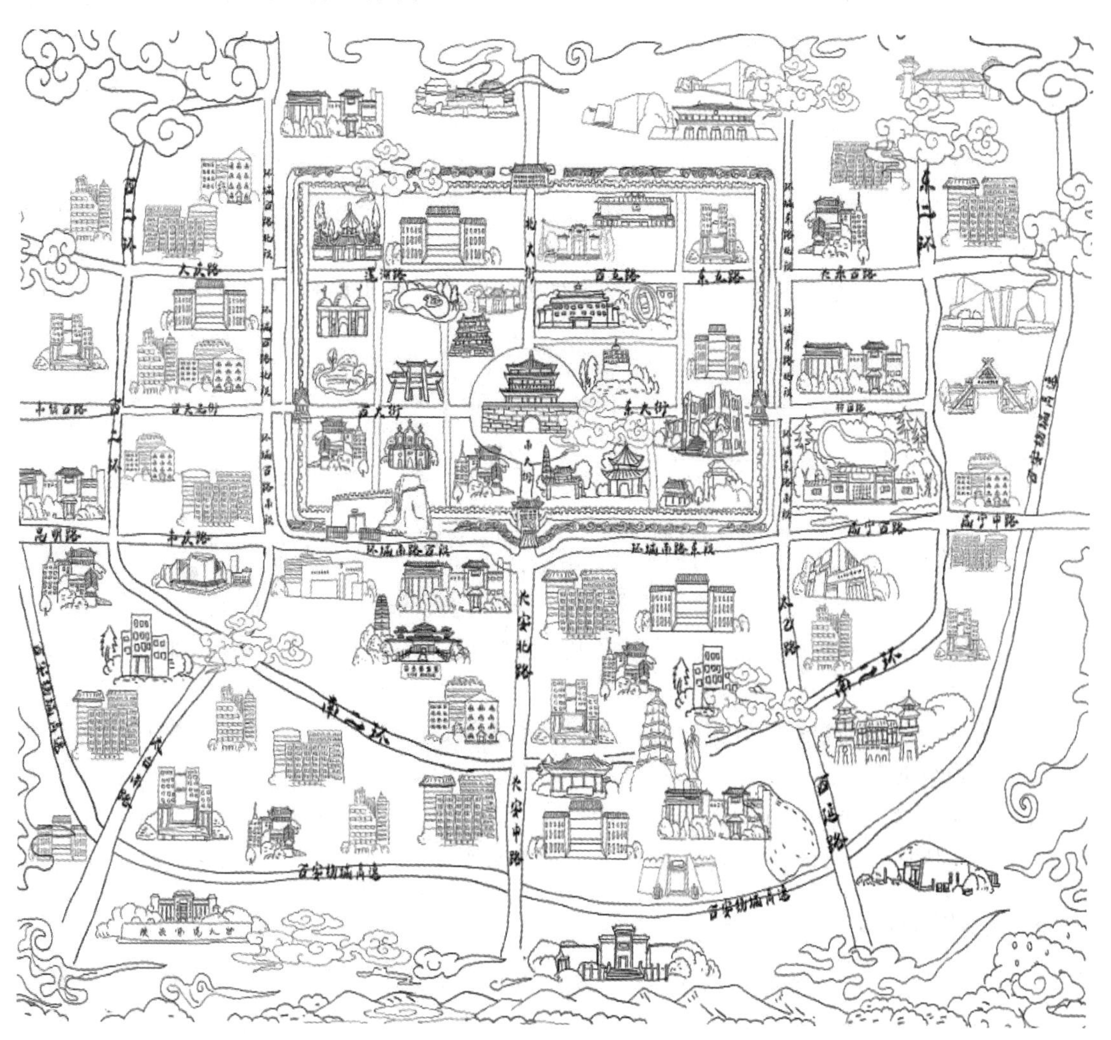

图 1.7　导航中的地图

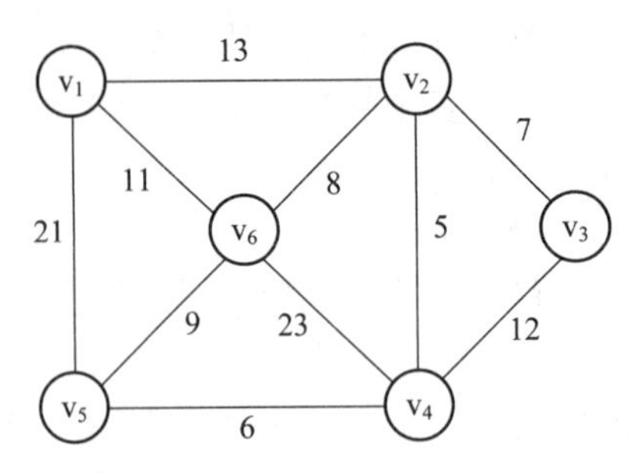

图 1.8　图形结构

从以上三个实例可以看出，计算机处理的对象不再只是数值数据，还可以是书、家谱、地图，数据元素之间的关系(结构)可以是一个跟一个的线性结构，也可以是一个跟多个的树形结构，还可以是多个跟多个的图形结构。

数据的逻辑结构是指数据元素之间的逻辑关系。根据数据元素间关系的不同特性，逻辑结构通常有下列四类基本结构：

(1) 集合结构：数据元素之间的关系是“属于同一个集合”。集合是元素关系极为松散的一种结构，如图 1.9(a)所示。

(2) 线性结构：数据元素之间存在着一对一的关系，如图 1.9(b)所示。

(3) 树形结构：数据元素之间存在着一对多的关系。树形结构也称作层次结构，如图 1.9(c)所示。

(4) 图形结构：数据元素之间存在着多对多的关系。图形结构也称作网状结构，如图 1.9(d)所示。

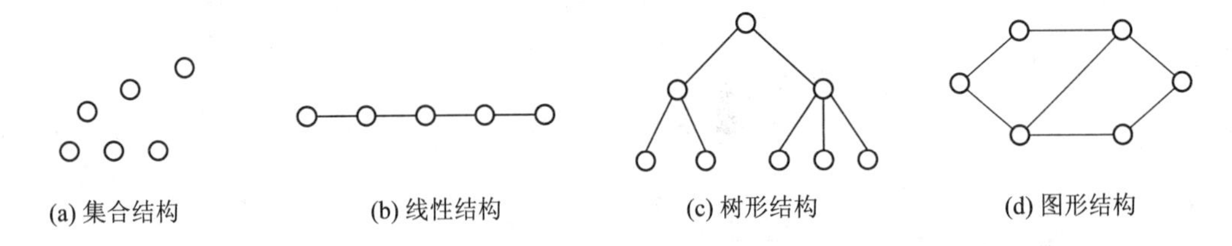

图 1.9　四类基本结构的示意图

由于集合结构是数据元素之间关系极为松散的一种结构，因此也可用其他结构形式来表示数据关系。

逻辑结构有两个要素：数据元素集合、关系的集合。在形式上，逻辑结构通常可以采用一个二元组来表示：

Data_Structure=(D，R)

其中，D 是数据元素的有限集，R 是 D 上关系的有限集。

1.3.2　物理结构

物理结构是指数据的逻辑结构在计算机中的存储形式，包括数据元素的存储及元素之间关系的表示。由于数据是数据元素的集合，因此物理结构就是数据元素存储到计算机存储器中的存储形式。存储器主要是针对内存而言的，磁盘、光盘、U 盘等外部存储器的数据组织通常用文件结构来描述。

数据的存储结构要能正确反映数据元素之间的逻辑关系，这是结构设计的关键。如何存储数据元素之间的关系，是实现物理结构的重点和难点。

数据的基本存储结构有两种：顺序存储结构和链式存储结构。运用这两种存储结构可以实现线性结构、树结构、图结构的存储。

1．顺序存储结构

顺序存储结构是把数据元素存放在地址连续的存储单元中。对于线性结构来说，数据元素之间的逻辑关系可以用物理位置相邻来表示。例如，某数据序列(a_1, a_2, a_3, a_4, …, a_n)存储在存储器中，其存储结构如图 1.10 所示。

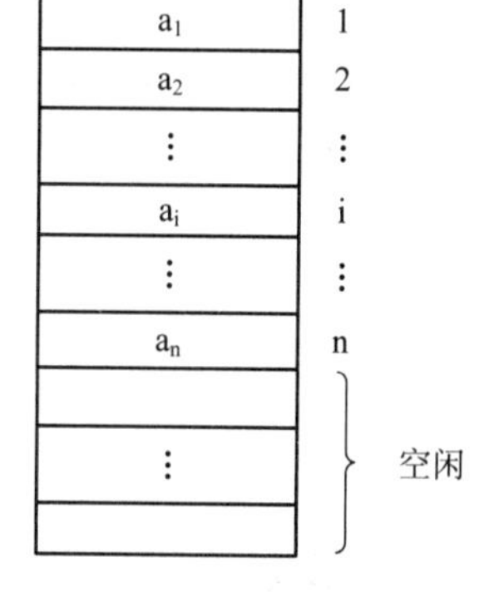

图 1.10　顺序存储结构

顺序存储结构是一种最基本的存储表示方法，通常借助于程序设计语言中的数组来实现。C 语言中数组就是这样的顺序存储结构。

例如：

```
int a[10];
```

计算机在内存中找一片空的存储区域，按照一个整型数据所占位置的大小乘以 10 开辟一段连续的空间，a[0]放在第一个位置，a[1]放在第二个位置，以此类推。

2．链式存储结构

链式存储结构是把数据元素存放在任意的存储单元中，这组存储单元可以连续也可以不连续。数据元素之间的位置不能反映其逻辑关系，因此需要给每个数据元素附设指针字段来存放下一个数据元素所在的位置，也就是说用指针来反映数据元素之间的逻辑关系。指向第一个数据元素的指针，通常称为头指针，可以通过头指针找到所有数据元素的位置。链式存储结构通常借助于程序设计语言中的指针类型来实现。

例如，百家姓的部分姓氏表(zhao, qian, sun, li, zhou, wu, zheng, wang)是一个线性结构，用链式存储结构存储，如图 1.11 所示。

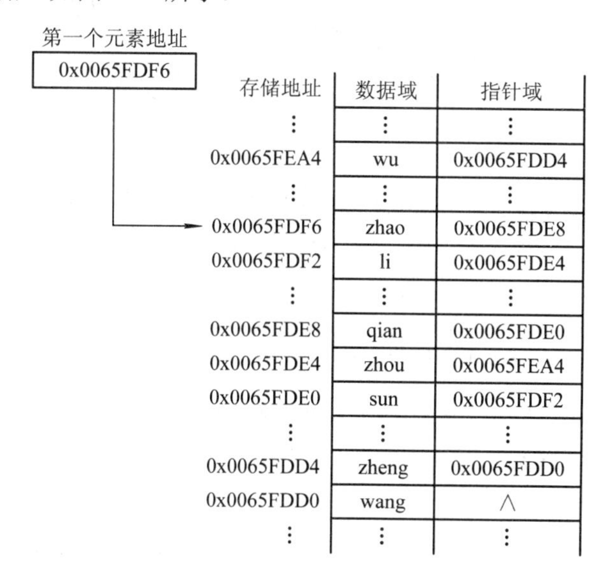

图 1.11　链式存储结构示意图

在这种存储结构下，如何找到表中的任意元素呢？每个数据元素的存储地址放在其直接前驱结点的指针域中，只要知道第一个数据元素的存储地址，就可以“顺藤摸瓜”找到其后继元素。

逻辑结构是面向问题的，在抽象的层面上分析问题；而物理结构是面向计算机的，其基本目标就是将数据及其关系存储到计算机的内存中。

逻辑结构的四种基本结构包括集合结构、线性结构、树形结构、图形结构，均可以利用顺序存储结构、链式存储结构或者这两种结构的组合实现在计算机中的存储。在后续章节有详细介绍。

1.4 抽象数据类型

1.4.1 数据类型

数据类型是指一个值的集合和定义在这个值集上的一组操作的总称。

数据类型是和数据结构密切相关的一个概念。在用高级语言编写的程序中，每个变量、常量或表达式都有一个它所属的确定的数据类型。数据类型显式地或隐含地规定了在程序执行期间变量或表达式所有可能的取值范围，以及在这些值上允许进行的操作。

在计算机中，内存是有限的。要充分利用内存，就需要依据需求为应用分配大小合适的空间。因此，对数据进行分类，把数据分成内存大小不同的类型，编程时需要用大数据的时候才申请大内存。也就是说，数据类型决定了数据占内存的字节数、数据的取值范围、可进行的操作。

在C语言中的数据类型如图1.12所示。

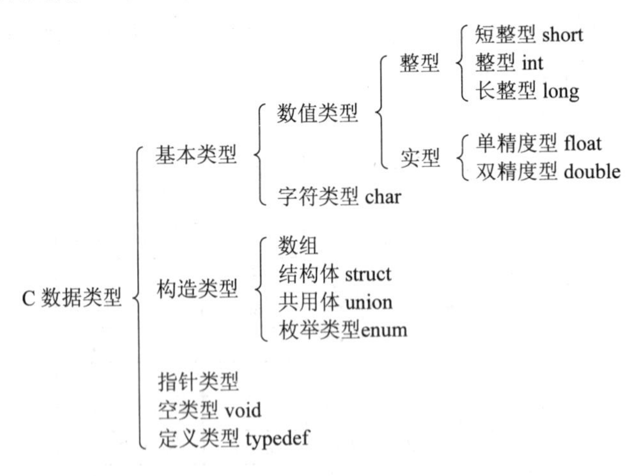

图1.12 C语言中的数据类型

例如，在C语言中有如下变量声明：

```
int a, b;
```

这里就规定了变量a、b在内存中所占的字节数、取值范围(即存放的空间大小)以及施加于a、b上的运算(即int类型所允许的运算)。

对于高级语言编程者来说，在使用“整型”类型时，既不需要了解其在计算机内部是如何表示的，也不需要知道其操作如何实现。如 a+b，设计者仅仅关注其“数学上求和”的抽象特征。因此，我们可以将数据类型进一步抽象，即抽象数据类型。

1.4.2 抽象数据类型

抽象数据类型(abstract data type，ADT)是指一个数学模型以及定义在此数学模型上的一组操作。抽象数据类型需要通过固有数据类型(高级编程语言中已实现的数据类型)来实现。对一个抽象数据类型进行定义时，必须给出它的名字及各操作的名称，即函数名，并且规定这些函数的参数性质。

抽象数据类型的定义仅取决于它的一组逻辑特性，而与其在计算机内部如何表示和实现无关，即不论其内部结构如何变化，只要它的数学特性不变，都不影响其外部的使用。

简单来说，抽象数据类型是将“数据”“结构”连同对其的“处理操作”封装在一起而形成的复合体。抽象数据类型实际上就是对数据结构的逻辑定义。

例如，将与有序表有关的数据和处理操作封装成一个 ADT，包含数据元素及其关系，操作有初始建表、插入、删除、查找，其描述如下：

ADT OrdList // OrdList 为抽象数据类型的名字

{

数据对象：$D=\{a_i | a_i \in \text{ElemSet}, i=1, 2, \cdots, n, n \geq 0\}$ // ElemSet 为数据元素集合

数据关系：$R=\{<a_{i-1}, a_i> | a_{i-1}, a_i \in D, i=2, \cdots, n\}$

基本操作：

InitList(&L) //构造一个空的有序表L

ListLength(L) //输出 L 中数据元素的个数

LocateElem(L, e) //在表 L 中查找与给定值 e 相等的元素

ListInsert(&L, i, e) //在表 L 中第 i 个位置之前插入新的数据元素 e

ListDelete(*L, i, *e) //删除表 L 的第 i 个数据元素

}ADT OrdList

1.4.3 抽象数据类型的实现方法

抽象数据类型的实现需要编写相应的程序，实现 ADT 的所有功能。具体来说，就是确定数据结构的存储，使其能够准确地体现 ADT 中定义的数据对象及其关系，并在此基础上实现 ADT 中的所有操作，也就是编写函数来实现 ADT 中的操作。

实现 ADT 的方法有三种：封装法、分散法、半封装法。

(1) 封装法：将 ADT 中定义的数据及其操作封装成一个整体，比如 C++中的类，一个 ADT 对应一个类。这个方法与 ADT 的定义较为一致，数据和处理函数归属明确，符合面向对象的程序设计方法的要求。

(2) 分散法：将数据和处理数据的函数各自分开。用这种方法实现 ADT 可能将属于 ADT 和不属于 ADT 的数据和函数混杂在一起，使得无法从程序的物理结构(即代码的物理次序)上区分哪些数据和函数属于哪个 ADT。例如，我们实现栈的抽象数据类型时，可以用一个数组 elem[ ] 存储栈中的元素，再用一个整型变量 top 表示栈顶位置，其操作用一个

一个的函数实现，代码如下：

```
datatype   elem[MAXSIZE];
int   top;
datatype pop( )
{
  ⋮
}
push(datatype x)
{
  ⋮
}
```

(3) 半封装法：将 ADT 中的数据和为处理数据需要而定义的相关变量封装在一起形成一个结构，有关处理函数定义在结构之外。这种方法仅做到了对数据存储结构的封装，其特点介于封装法和分散法之间。例如，实现栈的抽象数据类型时，我们把存储栈中元素的数组 elem[ ] 和栈顶位置变量 top 封装在一起，其操作用一个一个的函数实现，代码如下：

```
#define MAXSIZE   <最大元素数>
typedef   struct
{     datatype   elem[MAXSIZE];
      int   top;
} SeqStack;
datatype pop(SeqStack *S)
{
  ⋮
}
push(SeqStack S ,datatype *x )
{
  ⋮
}
```

本书重点介绍基本数据结构的特点、存储方式和操作实现，采用的是半封装法对数据存储结构进行封装，将处理数据的函数分开描述、分开定义，这样能够简化程序结构，减少篇幅，突出算法的核心步骤，便于阅读和学习。读者可以在理解本书中各种数据结构的基础上，自行采用封装技术实现之。

1.5 算　法

1.5.1 算法的基本概念

算法，简单来说就是解决问题的方法，是对特定问题求解过程的描述。在计算机领域，我们可以说算法是有限的指令序列。算法是独立于语言而存在的一种解决问题的方法和思想。

例如：用 C 语言编写程序计算 1+2+3+4+…+100，代码如下：

```
main( )
{    int i, sum=0, n=100;
     for(i=1; i<=n; i++) sum=sum+i;
     printf("%d", sum);
}
```

这是最简单的一个计算机程序，它就是一种算法。这个算法效率怎样呢?

实际上对于这个问题，据说高斯在上小学时就给出了一个高效算法：

$$
\begin{aligned}
sum &= 1 + 2 + 3 + \cdots + 100 \\
sum &= 100 + 99 + 98 + \cdots + 1 \\
2 \times sum &= \underbrace{101+101+101+ \cdots +101}_{\text{共 100 个}}
\end{aligned}
$$

所以 sum=5050。

用程序来实现就很简单了，并且效率很高。代码如下：

```
main( )
{    int i, sum=0, n=100;
     sum=(1+100)*100/2;
     printf("%d", sum);
}
```

从这个例子可以看出，对于同一个问题可以用不同的方法来解决，我们自然会选择一种效率比较高的方法来解决问题。

用一句话概括算法与数据结构：相互之间存在关系的数据元素的集合就是数据结构，算法是解决特定问题的求解步骤。

数据结构是算法实现的基础，算法需要依赖于某种数据结构来实现。当然两者也是有一定区别的，算法更加抽象一些，侧重于对问题的建模，而数据结构则侧重于具体实现，两者是相辅相成的。

算法设计的过程是需要有“工匠精神”的，工匠精神就是精益求精、追求极致。希望同学们在学习“数据结构与算法设计”课程中能够练就精益求精的精神，不仅仅满足于解决问题，还要能高效地解决问题。

1.5.2 算法的特性及要求

1. 算法的特性

一个算法应该具有五个基本特性：有穷性、确定性、可行性、输入、输出。

(1) 有穷性。一个算法必须在有穷步之后结束，即必须在有限时间内完成。

(2) 确定性。算法的每一步必须有确切的定义，无二义性，并且，在任何情况下，算法只有唯一的一条执行路径，即对相同的输入只能得出相同的输出。

(3) 可行性。算法中的每一步都可以通过已经实现的基本运算的有限次执行得以实现。

(4) 输入。一个算法具有零个或多个输入，这些输入取自特定的数据对象。

(5) 输出。一个算法具有一个或多个输出，这些输出同输入之间存在某种特定的关系。

算法的含义与程序十分相似，但又有区别。一个程序不一定满足有穷性。例如操作系统，只要整个系统不遭破坏，它将永远不会停止，即使没有作业需要处理，它仍处于动态等待中，因此操作系统不是一个算法。另一方面，程序中的指令必须是机器可执行的，而算法中的指令则无此限制。算法代表了对问题的求解过程，而程序则是算法在计算机上的特定实现。一个算法若用程序设计语言来描述，则它就是一个程序。

算法与数据结构是相辅相成的。解决某一特定类型问题的算法可以选定不同的数据结构，而且选择恰当与否直接影响算法的效率；反之，一种数据结构的优劣由各种算法的执行效果来体现。

2. 算法的要求

对于一个实际问题，可以有多种解决问题的算法，我们总会去寻求一个可以高效解决问题的算法。要设计一个好的算法通常要考虑以下四个方面的要求。

(1) 正确性。

算法的执行结果应当满足预先规定的功能和性能要求。如果一个算法对于所有合法的输入，都能在有限时间内输出预期的结果，那么此算法是正确的。确认一个算法是否正确的活动称为算法确认，算法确认的目的在于确认一个算法能否正确无误地工作。使用数学方法证明算法的正确性，称为算法证明。对于有些算法，正确性证明十分简单，但对于另一些算法，正确性证明却可能十分困难。

证明算法正确性常用的方法是数学归纳法。若要表明算法是不正确的，只需给出能导致算法不能正确处理的输入实例即可。

算法的正确性证明是一项很有挑战性的工作。在大多数情况下，人们通过程序测试和调试来排错。程序测试是指对程序模块或程序总体输入事先准备好的样本数据(称为测试用例)，检查该程序的输出，来发现程序存在的错误及判定程序是否满足其设计要求。测试的目的是发现错误而不是证明程序正确。程序经过测试暴露了错误，需要进一步诊断错误的准确位置，分析错误的原因，纠正错误。

(2) 可读性。可读性高有助于人们理解算法，便于调试和修改。对于待解决的复杂问题，人们总是期待一个高效的算法解决它，所以一个算法应当思路清晰、层次分明、简单明了、易读易懂。

(3) 健壮性。一个好的算法，当输入不合法数据时，应能适当地作出正确反应或进行相应的处理，而不是产生一些莫名其妙的输出结果。

(4) 高效率低存储。算法效率通常指算法的执行时间。对于同一个问题，如果有多个算法可以解决，那么执行时间短的算法效率高。所谓存储量的要求，是指算法在执行过程中所需要的最大存储空间的大小。效率与存储量两者都与问题规模有关。

1.5.3 算法的性能评价

我们来看上节所举的例子，求 $1 + 2 + 3 + 4 + \cdots + 100$。

第一种算法代码如下：

```
main( )
{
    int i, sum=0, n=100;          /*执行 1 次*/
    for(i=1; i<=n; i++)           /*执行 n+1 次*/
      sum=sum+i;                  /*执行 n 次*/
    printf("%d", sum);            /*执行 1 次*/
}
```

第二种算法代码如下：

```
main( )
{   int i, sum=0, n=100;          /*执行 1 次*/
    sum=(1+100)*100/2;            /*执行 1 次*/
    printf("%d", sum);            /*执行 1 次*/
}
```

第一种算法中所有语句执行次数为

$$1 + (n + 1) + n + 1 = 2n + 3$$

第二种算法中所有语句执行次数为

$$1 + 1 + 1 = 3$$

当 n 不断地增大至 1000、10 000 甚至更多时，用高斯算法也可以口算出来，但如果用循环逐个加的算法，显然要加 1000、10 000 甚至更多次了。

那么如何找到最有效的算法或者说如何评价算法的优劣呢?

简单来说就是少花时间，少用空间。

1．算法的时间效率

算法的时间效率一般是指算法的执行时间。可以将不同算法编制成程序，利用计算机计时器统计运行时间，进行比较，从而确定算法效率的高低。

这种方法显然是有缺陷的：

(1) 必须依据算法编制程序，这通常需要花费大量的时间和精力，如果程序的编制完成之后发现有很大缺陷，则会前功尽弃。

(2) 时间的比较受计算机硬件和软件环境因素的影响，有时会遮盖算法本身的优劣。

(3) 算法的测试数据设计困难，并且程序运行时间还与测试数据规模有很大关系，效率高的算法对于小规模的测试数据往往得不到体现。

为此，引入了估算法：在编制计算机程序前，先依据统计方法对算法进行估算。

一个用高级程序设计语言编写的程序在计算机上运行时所消耗的时间取决于下列因素：

(1) 算法采用的策略、方法；

(2) 编译产生的代码质量；

(3) 问题的输入规模；

(4) 机器执行指令的速度。

第(1)条是决定算法优劣的根本，第(2)条需要系统软件来支持，第(4)条要看硬件性能。

如果抛开与计算机相关的软、硬件因素，那么一个特定算法运行工作量的大小就只依赖于问题输入的规模了(通常用正整数 n 表示)。

所谓问题的规模，就是指输入量的大小。在 $1 + 2 + 3 + \cdots + n$ 的问题中，问题规模就是 n。一个算法是由一条条指令构成的，算法的指令通常称为语句。

这里假定一条指令执行的时间为 t, 那么，上述第一种算法执行的时间为

$$(1 + (n + 1) + n + 1) \times t = (2n + 3) \times t$$

而第二种算法执行的时间为

$$(1 + 1 + 1) \times t = 3 \times t$$

可以看到，算法的执行时间和算法中所有语句执行次数的总和成正比。在分析算法效率时，我们不关注编写程序的语言，也不关注运行这些程序的计算机是什么型号的，只关注算法本身。所以可以忽略指令执行的时间 t。

上述两种算法语句的第一句和最后一句是一样的，我们关注的代码其实是中间的那部分，如果把循环看作一个整体，忽略头尾循环判断的开销，那么这两种算法的核心操作分别是

第一种算法：sum = sum + i;　　　循环执行 n 次

第二种算法：sum = (1 + n)*n / 2;　执行 1 次

因此这两种算法其实就是 n 和 1 的差距。算法优劣显而易见了。

这里的核心操作通常称为原操作。算法效率的估算不计那些循环条件、变量声明、输入/输出等，只考虑原操作的执行次数，以原操作重复执行的次数作为算法的时间度量。

一般情况下，算法中原操作重复执行的次数是问题规模 n 的某个函数 f(n)。通过少量的测试数据判断一个算法的优劣是不准确的。比如，在 10 个数字中的查找，不管用什么算法，差异几乎为零。如果在海量的 Internet 上进行查找，那不同的算法差异就非常大了。所以，依据算法中原操作的执行次数可以得到函数 f(n)，随着 n 的增大，f(n)的增长趋势也就是 f(n)的数量级就可以作为评价算法性能的依据。

我们可以这样认为，随着问题规模 n 的增大，根据算法在执行次数上的差异可区分算法的优劣。这如同有些同学有良好的生活习惯，每天按照计划学习，每天都在进步，而有些同学玩游戏、睡大觉。入学时大家起点基本一致，到了毕业时就大相径庭了。

成功与失败之间的距离并不像大多数人想象的那样是一道巨大的鸿沟。成功与失败之间的差距，只在一刹那，只要你每天多学习一点点，每天能让自己进步一点点，最终必然会收获丰硕的成果。

2. 算法的空间效率

一个算法所占用的存储空间包括三个方面：

(1) 算法本身所占用的存储空间；

(2) 算法的输入/输出数据所占用的存储空间；

(3) 算法在运行过程中临时占用的存储空间。

存储算法本身所占用的存储空间大小与算法程序的长短成正比，要压缩这方面的存储空间的，就必须编写出程序较短的算法；算法的输入/输出数据所占用的存储空间是由要解决问题的规模大小决定的，它不随算法的不同而改变；算法在运行过程中临时占用的存储空间随算法的不同而异。有的算法只需要占用少量的临时工作单元，而且不随问题规模的

大小而改变，这种算法称为“原地工作”，是节省存储空间的算法。

有的算法需要占用的临时工作单元数与解决问题的规模 n 有关，它随着 n 的增大而增大，快速排序和归并排序算法就属于这种情况。例如，100 个数据元素的排序算法与 1000 个数据元素的排序算法所需的存储空间显然是不同的。

一般采用空间复杂度作为算法所需存储空间的量度，记作

$$S(n) = O(f(n))$$

其中 n 为问题的规模。

在存储空间使用方面，对于处理同一问题的不同算法，其对存储空间的需求有较大的差异。例如，将存放在一维数组 a 中的 n 个整数反向存放，即原始数组 a 为

1	2	3	…	n−2	n−1	n
a[1]	a[2]	a[3]	…	a[n−2]	a[n−1]	a[n]

反向存放后数组 a 为

1	2	3	…	n−2	n−1	n
a[n]	a[n−1]	a[n−2]	…	a[3]	a[2]	a[1]

对于这一问题，可以用一组工作单元，即设置一个数组 b[1..n]，然后使用以下算法实现：

```
for(i=1; i<=n; i++) b[n-i+1]=a[i];
  for(i=1; i<=n; i++) a[i]=b[i];
```

但也可以只使用一个工作单元 temp，算法如下：

```
for(i=1; i<=n/2; i++)
{     temp=a[i];
      a[i]=a[n-i+1];
      a[n-i+1]=temp;
}
```

显然，采用后一种算法比前一种算法要节省很多存储空间。

一个程序的空间复杂度是指从程序运行开始到结束所需的存储量。程序的一次运行是针对所求解的问题的某一特定实例而言的。例如，求解排序问题的排序算法的每次执行是对一组特定个数的元素进行排序，对该组元素的排序是排序问题的一个实例，元素个数可视为该实例的特征。

程序运行所需的存储空间包括以下两部分：

(1) 固定部分。这部分空间与所处理数据的大小和个数无关，或者说与问题的实例的特征无关。它主要包括程序代码、常量、简单变量、定长成分的结构变量所占的空间。

(2) 可变部分。这部分空间大小与算法在某次执行中处理的特定数据的大小和规模有关。例如，100 个数据元素的排序算法与 1000 个数据元素的排序算法所需的存储空间显然是不同的。

1.5.4 算法的时间复杂度

1. 时间复杂度

一个算法是由控制结构(顺序、分支、循环)和原操作(指固有数据类型的操作)构成的，

算法的执行时间取决于两者的综合效果。为了便于比较同一问题的不同算法，通常从算法中选取一种对于所研究的问题来说是基本运算的原操作，以该原操作的重复执行次数作为算法的时间度量。一般情况下，算法中原操作重复执行的次数是问题规模 n 的某个函数 T(n)。

许多时候要精确地计算 T(n)是困难的，我们引入渐进时间复杂度在数量上估计一个算法的执行时间，也能够达到分析算法的目的。

对于算法分析，由于算法中语句的执行次数 T(n)是关于问题规模 n 的函数，因此通过分析 T(n)随 n 的变化情况来确定 T(n)的数量级(order of magnitude)。在这里，我们用“O”来表示数量级，这样我们可以给出算法的时间复杂度概念。所谓算法的时间复杂度，即算法的时间量度，记作

$$T(n) = O(f(n))$$

它表示随问题规模 n 的增大，算法的执行时间的增长率和 f(n)的增长率相同，称作算法的渐进时间复杂度，简称时间复杂度。

如果一个算法随着问题规模 n 的增大，原操作的执行次数的增长率比较缓慢，那么这个算法效率比较好。

假如有三个算法：A 算法中原操作的重复执行次数为 $2n^2$；B 算法中原操作的重复执行次数为 $3n + 1$；C 算法中原操作的重复执行次数为 $2n^2 + 3n + 1$。表 1.2 给出了当 n 的值不断增长时，三种算法中原操作的重复执行次数的变化情况。

表 1.2　$2n^2$、$3n + 1$、$2n^2 + 3n + 1$ 的增长率

次数	算法 A($2n^2$)	算法 B($3n+1$)	算法 C($2n^2+3n+1$)
n = 1	2	4	6
n = 2	8	7	15
n = 10	200	31	231
n = 100	20 000	301	20 301
n = 1000	2 000 000	3 001	2 003 001
n = 10 000	200 000 000	30 001	200 030 001
n = 100 000	20 000 000 000	300 001	20 000 300 001
n = 1 000 000	2 000 000 000 000	3 000 001	2 000 003 000 001

从表 1.2 的数据变化可以清楚地看到，当 n 值越来越大时，$3n + 1$ 的增长和 $2n^2$ 相差甚远，最终几乎可以忽略不计。也就是说，随着 n 的增大，$2n^2$ 趋近于 $2n^2 + 3n + 1$。所以在对算法进行分析时，得出了原操作执行次数的函数 f(n)，可以用函数 f(n)中的最高阶来评判算法的效率，忽略 f(n)中的常数和其他次要项。这样，A 算法的时间复杂度表示为 $O(n^2)$，B 算法的时间复杂度表示为 O(n)，C 算法的时间复杂度表示为 $O(n^2)$，

推导一个算法的时间复杂度的步骤如下：

第一步，找到原操作的执行次数。

第二步，用常数 1 取代运行时间中的所有加法常数。

第三步，在修改后的执行次数中，只保留最高阶项。

第四步，如果最高阶项存在与这个项相乘的常数，则去掉这个常数。

下面我们通过几个典型例子来讲解时间复杂度的推导。

(1) 顺序结构的时间复杂度举例。

```
int i, sum=0, n=100;          /*执行 1 次*/
sum=(1+100)*100/2;            /*执行 1 次*/
printf("%d", sum);            /*执行 1 次*/
```

这个算法的运行次数为 f(n)=3。

顺序结构、分支结构的程序，不管代码有多少行，执行次数不会随着 n 的变化而发生变化，它与问题规模 n 的大小无关，执行次数是恒定的，我们用 O(1)来表示其时间复杂度。通常称之为常量阶。

(2) 单循环结构的时间复杂度举例。

```
for(i=1; i<=n; i++)          /*执行 n+1 次*/
    sum=sum+i;               /*执行 n 次*/
```

原操作为 sum=sum+i，执行次数为 n，其时间复杂度为 O(n)，称之为线性阶。

(3) 多重循环结构的时间复杂度举例。

```
for(i=1; i<=n; i++)          /*执行 n+1 次*/
    for(j=1; j<=n; j++)      /*执行 n*(n+1)次*/
        x=x+1;               /*执行 n^2 次*/
```

原操作 x=x+1 的执行次数为 n^2，其时间复杂度为 $O(n^2)$，称之为平方阶。如果是三重循环，其时间复杂度为 $O(n^3)$，称之为立方阶，以此类推。

下面这一段代码是双重 for 循环，但是内循环的循环变量和外循环有关：

```
int i, j;
for(i=0; i<n; i++)
    for(j=i; j<n; j++)
        x=x+1;
```

当 i = 0 时，内循环执行 n 次；当 i = 1 时，内循环执行 n−1 次；……当 i = n −1 时，内循环执行 1 次。所以总的执行次数为 $n + (n - 1) + (n-2) + \cdots + 1 = n(n + 1)/2 = n^2/2 + n/2$。

采用推导时间复杂度阶的方法：第一，$n^2/2 + n/2$ 没有加数常数，可以不予考虑；第二，保留最高项 $n^2/2$；第三，去掉这个项相乘的常数，最终得到 n^2，所以，这段代码的时间复杂度为 $O(n^2)$。

下面代码的时间复杂度又是多少呢?

```
int   c=1;
while(c<n)
    c=c*2;
```

由于 c 的初始值为 1，每次循环中执行 c = c*2，其值不断增加，直到 c 的值大于 n，才会退出循环。假设这段代码的循环次数为 x，则 $2^x = n$，$x = \text{lb}\, n$，可以得出，循环的执行次数为 lb n，时间复杂度为 O(lb n)，称为对数阶。

(4) 递归程序的时间复杂度举例。

```
int   Binrec(int n)
{   if (n==1)
```

```
        return 1
    else
        return  Binrec(n/2)+1
}
```

原操作是加运算，用 A(n)表示所做的加法次数，建立递推关系如下:

$$A(n)=\begin{cases}A\left(\dfrac{n}{2}\right)+1 & n>1\\ 0 & n=1\end{cases}$$

设 $n=2^k$，当 $k>0$ 时，有

$$A(2^k)=A(2^{k-1})+1=[A(2^{k-2})+1]+1=A(2^{k-2})+2=\cdots=A(2^{k-i})+i=\cdots=A(2^{k-k})+k=k$$

因为 $n=2^k$，所以 $k=\text{lb}\,n$，因此 $A(n)=\text{lb}\,n$，其时间复杂度为 O(lb n)，称之为对数阶。

上面的例子给出了常用的时间复杂度：常量阶 O(1)、线性阶 O(n)、平方阶 $O(n^2)$、对数阶 O(lb n)等。此外，算法还能呈现的时间复杂度有二维阶 O(n lb n)、立方阶 $O(n^3)$、指数阶 $O(2^n)$、阶乘阶 O(n!)等，数据结构中常用的时间复杂度关系如下：

$$O(1)<O(\text{lb}\,n)<O(n)<O(n\,\text{lb}\,n)<O(n^2)<O(n^3)<O(2^n)<O(n!)<O(n^n)$$

图 1.13 给出了常见的 T(n)随着问题规模 n 不断增大的变化情况。一般情况下，随着 n 的增大，T(n)增长较慢的算法为较优的算法。

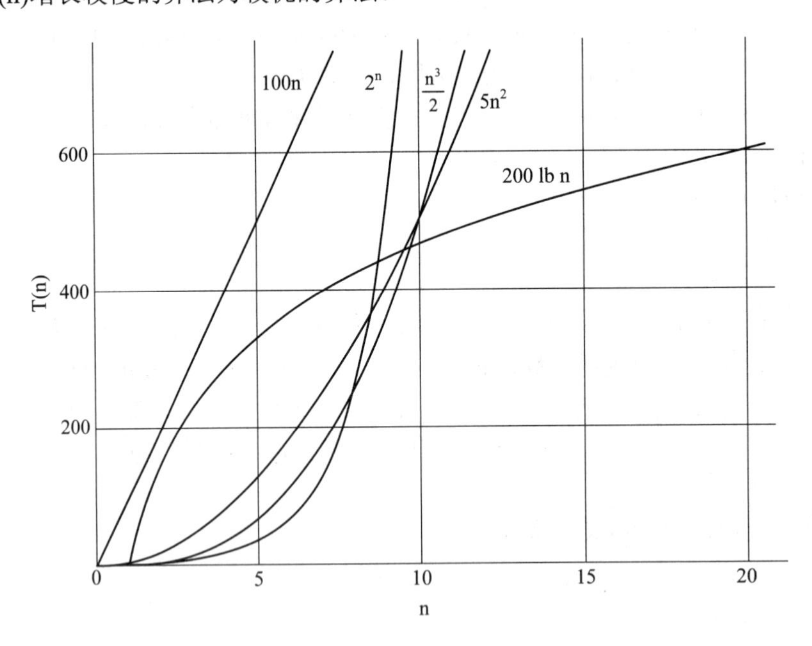

图 1.13　常见的 T(n)随着 n 增大的变化率图示

从图中可看出，T(n) = 200 lb n 时，n 值增长即使比较快，T(n)的增长速度也是比较缓慢的。显然，具有 O(lb n)时间复杂度的算法其效率就比较好。$T(n)=2^n$ 时，n 值增长即使比较缓慢，T(n)的增长速度也是非常快的，具有这种时间复杂度的算法一般不可取。

2．算法的最优、最差与平均时间复杂度

算法的效率不仅依赖于问题的规模，还与问题的初始输入数据集有关。如果一个算法

对于相同规模的不同输入，基本操作的执行次数不同，则需分析算法的最优、最差、平均性能。

例如：在数组 a[1..n]中查找值为 k 的元素，若找到，则输出位置 i(1≤i≤n)；否则输出 0。算法语句如下：

```
i=n;
while(i>0)&&(a[i]!=k)
    i=i-1;
printf("%d", i);
```

此算法中，while 循环的执行次数不仅与问题规模有关，还与 k 和数组 a 中各分量的取值有关。最坏情况下，即数组 a 中不含值为 k 的元素时，while 循环执行 n 次；最好情况下，即数组中值为 k 的元素为 a[n]时，while 循环执行 1 次；平均情况下，while 循环执行(n+1)/2 次，时间复杂度为线性阶。

最优时间复杂度是指在问题规模为 n 时，算法在最优情况下的时间复杂度。

最差时间复杂度是指在问题规模为 n 时，算法在最差情况下的时间复杂度。最差情况的运行时间是一种保证，那就是运行时间将不会再多了。

平均时间复杂度是指在“典型”或“随机”输入的情况下，算法具有的时间复杂度。平均时间复杂度是从概率的角度进行分析的，研究它的直接方法就是将问题规模 n 的实例划分为几种类型，需要知道或者假设各种输入类型的概率分布，以便推导出基本操作的平均执行次数。但是，这个方案的技术实现一般都不简单，而且在各种特定的情况下，它所包含的概率假设也很难验证。

由于在很多情况下算法的平均时间复杂度很难计算，因此我们可以讨论算法在最差情况下的时间复杂度。

本书中如不做特殊说明，所讨论的各种算法的时间复杂度均指最差情况下的时间复杂度。

目前，计算机硬件发展速度非常快，运算速度也越来越快，对算法的时间复杂度及节省算法的存储空间的要求越来越高。因为现在所处理的问题规模越来越大，而且即使同一问题规模情况下，算法的性能优劣差别也很大。例如，一个时间复杂度是 O(n)的算法和一个时间复杂度是 $O(2^n)$的算法，随着 n 的增大，这两个算法耗费的时间差异会非常大。当 n = 32 时，2^n 就很大，假设 n 增加一倍，则 2^n 几乎已经无法表述，这不是硬件发展速度所能满足的速率。所以，我们对算法的性能要求会更高，这也是我们学好数据结构的目的所在。希望读者朋友们在算法设计中，从不同角度分析问题，不断探索和创新，尝试用多种方式解决同一问题，并分析结果的异同，不断追求算法的高效性，培养自己勇攀科学高峰的勇气以及精益求精的大国工匠精神。

1.5.5　算法描述

算法需要用一种语言来描述，常用的算法描述方法有如下几种：

(1) 使用自然语言。自然语言描述形式也称文字描述，是算法最原始的表现形式。这种形式直接记录了人们求解问题的思维过程，简单直观。为了便于理解和阅读，最好采取分步骤的叙述方式，将处理步骤描述得更具条理性和准确性。

(2) 使用流程图。用流程图描述算法时，要注意使用规范的流程图符号。如图 1.14 所示，矩形框中书写处理步骤，菱形框中书写判断/选择，椭圆形框用于表示起始和终止。用流程图描述大型程序时，通常按描述的精细度分成若干级，先画大框架，再逐步细化。

图 1.14　流程图符号

(3) 使用某种程序设计语言。需要正确运用程序设计语言来描述算法。不过直接使用程序设计语言并不容易，而且不太直观，常常需要借助于注释才能使人看明白。

(4) 使用类程序设计语言。类语言是以某种通用的程序设计语言作为基础，对其略加改造而形成的一种“非正规的”语言。比如，类 C、类 PASCAL、类 Java 等都是常用的算法描述的工具。类语言忽略高级程序设计语言中一些严格的语法规则与描述细节，因此它比程序设计语言更容易用于描述算法和被人理解，而且比自然语言更接近程序设计语言。它虽然不能直接执行，但很容易被转换成高级语言。用类语言书写的程序称为伪程序或伪代码。

本书采用类 C 语言作为算法描述工具，类 C 语言是一种伪码语言。书中所描述的算法需要大家按照 C 语言的规范修改之后才可在计算机上执行。

本章知识点总结

本章主要讨论贯穿和应用于整个数据结构课程始终的基本概念和算法性能分析方法。学习本章的内容，将为后续章节的学习打下良好的基础。本章核心知识点总结如图 1.15 所示。

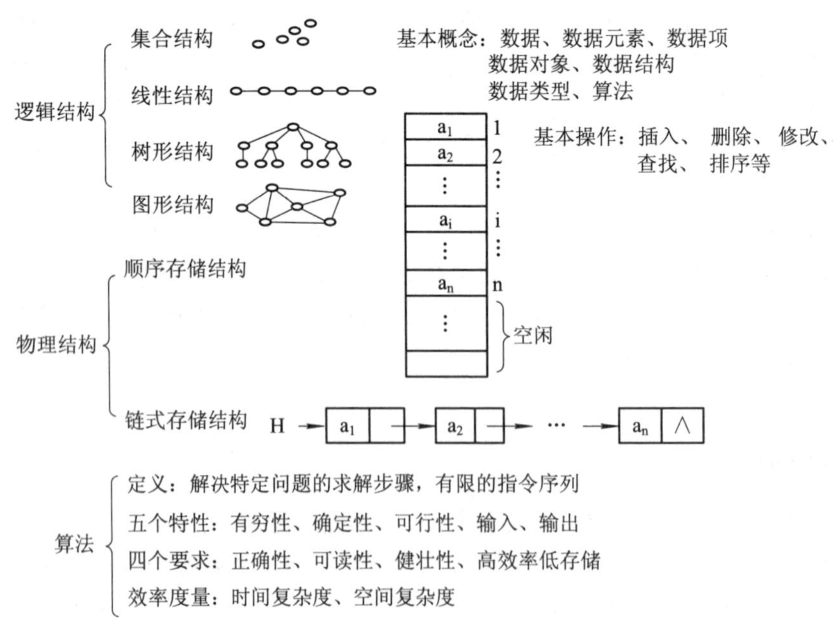

图 1.15　本章核心知识点总结

数据结构是程序设计的基础，希望大家在学习的过程中，能够运用辩证法中的现象本质论，从实际问题中抽象出合适的数据结构，在进行算法设计的过程中能够具有精益求精的“工匠精神”，以期高效地解决问题，在分析算法效率的过程中学会“抓主要矛盾”，运用时间复杂度的分析方法来分析算法的优劣。

习 题

1. 什么是数据结构？有关数据结构的讨论涉及哪三个方面？

2. 数据的逻辑结构分为线性结构和非线性结构两大类。线性结构包括数组、链表、栈、队列等，非线性结构包括树、图等，这两类结构各自的特点是什么？

3. 什么是算法？算法的五个特性是什么？试根据这些特性解释算法与程序的区别。

4. 试举一个数据结构的例子，叙述其逻辑结构、存储结构、运算三个方面的内容。

5. 常用的存储表示方法有哪几种？

6. 算法的时间复杂度仅与问题的规模有关吗？

7. 设 n 为正整数，确定下列带下画线的语句的执行频度。

(1)
```
for (i=1; i<=n; i++)
    for (j=1; j<=i; j++)
        for (k=1; k<=j; k++)
            x=x+1 ;
```

(2)
```
i=1;
while (i<=n)
  i=i*3;
```

(3)
```
i=1; k=0;
while(i<n)
{
    k=k+10*i;
    i++;
}
```

8. 分析下列程序段的时间复杂度。

(1)
```
sum=0;
for(i=0; i<=n; i++)
    for(j=0; j<n; j++)
        sum++;
```

(2)
```
int func(int n)
  {   if (n<=1)
        return(1);
      else
        return(func(n-1)*n);
  }
```

第二章 线性表

线性表是最基本的一种数据结构，其特点是在数据元素的非空集合中，存在唯一的一个首元素和唯一的一个尾元素；除首元素外，每个数据元素均有且仅有一个前驱元素；除尾元素外，每个数据元素均有且仅有一个后继元素。

教学目标：

使学生掌握线性表的逻辑结构、存储结构；熟练掌握存储结构的描述方法，以及在存储结构上的各种基本操作的实现，进而能够从时间和空间复杂度的角度综合比较线性表两种存储结构的不同特点及其适用场合。

思政目标：

(1) 线性表体现的是一种有顺序的结构，由此拓展思政教育，培养学生的遵纪守法意识。
(2) 引导学生珍惜系统资源，培养学生的节约意识和环保行为。

2.1 线性表的定义及逻辑结构

2.1.1 线性表的定义

线性表是n(n≥0)个数据类型相同的数据元素组成的有限序列，数据元素之间是一对一的关系，即每个数据元素最多有一个直接前驱和一个直接后继。

例 2.1 中华传统文化经典：二十四节气。

二十四节气蕴含着中华民族悠久的历史积淀和丰富的农耕知识，在漫长的农耕文化时期，发挥了重要作用。二十四节气不仅是一种时间体系，还是一套具有丰富内涵的生活与民俗系统。二十四节气如图 2.1 所示。

为了便于记忆，人们编出了二十四节气歌诀：

立春雨水渐，惊蛰虫不眠，春分近清明，采茶谷雨前；
立夏小满足，芒种大开镰，夏至才小暑，大暑三伏天；
立秋处暑去，白露南飞雁，秋分寒露至，霜降红叶染；
立冬小雪飘，大雪兆丰年，冬至数九日，小寒又大寒。

节气歌唱出了节气的顺序。一年中的节气罗列如下：

(立春，雨水，惊蛰，春分，清明，谷雨，立夏，小满，芒种，夏至，小暑，大暑，立秋，处暑，白露，秋分，寒露，霜降，立冬，小雪，大雪，冬至，小寒，大寒)

这就是一个线性表，其中每一个节气就是一个数据元素，每个元素之间存在唯一的顺序关系。

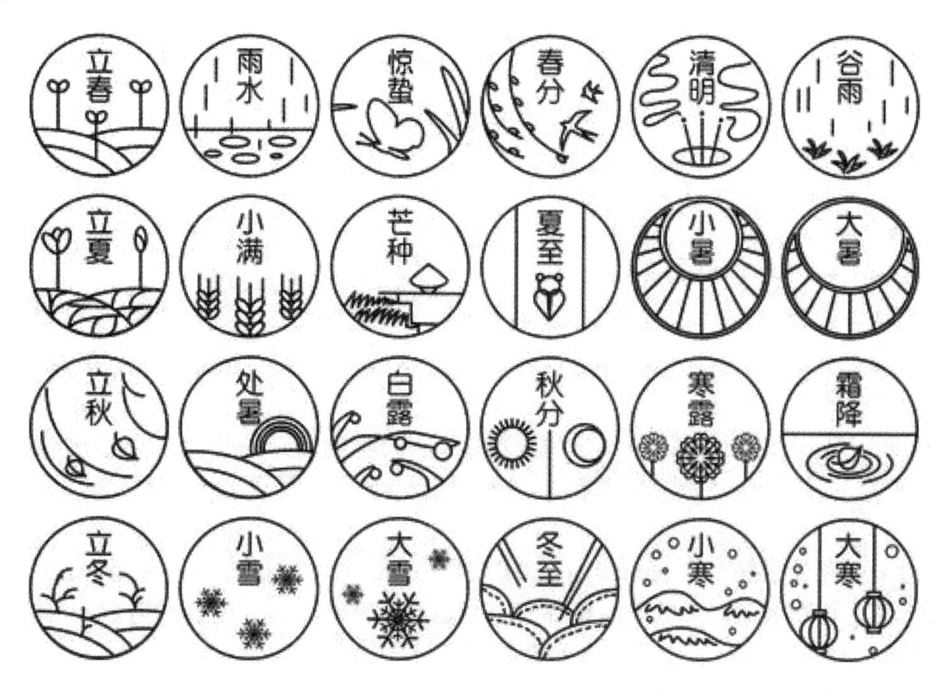

图 2.1　二十四节气图

例 2.2　某校计算机学院从 2017 年到 2022 年拥有的学生人数的变化情况如下：

(800，1000，2000，3600，3800，4500)

这也是一个线性表，长度为 6，其中的每一个整型数据就是一个数据元素。数据的位置很重要，位置对应的是年份，比如，第一个数据元素 800 是 2017 年该校计算机学院的学生人数，第四个数据元素 3600 是 2020 年的学生人数。从数据可以看到，该校计算机学院在迅速发展。

例 2.3　在校学生的健康信息表是一个线性表，表中每个学生的信息由学号、姓名、性别、年龄、班级和健康状况等组成，如表 2.1 所示。

表 2.1　在校学生健康信息表

学　号	姓　名	性　别	年　龄	班　级	健康状况
2104101	钱小明	男	19	计科 21	健康
2104108	周　维	男	18	计科 21	一般
2104111	杨　丽	女	20	计科 21	健康
2104112	赵　武	男	23	计科 21	差
…	…	…	…	…	…
2104135	张　丽	女	17	计科 21	一般

表中每个学生的记录就是一个数据元素，其中的学号、姓名、性别、年龄、班级和健康状况是数据项(或字段)。

线性表是由 n(n≥0)个数据类型相同的数据元素 a_1，a_2，…，a_{i-1}，a_i，a_{i+1}，…，a_n 组成的有限序列，通常记为

$$(a_1, a_2, \cdots, a_{i-1}, a_i, a_{i+1}, \cdots, a_n)$$

数据元素 $a_i(1 \leq i \leq n)$只是一个抽象的符号，其具体含义在不同的情况下可以不同，如前面的三个例子中，数据元素可以是一个节气、一个数字、一个学生信息。其共同的特点是一个线性表中的数据元素必须属于同一数据对象。

线性表中相邻元素之间存在着顺序关系。将 a_{i-1} 称为 a_i 的直接前驱，a_{i+1} 称为 a_i 的直接后继。就是说对于 a_i，当 i=2, …, n 时，有且仅有一个直接前驱 a_{i-1}；当 i=1, 2, …, n−1 时，有且仅有一个直接后继 a_{i+1}；而 a_1 是表中第一个元素，它没有直接前驱；a_n 是表中最后一个元素，它没有直接后继。

正如二十四节气的位置，每年学生人数以及在校学生健康信息表中数值顺序很重要，不能随意变换。这是线性表的基本要求，就如同国家有法律、学校有制度，我们必须遵纪守法。

线性表数据元素的个数 n(n≥0)定义为线性表的长度。当 n = 0 时，称为空表。

在非空的线性表中每个数据元素都有一个确定的位置，如 a_1 是表中第一个元素，a_n 是表中最后一个元素，a_i 是表中第 i 个元素，a_i 在线性表中的位序为 i。

线性表的逻辑结构总结如下：

(1) 线性表由同一类型的数据元素组成，每个 a_i 必须属于同一数据类型。

(2) 线性表中的数据元素个数是有限的，表长就是表中数据元素的个数。

(3) 存在唯一的“第一个”数据元素和“最后一个”数据元素。

(4) 除第一个数据元素外，每个数据元素均有且只有一个前驱元素。

(5) 除最后一个数据元素外，每个数据元素均有且只有一个后继元素。

线性表是一种最简单、最常见的数据结构，如栈、队列、矩阵、数组、字符串、堆等都符合线性表的条件。

2.1.2 线性表的基本操作

线性表是一个相当灵活的数据结构，它的长度可以根据需要增长或者缩短，即对线性表的数据元素不仅可以进行访问，还可以进行插入和删除操作。

线性表的基本操作如下：

(1) 初始化 InitList(L)：构造一个空的线性表 L。

(2) 线性表判空 EmptyList(L)：如果线性表 L 为空，则返回真值，否则返回假值。

(3) 求长度 LengthList(L)：返回线性表中所含元素的个数。

(4) 取元素函数 GetList(L, i)：若 1≤i≤LengthList(L)，则返回线性表 L 中第 i 个元素的值或地址；否则，返回 NULL。称 i 为该数据元素在线性表中的位序。

(5) 按值查找 LocatList(L, x)：给定值 x，若线性表 L 中存在其值和 x 相等的数据元素，则函数返回该数据元素在线性表中的位序；否则，返回一个特殊值，表示查找失败。

(6) 插入操作 InsertList(L, i, x)：在给定线性表 L 中第 i 个数据元素之前插入一个新的

数据元素 x。插入位置 i 要求：1≤i≤LengthList(L)+1。插入后，线性表长=原线性表长+1。

(7) 删除操作 DeleteList(L, i)：在线性表 L 中，删除序号为 i 的数据元素。删除位置 i 要求：1≤i≤LengthList(L)。删除后，新表长=原表长-1。

需要说明的是：上面所列的基本操作不是线性表的全部操作，而是一些常用的基本操作。对线性表可以进行一些更复杂的操作，例如，将两个或两个以上的线性表合并成一个线性表，把一个线性表拆分成两个或两个以上的线性表，复制一个线性表，对线性表中的数据元素按某个数据项进行排序等。在实际应用中，当线性表作为一个操作对象时，所需进行的操作种类不一定相同，不同的操作组合将构成不同的抽象数据类型。

2.2　线性表的存储结构

线性表有两种基本的存储结构：顺序存储结构和链式存储结构。下面我们分别讨论这两种存储结构以及对应存储结构下各种操作的算法实现。

2.2.1　顺序存储结构

线性表的顺序存储结构是指在计算机中用一组地址连续的存储单元依次存储线性表的各个数据元素，元素之间的逻辑关系通过存储位置来反映。用这种存储形式存储的线性表称为顺序表。

1. 顺序表

在顺序存储结构中，以数据元素为单位，按数据元素在表中的次序存储。数据元素在表中的逻辑次序与其在存储位置中的物理次序一致。也就是说，用物理上的相邻关系实现数据元素之间的逻辑相邻关系，既简单又自然。线性表的顺序存储示意图如图 2.2 所示。

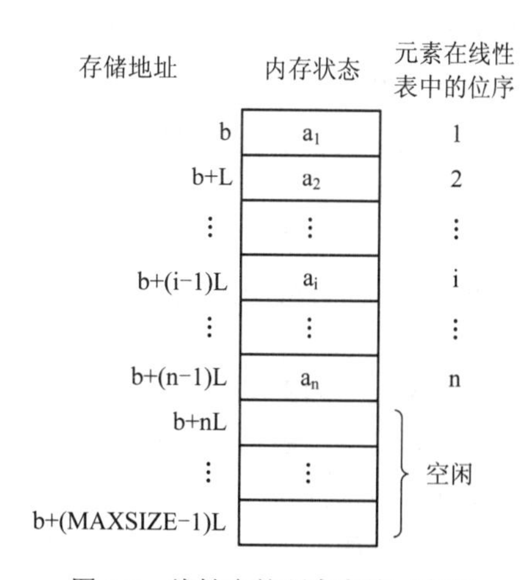

图 2.2　线性表的顺序存储示意图

由于线性表的所有数据元素属于同一数据类型，所以每个元素在存储器中占用的空间大小相同，因此，要在该线性表中查找某一个元素是很方便的。设 a_1 的存储地址为 $Loc(a_1)$，每个数据元素占 L 个存储单元，则第 i 个数据元素的地址为

$$Loc(a_i) = Loc(a_1) + (i - 1) \times L \qquad 1 \leqslant i \leqslant n$$

这就是说，只要知道顺序表首地址和每个数据元素所占地址单元的个数，就可求出第 i 个数据元素的地址，这也是顺序表具有按数据元素的序号随机存取的特点。

在程序设计语言中，一维数组在内存中占用的存储空间就是一组连续的存储区域，因此，用一维数组来表示顺序表的数据存储区域是最合适的。考虑到线性表的操作有插入、删除等，即表长是可变的，因此数组的容量需设计得足够大，设用 elem[MAXSIZE]来表示，其中 MAXSIZE 是一个根据实际问题定义的足够大的整数，线性表中的数据从 elem[0]开始依次顺序存放，但当前线性表中的实际元素个数可能未达到 MAXSIZE 个，因此需用一个变量 last 记录当前线性表中最后一个元素在数组中的位置，即 last 起一个指针的作用，始终指向线性表中最后一个元素，因此，表空时 last = –1。

可用 C 语言描述顺序存储结构下的线性表(顺序表)，代码如下：

```
#define MAXSIZE 100                    /*线性表的最大长度*/
typedef struct Linear_list
{
    datatype   elem[MAXSIZE];          /*定义数组域*/
    int   last;                        /*线性表中最后一个元素在数组 elem[ ]中的位置*/
} SeqList;
```

描述顺序存储结构有三个重要属性：

(1) 存储数据元素的空间：数组 elem，用于存放数据元素。

(2) 线性表的最大容量：MAXSIZE。

(3) 线性表的当前长度：由 last+1 确定，last 用于存放最后一个数据元素在数组中的下标。

这里需要注意以下两点：

(1) 数组的长度和线性表的长度。数组的长度是存放线性表的存储空间的长度，分配后这个值不变；线性表的长度是线性表中数据元素的个数，它随着线性表的插入和删除操作会有变化。注意：任何时刻，线性表的长度应该小于等于数组的长度。

(2) 数据元素的位序和数组的下标，如 a_0 的位序为 1，其对应的数组下标为 0；a_i 的位序为 i+1，其对应的数组下标为 i。

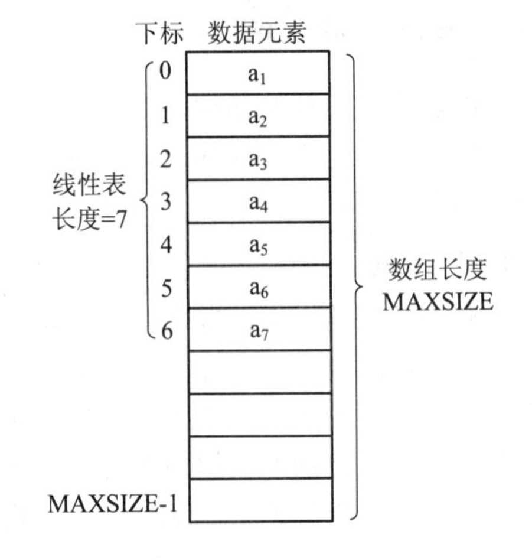

图 2.3　线性表要点图示

线性表要点如图 2.3 所示。

我们定义一个顺序表：SeqList　L；如图 2.4(a)所示。表长=L.last+1，线性表中的数据元素 a_1 至 a_n 分别存放在 L.elem[0]至 L.elem[L.last]中。

由于算法用 C 语言描述，根据 C 语言中的语法规则，有时定义一个指向 SeqList 类型的指针更为方便，即

```
SeqList   *Lp;
```

Lp 是一个指针变量，存储空间通过 Lp=(SeqList*)malloc(sizeof(SeqList))操作来获得。Lp 中存放的是顺序表的地址，这样表示的线性表如图 2.4(b)所示。表长表示为(*Lp).last+1 或 Lp->last+1，线性表的存储区域为 Lp->elem，线性表中数据元素的存储空间为 Lp->elem[0]～Lp->elem[Lp->last]。

在以后的算法中多用指针表示顺序表，读者注意相关数据结构的类型说明。

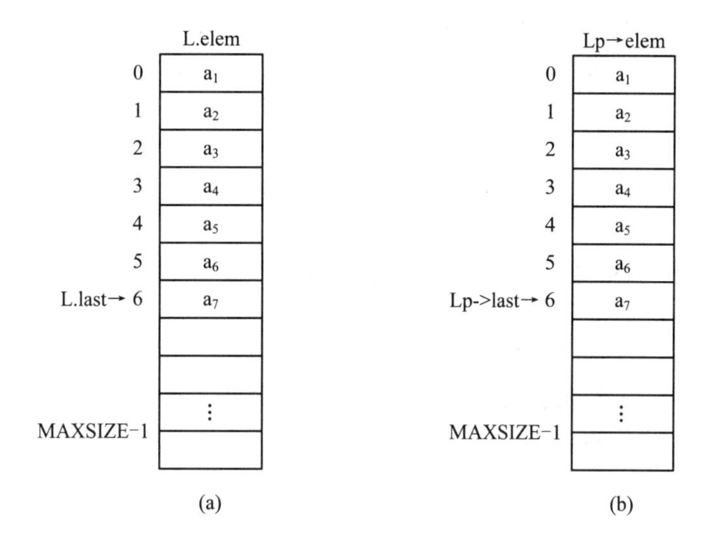

图 2.4 线性表的顺序存储示意图

2. 顺序表的插入与删除操作

在顺序存储结构中，线性表的操作比较容易实现。例如，线性表的长度为 last+1，取位序为 i 的数据元素，返回线性表的 elem[i-1]即可。下面着重讨论线性表的插入和删除操作。

1) 插入 InsertList(L, i, x)

线性表的插入是指在线性表的第i-1个数据元素和第i个数据元素之间插入一个新的数据元素，使长度为 n 的线性表：

$$(a_1, a_2, \cdots, a_{i-1}, a_i, a_{i+1}, \cdots, a_n)$$

插入 x 之后变为长度为 n+1 的线性表：

$$(a_1, a_2, \cdots, a_{i-1}, x, a_i, a_{i+1}, \cdots, a_n)$$

数据元素 a_{i-1} 和 a_i 之间的逻辑关系发生了变化。在线性表的顺序存储结构中，由于逻辑上相邻的数据元素在物理位置上也是相邻的，因此除非 $i = n + 1$，否则必须移动元素才能反映插入操作之后的数据元素逻辑关系的变化。顺序表中的插入数据元素操作示意图如图 2.5 所示。

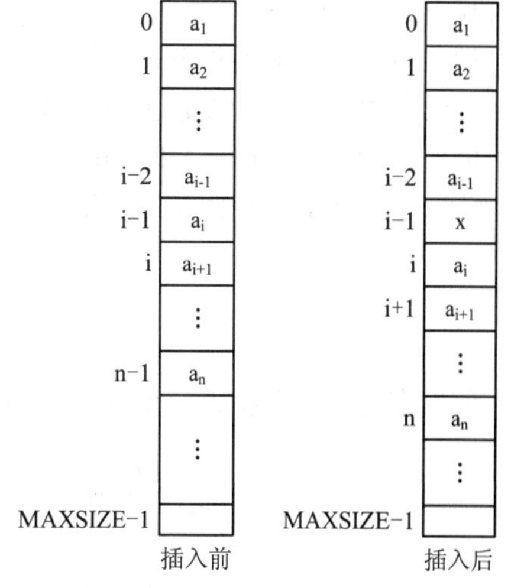

图 2.5 顺序表中的插入数据元素操作示意图

在顺序表上完成这一操作的步骤如下：

① 将 a_i～a_n 顺序向下移动，为新元素让出位置。

② 将 x 置入空出的第 i 个位置。

③ 修改指针 last (相当于修改表长)，使之仍指向最后一个元素。

读者注意，这里容易被遗忘的是第③步，“细节决定成败”，希望大家在做算法设计时注意细节。

算法设计时应注意以下几点：

(1) 顺序表中数据区域有 MAXSIZE 个存储单元，所以在顺序表中进行插入操作时先检查表空间是否满了，在表空间已满的情况下不能进行插入操作，否则会产生溢出错误。

(2) 要检验插入位置的有效性，这里 i 的有效范围是 $1 \leq i \leq n+1$，其中 n 为原表长。

(3) 注意数据的移动方向。

(4) 修改指针 last (相当于修改表长)，使之仍指向最后一个元素。

算法如下：

```
1   int InsertList(SeqList *Lp, int i, datatype x)
2   {   int j;
3       if(Lp->last==MAXSIZE-1)          /*表空间已满，不能插入*/
4       {   printf("表满");
5           return(-1);
6       }
7       if(i<1 || i>Lp->last+2)          /*检查插入位置的正确性*/
8       {   printf("位置错");
9           return(0);
10      }
11      for(j=Lp->last; j>=i-1; j--)     /*结点移动*/
12          Lp->elem[j+1]=Lp->elem[j];
13      Lp->elem[i-1]=x;                 /*新元素插入*/
14      Lp->last++;                      /*last 仍指向最后元素*/
15      return(1);                       /*插入成功，返回*/
16  }
```

插入算法的时间性能分析：顺序表的插入操作，其时间主要消耗在数据的移动上。在第 i 个位置上插入 x，从 a_i 到 a_n 都要向下移动一个位置，共需要移动 n-i+1 个元素，而 i 的取值范围为 $1 \leq i \leq n+1$，即有 n+1 个位置可以插入。设在第 i 个位置上插入元素的概率为 p_i，则平均移动数据元素的次数为

$$E_{in} = \sum_{i=1}^{n+1} p_i (n-i+1)$$

假设在每个位置插入元素的概率相等，即 $p_i=1/(n+1)$，则

$$E_{in} = \sum_{i=1}^{n+1} p_i (n-i+1) = \frac{1}{n+1} \sum_{i=1}^{n+1} (n-i+1) = \frac{n}{2}$$

这说明在顺序表上做插入操作需移动表中一半的数据元素，显然时间复杂度为 O(n)。

2) 删除 DeleteList(L, i)

线性表的删除是指在线性表中删除第 i 个数据元素，使长度为 n 的线性表：

$$(a_1, a_2, \cdots, a_{i-1}, a_i, a_{i+1}, \cdots, a_n)$$

变为长度为 n-1 的线性表：

$$(a_1, a_2, \cdots, a_{i-1}, a_{i+1}, \cdots, a_n)$$

数据元素 a_{i-1} 和 a_{i+1} 之间的逻辑关系发生了变化。在线性表的顺序存储结构中，由于逻辑上相邻的数据元素在物理位置上也是相邻的，因此，除非 i=n，否则必须移动元素才能反映删除操作之后数据元素逻辑关系的变化。i 的取值范围为 1≤i≤n。

顺序表中删除数据元素操作示意图如图 2.6 所示，在顺序表上完成这一操作的步骤如下：

① 将 a_{i+1}～a_n 顺序向上移动。

② 修改指针 last (相当于修改表长)使之仍指向最后一个元素。

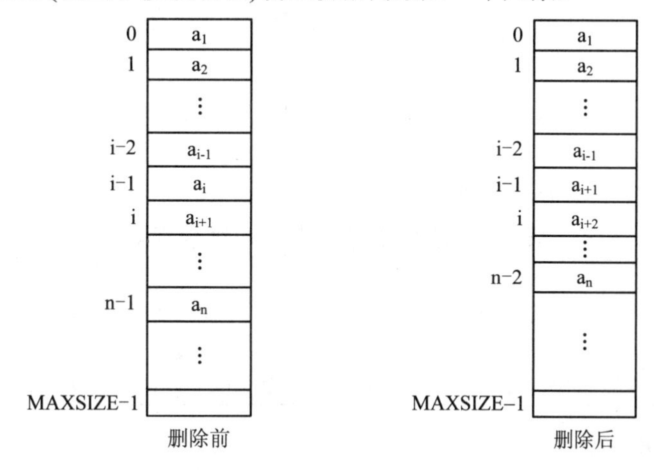

图 2.6 顺序表中删除数据元素操作示意图

算法设计时应注意以下几点：

(1) 因为当表空时不能进行删除操作，所以在顺序表中进行删除操作时先检查线性表是否为空，在表空的情况下不能删除元素，否则会产生下溢错误。

(2) 删除第 i 个元素，i 的取值为 1≤i≤n，否则第 i 个元素不存在，因此，要检查删除位置的有效性。

(3) 删除 a_i 之后，该数据已不存在，如果需要，则应先取出 a_i，再进行删除操作。

(4) 注意数据的移动方向。

算法如下：

```
1    int DeleteList(SeqList *Lp, int i)
2    {    int   j;
3         if(i<1 || i>Lp->last+1)              /*检查空表及删除位置的合法性*/
4         {    printf("不存在第 i 个元素");
5              return(0);
6         }
7         for(j=i;   j<=Lp->last;   j++)
8              Lp->elem[j-1]=Lp->elem[j];   /*向上移动*/
9         Lp->last--;
10        return(1);                          /*删除成功*/
11   }
```

删除算法的时间性能分析：与插入相同，删除操作的时间主要消耗在移动表中元素上，删除第 i 个元素时，其后面的元素 a_{i+1}～a_n 都要向上移动一个位置，共移动了 n−i 个元素，所以平均移动数据元素的次数为

$$E_{de}=\sum_{i=1}^{n}p_i(n-i)$$

在等概率情况下，p_i=1/n，则

$$E_{de}=\sum_{i=1}^{n}P_i(n-i)=\frac{1}{n}\sum_{i=1}^{n}(n-i)=\frac{n-1}{2}$$

这说明对顺序表进行删除操作时，大约需要移动表中一半的元素，显然该算法的时间复杂度为 O(n)。

由上面的讨论可知，线性表顺序表示的优缺点如表 2.2 所示。

表 2.2　线性表顺序表示的优缺点对比

优　　点	缺　　点
① 无需为表示结点间的逻辑关系而增加额外的存储空间； ② 可方便地按序号随机存取表中任一元素	① 插入或删除需要移动大量的数据元素 ② 当线性表长度变化较大时，难以确定存储空间的容量，造成存储空间浪费

3. 顺序表应用举例

例 2.4　利用两个线性表 La 和 Lb 分别表示两个集合 A 和 B，现要求一个新的集合 A = A∪B。假设集合中的数据元素属于整型数据。

算法思路：扩大线性表 La，将存在于线性表 Lb 中而不在 La 中的数据元素加入线性表 La 中，即逐一取出 Lb 中的元素，判断是否在 La 中，若不在，则进行插入操作。由于 La 是集合，数据元素之间没有顺序关系，所以进行插入操作时，可以插入 La 的最后一个元素后面，这样，就不用移动大量数据元素了。

设 A = (23, 45, 78, 91, 55)，B = (47, 23, 8, 55)，则 Lb 的第一个元素是 47，在 La 中查找不到，将其插入 La 的尾部；第二个元素是 23，在 La 中有 23，则不插入；Lb 的第三个元素是 8，在 La 中查找不到，将其插入 Lb 的尾部；第四个元素是 55，在 La 中有 55，则不插入。过程如图 2.7 所示。

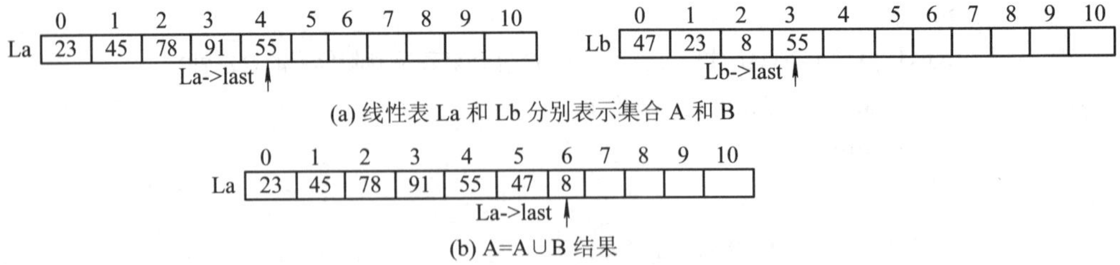

	0	1	2	3	4	5	6	7	8	9	10
La	23	45	78	91	55						

La->last ↑（指向下标 4）

	0	1	2	3	4	5	6	7	8	9	10
Lb	47	23	8	55							

Lb->last ↑（指向下标 3）

(a) 线性表 La 和 Lb 分别表示集合 A 和 B

	0	1	2	3	4	5	6	7	8	9	10
La	23	45	78	91	55	47	8				

La->last ↑（指向下标 6）

(b) A=A∪B 结果

图 2.7　例 2.4 图示

存储结构即为 2.2.1 小节中的 SeqList；其中 datatype 定义为 int。

算法如下：

```
1    void union (SeqList *La,    SeqList Lb)
2    {     int i, j, La_len, Lb_len;
```

```
3         int e;
4         La_len=La->last;
5         Lb_len=Lb.last;
6         for(i=0; i<=Lb_len; i++)
7         {    e=Lb.elem[i];
8              j=0;
9              while(j<=La_len && e!=La-> elem[j])   j++;   /*在 La 中查找 e 元素*/
10             if(j>La_len)                  /* La 中不存在和 e 相同的元素，则插入之*/
11                if(La_len<MAXSIZE-1)       /*存储空间足够*/
12                   La->elem[++(La->last)]=e;   /*插入 La 的最后*/
13         }
14    }
```

语句 6 的循环次数是 Lb 的表长，语句 9 的循环次数最多是 La 的表长，所以，此算法的时间复杂度为 O(ListLength(La)×ListLength(Lb))。

例 2.5 有顺序表 A 和 B，其元素均按从小到大的升序排列，编写一个算法将它们合并成一个顺序表 C，要求表 C 的元素也是从小到大的升序排列。

算法思路：依次扫描表 A 和表 B 的元素，比较当前的元素的值，将较小值的元素赋给表 C，如此进行，直到一个线性表扫描完毕，然后将未扫描完的那个顺序表中余下部分赋给表 C 即可。表 C 的容量要能够容纳 A、B 两个线性表。

设表 C 是一个空表，两个指针 i、j 分别指向表 A 和表 B 中的元素。若 A.elem[i]>B.elem[j]，则将 B.elem[j]插入表 C 中；若 A.elem[i]≤B.elem[j]，则先将 A.elem[i]插入表 C 中，如此进行下去，直到其中一个表被扫描完毕，然后再将未扫描完的表中剩余的所有元素放到表 C 中。

例如 A = (2, 2, 3), B = (1, 3, 3, 4)，则 C = (1, 2, 2, 3, 3, 3, 4)。

申请一个线性表的空间 C 指向，i 指向 A 中的第一个元素，j 指向 B 中的第一个元素，k 指向 C 中的第一个位置，如图 2.8 所示。

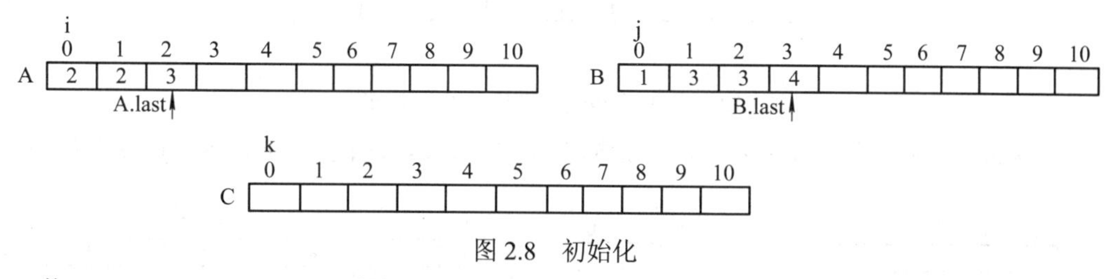

图 2.8 初始化

若 A.elem[i]>B.elem[j]，则将 B.elem[j]元素插入 C->elem[k]中，j++, k++，如图 2.9 所示。

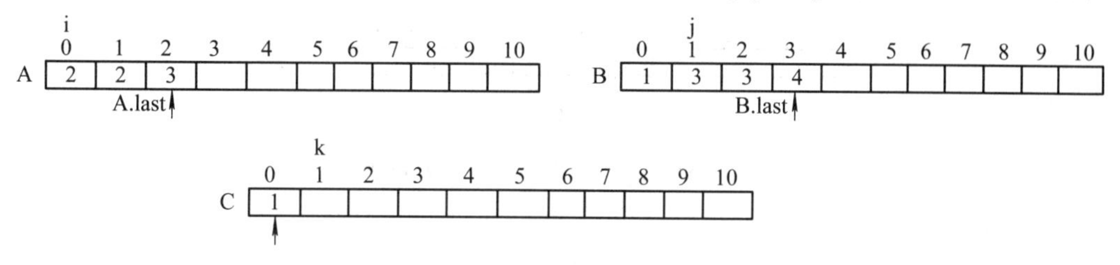

图 2.9 将 B.elem[j]元素插入 C->elem[k]中

若 A.elem[i]≤B.elem[j]，则将 A.elem[i]元素插入 C->elem[k]中，i++, k++，如图 2.10 所示。

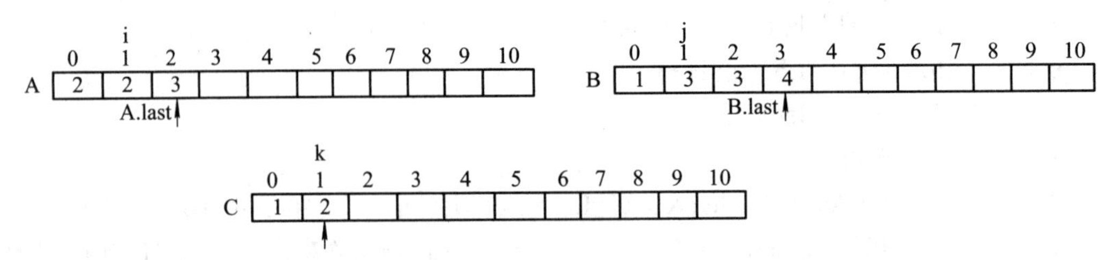

图 2.10　将 A.elem[j]元素插入 C->elem[k]中

若 A.elem[i]≤B.elem[j]，则将 A.elem[i]元素插入 C->elem[k]中，i++, k++，如图 2.11 所示。

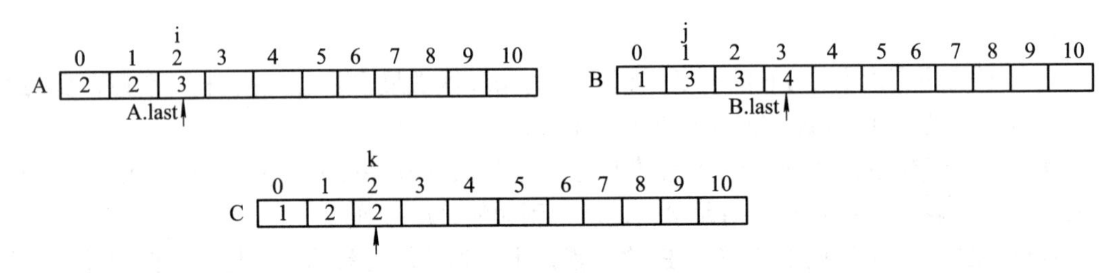

图 2.11　将 A.elem[j]元素插入 C->elem[k]中

若 A.elem[i]≤B.elem[j]，则将 A.elem[i]元素插入 C->elem[k]中，i++, k++，如图 2.12 所示。

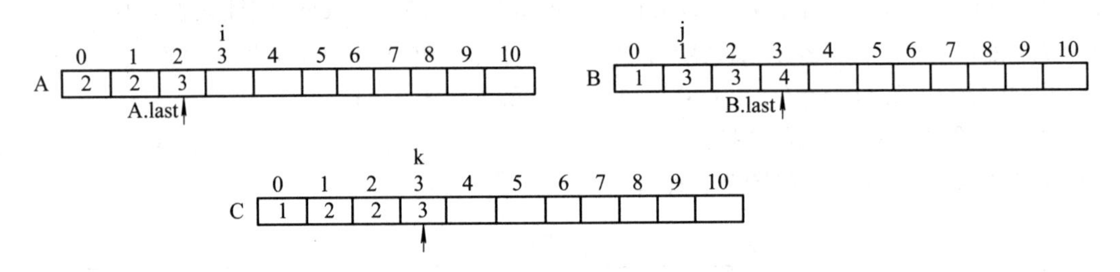

图 2.12　将 A.elem[j]元素插入 C->elem[k]中

此时 i > A.last，依次将表 B 中剩余的元素插入表 C 中，C->last 指向 k 位置，如图 2.13 所示。

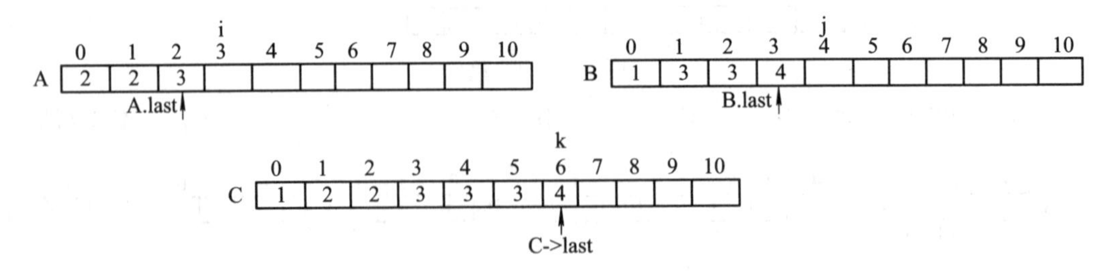

图 2.13　将 B 中剩余元素插入 C 表尾

算法如下：

```
1    void merge(SeqList A,  SeqList B,  SeqList  *C)
```

```
2    {    int  i, j, k;
3         i=0;  j=0;  k=0;
4         while(i<=A.last && j<=B.last)          /* A 表、B 表都不为空*/
5            if(A.elem[i]<=B.elem[j])
6               C->elem[k++]=A.elem[i++];        /*将 A 表中 i 指针指向记录插入 C 中*/
7            else
8               C->elem[k++]=B.elem[j++];        /*将 B 表中 i 指针指向记录插入 C 中*/
9        while(i<=A.last)                        /*将 A 表剩余部分插入 C 中*/
10           C-> elem[k++]=A.elem[i++];
11       while(j<=B.last)                        /*将 B 表剩余部分插入 C 中*/
12           C->elem[k++]=B.elem[j++];
13       C->last=k-1;
14   }
```

此算法包含三个并列的循环，语句 4～8 的循环次数为表 A 的长度或者表 B 的长度，语句 9～12 是两个并列的循环，二者只能进行一个，循环次数为表 A 或表 B 剩余的部分。因此，该算法的时间复杂度是 O(A.last+B.last)。

该算法的效率之所以在线性时间内完成，是因为：第一，A 和 B 是有序序列；第二，用了一组额外空间，该算法用了一个额外数组 C，C 的表长至少为 A 和 B 两个表的表长。因此，设计一个高效算法，需要做好充分的准备，就如同我们想要获得好成绩，必须付出努力一样。

2.2.2 链式存储结构

线性表的顺序存储结构的特点是逻辑关系上相邻的两个元素在物理位置上也相邻，因此可以按序号随机存取表中任一元素，它的存储位置可用一个简单、直观的公式来表示。然而，对顺序表进行插入、删除操作时需要通过移动数据元素来实现，影响了运行效率。因此就要寻求更好的存储方式，就像我们平时在解决问题时需要学会变通，寻求更好的解决方法一样。

本节介绍线性表的链式存储结构，它不需要用地址连续的存储单元来实现，因为它不要求逻辑上相邻的两个数据元素物理位置上也相邻，它是通过“链”建立起数据元素之间的逻辑关系的，因此对线性表的插入、删除操作不需要移动数据元素。

链表是常用的存储方式，不仅可以用来表示线性表，而且可以用来表示各种非线性的数据结构。链表可分为单链表、循环单链表和双向链表。

1. 单链表

单链表是通过一组任意的存储单元来存储线性表中的数据元素的。为了建立数据元素之间的线性关系，对每个数据元素 a_i，除了存放数据元素的自身信息 a_i，还需要和 a_i 一起存放其后继 a_{i+1} 所在的存储单元的地址，这两部分信息组成一个结点，结点的结构如图 2.14 所示，每个元素都如此。存放数据元素的域称为数据域 data，存放其后继地址的域称为指针域 next。因此 n 个元素的线性表通过每个结点的指针域拉成了一个“链子”，称为链表。

若每个结点中只有一个指向后继的指针，则称为单链表。

数据域	指针域
data	next

图 2.14 单链表的结点结构

图 2.15 是线性表(a_1, a_2, a_3, a_4, a_5, a_6, a_7, a_8)对应的链式存储结构示意图。由于单链表中每个结点的存储地址是存放在其前驱结点的指针域中的，而第一个结点无前驱结点，因此应设一个头指针 H 指向第一个结点。如图 2.15 所示，线性表中第一个数据元素存放在存储地址为 0500 的存储单元中，我们可以设置一个指针 H，将地址 0050 赋给 H，H 就是该线性表的头指针。

头指针 H: 0500

存储地址	数据域(data)	指针域(next)
⋮	⋮	⋮
0200	a_2	0510
⋮	⋮	⋮
0500	a_1	0200
0510	a_3	0900
⋮	⋮	⋮
0700	a_7	0710
0710	a_8	NULL
0720	a_6	0700
⋮	⋮	⋮
0900	a_4	0910
0910	a_5	0720
⋮	⋮	⋮

图 2.15 线性表对应的链式存储结构示意图

同时，由于表中最后一个结点没有直接后继，因此指定线性表中最后一个结点的指针域为“空”(NULL)。这样对于整个链表的存取必须从头指针开始。

对于线性表的存储结构，我们关注的是结点间的逻辑结构而非每个结点的实际地址，所以通常的单链表用图 2.16 所示的形式而不用图 2.15 所示的形式表示。

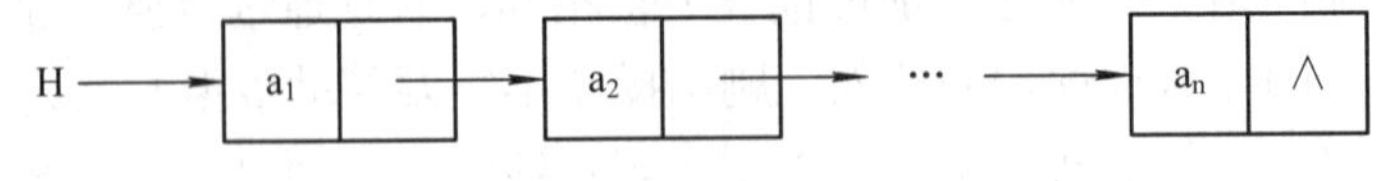

图 2.16 单链表示意图

单链表可以由头指针唯一确定。单链表的存储结构用 C 语言描述，代码如下：

```
typedef struct node
{
    elemtype      data;              /*数据域*/
    struct node   *next;         /*指针域*/
} LNode，*LinkList;
```

定义头指针变量：

```
LinkList  H;
```

通常我们用头指针来标识一个单链表，如单链表 L、单链表 H 等，是指某链表的第一个结点的地址放在指针变量 L 或 H 中，若头指针为 NULL，则表示一个空表，即 H==NULL 为真。

通常在线性链表的第一个结点之前附设一个称为头结点的结点。头结点的数据域可以不存放任何数据，也可以存放单链表的结点个数的信息，如图 2.17(a)所示。对于空单链表，附加头结点的指针域为空，即 H->next==NULL 为真，如图 2.17(b)所示。头指针 H 指向单链表附加头结点的存储位置。设置表头结点的目的是简化链表操作的实现。

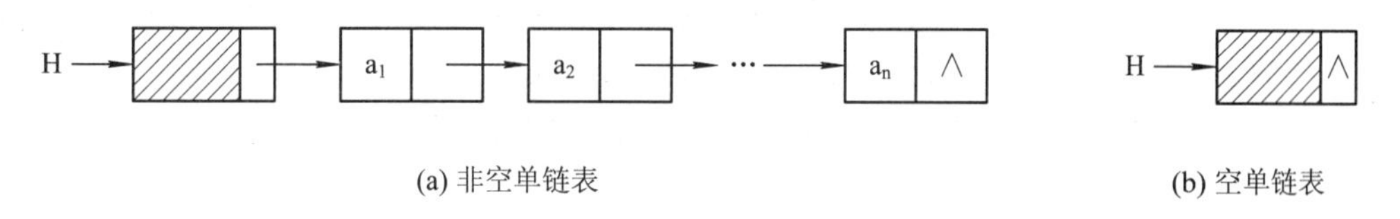

图 2.17　带头结点的单链表

头指针和头结点的异同如表 2.3 所示。

表 2.3　头指针和头结点的异同

头　指　针	头　结　点
① 指向第一个结点的指针，若单链表有头结点，则是指向头结点的指针； ② 具有标示作用，常用头指针作为单链表的名字	① 放在第一个元素结点之前，其数据域一般无意义(也可以放单链表的长度)； ② 有了头结点，在第一个元素结点之前插入和删除第一个结点，其操作与其他结点的操作就统一了； ③ 造成存储空间浪费

不带头结点的单链表和带头结点的单链表的区别如表 2.4 所示。

表 2.4　不带头结点的单链表和带头结点的单链表的区别

不带头结点	带　头　结　点
① 单链表为空：L==NULL 为真； ② 单链表的第一个数据元素由 L 指向； ③ 在第一个元素结点之前插入一个元素和删除第一个元素结点要单独处理，和在其他位置插入、删除操作不同	① 单链表为空：L->next==NULL 为真； ② 单链表的第一个数据元素由 L->next 指向； ③ 插入、删除操作统一

需要进一步指出的是：上面定义的 LNode 是结点的类型，LinkList 是指向 LNode 类型结点的指针类型。为了增强程序的可读性，通常将标识一个链表的头指针说明为 LinkList 类型的变量，如 LinkList L。假设 L 是 LinkList 类型的变量，则 L 是一个结构指针，即单链表的头指针，它指向表中第一个结点。后面如果不加特殊说明，则默认单链表带头结点。

对于带头结点的单链表 L，若 L->next==NULL，则表示单链表为一个空表，其长度为 0；若不是空表，则可以通过头指针访问表中结点，找到要访问的所有结点的数据信息。p=L->next 指向表中的第一个结点 a_1，即 p->data=a_1，而 p->next->data=a_2，其余依此类推。假设 q 是指向线性表中第 i 个结点的指针，则 q->next 是指向第 i+1 个数据元素(结点 a_{i+1})的指针。在 C 语言中，用户可以利用 malloc 函数向系统申请分配链表结点的存储空间，该函数返回存储区的首地址，例如：

```
p=(LinkList)malloc(sizeof(LNode));
```

指针 p 指向一个新分配的结点。如果要把此结点归还给系统，则用函数 free(p)来实现。希望大家养成良好的编程习惯，珍惜系统资源，用的时候申请，用完记得释放空间。

我们生活的地球是一个有限的空间，提供的资源也是有限的。珍惜资源，培养节约意识和环保行为，这是一种责任，也是一种对未来的关爱和尊重。

下面我们将讨论用带头结点的单链表作存储结构时，实现线性表的几个基本操作。

1) 建立单链表

(1) 在链表的头部插入结点建立单链表。

链表与顺序表不同，它是一种动态管理的存储结构，链表中的每个结点占用的存储空间不是预先分配的，而是运行时系统根据需求而生成的。因此建立单链表从空表开始，每读入一个数据元素就申请一个结点，然后插在链表的头部。假设线性表中数据元素类型为字符型，图 2.18 展现了用头插法建立单链表的过程，因为是在链表的头部插入，读入数据的顺序和线性表中的逻辑顺序是相反的。

算法思路：

① 建立一个带头结点的空的单链表 L，如图 2.18(a)所示。

② 按线性表中元素的逆序依次读入数据元素，如果不是结束标识时，申请结点 s，将 s 结点插入头结点之后。插入过程如图 2.18(b)、(c)、(d)所示。

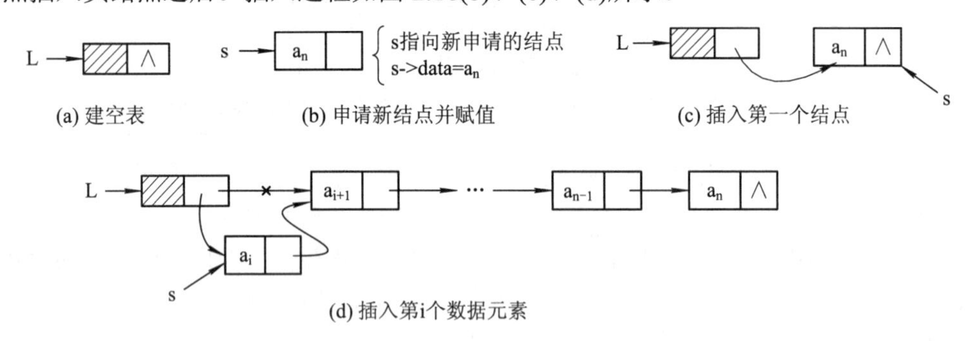

图 2.18　用头插法建立单链表过程示意图

算法如下：

```
1   Linklist  CreateFromHead( )
2   {  LinkList  L;
3      LNode   *s;
4      char   c;
5      int flag=1; /*设置一个标识变量 flag，初值为 1，当输入$时，将 flag 置为 0，建表结束*/
```

```
6       L=(Linklist)malloc(sizeof(LNode));              /*为头结点分配存储空间*/
7       L->next=NULL;
8       while(flag)
9       {   c=getchar( );
10          if(c!='$')
11          {  s=(Linklist)malloc(sizeof(LNode));       /*为读入的字符分配存储空间*/
12             s->data=c;                               /*数据域赋值*/
13             s->next=L->next;                         /*将 s 插入链表中第一个数据元素之前*/
14             L->next=s;
15          }
16          else
17             flag=0;   /*读入符号为$，修改结束标识*/
18      }
19      return L;
20   }
```

(2) 在链表的尾部插入结点建立单链表。

用头插法建立单链表的方法简单，但读入的数据元素的顺序与生成的单链表中数据元素的顺序是相反的，若希望顺序一致，则可用尾插入的方法。因为尾插法每次是将新结点插入链表的尾部，所以需加入一个指针 r，用来始终指向链表中的尾结点，以便能够将新结点插入链表的尾部。图 2.19 展现了在链表的尾部插入结点建立单链表的过程。

算法思路：

① 建立一个带头结点的空的单链表 L，设一指针 r 指向线性表表尾 L，如图 2.19(a)所示。

② 按线性表中元素的顺序依次读入数据元素，如果不是结束标识时，申请结点 s，将 s 结点插入 r 所指结点的后面，然后 r 指向新的表尾结点 s，如图 2.19(b)、(c)、(d)所示。

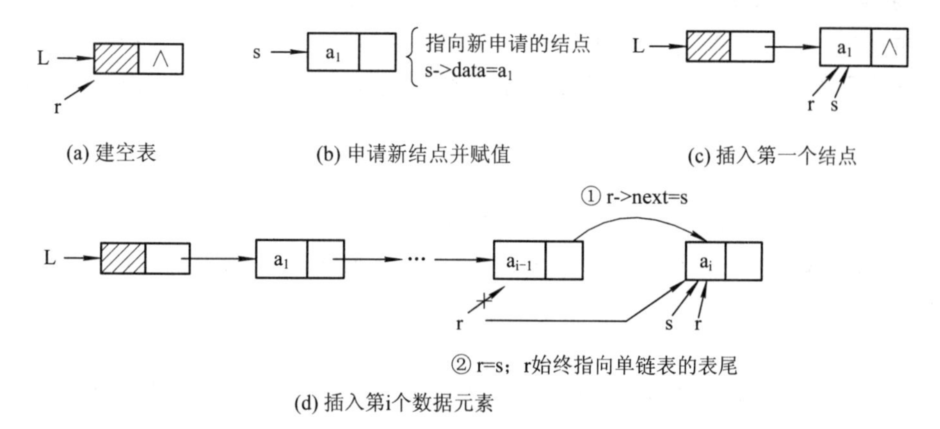

图 2.19 在链表的尾部插入结点建立单链表过程示意图

算法如下：

```
1   Linklist  CreateFromtail( )
2   {  LinkList  L,r;
3      LNode  *s;
4      char  c;
5      int flag=1; /*设置一个标识变量 flag，初值为 1，当输入$时，将 flag 置为 0，建表结束*/
6      L=(Linklist)malloc(sizeof(LNode));        /*为头结点分配存储空间*/
7      L->next=NULL;                             /*建带头结点的空链表*/
8      r=L;                                      /*尾指针 r 指向表尾*/
9      while(flag)
10     {  c=getchar( );
11        if(c!='$')
12        {  s=(Linklist)malloc(sizeof(LNode));  /*为读入的字符分配存储空间*/
13           s->data=c;                          /*数据域赋值*/
14           r->next=s;                          /*插入到表尾*/
15           r=s;
16        }
17        else
18        {  flag=0;
19           r->next=NULL;
20        }
21     }
22     return L;
23  }
```

算法中注意 L 和 r 的关系，L 指整个单链表，r 是指向尾结点的指针。

2) 求单链表长度的操作

求单链表的长度可以采用“数”结点的方法，即用一个指针 p 依次指向各个结点，从第一个元素开始“数”，一直“数”到最后一个结点(p->next=NULL)，就可求得单链表的长度。

算法思路：

(1) 设一个临时变量 p 指向头结点，计数器 j 等于 0。

(2) 当 p->next!=NULL 时，循环：指针 p 后移，指向它的直接后继结点，计数器 j 加 1。其过程如图 2.20 所示。

算法如下：

```
1   int  ListLength(LinkList  L)        /*本算法用来求带头结点的单链表 L 的长度*/
2   {
3       LinkList  p;  int j;
4       p=L;
```

```
5         j=0;        /*用来存放单链表的长度*/
6        while(p->next!=NULL)
7         {
8             p=p->next;
9             j ++;
10        }
11        return j;
12   }    /* End of function ListLength */
```

显然，该算法的时间复杂度为 O(n)。

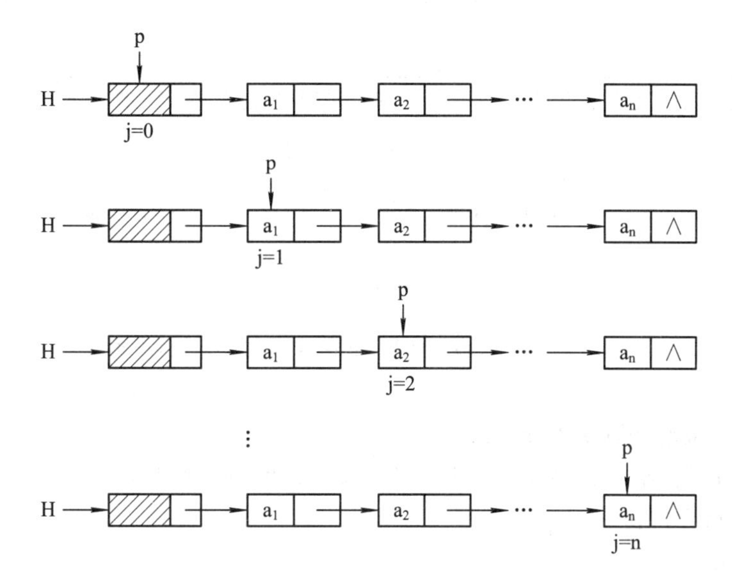

图 2.20　求单链表长度的实现过程

3) 查找操作

按值查找是指在单链表中查找是否有结点值等于 e 的结点，若有，则返回首次找到的其值为 e 的结点的存储位置；否则返回 NULL。查找过程从单链表的头指针指向的头结点出发，顺着链逐个将结点的值和给定值 e 作比较。

假设数据元素为整型，算法如下：

```
1    LinkList Locate(LinkList L, int e)
2    {    LinkList   p;
3         p=L->next;               /*从表中第一个结点比较*/
4         while(p!=NULL&&p->data!=e)
5            p=p->next;
6         return p;
7    }
```

由于线性链表失去了随机存取的特性，所以按序号查找算法、按值查找算法的时间复杂度均为 O(n)。

4) 插入操作

要在带头结点的单链表 L 中第 i 个位置插入一个数据元素 e(假设数据元素类型为 int)，首先需要在单链表中找到第 i–1 个结点并由指针 pre 指示；然后申请一个新的结点并由指针 s 指示，其数据域的值为 e，使 s 结点的指针域指向原第 i 个结点，即 s->next=pre->next；最后，修改第 i–1 个结点的指针使其指向 s，即 pre->next=s。插入过程如图 2.21 所示。

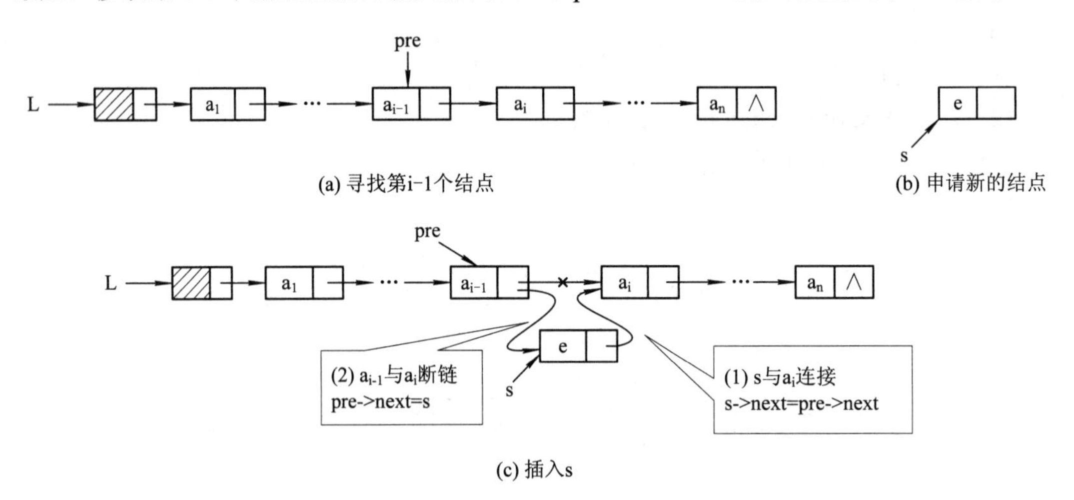

图 2.21 在单链表第 i 个结点前插入一个结点的过程示意图

算法如下：

```
1   int InsList(LinkList L, int i, int e)
2   {  /*在带头结点的单链表 L 中第 i 个位置插入值为 e 的新结点*/
3       LinkList pre, s;
4       int k;
5       pre=L;     k=0;
6       while(pre!=NULL && k<i-1) /*找到第 i-1 个数据元素的存储位置，使指针 pre 指向它*/
7       {    pre=pre->next;
8            k=k+1;
9       }
10      if(k!=i-1)            /*插入位置不合理*/
11      {    printf("插入位置不合理!");
12             return ERROR;
13      }
14      s=(LinkList)malloc(sizeof(LNode));        /*为 e 申请一个新的结点并由 s 指向它*/
15      s->data=e;                                /*将待插入结点的值 e 赋给 s 的数据域*/
16      s->next=pre->next;                        /*完成插入操作*/
17      pre->next=s;
18      return OK;
19  }
```

5) 删除操作

要在带头结点的单链表 L 中删除第 i 个结点，首先需要在单链表中找到第 i-1 个结点，并由指针 pre 指示，然后删除第 i 个结点并释放结点空间。删除过程如图 2.22 所示。

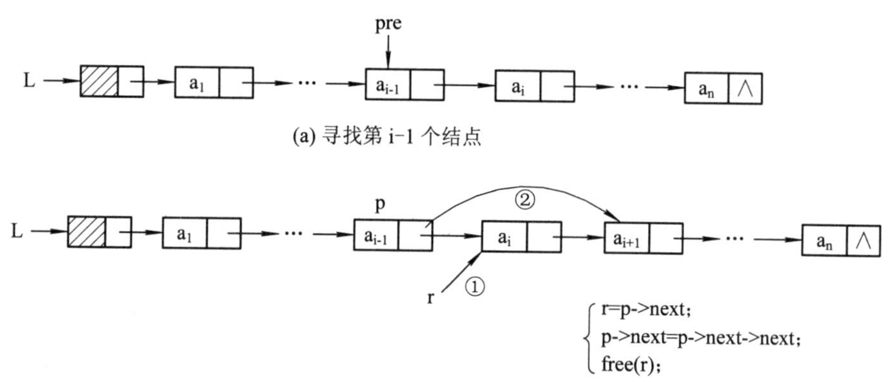

图 2.22 单链表的删除过程

算法如下：

```
1   int DelList(LinkList L, int i, int *e)
2   {    /*在带头结点的单链表 L 中删除第 i 个元素，并将删除的元素保存到变量*e 中*/
3      LinkList p, r;
4      int k;
5      pre=L; k=0;
6      while(pre->next!=NULL && k<i-1) /*寻找被删除结点 i 的前驱结点 i-1，使 pre 指向它*/
7      {    pre=pre->next;
8            k=k+1;
9      }
10     if(k!=i-1)                  /*while 循环是因为 p->next=NULL 或 i<1 而跳出的*/
11     {   printf("删除结点的位置 i 不合理!");
12          return ERROR;
13     }
14     r=pre->next;
15     pre->next=pre->next->next;              /*删除结点 r */
16     *e=r->data;
17     free(r);                                /*释放被删除的结点所占的内存空间*/
18     return OK;
19  }
```

说明：删除算法中的循环条件(pre->next!=NULL&&k<i-1)与前插算法中的循环条件(pre!=NULL&&k<i-1)不同，因为前插时的插入位置有 n+1 个(n 为当前单链表中数据元素的个数)。i=n+1 是指在第 n+1 个位置前插入，即在单链表的末尾插入。而删除操作中删除的合法位置只有 n 个，若使用与前插操作相同的循环条件，则会出现指针指空的情况，使删

除操作失败。

从以上分析可看出，在线性链表中插入、删除元素虽然不需要移动数据元素，但需要查找插入、删除的位置，所以时间复杂度仍然是 O(n)。

通过上面的基本操作可知：

(1) 在单链表上插入、删除一个结点，必须知道其前驱结点。

(2) 单链表不具有按序号随机访问的特点，插入位置的查找只能从头指针开始一个一个顺序进行。

2. 循环单链表

在单链表中，最后一个结点的指针域是空指针，如果将最后一个结点的指针域指向表头结点，则使得单链表的头、尾结点相连，就构成了循环单链表。如图 2.23 所示为带头结点的循环单链表。

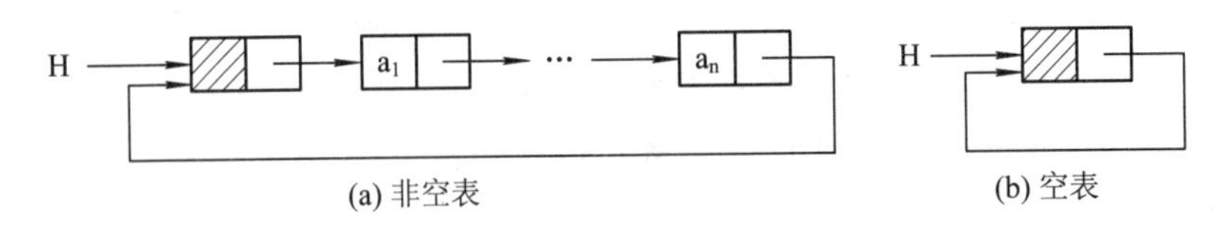

图 2.23 带头结点的循环单链表

在循环单链表上的各种操作的实现与非循环链表的实现基本相同，只是将原来判断指针是否为 NULL 变为判断是否头指针而已，即为 p! = L 或 p->next! = L，其他没有较大的变化。

对于单链表只能从头结点开始遍历整个链表，而对于循环单链表则可以从表中任意结点开始遍历整个链表，不仅如此，有时对循环单链表常做的操作是在表尾、表头进行，此时可以改变一下链表的表示方法，不用头指针，而用一个指向尾结点的指针 R 来标识，可以提高操作效率。

如图 2.24(a)、(b)所示就是两个用尾指针 R1、R2 来标识的循环单链表，如果要将 R1、R2 首尾相接，也就是把 R2 接到 R1 后面，则耗费的时间复杂度为 O(1)。两个循环单链表合并之后如图 2.24(c)所示。

若在尾指针表示的循环单链表上实现两个链表合并，其算法代码如下：

```
1   LinkList   merge2(LinkList R1, LinkList R2)
2   {  /*此算法将两个链表首尾连接起来*/
3       Node *p;
4       p=R1->next;                  /*保存链表 R1 的头结点地址*/
5       R1->next=R2->next->next;     /*链表 R2 的开始结点连到链表 R1 的最后一个结点之后*/
6       free(R2->next);              /*释放链表 R2 的头结点*/
7       R2->next=p;                  /*链表 R2 的最后一个结点的指针指向链表 R1 的头结点*/
8       return   R2;                 /*返回新循环链表的尾指针*/
9   }
```

该算法的时间复杂度是 O(1)。

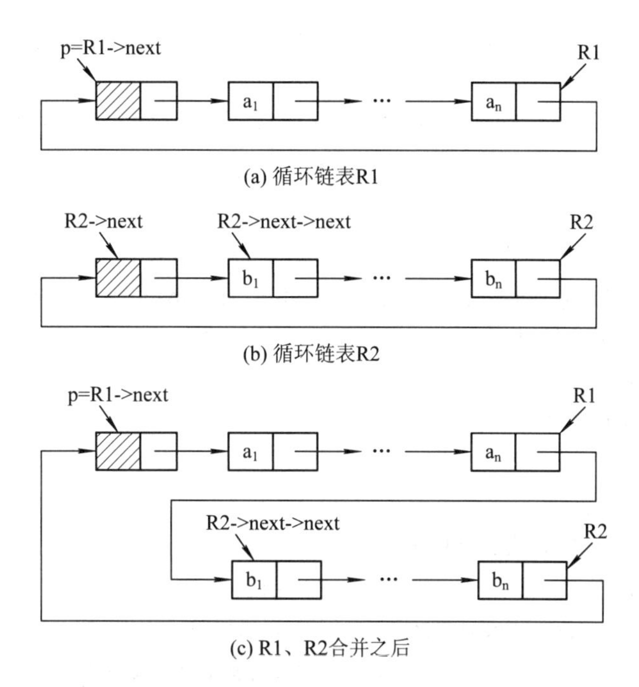

图 2.24 两个用尾指针标识的循环单链表的连接

3. 静态链表

上面介绍的各种链表都是由指针实现的，链表中结点空间的分配和释放都是由系统提供的标准函数 malloc 和 free 动态实现的，故称之为动态链表。在某些高级语言中没有指针类型，也不能动态地生成结点。此时若仍想采用链表作为存储结构，则可以借用一维数组来存储线性链表。其方法是：定义一个较大的结构数组作为备用结点空间(即存储池)，每个结点应包含两个域 data 域和 next 域，data 域用来存放结点的数据信息，而 next 域不再是指针而是指示其后继结点在结构数组中的相对位置(即数组下标)的，通常称为游标。我们把用这种方式实现的单链表叫作静态链表(static linked list)。

这种数组的类型及变量定义如下：

```
#define   Maxsize = 链表可能达到的最大长度
typedef   struct
{    datatype   data;
     int     next;
}Component,   StaticList[Maxsize];
StaticList   S;
int SL, AV;                 /*两个头指针变量*/
```

如图 2.25 所示，规模较大的结构数组 S 中有两个链表：其中链表 SL 是一个带头结点的单链表，表示了线性表(a_1, a_2, a_3, a_4, a_5)，而另一个单链表 AV 是由当前 S 中的空结点组成的链表。这种链表的结点中也有数据域 data 和指针域 next，与前面所讲的链表中的指针不同，这里的指针是结点的相对

		data	next
SL=0	0		4
	1	a_4	5
	2	a_2	3
	3	a_3	1
	4	a_1	2
	5	a_5	-1
AV=6	6		7
	7		8
	8		9
	9		10
	10		11
	11		-1

图 2.25 静态链表示例

地址(数组的下标)，称为静态指针，空指针用-1 表示，因为上面定义的数组中没有下标为-1 的单元。

在图 2.25 中，SL 是用户的线性表，AV 模拟的是系统存储池中空闲结点组成的单链表。

下面介绍静态链表的几个基本操作的实现。

1) 初始化

初始化操作是指将这个静态链表初始化为一个备用静态链表。设 space 为静态链表的备用结点空间(即存储池)，即进行变量说明：StaticList space; AV 为备用单链表的头指针，在以下算法中 space 为全局变量。

```
StaticList  space;
1    void initial(int *AV)
2    {
3        int k;
4        for(k=0; k<Maxsize-1; k++)
5            space[k].next=k+1;            /*连链*/
6        space[Maxsize-1].next=-1;         /*标记链尾*/
7        *AV=0;                            /*设置备用链表头指针初值*/
8    }
```

2) 分配结点

分配结点是从备用链表摘下一个结点空间分配给待插入静态链表中的元素。算法如下：

```
1    int  getnode(int *AV)
2    {    int i;
3         i=*AV;
4        *AV=space[*AV].next;
5        return  i;
6    }
```

3) 结点回收

结点回收是将下标为 k 的空闲结点插入备用链表 AV 中。算法如下：

```
1    void    freenode(int *AV,   int k)
2    {    space[k].next=*AV;
3         *AV=k;
4    }
```

4) 前插操作

前插操作是在已存在的静态链表 SL 中第 i 个数据元素之前插入一个数据元素 x。

算法描述：

(1) 先从备用单链表上取一个可用的结点。

(2) 寻找第 i-1 个元素的位置。

(3) 修改游标域，实现插入。

算法如下：

```
1    void    insbefore(int i, int SL, datatype x, int *AV)
2    {   /* AV 为备用表*/
3        int    j, k, m;
4        if(i<1 || i>ListLength(SL)+1)          /*插入位置不合理*/
5        {    printf("插入位置不合理!");
6             return ERROR;
7        }
8        else
9        {    j=getnode(AV);                    /* j 为从备用表中取到的可用结点空间的下标*/
10            space[j].data=x;
11            k=space[SL].next;                 /* k 为静态链表的第一个元素的下标值*/
12            for(m=1; m<i-1; m++)              /*寻找第 i-1 个元素的位置 k */
13               k=space[k.].next;
14            space[j].next=space[k].next;      /*修改游标域，实现插入操作*/
15            space[k].next=j;
16       }
17   }
```

5) 删除

删除操作是在已存在的静态链表 SL 中删除第 i 个元素。

算法描述：

(1) 寻找第 i-1 个元素的位置，然后通过修改相应的游标域进行删除操作。

(2) 将被删除的结点空间连到可用静态链表中，实现回收。

算法如下：

```
1    void delete(int i, int *Av, int SL)
2    {     int j, k, m;
3          if(i<1 || i>ListLength(SL))      /*删除位置不合理*/
4         {   printf("删除位置不合理! ");
5           return ERROR;
6         }
7         else
8         {   k=space[SL]->next;            /* k 为静态链表的第一个元素的下标值*/
9             for(m=1, m<i-1; m++)          /*寻找第 i-1 个元素的位置 k */
10                 k=space[k]->next;
11            j=space[k]->next;
12            space[k]->next=space[j]->next;     /*从静态链表中删除第 i 个元素*/
13            freenode(AV, j)               /*将第 i 个元素占据的空间回收，即将其连入备用表*/
14        }
15   }
```

读者可将静态链表的插入、删除算法与前面单链表的相应算法进行比较，除一些描述方法有些区别外，算法思路是相同的。有关基于静态链表上的其他线性表的操作基本与动态链表相同，这里不再赘述。

4. 双向链表

以上讨论的单链表的结点中只有一个指向其后继结点的指针域 next，因此若已知某结点的指针为 p，则其后继结点的指针为 p->next，而找其前驱结点只能从该链表的头指针开始，顺着各结点的 next 域进行。也就是说，找后继结点的时间复杂度是 O(1)，找前驱结点的时间复杂度是 O(n)，如果希望找前驱结点的时间复杂度达到 O(1)，则只能付出空间的代价，即每个结点再加一个指向前驱结点的指针域。双向链表中结点的结构如图 2.26 所示，由这种结点组成的链表称为双向链表。单链表只能向一个方向前进，双向链表既可向前也可向后，但其在方便操作的同时，将占用更多的资源，因此在使用时要根据具体场景来决定选用何种数据结构。

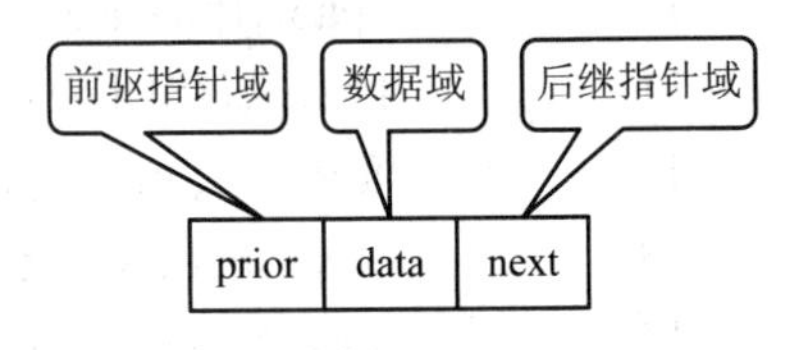

图 2.26　双向链表中结点的结构

双向链表结点的定义如下：

```
typedef struct DLnode
{
    datatype data;
    struct DLnode *prior, *next;
}DLNode, *DLinkList;
```

和单链表类似，双向链表通常也是用头指针表示的，也可以带头结点。类似于循环单链表，可将双向链表做成循环结构，使双向链表中最后一个结点的指针 next 指向表头结点，表头结点的指针 prior 指向表中最后一个结点。图 2.27 是带头结点的双向循环链表示意图。

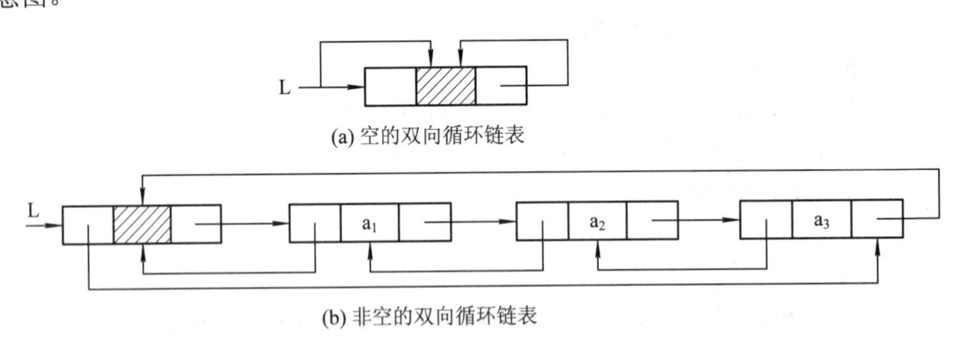

图 2.27　带头结点的双循环链表示意图

显然通过某结点的指针 p，既可以直接得到它的后继结点的指针 p->next，也可以直接得到它的前驱结点的指针 p->prior。这样在有些操作中需要找前驱结点时，则无需再用循环。从下面的插入和删除运算中可以看到这一点。

设 p 指向双向循环链表中的某一结点，即 p 是该结点的指针，则 p->prior->next 表示的是 *p 结点的前驱结点的后继结点的指针，即与 p 相等；类似地，p->next->prior 表示的是 *p 结点之后继结点的前驱结点的指针，也与 p 相等，所以有以下等式：

p->prior->next = p = p->next->prior

1) 双向链表中结点的插入

设 p 指向双向链表中某结点，s 指向待插入的值为 x 的新结点，将*s 插入*p 结点的前面。插入结点操作示意图如图 2.28 所示。

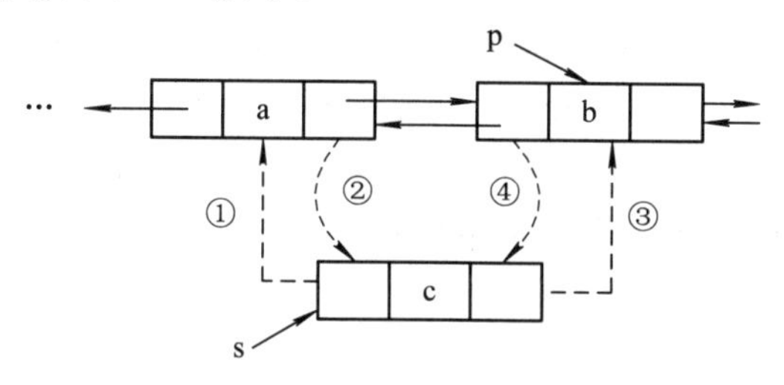

图 2.28 双向链表中插入结点操作示意图

操作代码如下：

① s->prior = p->prior;

② p->prior->next=s;

③ s->next = p;

④ p->prior = s;

指针操作的顺序不是唯一的，但也不是任意的，操作①必须要放到操作④的前面完成，否则 *p 的前驱结点的指针就丢掉了。读者把每条指针操作的含义搞清楚，就不难理解了。

2) 双向链表中结点的删除

设 p 指向双向链表中某结点，删除*p 结点。删除结点操作示意图如图 2.29 所示。

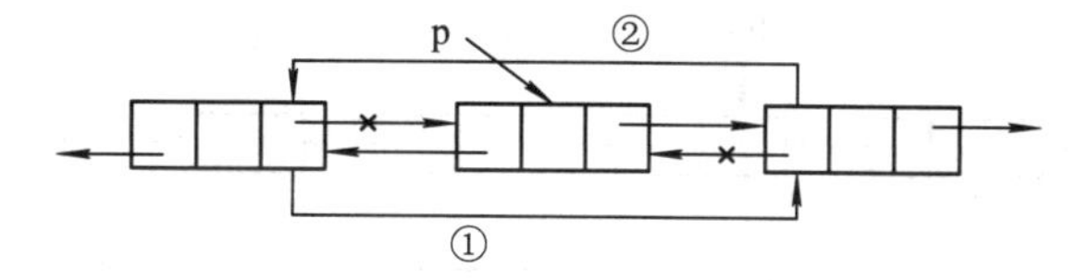

图 2.29 双向链表中删除结点操作

操作代码如下：

① p->prior->next=p->next;

② p->next->prior=p->prior;

③ free(p);

从双向循环链表中的任意结点开始，都可以很方便地访问该结点的前驱和后继结点，这种结构的查找、插入、删除等操作非常方便，双向循环链表是鸿蒙轻内核最重要的数据结构之一。

5. 链表应用举例

例 2.6 以单链表表示集合，假设集合 A 用单链表 LA 表示，集合 B 用单链表 LB 表示，设计算法求两个集合的差，即 A–B。

算法思想：由集合运算的规则可知，集合的差 A–B 中包含所有属于集合 A 而不属于集合 B 的元素。对于集合 A 中的每个元素 e，在集合 B 的链表 LB 中进行查找，若存在与 e 相同的元素，则从 LA 中将其删除。具体步骤如下：

Step1：初始化指针 pre 指向 LA 的头结点，即 pre=LA；指针 p 指向 LA 中的第一个元素，即 p=LA->next。

Step2：如果 p 不为空，则在 LB 中查找指针 p 指向的结点元素；如果 p 为空，则退出并结束。

Step3：如果找到，则在 LA 中删除指针 p 指向的结点，且指针 pre、p 平行后移，即 pre = p，p = p->next；否则，指针 pre、p 平行后移，转 Step2。

设 A = {5, 10, 8, 6 }，B = {8, 6, 20}，则初始化单链表如图 2.30 所示，指针 p 指向 LA 中的第一个结点，而指针 pre 始终指向 p 的前驱结点。

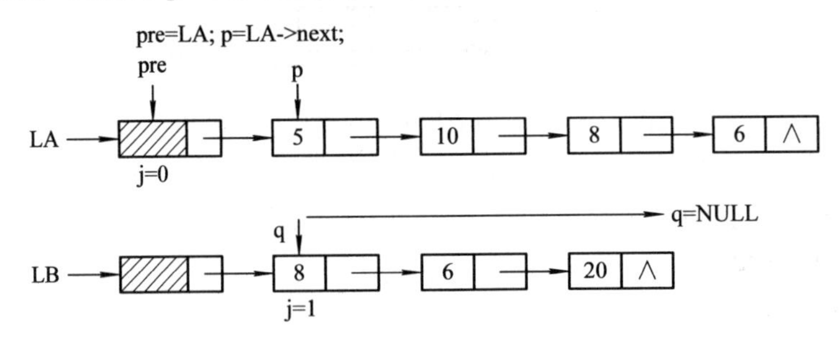

图 2.30　初始化单链表

如图 2.30 所示指针 p 指向 LA 中的第一个结点，在 LB 中查找 p->data，没找到，则令指针 p 指向下一个结点，而 pre 指针始终指向 p 的前驱结点，即 pre=p，p=p->next，如图 2.31 所示。

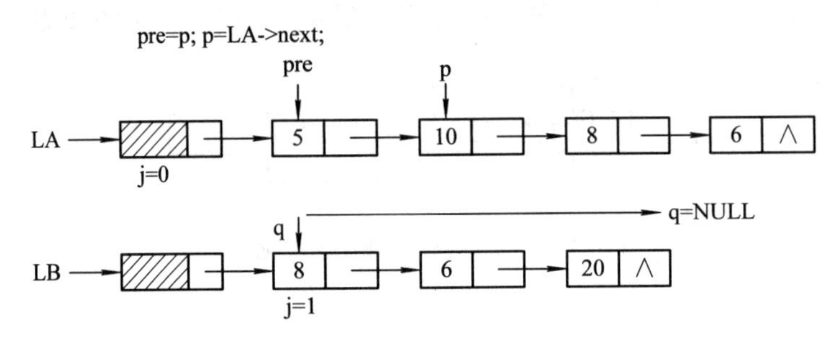

图 2.31　过程示例 1

如图 2.31 所示指针 p 指向 LA 中的第二个结点，在 LB 中查找 p->data，没找到，则令指针 p 指向下一个结点，而指针 pre 始终指向 p 的前驱结点，即 pre=p，p=p->next，如图 2.32 所示。

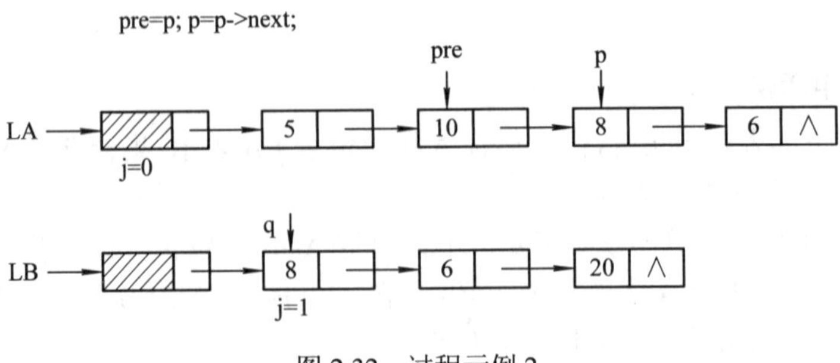

图 2.32　过程示例 2

如图 2.32 所示指针 p 指向 LA 中的第三个结点，在 LB 中查找 p->data，找到了，则将 p 指向结点删除，且指针 p 指向下一个结点，即 r=p，pre->next=p->next，p=p->next，free(r)，如图 2.33 所示。

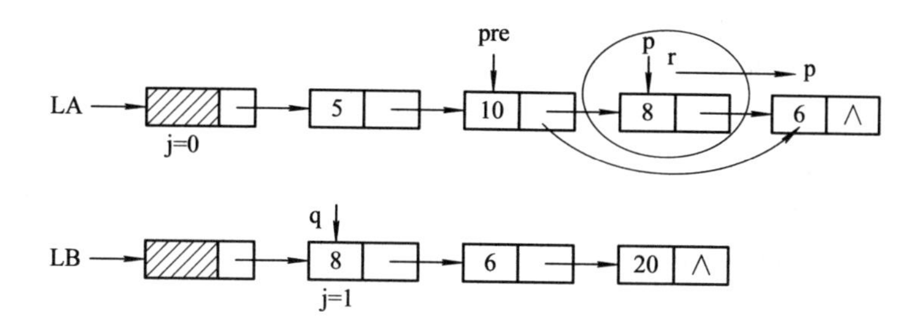

图 2.33　过程示例 3

如图 2.33 所示，指针 p 指向 LA 中最后一个结点，类似的方式，继续在 LB 中查找 p->data，找到了，则将 P 指向结点删除，且指针 p 指向下一个结点，即 r=p，pre->next=p->next，p=p->next，free(r)，如图 2.34、图 2.35 所示。

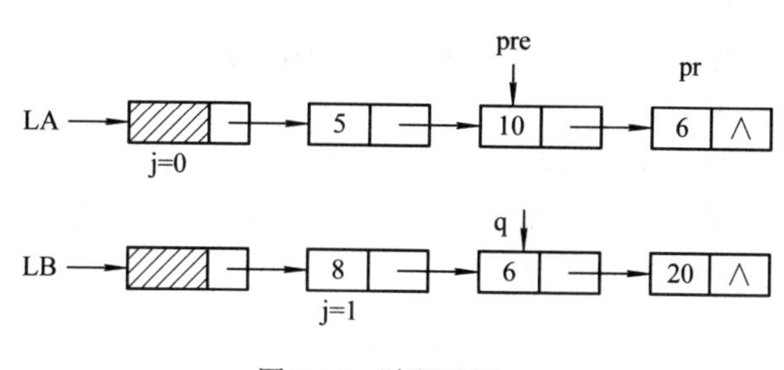

图 2.34　过程示例 4

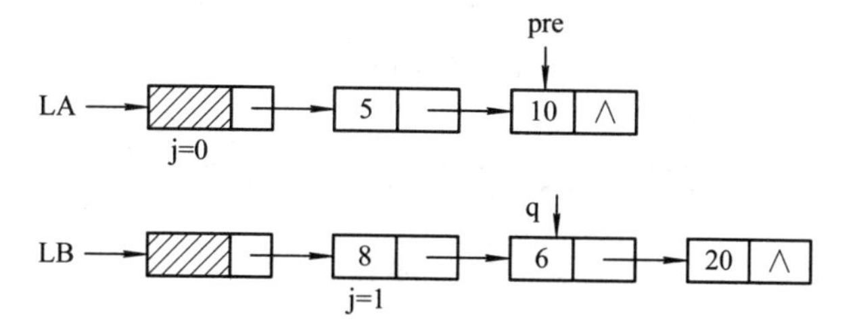

图 2.35　过程示例 5

算法如下：

```
1    void   Difference(LinkList LA, LinkList LB)
2    {    /*此算法求两个集合的差集*/
3         LinkList   pre,   p,   r;
4         pre=LA;   p=LA->next;   /* p 指向 LA 中的某一结点，而 pre 始终指向 p 的前驱*/
5         while(p!=NULL)
6         {   q=LB->next;
7              while(q!=NULL&&q->data! = p->data)
8                  q=q->next;
```

```
9           if(q!=NULL)
10          {   r=p;
11              pre->next=p->next;
12              p=p->next;
13              free(r);
14          }
15          else
16          {   pre=p;
17              p=p->next;
18          }
19      }   /* while(p!=NULL)*/
20  }
```

该算法对于 LA 中的每个元素 e，在链表 LB 中进行查找，有双重循环，外层循环的次数为 LA 的长度 m，内层循环的次数为 LB 的长度 n，所以，该算法的时间复杂度为 O(m×n)。该算法没有使用额外空间。

例 2.7 有两个带头结点的循环单链表 LA、LB，编写一个算法，将两个循环单链表合并为一个循环单链表，其头指针为 LA。

算法思想：先找到两个链表的表尾，并分别由指针 p、q 指向它们，然后将第一个链表的表尾与第二个链表的第一个结点连接起来，并修改第二个链表的表尾，使它的链域指向第一个链表的头结点，如图 2.36 所示。

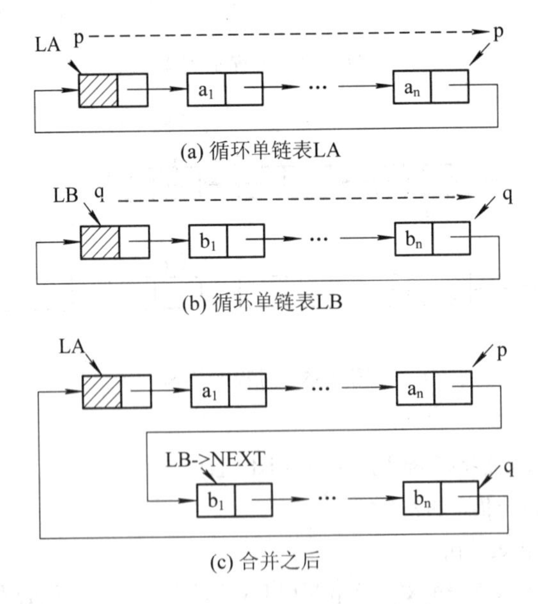

图 2.36 LA 和 LB 合并示意图

算法如下：

```
1   LinkList merge1(LinkList LA, LinkList LB)
2   {   /*此算法将两个循环单链表的首尾连接起来*/
```

```
3        LinkList p, q;
4        p=LA;
5        q=LB;
6        while(p->next!=LA)   p=p->next;        /*找到链表 LA 的表尾，用 p 指向它*/
7        while(q->next!=LB)   q=q->next;        /*找到链表 LB 的表尾，用 q 指向它*/
8        q->next=LA;              /*修改链表 LB 的尾指针，使之指向链表 LA 的头结点*/
9        p->next=LB->next;        /*修改链表 LA 的尾指针，使之指向链表 LB 中的第一个结点*/
10       free(LB);
11       return(LA);
12   }
```

显然，该算法的时间复杂度为两个链表长之和。

2.3 顺序表和链表的比较

顺序表和链表各自的优缺点如下。

1. 顺序表

顺序表有三个优点：

(1) 方法简单，各种高级语言中都有数组，容易实现。

(2) 不用为表示结点间的逻辑关系而增加额外的存储开销。

(3) 具有按元素序号随机访问的特点。

顺序表有两个缺点：

(1) 在顺序表中做插入、删除操作时，平均移动大约表中一半的元素，因此对 n 较大的顺序表的操作效率低。

(2) 需要预先分配足够大的存储空间，若预先分配存储空间过大，则可能会导致顺序表后部大量闲置；若预先分配过小，又会造成溢出。

2. 链表

链表的优缺点恰好与顺序表相反。在实际中选取存储结构通常有以下几点考虑：

(1) 基于存储空间的考虑。顺序表的存储空间是静态分配的，在程序执行之前必须明确规定它的存储规模，也就是说事先对“MAXSIZE”要有合适的设定，设定过大造成浪费，设定过小造成溢出。可见若对线性表的长度或存储规模难以估计时，则不宜采用顺序表；链表不用事先估计存储规模，但链表的存储密度较低。存储密度是指一个结点中数据元素所占的存储单元和整个结点所占的存储单元之比。显然链式存储结构的存储密度是小于 1 的。

(2) 基于运算的考虑。在顺序表中按序号访问 a_i 的时间复杂度为 O(1)，而链表中按序号访问的时间复杂度为 O(n)，所以如果经常做的运算是按序号访问数据元素，那么显然顺序表优于链表；而在顺序表中做插入、删除操作时，平均移动表中一半的元素，当数据元素的信息量较大且表较长时，这一点是不应忽视的；在链表中做插入、删除操作时，虽然也要找插入位置，但主要是比较操作，从这个角度考虑显然后者优于前者。

(3) 基于环境的考虑。顺序表容易实现，任何高级语言中都有数组类型，链表的操作是基于指针的，相对来讲前者简单些。

总之，顺序表和链表各有优缺点，选择哪一种由实际问题中的主要因素决定。通常“较稳定”的线性表选择顺序表，而频繁做插入、删除操作的即动态性较强的线性表宜选择链表。希望同学们能不断提高自己从事物表象看本质的能力，在解决问题时抓住问题的主要矛盾，以便选择合适的处理方式。

本章知识点总结

线性表是整个数据结构课程学习的重点，链表是整个数据结构课程的重中之重。本章介绍了线性表的存储结构以及两种存储结构上各种操作的实现，其核心知识点总结如图2.37所示。

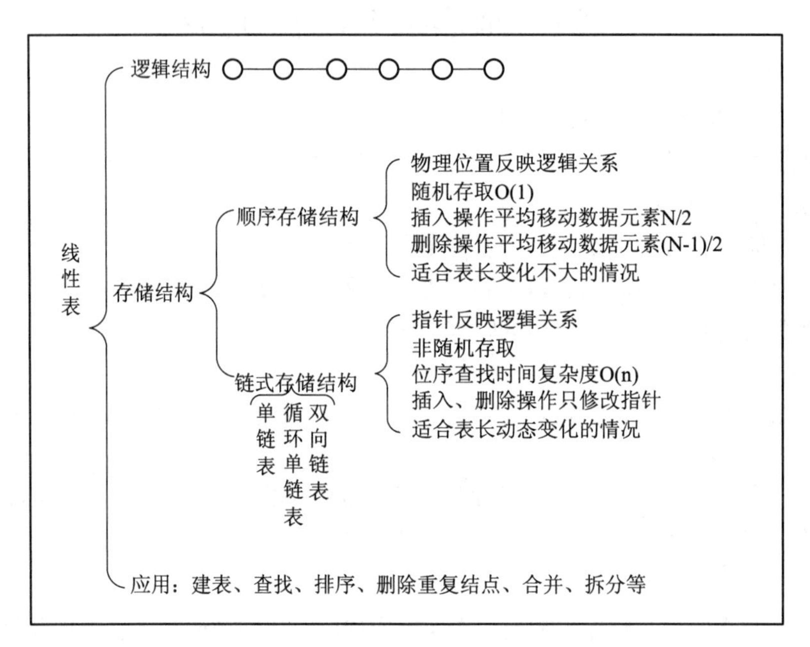

图 2.37　本章核心知识点总结

1. 线性表的特点

线性表的特点如下：

(1) 线性表由同一类型的数据元素组成。

(2) 线性表中的数据元素个数是有限的，表长就是表中数据元素的个数。

(3) 存在唯一的“第一个”数据元素和“最后一个”数据元素。

(4) 除第一个数据元素外，每个数据元素均有且只有一个前驱元素。

(5) 除最后一个数据元素外，每个数据元素均有且只有一个后继元素。

2. 线性表的顺序存储

线性表的顺序存储是指在计算机中用一组地址连续的存储单元依次存储线性表的各个

数据元素，数据元素之间的逻辑关系通过存储位置来反映。顺序表具有按数据元素的序号随机存取的特点，但插入和删除操作需要移动大量的数据元素。

3. 线性表的链式存储

线性表的链式存储不需要用地址连续的存储单元来实现，因为它不要求逻辑上相邻的两个数据元素物理位置上也相邻，它是通过“链”建立起数据元素之间的逻辑关系的。线性链表的插入、删除操作不需要移动数据元素。

链表可分为单链表、循环单链表和双向链表。链表是常用的存储方式，不仅可以用来表示线性表，而且可以用来表示各种非线性的数据结构。

一定注意理解链表中头指针、头结点和第一个元素结点三个概念。单链表中有无头结点的区别如下：

(1) 若无头结点，则在第一个数据元素前插入元素或删除第一个数据元素时，链表的头指针在变化。

(2) 若有头结点，则任何位置的插入或删除操作都将统一。

线性链表的插入、删除操作虽然不需要移动数据元素，但需要查找插入、删除位置，所以时间复杂度仍然是 O(n)。

习　题

1. 试述线性表的顺序存储与链式存储的优缺点。

2. 试述头指针、头结点、第一个元素结点三个概念的区别。

3. 常言道：“尺有所短，寸有所长”，顺序表、链表各有优缺点，请问：何时选用顺序表、链表作为线性表的存储结构?

4. 在顺序表中插入和删除一个结点需平均移动多少个结点？具体的移动次数取决于哪两个因素?

5. 为什么在循环单链表中设置尾指针比设置头指针更好？

6. 在单链表、双向链表和循环单链表中，若仅知道指针 p 指向某结点，不知道头指针，能否将结点*p 从相应的链表中删除？若可以，其时间复杂度各为多少?

7. 下述算法的功能是什么?

```
typedef struct node
{ /*结点类型定义*/
   DataType data;              /*结点的数据域*/
   struct node *next;          /*结点的指针域*/
}ListNode, *LinkList;
LinkList Demo(LinkList L)
{ /* L 是无头结点单链表*/
    ListNode *Q, *P;
    if(L&&L->next)
```

```
    {   Q=L;
        L=L->next;
        P=L;
        while(P->next)
           P=P->next;
        P->next=Q;
        Q->next=NULL;
    }
    return L;
}
```

8. 画出执行下列各行语句后各指针及链表的示意图。

```
L=(LinkList)malloc(sizeof(LNode));
P=L;
for(i=1; i<=4; i++)
{   P->next=(LinkList)malloc(sizeof(LNode));
    P=P->next;
    P->data=i*2-1;
}
P->next=NULL;
```

9. 已知 L 是不带头结点的单链表，且 P 结点既不是第一个元素结点，也不是最后一个元素结点，试从下列提供的答案中选择合适的语句序列。过程示意图如图 2.38 所示。

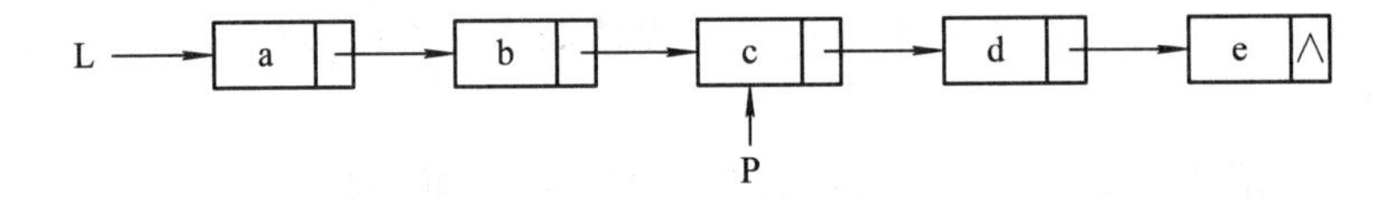

图 2.38　插入过程示意图

a. 在 P 结点后插入 S 结点的语句序列是__________________。

b. 在 P 结点前插入 S 结点的语句序列是__________________。

c. 在表头插入 S 结点的语句序列是__________________。

d. 在表尾插入 S 结点的语句序列是__________________。

(1) P->next=S;　　(2) P->next=P->next->next;

(3) P->next=S->next;　　(4) S->next=P->next;

(5) S->next=L;　　(6) S->next=NULL;

(7) Q=P;　　(8) while(P->next!=Q) P=P->next;

(9) while(P->next!=NULL) P=P->next;　　(10) P=Q;

(11) P=L;　　(12) L=S;

(13) L=P;

10. 已知 L 是带表头结点的非空单链表(如图 2.39 所示)，且 P 结点既不是第一个元素结点，也不是最后一个元素结点，试从下列提供的答案中选择合适的语句序列。

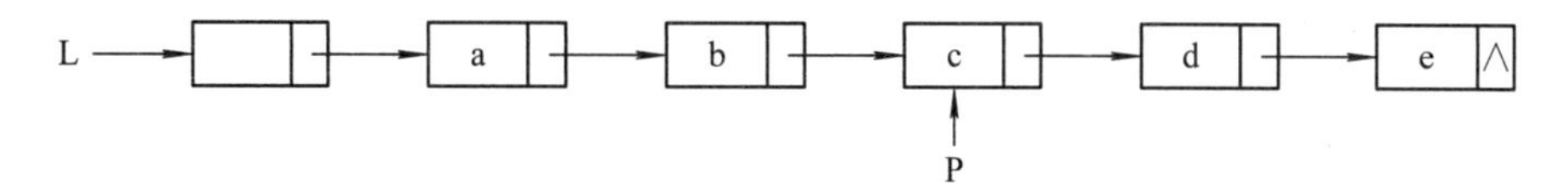

图 2.39　单链表 L

a. 删除 P 结点的直接后继结点的语句序列是____________________。

b. 删除 P 结点的直接前驱结点的语句序列是____________________。

c. 删除 P 结点的语句序列是____________________。

d. 删除第一个元素结点的语句序列是____________________。

e. 删除最后一个元素结点的语句序列是____________________。

(1) P=P->next;　　(2) P->next=P;

(3) P->next=P->next->next;　　(4) P=P->next->next;

(5) while(P!=NULL) P=P->next;　　(6) while(Q->next!=NULL) { P=Q; Q=Q->next; }

(7) while(P->next!=Q) P=P->next;　　(8) while(P->next->next!=Q) P=P->next;

(9) while(P->next->next!=NULL) P=P->next;

(10) Q=P;　　(11) Q=P->next;

(12) P=L;　　(13) L=L->next;

(14) free(Q);

11. 已知 P 结点是某双向链表的中间结点，试从下列提供的答案中选择合适的语句序列，并画出过程图。

a. 在 P 结点后插入 S 结点的语句序列是________________________。

b. 在 P 结点前插入 S 结点的语句序列是________________________。

c. 删除 P 结点的直接后继结点的语句序列是________________________。

d. 删除 P 结点的直接前驱结点的语句序列是________________________。

e. 删除 P 结点的语句序列是________________________。

(1) P->next=P->next->next;　　(2) P->prior=P->prior->prior;

(3) P->next=S;　　(4) P->prior=S;

(5) S->next=P;　　(6) S->prior=P;

(7) S->next=P->next;　　(8) S->prior=P->prior;

(9) P->prior->next=P->next;　　(10) P->prior->next=P;

(11) P->next->prior=P;　　(12) P->next->prior=S;

(13) P->prior->next=S;　　(14) P->next->prior=P->prior;

(15) Q=P->next;　　(16) Q=P->prior;

(17) free(P);　　(18) free(Q);

12. 算法设计需要设计人员有精益求精、追求极致的工匠精神。请指出以下算法中的错误和低效之处，并将它改写为一个既正确又高效的算法。

```
Status DeleteK(SeqList *a,int i,int k)
```

```
{   /*从顺序存储结构的线性表 a 中删除第 i 个元素起的 k 个元素*/
  if(i<1 || k<0 || i+k>a->last                    /*参数不合法*/
     return INFEASIBLE;
  else
  {   for(count=1; count<k; count++)              /*删除第一个元素*/
       {   for(j=a->last; j>=i+1; j--)
                a->elem[j-i]=a->elem[j];
           a->last--;
       }
   return OK;
   }
}
```

13. 高效的算法是指少用时间、少用空间。试分别用顺序表和单链表作为存储结构，设计高效的算法，实现将线性表(a_0, a_1, …, a_{n-1})就地逆置的操作。所谓“就地”，是指辅助空间复杂度应为O(1)。

14. 一辆汽车在起步阶段时其速度是递增的，现用一个顺序表记录汽车起步阶段的速度。设顺序表 va 中的数据元素递增有序，试设计一算法将 x 插入顺序表的适当位置，以保持该表的有序性。

15. 文字接龙是中国特有的一种文字游戏。现有两个字符串分别存放在两个单链表中，已知指针 L1、L2 分别指向这两个单链表的头结点，并且两个单链表的长度分别为 m 和 n。试设计一算法将这两个单链表连接在一起(即令其中一个单链表的第一个元素结点连在另一个单链表的最后一个元素结点之后)。要求算法以尽可能短的时间完成连接运算，请分析算法的时间复杂度。

16. 已知单链表 L 是一个递增有序表，试设计一高效算法删除表中值大于 min 且小于 max 的结点(若表中有这样的结点)，同时释放被删结点的空间(这里 min 和 max 是两个给定的参数)，并分析算法的时间复杂度。

17. 假设有两个按元素值递增有序排列的线性表 A 和 B，均以单链表作为存储结构，请设计一算法将 A 表和 B 表归并成一个按元素值递减有序(即非递增有序，允许表中含有值相同的元素)排列的线性表 C，并要求利用原表(即 A 表和 B 表)的结点空间构造 C 表。

18. 李明同学利用线性链表编写了一个文字统计小助手软件，该线性链表中含有三类字符的数据元素(如字母字符、数字字符和其他字符)，现需要使该软件具备分离文字的功能，试设计一算法将该线性链表分割为三个循环单链表，其中每个循环单链表表示的线性表中均只含一类字符。

19. 设计一算法将单链表中值重复的结点删除，使所得的结果表中各结点值均不相同。

20. 设有一个双向链表，每个结点中除有 prior、data 和 next 三个域外，还有一个访问频度域 freq，在链表被启用之前，其值均初始化为 0。每当在链表进行一次 LocateNode(L, x)运算时，令元素值为 x 的结点中 freq 的值加 1，并调整表中结点的次序，使其按访问频度的递减序排列，以便使频繁访问的结点总是靠近表头。试设计一符合上述要求的 LocateNode 运算的算法。

21. 设以带头结点的双向链表表示的线性表为 $L=(a_1, a_2, \cdots, a_n)$，试设计一时间复杂度为 $O(n)$ 的算法，将 L 改造为 $L = (a_1, a_3, \cdots, a_n \cdots, a_4, a_2)$。

22. 已知有一个循环单链表，其每个结点中均含有三个域：pre、data 和 next，其中 data 为数据域，next 为指向后继结点的指针域，pre 也为指针域，但它的值为空。试设计一算法将此循环单链表改为双向链表，即使 pre 成为指向前驱结点的指针域。

第三章 栈和队列

栈和队列是两种插入和删除操作位置受限的线性表。栈只允许在表的一端进行插入或删除操作；队列只允许在表的一端进行插入操作，在另一端进行删除操作。栈和队列在软件系统中应用十分广泛，它们可以用来完成数据序列的特殊变换。

教学目标：

使学生掌握栈和队列的特点，并能在相应的应用问题中正确选用它们；熟练掌握栈的两种实现方法；熟练掌握循环队列和链队列的基本操作实现算法；理解递归算法执行过程中栈的状态变化过程；在此基础上了解应用栈与队列解决实际问题的思想及方法。

思政目标：

(1) 栈的特点是“先进后出”，规则严明，使学生明白“严明的纪律是战无不胜的法宝”，引导学生“严于律己，出而见之事功”。

(2) 引导学生讲文明从有序排队开始，遵守社会秩序，践行社会主义核心价值观，争做文明公民。

3.1 栈的定义及基本操作

3.1.1 栈的定义

我们大家都有上网的经历，在打开若干个网页之后，要回到上一个网页，会用到“后退”按钮。如果我们依次点击“后退”按钮就可以按照访问顺序的逆序加载浏览过的网页。

Word、Excel 等文档或图像编辑软件中，都有“撤销”操作，这些操作就是用“栈”来实现的，当然不同的软件具体实现的代码会有很大差异，但是原理其实都是一样的，如图 3.1 所示。

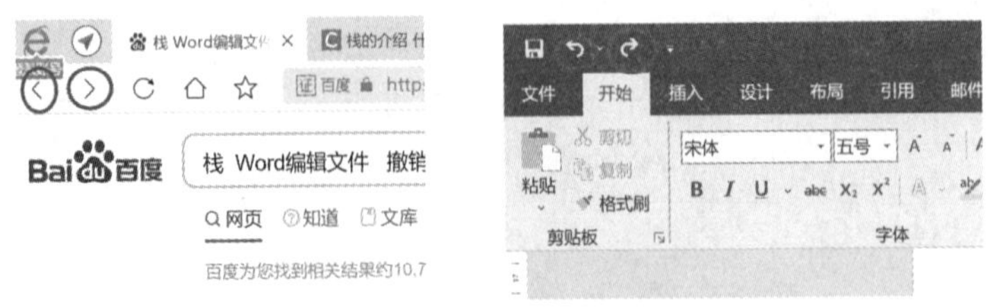

图 3.1 网页及 word 中的后退与撤销按钮

栈(Stack)是限定在表尾进行插入和删除操作的一种线性表，它具有一般线性表的共性，其个性体现在插入和删除操作限制在线性表的一端进行。通常将允许进行插入、删除操作的一端称为栈顶(top)，另一端称为栈底(bottom)。栈底是固定的，最先插入的元素只能在栈底，最后插入的元素在栈顶；而删除操作刚好相反，最先删除最后插入的元素，最后删除最先插入的元素。

栈的插入操作被形象地称为进栈或者入栈，也称压栈；栈的删除操作称为出栈或退栈，也叫弹出。

由此可看出，栈的特点是“先进后出”。利用栈的这一特点可解决一大类计算机领域的问题，比如“中断”“函数的调用”“递归方法的实现”等。

不含任何元素的栈称为空栈。栈是一种后进先出(last in first out)的线性表，简称为LIFO 表。

如图 3.2(a)所示的栈中，元素是依 a_1, a_2, …, a_n 的顺序进栈的，退栈的第一个元素是栈顶元素。a_1 是栈底元素，a_n 是栈顶元素。

图 3.2(b)所示的铁路调度栈形象地表示了栈的特点。

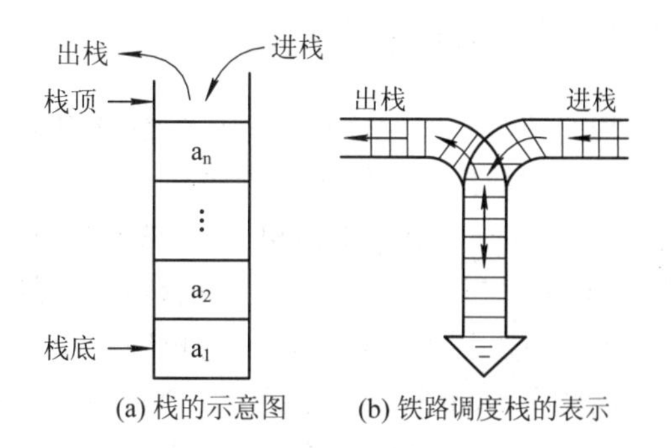

(a) 栈的示意图　(b) 铁路调度栈的表示

图 3.2　栈示意图和应用

栈对线性表的插入和删除的位置有限制，但是值得注意的是，没有对插入和删除元素的时间进行限制。所以，并不是说元素依 a_1, a_2, …, a_n 的顺序进栈的过程中不允许元素出栈。例如，1, 2, 3 依次进栈，会有以下出栈次序：

(1) 1，2，3 进，再 3，2，1 出。出栈次序：321。

(2) 1 进，1 出，2 进，2 出，3 进，3 出。出栈次序：123。

(3) 1 进，2 进，2 出，1 出，3 进，3 出。出栈次序：213。

(4) 1 进，1 出，2 进，3 进，3 出，2 出。出栈次序：132。

(5) 1 进，2 进，2 出，3 进，3 出，1 出。出栈次序：231。

有没有 312 的出栈次序呢？不会有，因为 3 先出栈，意味着 3 进过栈；若 3 进过栈，则 1、2 已经在栈里了，而 1 是栈底，3 是栈顶，故出来的次序只能是 321。

3.1.2 基本操作

栈的基本操作除了在栈顶进行插入或删除，还有栈的初始化、判空及读栈顶元素等。常用的基本操作如下：

(1) 初始化 Init_Stack(S)：构造一个空栈。

(2) 判空 Empty_Stack(S)：栈 S 存在，若 S 为空栈，则返回为 1，否则返回为 0。

(3) 入栈 Push_Stack(S, x)：栈 S 已存在且不满，在栈 S 的顶部插入一个新元素 x，x 成为新的栈顶元素。

(4) 出栈 Pop_Stack(S)：栈 S 存在且非空，将栈 S 的顶部元素从栈中删除，栈中少了一个元素。

(5) 读栈顶元素 Top_Stack(S)：栈 S 存在且非空，栈顶元素作为结果返回。

栈本身就是一个线性表，第二章所讨论的线性表的两种存储结构同样适合栈操作。

3.2 栈的存储结构

栈是一种线性表的特例，所以其存储结构是线性表存储结构的一种简化。使用顺序存储结构的栈称为顺序栈，使用链式存储结构的栈称为链栈。

3.2.1 栈的顺序存储结构

栈的插入和删除位置设定在线性表的表尾，所以，在用顺序存储结构存储栈时，存储数据元素的数组和线性表的顺序存储结构一致，用一个预设足够大的一维数组来存储数据元素：datatype elem[MAXSIZE]。栈底位置可以设置在数组的 0 下标端，也可以设置在数组的 MAXSIZE-1 下标端，相应的栈顶位置也随之改变。

通常将下标为 0 的一端作为栈底，用一个位置指针 top 作为栈顶，指明当前栈顶的位置，同样将 elem 和 top 封装在一个结构中。顺序栈的类型描述如下：

```
#define MAXSIZE   <最大元素数>
typedef   struct
{    datatype    elem[MAXSIZE];
     int    top;
} SeqStack;
```

定义一个指向顺序栈的指针：

```
SeqStack    *S;
```

空栈时，栈顶指针 S->top=-1；入栈时，栈顶指针加 1，即 S->top++；出栈时，栈顶指针减 1，即 S->top--。

栈顶指针与栈中数据元素的关系示意图如图 3.3 所示。

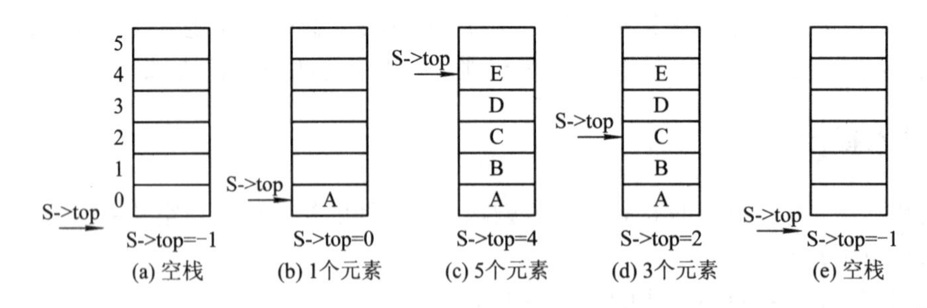

图 3.3　栈顶指针 S->top 与栈中数据元素的关系示意图

图 3.3(a)所示是空栈；图 3.3(b)所示是 A 进栈之后的情形；图 3.3(c)所示是 A、B、C、D、E 共 5 个元素依次入栈之后的情形；图 3.3(d)所示是在图 3.3(c)之后 E、D 相继出栈的情形，此时栈中还有 3 个元素，或许最近出栈的元素 D、E 仍然存储在原先的单元，但指针 S->top 已经指向了新的栈顶，故元素 D、E 已不在栈中；图 3.3(e)所示是栈中元素 C、B、

A 依次出栈后的情形。

在上述存储结构上顺序栈的入栈、出栈操作实现如下。

1. 入栈

在进行入栈操作时，先判断栈是不是满，如栈满，则不能进行入栈操作；否则，将入栈元素插入栈顶，成为新的栈顶元素。

代码如下：

```
1   int Push_SeqStack(SeqStack *S, datatype x)      /*插入数据元素 x */
2   {
3       if(S->top==MAXSIZE-1)                       /*栈满不能入栈*/
4           return 0;
5       else
6       {   S->top++;                               /*栈顶指针加 1 */
7           S->elem[S->top]=x;                      /*将插入数据元素 x 赋给栈顶空间*/
8           return 1;
9       }
10  }
```

2. 出栈

出栈时首先判断栈是不是为空，若栈空，则不能进行出栈操作；否则，用 x 记录栈顶元素，删除栈顶。

代码如下：

```
1   int  Pop_SeqStack(SeqStack *S, datatype *x)
2   {  if(S->top==-1)
3         return 0;                         /*栈空不能出栈*/
4      else
5      {
6          *x=S->elem[S->top];              /*栈顶元素存入*x，返回*/
7          S->top--;                        /*栈顶指针减 1 */
8          return 1;
9      }
10  }
```

说明：

(1) 对于顺序栈，入栈时，首先判断栈是否满了，栈满的条件为 S->top==MAXSIZE-1。栈满时不能入栈，否则会出现空间溢出，产生错误，这种现象称为上溢。

(2) 进行出栈和读栈顶元素操作时，先判断栈是否为空，栈为空时不能进行操作，否则会产生错误，这种现象称为下溢。通常将栈空作为一种控制转移的条件。

在计算机系统软件中，各种高级语言的编译系统都离不开栈的使用。常常一个程序中要用到多个栈，为了不产生上溢错误，必须给每个栈预先分配一个足够大的存储空间，但实际中很难准确地估计其大小。另一方面，若每个栈都预分配过大的存储空间，势必会造成系统空间紧张。若让多个栈共用一个足够大的连续存储空间，则可利用栈的动态特性使它们的存储空间互补。这就是栈的共享邻接空间。

3.2.2 两个栈共享空间

栈的共享中最常见的是两个栈的共享。假设两个栈共享一维数组 stack[MAXSIZE]，则根据“栈底位置不变，栈顶位置动态变化”的特性，确定两个栈底分别为 -1 和 MAXSIZE，而它们的栈顶都往中间方向延伸。因此，只要整个数组 stack[MAXSIZE]未被占满，无论哪个栈的入栈都不会发生上溢。

C 语言定义的这种两栈共享邻接空间结构的代码如下：

```
#define MAXSIZE   <最大元素数>
typedef struct
{
    datatype stack[MAXSIZE];
    int   lefttop;              /*左栈栈顶位置指示器*/
    int   righttop;             /*右栈栈顶位置指示器*/
} dupsqstack;
```

两个栈共享邻接空间示意图如图 3.4 所示。左栈入栈时，栈顶指针加 1，右栈入栈时，栈顶指针减 1。

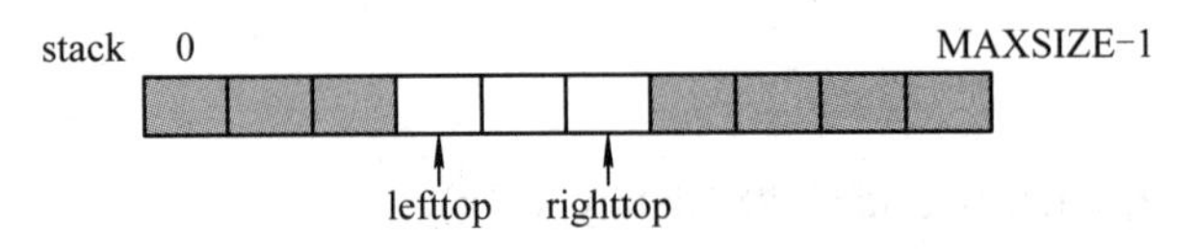

图 3.4 两个栈共享邻接空间示意图

为了识别左右栈，必须另外设定标识：

```
char status;
status='L';     /*左栈*/
status='R';     /*右栈*/
```

在进行栈操作时，需指定栈号：status='L'为左栈，status='R'为右栈。判断栈满的条件为 S->lefttop+1==S->righttop。

下面给出两个栈共享空间时初始化、入栈和出栈操作的算法。

1. 初始化操作

初始化就是创建两个共享邻接空间的空栈，其核心操作是设置左栈和右栈栈顶的初始位置。左栈栈顶为-1，右栈栈顶为 MAXSIZE。代码如下：

```
1   void initDupStack(dupsqstack *S)
2   {
3       S->lefttop= -1;
4       S->righttop=MAXSIZE;
5       }
```

2. 入栈操作

把数据元素 x 压入左栈(status='L')或右栈(status='R')，首先判断是不是栈满。代码如下：

```
1  int pushDupStack(dupsqstack *S, char status, datatype x)
2  {
3      if(S->lefttop+1==S->righttop)          /*栈满*/
4          return 0;
5      if(status=='L')                        /*左栈进栈*/
6          S->stack[++S->lefttop]=x;
7      else
8        if(status=='R')                      /*右栈进栈*/
9            S->stack[--S->righttop]=x;
10       else
11           return 0;                        /*参数错误*/
12    return 1;
13   }
```

3. 出栈操作

从左栈(status='L')或右栈(status='R')退出栈顶元素。代码如下：

```
1   int   popDupStack(dupsqstack *S, char status, datatype *e)
2   {
3       if(status=='L')
4       {
5           if(S->lefttop<0)                    /*左栈为空*/
6             return 0;
7           else
8            {*e=S->stack[S->lefttop--];
9              return   1;                      /*左栈出栈*/
10           }
11       else
12          if(status=='R')
13          {   if(S->righttop> MAXSIZE -1)     /*右栈为空*/
14                return 0;
15              else
16              { *e= S->stack[S->righttop++];
17                return   1;                   /*右栈出栈*/
18                }
19        else
20          return 0;                           /*参数错误*/
21    }
```

3.2.3 栈的链式存储结构

用链式存储结构实现的栈称为链栈。通常用单链表表示链栈，因此其结点结构与单链表的结构相同，在此用 LinkStack 表示，即有

```
typedef struct node
{
    datatype data;
    struct node *next;
}StackNode，*LinkStackptr;
```

说明：top 为栈顶指针，始终指向当前栈顶元素：LinkStackptr top。一般来说，再用一个计数器来记录链栈中数据元素的个数：int count。将 top、count 放在一个结构体中，即可形成如下栈的描述：

```
typedef struct linkStack
{
    LinkStackptr    top;
    int count;
} linkStack;
```

因为栈的主要运算是在栈顶的插入、删除操作，所以将链表的头部作为栈顶是最方便的，而且单链表中常用的头结点在这里也失去了意义，对于链栈来说，不设头结点。

设 linkStack *S；

则将链栈表示成图 3.5 所示的形式。

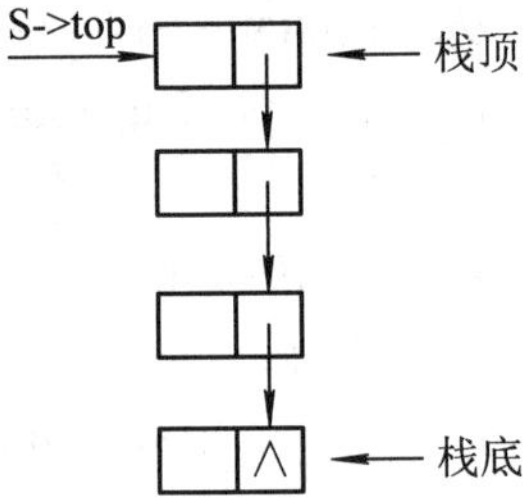

S->top

栈顶

栈底

图 3.5 链栈示意图

链栈基本不存在栈满的情况，除非内存已经没有可使用的空间。假使有这种现象，那么操作系统已经面临崩溃，而不仅是链栈“溢出”的问题了。

对于空栈，头指针为空，即 S->top=NULL。

链栈入栈、出栈操作的实现如下。

1. 入栈

假设元素 x 是要入栈的元素，首先建立一个结点 p，将其数据域赋值为 x，即 p->data=x；然后，将 p 的后继指针指向栈的 S->top，即 p->next=S->top；之后将指针 S->top 指向 p，最后给栈中元素个数加 1。入栈操作过程示意图如图 3.6 所示。

代码如下：

```
1   int Push_LinkStack(LinkStack    *S,    datatype x)
2   {   LinkStackptr    p;
3       if((p=(LinkStackptr)malloc(sizeof(StackNode)))==NULL)
4           return 0;
5       p->data=x;
6       p->next=S->top;      /*把当前栈顶指针元素赋给插入结点的后继*/
```

```
7       S->top=p;              /*把新结点赋给栈顶指针*/
8       S->count++;            /*栈中元素个数加 1*/
9       return  1;
10  }
```

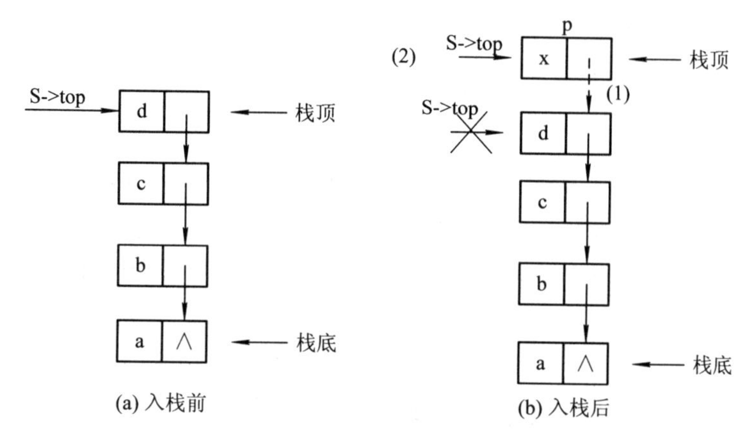

图 3.6 入栈操作过程示意图

2. 出栈

链栈的出栈操作也很简单，栈不空，记录栈顶结点的数据元素，用一个指针 p 指向当前栈顶，栈顶指针下移一位，释放 p 指针指向的结点，栈中元素个数减 1。出栈操作过程示意图如图 3.7 所示。

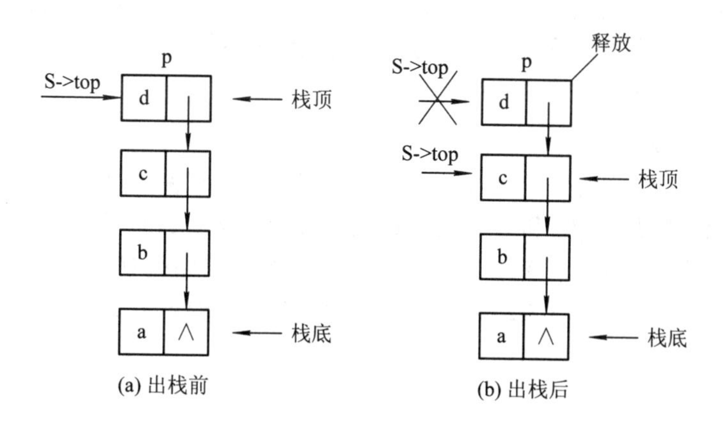

图 3.7 出栈操作过程示意图

代码如下：

```
1  LinkStackptr   Pop_LinkStack(LinkStack *S, datatype *x)
2   {
3       LinkStackptr   p;
4       if(S->top==NULL) return NULL;   /*栈空判断*/
5         else
6         {
```

```
7             *x=(S->top)->data;
8             p=S->top;                      /*栈顶结点赋给 p */
9             S->top=(S->top)->next;         /*栈顶指针下移一位*/
10            free(p);
11            S->count--;
12            return(S->top);
13        }
14    }
```

链栈和顺序栈的进栈、出栈都很简单，没有任何循环，时间复杂度都是 O(1)。对于空间复杂度，栈的这两种存储结构存在的问题和线性表是一致的。

如果栈中元素个数的变化不可预料，那么一般选择链栈；如果变化范围在可控的范围之内，那么建议使用顺序栈会更好。

3.3 栈的应用举例

由于栈的“后进先出”特点，在很多实际问题中都利用栈做一个辅助的数据结构来进行求解，下面通过具体例子进行说明。

表达式求值是高级语言编译中的一个基本问题，是栈的典型应用实例。任何一个表达式都是由操作数(operand)、运算符(operator)和界限符(delimiter)组成的。操作数既可以是常数，也可以是被说明为变量或常量的标识符；运算符可以分为算术运算符、关系运算符和逻辑运算符三类；基本界限符有左右括号和表达式结束符等。

下面我们仅讨论简单的算术表达式求值问题。

1. 中缀表达式求值

例如，10+(5-3)*5 就是一个中缀表达式，也就是我们常说的四则运算表达式。我们这里处理的是理想化状态下的四则运算表达式(即每个二目运算符在两个操作数的中间，假设操作数是整型常数，运算符只含加、减、乘、除等四种，界限符有左右括号和表达式起始、结束符“#”)，例如，#(7+15)*(23-28/4)#。要对一个简单的算术表达式求值，首先要了解算术四则运算的规则，即

(1) 从左到右。

(2) 先乘除，后加减。

(3) 先括号内，后括号外。

运算符和界限符可统称为算符，它们构成的集合命名为 OPS。根据上述三条运算规则，在运算过程中，任意两个前后相继出现的算符 θ_1 和 θ_2 之间的优先关系必为下面三种关系之一：

(1) $\theta_1 < \theta_2$，θ_1 的优先权低于 θ_2。

(2) $\theta_1 = \theta_2$，θ_1 的优先权等于 θ_2。

(3) $\theta_1 > \theta_2$，θ_1 的优先权高于 θ_2。

实现表达式求值算法时需要使用两个工作栈：一个称作 operator，用以存放运算符；另一个称作 operand，用以存放操作数或运算的中间结果。

表达式求值算法的基本过程如下：

(1) 首先初始化操作数栈 operand 和运算符栈 operator，并将表达式起始符“＃”压入运算符栈。

(2) 依次读入表达式中的每个字符，若是操作数，则直接进入操作数栈 operand；若是运算符，则与运算符栈 operator 的栈顶运算符进行优先权比较，并做如下处理：

① 若栈顶运算符的优先级低于刚读入的运算符，则让刚读入的运算符进 operator 栈。

② 若栈顶运算符的优先级高于刚读入的运算符，则将栈顶运算符退栈，送入 θ，同时将操作数栈 operand 退栈两次，得到两个操作数 a、b，对 a、b 进行 θ 运算后，将运算结果作为中间结果推入 operand 栈。

③ 若栈顶运算符的优先级与刚读入的运算符的优先级相同，说明左、右括号相遇，只需将栈顶运算符左括号“(”退栈即可。operator 栈的栈顶元素和当前读入的字符均为“#”时，说明表达式起始符“#”与表达式结束符“#”相遇，整个表达式求解结束。

例 3.1　求 #10+3*2# 的值。

其实现过程如下：

(1) 初始化运算符栈、操作数栈。运算式 #10+3*2# 左边的“#”入运算符栈，如图 3.8 所示。

(2) 从左到右读入表达式 10+3*2#。读入 10，10 是操作数，进栈，如图 3.9 所示。

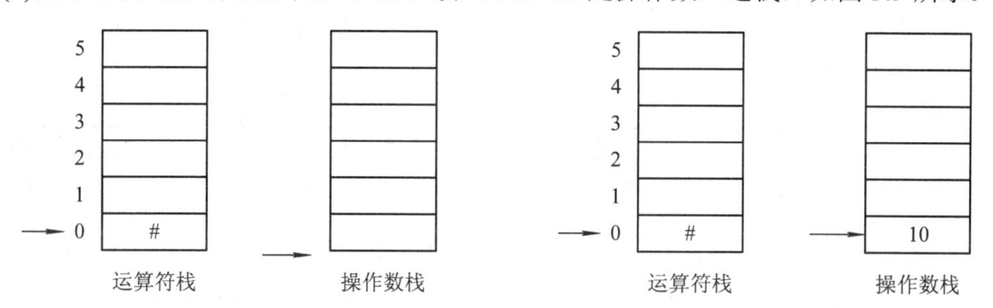

图 3.8　初始化　　　　图 3.9　操作数 10 进栈

(3) 继续读剩余表达式 +3*2#。读入“+”，“+”是运算符，与当前运算符栈顶比较优先级，“#”的优先级低于“+”，“+”入运算符栈，如图 3.10 所示。

(4) 继续读剩余表达式 3*2#。读入 3，3 是操作数，直接入操作数栈，如图 3.11 所示。

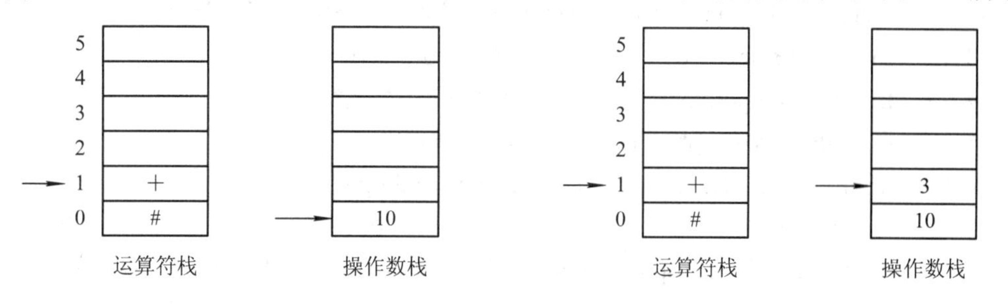

图 3.10　“+”入运算符栈　　　　图 3.11　操作数 3 入操作数栈

(5) 继续读剩余表达式 *2#。读入“*”，“*”是运算符，与当前运算符栈顶比较优先级，当前栈顶“+”的优先级低于“*”，“*”入运算符栈，如图 3.12 所示。

(6) 继续读剩余表达式 2#。读入 2，2 是操作数，直接入操作数栈，如图 3.13 所示。

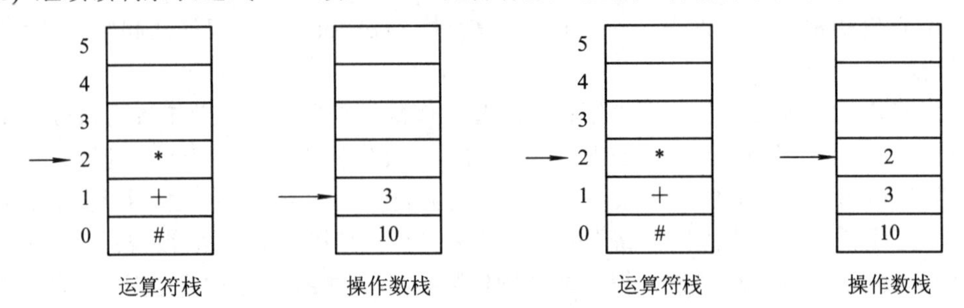

图 3.12 “*”入运算符栈　　　　图 3.13 操作数 2 入操作数栈

(7) 最后读入“#”。“#”是运算符，与当前运算符栈顶符号比较优先级，当前栈顶“*”的优先级高于“#”，运算符栈顶“*”出栈，存储到 θ 中。运算数栈先后出栈两个操作数，依次放入 b、a 中，b=2，a=3。然后进行运算，3*2=6，把 6 再放入操作数栈，如图 3.14 所示。

(8) “#”继续和运算符栈的栈顶符号比较优先级。当前栈顶“+”的优先级高于“#”，运算符栈顶“+”出栈，存储到 θ 中。运算数栈先后出栈两个操作数，依次放入 b、a 中，b=6，a=10。然后进行运算，10+6=16，把 16 再放入操作数栈，如图 3.15 所示。

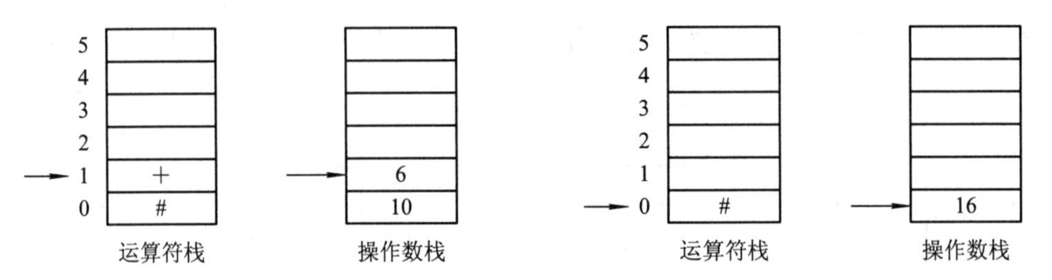

图 3.14 3*2=6，把 6 再放入操作数栈　　　　图 3.15 10 + 6 = 16，把 16 再放入操作数栈

运算符栈的栈顶元素和当前读入的字符均为“#”，说明表达式起始符“#”与表达式结束符“#”相遇，整个表达式求解结束，其结果就是操作数栈的栈顶元素值。

算法如下：

```
1    int ExpEvaluation( )
2    {  /*读入一个简单算术表达式并计算其值*/
       /*operator 和 operand 分别为运算符栈和运算数栈，OPS 为运算符集合*/
3      InitStack(&operand);           /*初始化运算数栈*/
4      InitStack(&operator);          /*初始化运算符栈*/
5      PushStack(&operator, '#');     /*#入运算符栈*/
6      printf(" \n\n Please input an expression(Ending with #) :");
7      ch=getchar( );                 /*读入表达式中的一个字符*/
8      while(ch!='#'||GetTop(operator)!='#')    /* GetTop( )通过函数值返回栈顶元素*/
9      {
10       if(!In(ch, OPS))             /*判断 ch 是否运算符*/
11       {  a=GetNumber(&ch);         /*用 ch 逐个读入操作数的各位数码，并转化为十进制数 a */
```

```
12              PushStack(&operand,a);
13          }
14          else
15             switch(Compare(GetTop(operator),ch))
16             {   case   '<':   PushStack(&operator, ch);
17                               ch=getchar( );    break;
18                 case   '=':   PopStack(&operator,&x);
19                               ch=getchar( );    break;
20                 case   '>':   PopStack(&operator, &op);
21                               PopStack(&operand, &b);
22                               PopStack(&operand, &a);
23                               v=Execute(a, op, b);       /*对 a 和 b 进行 op 运算*/
24                               PushStack(&operand, v);
25                               break;
26                 }
27         }
28         v=GetTop(operand);
29         return(v);
30    }
```

为了处理方便，编译程序常把中缀表达式首先转换成等价的后缀表达式，后缀表达式的运算符在运算对象之后。在后缀表达式中，不再引入括号，所有的计算按运算符出现的顺序，严格从左向右进行，而不再考虑运算规则和级别。中缀表达式“(a+b*c)-d/e”的后缀表达式为“abc*+de/-”。

2. 后缀表达式求值

计算一个后缀表达式的算法比计算一个中缀表达式简单得多。为了简化问题，限定运算数的位数仅为一位且忽略了数字字符串与相对应的数据之间的转换问题。

例 3.2 计算 3*2-5 的后缀表达式 32*5-的值。

处理规则：从左到右遍历表达式的每个数字和符号，遇到是数字就进栈，遇到是运算符就将栈顶的两个数字出栈，进行运算，运算结果入栈，一直到最终获得结果。这时送入栈顶的值就是结果。

后缀表达式 32*5-的计算过程如下：

(1) 初始化一个空栈，此栈用来对参与运算的数字进行存储使用，如图 3.16(a)所示。

(2) 3、2 都是数字，入栈，如图 3.16(b)所示。

(3) 遇到运算符“*”，栈顶 2 出栈，栈顶 3 出栈，进行 3*2 运算，结果 6 入栈，如图 3.16(c)。

(4) 遇到数字 5，入栈，如图 3.16(d)所示。

(5) 遇到运算符“-”，栈顶 5 出栈，6 出栈，进行 6-5 运算，结果 1 入栈，如图 3.16(e)。

(6) 表达式结束，当前栈顶即为结果。

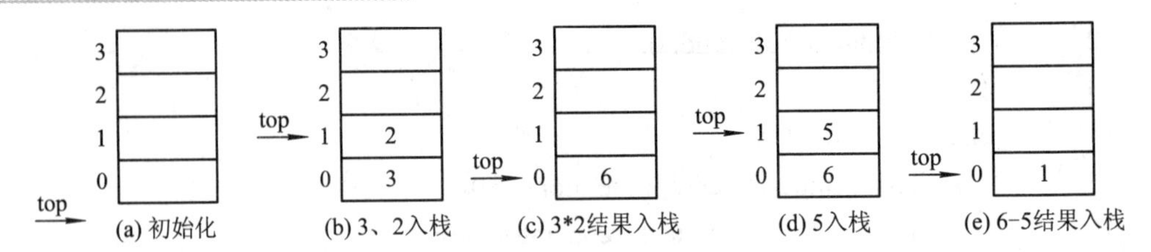

图 3.16 后缀表达式 32*5-的计算过程

下面是后缀表达式求值的算法。在下面的算法中假设每个表达式是合乎语法的，并且假设后缀表达式已被存入一个足够大的字符数组 A 中，且以“#”为结束字符。

```
    typedef    char datetype;
1   double    calcul_exp(char *A)    /*本函数返回由后缀表达式 A 表示的表达式运算结果*/
2     {   int result,a,b,c;    char ch;
3         SeqStarck    S;
4         ch=*A++;
5         InitStack(S);
6         while(ch!='#')
7         {
8             if(ch!=运算符)
9              { a=GetNumber(&ch);      /*用 ch 逐个读入操作数的各位数码，并转化为十进制数 a */
10              PushStack(&S, a);
11              }
12            else
13            {
14                PopStack(&S, &b);          /*取第二个运算量*/
15                PopStack(&S, &a);          /*取第一个运算量*/
16                switch(ch)
17                {     case ch=='+':   c=a+b; break;
18                      case ch=='-':   c=a-b;    break;
19                      case ch=='*':   c=a*b;    break;
20                      case ch=='/':   c=a/b;    break;
21                      case ch=='%':  c=a%b;    break;
22                }
23                PushStack(&S, c);
24            }
25          ch=*A++;
26        }
27        PopStack(&S, &result);
28        return    result;
29    }
```

中缀表达式变换成后缀表达式后，表达式求值算法就变得简单多了，所以，在解决问题时要学会变通，将难以解决的问题变换一下形式，就会获得一种简单易行的解决方案。

3. 将中缀表达式转换成后缀表达式

将中缀表达式转化为后缀表达式的转换方法和前述对中缀表达式求值的方法完全类似，但只需要运算符栈，遇到运算对象直接放后缀表达式的存储区。假设中缀表达式本身合法且在字符数组 A 中，转换后的后缀表达式存储在字符数组 B 中。具体做法如下：

(1) 顺序读入字符数组 A 中的字符。

(2) 如果读到字符是运算数，将其存储到数组 B 中。

(3) 如果读到字符是运算符，类似于中缀表达式求值时对运算符的处理过程，但运算符出栈后不是进行相应的运算，而是将其送入数组 B 中存放。

(4) 依次循环，直到 A 数组中的字符处理完毕。

读者不难写出算法，在此不再赘述。

3.4　栈与递归

3.4.1　栈与递归的实现过程

递归是指在定义自身的同时又出现了对自身的调用。如果一个函数在其定义体内直接调用自己，则称其为直接递归函数；如果一个函数经过一系列的中间调用语句，通过其他函数间接调用自己，则称其为间接递归函数。

递归是程序设计中一个强有力的工具。有很多数学函数是递归定义的，如阶乘函数 fact(n)：

$$\text{fact(n)}=\begin{cases} 1 & n=0 \quad \text{/*递归终止条件*/} \\ n\times(n-1)! & n>0 \quad \text{/*递归步骤*/} \end{cases}$$

二阶 Fibonacci 数列：

$$\text{fib(n)}=\begin{cases} 0 & n=0 \quad \text{/*递归终止条件*/} \\ 1 & n=1 \quad \text{/*递归终止条件*/} \\ \text{fib}(n-1)+\text{fib}(n-2) & n>1 \quad \text{/*递归步骤*/} \end{cases}$$

有的数据结构，如广义表、二叉树等，由于结构本身的递归特性，因此它们的操作可用递归实现。还有一类问题，虽然问题本身没有明显的递归结构，但用递归求解比用迭代求解更简单，如八皇后问题、汉诺(Hanoi)塔问题等。

下面以阶乘函数为例说明栈在递归中的应用。根据上面的定义可以写出相应的递归函数：

```
int fact(int n)
{   if(n==0)
        return 1;
    else
        return(n*fact(n-1));
}
```

可以看出，递归的特点如下：

(1) 递归就是在过程或函数里调用自身。

(2) 在使用递归策略时，必须有一个明确的递归结束条件，称为递归出口。

如果一个问题具有以下特点时，那么我们可以选择递归实现：

(1) 问题具有类同自身的子问题的性质，被定义项在定义中的应用具有更小的尺度。如上面阶乘函数的递归设计：fact(n) = n × fact(n−1)。

(2) 被定义项在最小尺度上有直接解。如阶乘的递归设计 n = 0 时，结果为 1，即 fact(0) = 1。

设计递归的方法如下：

(1) 寻找方法，将问题化为原问题的子问题求解。例如，n! = n × (n−1)!。

(2) 设计递归出口，确定递归终止条件。例如，求解 n!，当 n = 1 时，n! = 1。

递归函数的调用类似于多层函数的嵌套调用，只是调用单位和被调用单位是同一个函数而已。在每次调用时系统将属于各个递归层次的信息组成一个活动记录(Activation Record)，这个记录中包含着本层调用的实参、返回地址、局部变量等信息，并将这个活动记录保存在系统的“递归工作栈”中。每当递归调用一次，就要在栈顶为过程建立一个新的活动记录，一旦本次调用结束，就将栈顶活动记录出栈，根据获得的返回地址信息返回到本次的调用处。

递归进层(i→i+1 层)、递归退层(i←i+1 层)系统分别完成的工作如表 3.1 所示。

表 3.1　递归进层、递归退层

递归进层(i→i+1 层)系统的工作	递归退层(i←i+1 层)系统的工作
① 保存本层参数与返回地址，为局部变量分配空间，就是在递归工作栈栈顶建立一个新的活动记录。 ② 将程序转移到被调函数的入口	① 保存被调函数的计算结果。 ② 恢复上层参数，释放被调函数所占存储区，即将栈顶活动记录出栈。 ③ 根据获得的返回地址信息返回到本次的调用处

下面以求 3! 为例说明执行调用时工作栈中的状况。为了方便理解将求阶乘程序修改如下：

```
main( )
{    int m, n=3;
     m=fact(n);
     R1: printf("%d!=%d\n", n, m);
}
int fact(int n)
{    int   f;
     if(n==0)
         f=1;          R2
     else
         f=n * fact(n-1);
     return f;
}
```

其中，R1 为主函数调用 fact 时返回点的位置，R2 为 fact 函数中递归调用 fact(n-1)时返回点的位置。fact(n-1)返回后再进行乘运算。设主函数中 n = 3，程序的执行过程中递归工作栈的变化情况如图 3.17 所示。

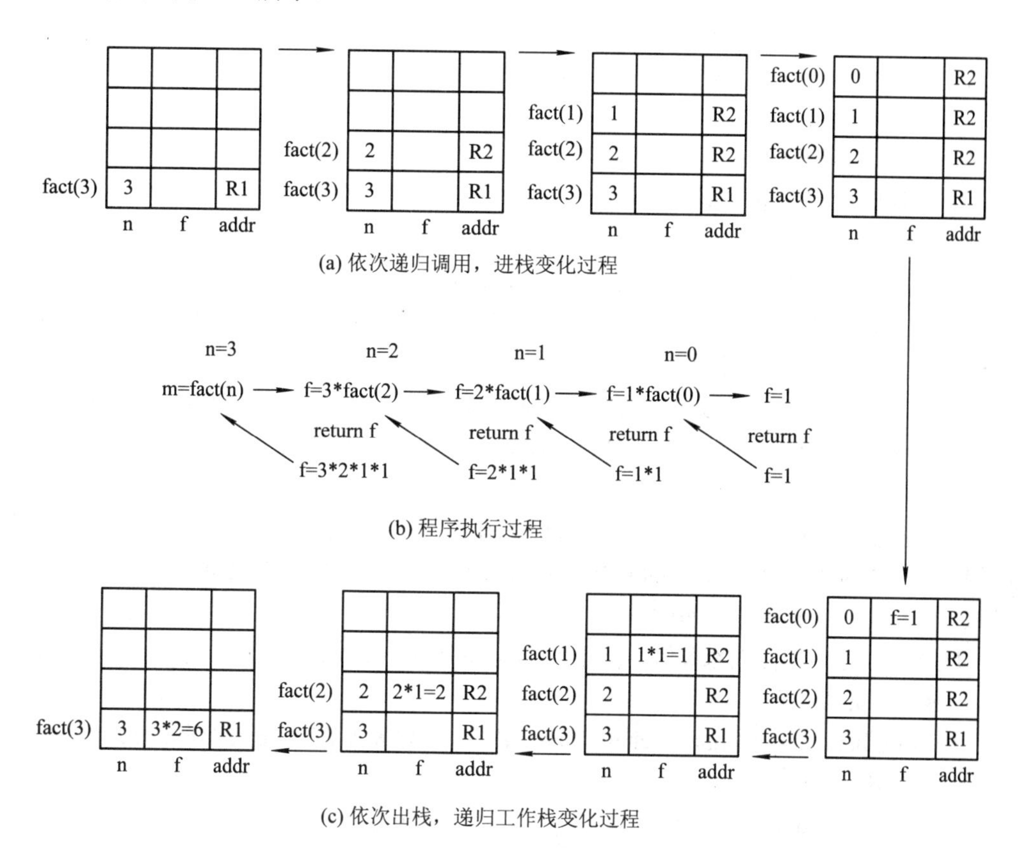

图 3.17　依次递归进入递归工作栈的变化过程示意图

图 3.17(a)所示从左到右是 fact(3)、fact(2)、fact(1)、fact(0)依次进栈时递归工作栈的变化。图 3.17(b)所示是程序执行过程的体现，图 3.17(c)所示从右到左是 fact(0) = 1、fact(1) = 1*1、fact(2) = 2*1、fact(3) = 3*2 依次出栈时递归工作栈的变化。

通过上面的例子可看出，利用栈对递归问题的描述简捷，结构清晰，程序的正确性容易证明。但是，递归算法的运行效率较低，无论是耗费的计算时间还是占用的存储空间都比非递归算法要多。

3.4.2　汉诺塔

一个印度的古老传说：在世界中心贝拿勒斯(在印度北部)的圣庙里，一块黄铜板上插着 3 根宝石针。印度教的主神梵天在创造世界的时候，在其中一根针上从下到上穿好了由大到小的 64 片金片，这就是所谓的汉诺塔。不论白天黑夜，总有一个僧侣在按照下面的法则移动这些金片：一次只移动一片，不管在哪根针上，小片必须在大片上面。僧侣们预言，当所有的金片都从梵天穿好的那根针上移到另外一根针上时，世界就将在一声霹雳中消灭，而梵塔、庙宇和众生也都将同归于尽。

不管这个传说的可信度如何，如果把 64 片金片由一根针上移到另一根针上，并且始终保持上小下大的顺序，这需要移动多少次呢？下面我们先用递归来设计实现过程，之后再来分析需要移动多少次。

我们假设有 3 根针 A、B、C，在 A 上有 n 片金片，从上到下叠放，且直径依次从小到大，编号依次为 1，2，3，4，…，n。要求按下列规则将所有金片移至 C 针：

(1) 每次只能移动一片金片。

(2) 大金片不能叠在小金片上面。

(3) 金片临时置于 B 针。

如何完成金片的移动？

当 n = 1 时，直接将 A 上的金片移到 C 上即可。

当 n = 2 时，可以利用 B，先将 1 号金片移到 B 上，然后将 2 号金片移到 C 上，再将 1 号金片从 B 上移到 C 上，结束。

当 n = 3 时，同样借助 B 针，依照上面原则，先将 1、2 号金片借助 C 移到 B 上，之后将 3 号金片移到 C 上，再将 B 上的 1、2 号金片借助 A 移到 C 上。

⋮

也就是说，当 n > 1 时，需要利用辅助针 B，先设法将压在 n 号金片之上的 n-1 片金片移到 B 上，这样就可以将 A 上的 n 号金片直接移到 C 上，再将 B 上的 n-1 片金片借助 A 移到 C 上。这是一个典型的递归。

算法如下(为了方便大家理解，这里的形式参数用 X、Y、Z，在主函数调用时传递参数为 'A'、'B'、'C')：

```
    void hanoi(int n, char X, char Y, char Z)      /*将 X 上的 n 片金片借助 Y 移到 Z 上*/
①  {  if(n==1)
②     {    move(n, X, Z);                        /*将 X 上的 n 号金片移到 Z 上*/
③     }
④     else
⑤     {  hanoi(n-1, X, Z, Y);                    /*将 X 上的 n-1 片金片借助 Z 移到 Y 上*/
⑥        move(n, X, Z);                          /*将 X 上的 n 号金片移到 Z 上*/
⑦        hanoi(n-1,Y, X, Z);                     /*将 Y 上的 n-1 片金片借助 X 移到 Z 上*/
⑧     }
⑨  }
    main( )
    {
       int n;
       printf("请输入金片数 n:\n");
       scanf("%d", &n);
       hanoi(n, 'A', 'B', 'C');   /*调用函数*/
    }
```

下面我们来分析 hanoi(3, 'A', 'B', 'C')的执行过程及递归工作栈的变化情况。这个函数有

4 个参数(n, X, Y, Z)，没有局部变量。所以在递归调用过程中，栈每次分配的空间有(n, X, Y, Z)及返回地址 addr。为了叙述方便，我们给算法 hanoi 中的语句加了序号，我们用序号标明返回地址，比如，⑦语句是递归调用 hanoi(n−1, Y, X, Z)，执行完这个调用语句之后返回位置就是⑧。

(1) 主函数调用 hanoi(3, 'A', 'B', 'C')。假设主函数中返回地址为 0，进入函数 hanoi 之前在栈顶给参数、返回地址分配空间，并传递参数(见图 3.18)。

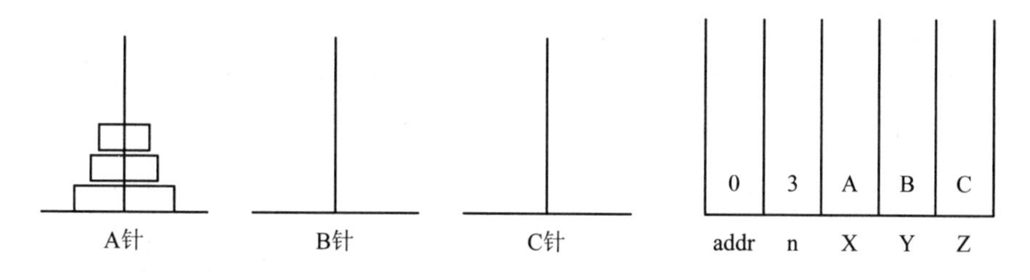

图 3.18 主函数调用 hanoi(3, 'A', 'B', 'C')

(2) 主函数转去执行 hanoi。执行其中的①、④、⑤语句，⑤语句是 hanoi(n−1, X, Z, Y)，也就是 hanoi(2, 'A', 'C', 'B')，返回地址为⑥。进入函数 hanoi 之前在栈顶给参数、返回地址⑥分配空间，并传递参数(见图 3.19)。

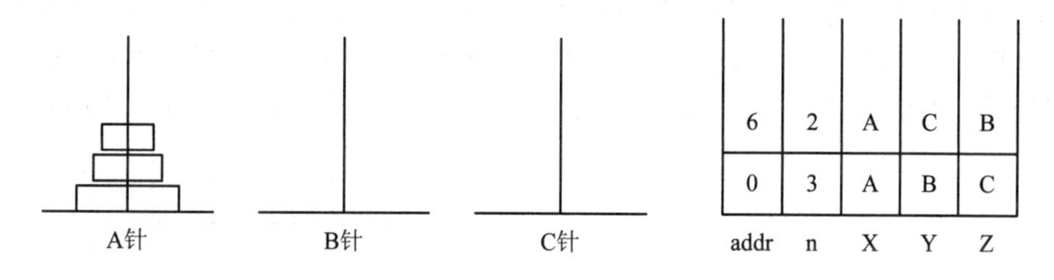

图 3.19 递归调用 hanoi(2, 'A', 'C', 'B')栈的变化

(3) 转去执行 hanoi(2, 'A', 'C', 'B')。执行其中的①、④、⑤语句，⑤语句是 hanoi(n-1, X, Z, Y)，也就是 hanoi(1, 'A', 'B', 'C')，返回地址为⑥。进入函数 hanoi 之前在栈顶给参数(1, 'A', 'B', 'C')、返回地址⑥分配空间，并传递参数(见图 3.20)。

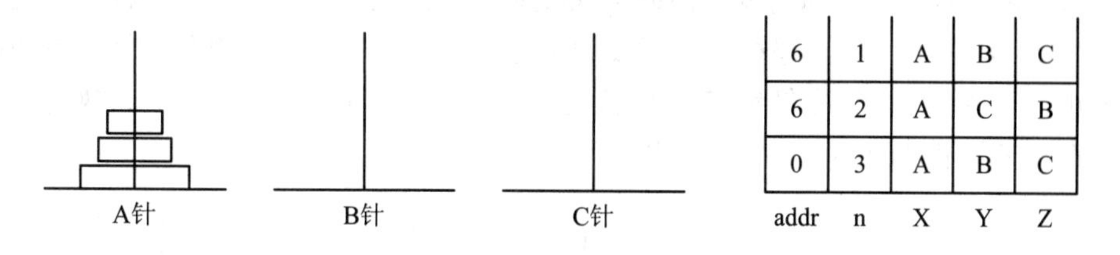

图 3.20 递归调用 hanoi(1, 'A', 'B', 'C')栈的变化

(4) 转去执行 hanoi(1, 'A', 'B', 'C')。执行其中的①、②、③、⑨语句，其中②是移动 'A' 上的 1 号金片到 'C' 。执行到⑨语句，意味着 hanoi(1, 'A', 'B', 'C')递归调用结束。栈顶“6, 1, 'A', 'B', 'C'”所占空间释放，也就是说出栈，栈的变化如图 3.21 所示。这时要记录返回地址为⑥。执行⑥语句，将 'A' 上的 2 号金片移到 'B' 。

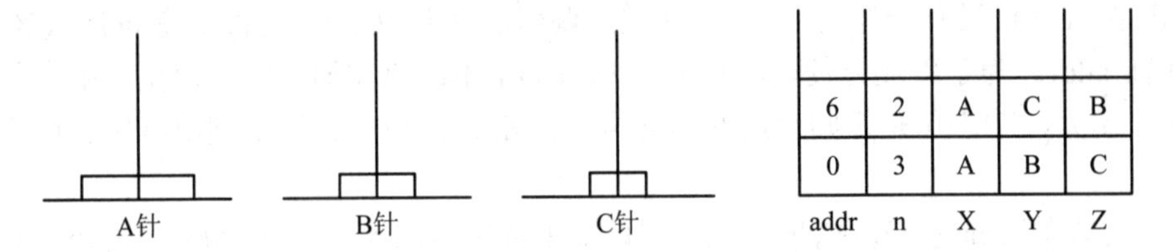

图 3.21 金片移动过程及栈的变化(1)

执行⑦语句 hanoi(n-1,Y, X, Z)，即 hanoi(1, 'C', 'A', 'B')。

(5) 递归调用 hanoi(1, 'C', 'A', 'B')，返回地址为⑧。进入函数 hanoi 之前在栈顶给参数(1, 'C', 'A', 'B')、返回地址⑧分配空间，并传递参数(见图 3.22)。

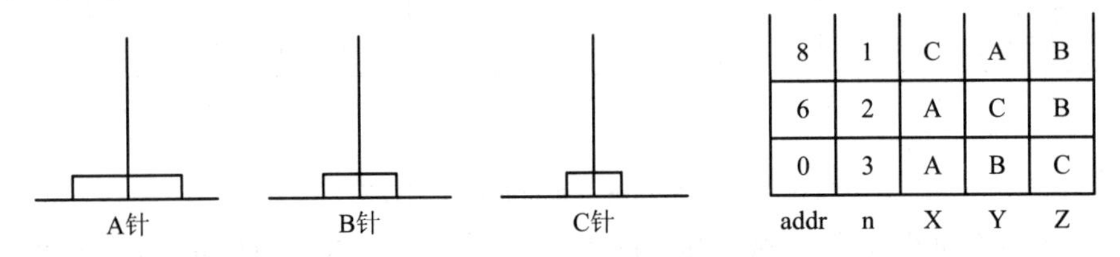

图 3.22 金片移动过程及栈的变化(2)

(6) 转去执行 hanoi(1, 'C', 'A', 'B')。执行其中的①、②、③、⑨语句，其中②是移动 X 上的 1 号金片到 Z 上，也就是把 'C' 上的 1 号金片移到 'B' 上，这里一定要注意区分变量名和变量值。执行到⑨语句，意味着 hanoi(1, 'C', 'A', 'B')递归调用结束。栈顶“8, 1, C, A, B”所占空间释放，也就是说出栈，这时要记录返回地址为⑧。栈的变化如图 3.23 所示。

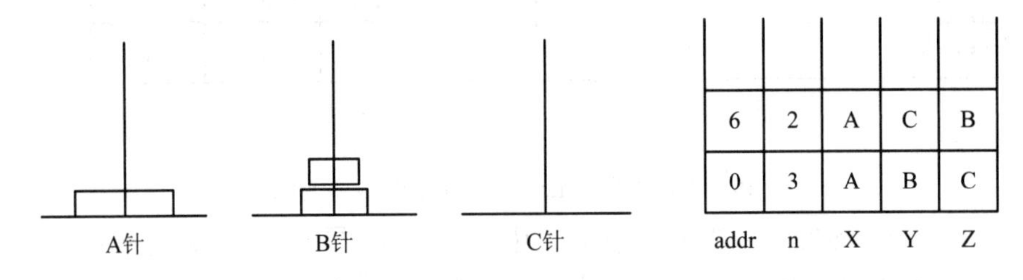

图 3.23 金片移动过程及栈的变化(3)

执行⑧语句、⑨语句，第(3)步递归调用 hanoi(2, 'A', 'C', 'B')结束，意味着已经将 A 上的 2 片金片移到 B 上了，再次退栈，这时要记录返回地址为⑥，栈的变化如图 3.24 所示。执行⑥语句，将 X 上的金片移到 Z，也就是说把 'A' 上的金片移到 'C' 上。执行⑦语句 hanoi(n-1, Y, X, Z)，即 hanoi(2, 'B', 'A', 'C')。

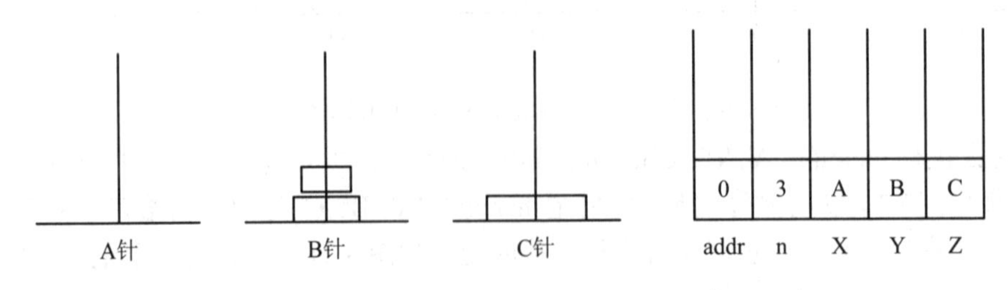

图 3.24 金片移动过程及栈的变化(4)

(7) 递归调用 hanoi(2, 'B', 'A', 'C')。返回地址为⑧，进入函数 hanoi 之前在栈顶给参数(2, 'B', 'A', 'C')、返回地址⑧分配空间，并传递参数(见图 3.25)。

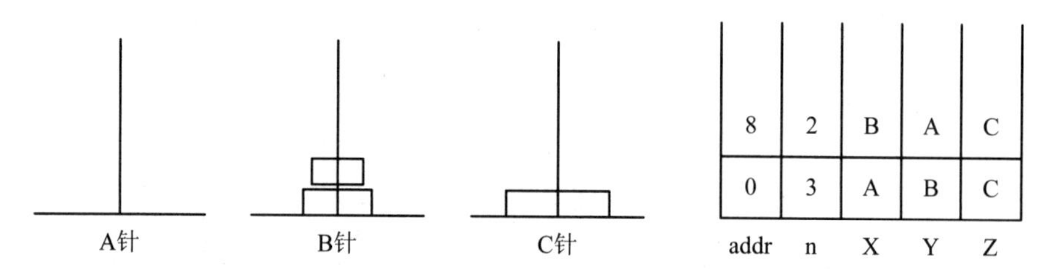

图 3.25 金片移动过程及栈的变化(5)

(8) 转去执行 hanoi(2, 'B', 'A', 'C')。执行其中的①、④、⑤语句，⑤语句是 hanoi(n-1, X, Z, Y)，也就是 hanoi(1, 'B', 'C', 'A')。进入函数 hanoi 之前在栈顶给参数(1, 'B', 'C', 'A')、返回地址⑥分配空间，并传递参数(见图 3.26)。

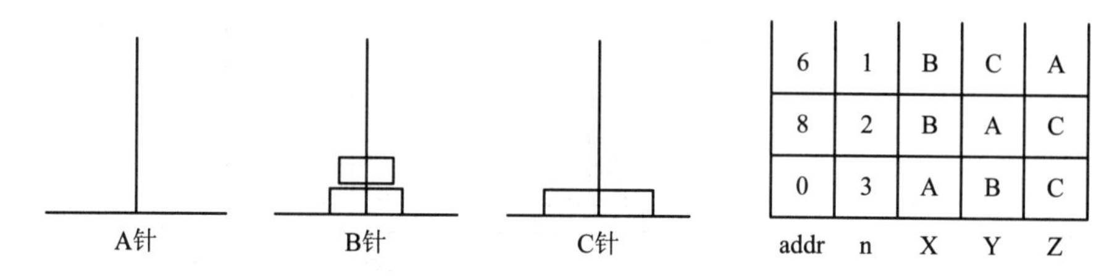

图 3.26 金片移动过程及栈的变化(6)

(9) 转去执行 hanoi(1, 'B', 'C', 'A')。执行其中的①、②、③、⑨语句，其中②是移动 'B' 上的 1 号金片到 'A' 上。执行到⑨语句，意味着 hanoi(1, 'B', 'C', 'A') 递归调用结束。栈顶“6, 1, B, C, A”所占空间释放，也就是说出栈，记录返回地址为⑥，栈的变化如图 3.27 所示。执行⑥语句，⑥语句的作用是将 'B' 上的金片移到 'C' 上。

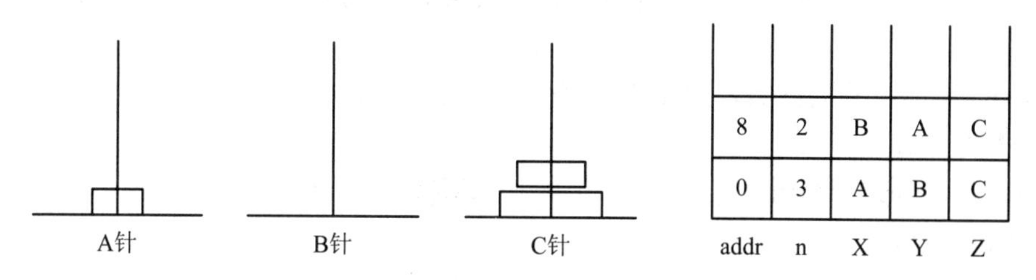

图 3.27 金片移动过程及栈的变化(7)

执行⑦语句 hanoi(n-1,Y, X, Z)，即 hanoi(1, 'A', 'B', 'C')。

(10) 递归调用 hanoi(1, 'A', 'B', 'C')，返回地址为⑧。进入函数 hanoi 之前在栈顶给参数(1, 'A', 'B', 'C')、返回地址⑧分配空间，并传递参数(见图 3.28)。

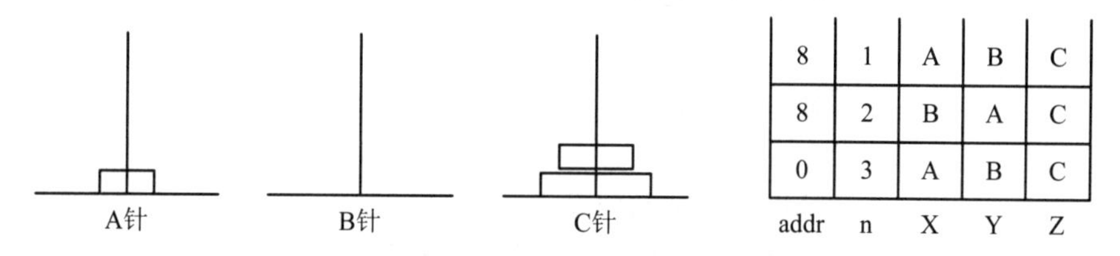

图 3.28 金片移动过程及栈的变化(8)

(11) 转去执行 hanoi(1, 'A', 'B', 'C')。执行其中的①、②、③、⑨语句，其中②是移动 'A' 上的 1 号金片到 'C' 上，执行到⑨语句，意味着 hanoi(1, 'A', 'B', 'C')递归调用结束。栈顶“8, 1, A, B, C”所占空间释放，也就是说出栈，记录返回地址为⑧，栈的变化如图 3.29 所示。

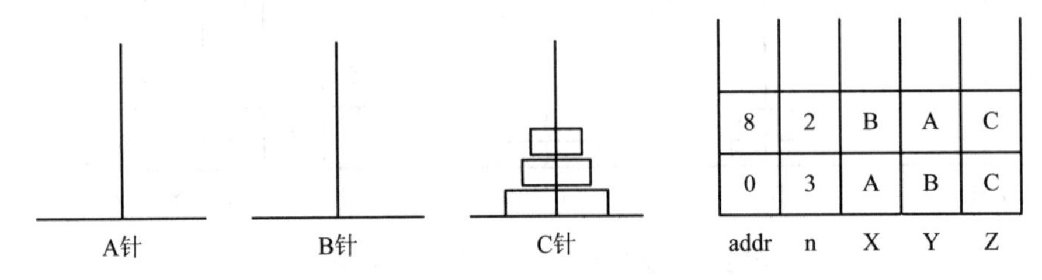

图 3.29 金片移动过程及栈的变化(9)

执行⑧语句、⑨语句，意味着 hanoi(2, B, A, C)递归调用结束，出栈，记录返回地址为⑧，栈的变化如图 3.30 所示。

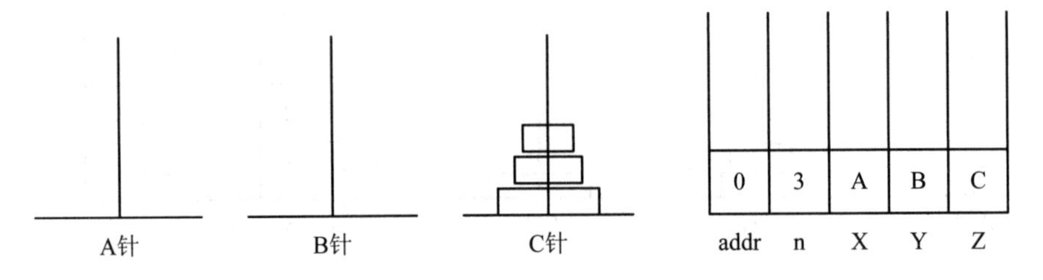

图 3.30 金片移动过程及栈的变化(10)

执行⑧语句、⑨语句，意味着 hanoi(3, A, B, C)递归调用结束。栈顶“8, 3, A, B, C”所占空间释放，也就是说出栈，记录返回地址为 0，此时栈为空，hanoi(3, 'A', 'B', 'C')递归结束。

现在，我们来回答前面的问题，借助 B 针，从 A 针移动 n 片金片到 C 针，需要移动多少次?

设 M(n)为移动金片的次数，对于 M(n)有下列递推等式：

当 $n = 1$ 时，$M(n) = 1$；

当 $n > 1$ 时，$M(n) = M(n-1) + 1 + M(n-1) = 2M(n-1) + 1$；

解这个递推公式：

$$
\begin{aligned}
M(n) &= 2M(n-1) + 1 \\
&= 2[2M(n-2) + 1] + 1 \\
&= 2^2M(n-2) + 2 + 1 \\
&= 2^2[2M(n-3) + 1] + 2 + 1 \\
&= 2^3M(n-3) + 2^2 + 2 + 1 \\
&\vdots \\
&= 2^iM(n-i) + 2^{i-1} + 2^{i-2} + \cdots + 2 + 1 \\
&\vdots \\
&= 2^{n-1}M(n-(n-1)) + 2^{n-1} - 1 = 2^n - 1
\end{aligned}
$$

$n = 64$ 时，$M(64) = 2^{64} - 1 = 18\ 446\ 744\ 073\ 709\ 551\ 615$

假如每秒钟一次，一个平年 365 天有 31 536 000 秒，闰年 366 天有 31 622 400 秒，平均每年 31 556 952 秒，计算如下：

$$\frac{18\ 446\ 744\ 073\ 709\ 551\ 615}{31\ 556\ 952}=584\ 554\ 049\ 253.855$$

这表明移完这些金片需要 5845 亿年以上，而地球存在至今不过 45 亿年，太阳系的预期寿命据说也就是数百亿年。真的过了 5845 亿年，不说太阳系和银河系，至少地球上的一切生命，连同梵塔、庙宇等，都早已经灰飞烟灭。

读者朋友，针对一个非常复杂的问题，分析问题背后包含的规律，利用巧妙的方法解决之，难道不是人生之妙事？

3.5 队列的定义及基本操作

3.5.1 队列的定义

在日常生活中队列很常见，例如，我们经常排队购物或购票，排队是体现了先来先服务(即先进先出)的原则。排队是社会秩序化最为简单的一种方式，因此，在生活中，我们一定要注意文明有礼，先到先得，不可因一己私利扰乱公共秩序。

队列在计算机系统中的应用非常广泛，例如，操作系统中的作业排队。在多道程序运行的计算机系统中，可以同时有多个作业运行，它们的运算结果都需要通过通道输出，若通道输出尚未完成，则后来的作业应排队等待，若通道输出完成，则从队列的队头退出作业做输出操作，而凡是申请该通道输出的作业都从队尾进入该队列。

队列(queue)是一种只允许在一端进行插入操作，而在另一端进行删除操作的线性表。

队列是一种操作受限的线性表，在表中只允许进行插入操作的一端称为队尾(rear)，只允许进行删除操作的一端称为队头(front)。队列的插入操作通常称为入队列或进队列，而队列的删除操作则称为出队列或退队列。无数据元素的队列称为空队列。

根据队列的定义可知，队头元素总是最先进队列的，也总是最先出队列的；队尾元素总是最后进队列的，因而也是最后出队列的。这种表是按照先进先出(first in first out，FIFO)的原则组织数据的，因此，队列也被称为先进先出表。

假若队列 $q = \{a_0, a_1, a_2, \cdots, a_{n-1}\}$进队列的顺序为 $a_0, a_1, a_2, \cdots, a_{n-1}$，则队头元素为 a_0，队尾元素为 a_{n-1}。

图 3.31 是一个队列的示意图，通常用指针 front 指示队头的位置，用指针 rear 指向队尾。

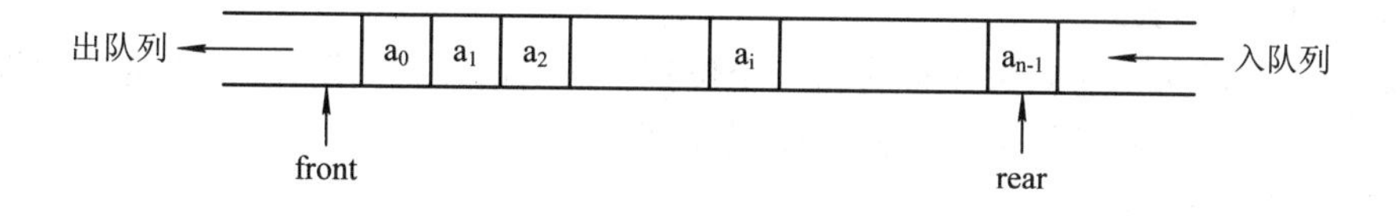

图 3.31　队列示意图

3.5.2 基本操作

队列是一种数据结构，其数据元素之间的关系呈线性关系，其操作特点是先进先出。队列的基本操作除了在队尾进行插入或队头进行删除，还有队列的初始化、判队空及读队头元素等。常用的基本操作有以下几种：

(1) 队列初始化 Init_Queue(q)：队列 q 不存在，构造一个空队列。

(2) 入队列 In_Queue(q, x)：队列 q 存在，对已存在的队列 q，插入一个元素 x 到队尾，队列发生变化。

(3) 出队列 Out_Queue(q, x)：队列 q 存在且非空，删除队头元素，并返回其值，队列发生变化。

(4) 读队头元素 Front_Queue(q, x)：队列 q 存在且非空，读队头元素，并返回其值，队列不变。

(5) 判队空 Empty_Queue(q)：队列 q 存在，若 q 为空队列，则返回为 1；否则返回为 0。

3.6 队列的存储结构及操作实现

与线性表、栈类似，队列也有顺序存储结构和链式存储结构两种存储结构。

3.6.1 顺序队列

顺序存储结构的队列称为顺序队列。因为队列的队头和队尾都是活动的，因此，除了队列的数据区外还有队头、队尾两个指针。

顺序队列的类型定义如下：

```
#define  MAXSIZE   1024            /*队列的最大容量*/
typedef  struct
{  datatype   data[MAXSIZE];       /*队列的存储空间*/
   int  rear, front;               /*队头队尾指针*/
}SeQueue;
```

定义一个指向队列的指针变量：

```
SeQueue   *sq;
```

队列的数据区为 sq->data[0]～sq->data[MAXSIZE - 1]。

队头指针：sq->front。

队尾指针：sq->rear。

设队头指针指向当前队头元素前面一个位置，队尾指针指向队尾元素(这样的设置是为了某些运算的方便，并不是唯一的方法)，则置空队列为

```
sq->front = -1;
sq->rear = sq->front;
```

在不考虑溢出的情况下，入队列操作队尾指针加 1，指向新位置后，元素入队列。操作代码如下：

```
sq->rear++;
sq->data[sq->rear] = x;
```

在不考虑队列空的情况下，出队列操作队头指针加 1，表明队头元素出队列。操作代码如下：

```
sq->front++;
x = sq->data[sq->front];
```

队列中元素的个数：m = (sq->rear) - (q->front)。队列满时，m = MAXSIZE；队列空时，m = 0。

按照上述思想建立的空队列及入队列、出队列示意图如图 3.32 所示，设 MAXSIZE = 10。

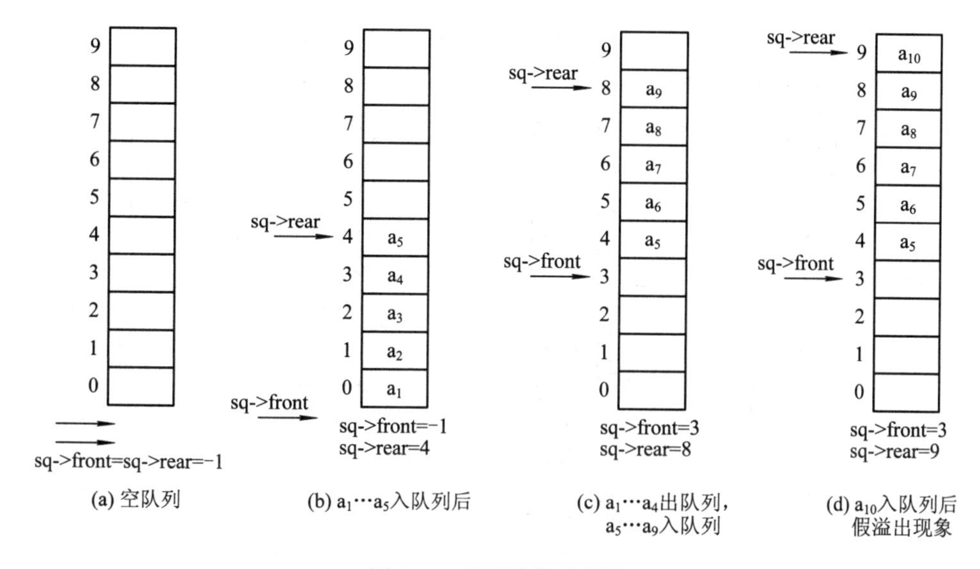

图 3.32　队列操作示意图

从图 3.32 中可以看到，随着入队列、出队列操作的进行，会使整个队列整体向后移动，这样就出现了图 3.32(d)中的现象：队尾指针已经移到了最后，再有元素入队列就会出现溢出，而事实上此时队列中并未真的“满员”。这种现象称为“假溢出”，这是由于“队尾入队头出”这种受限制的操作造成的。

3.6.2　循环队列

解决假溢出的方法之一是将队列的数据区 data[0..MAXSIZE-1]看成头尾相接的循环结构，头尾指针的关系不变，称为循环队列。循环队列的示意图如图 3.33 所示。

因为是头尾相接的循环结构，入队列时的队尾指针加 1 的操作修改为

```
sq->rear=(sq->rear+1)%MAXSIZE;
```

出队列时的队头指针加 1 的操作修改为

```
sq->front=(sq->front+1)%MAXSIZE;
```

设 MAXSIZE = 10，图 3.34 是循环队列操作示意图。

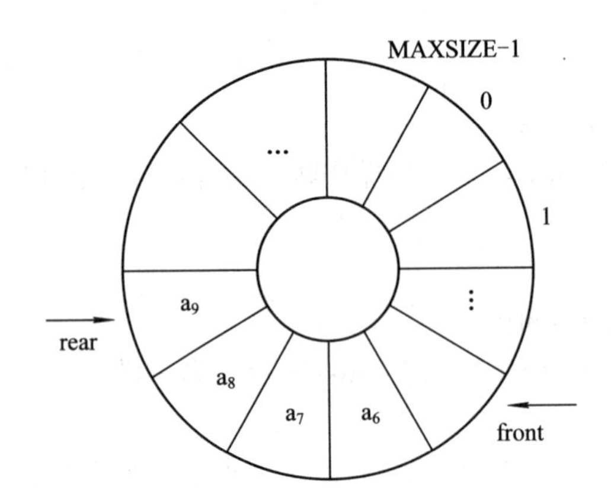

图 3.33 循环队列示意图

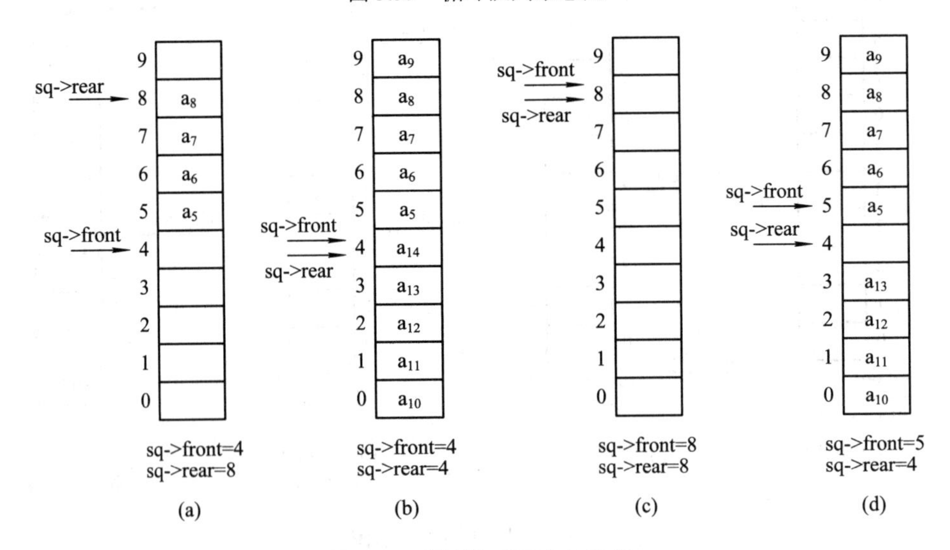

图 3.34 循环队列操作示意图

从图 3.34 所示的循环队列操作可以看出，(a)中具有 a_5、a_6、a_7、a_8 共 4 个元素，此时 sq->front = 4，sq->rear = 8；随着 a_9～a_{14} 相继入队列，队列中具有了 10 个元素——队列满，此时 sq->front = 4，sq->rear = 4，如图 3.34(b)所示，可见在队列满情况下有 sq->front = = sq->rear。

若在图 3.34(a)所示情况下，a_5～a_8 相继出队列，此时队列空，sq->front=8，sq->rear=8，如图 3.34(c)所示，即在队列空情况下也有 sq->front==sq->rear。就是说队列满和队列空的条件是相同的。这显然是必须要解决的一个问题。

一种解决方法是附设一个存储队列中元素个数的变量 num，当 num = = 0 时为队列空，当 num = = MAXSIZE 时为队列满。

另一种解决方法是少用一个元素空间，把图 3.34(d)所示的情况就视为队列满，此时的状态是队尾指针加 1 就会从后面赶上队头指针，这种情况下队列满的条件是

(sq->rear+1)% MAXSIZE==sq->front

这样也能和空队队区别开。

下面的循环队列及操作按第一种方法实现。

循环队列的类型定义及基本运算代码如下：

```
typedef   struct
{
    datatype data[MAXSIZE];          /*数据的存储区*/
    int   front, rear;               /*队头、队尾指针*/
    int   num;                       /*队中元素的个数*/
} c_SeQueue;                         /*循环队列*/
```

(1) 置空队列。

创建一个空队列，由指针 q 指出。代码如下：

```
1   int Init_SeQueue(c_SeQueue   **q)
2   {
3       if(((*q)=((c_SeQueue*)malloc(sizeof(c_SeQueue))))==NULL) return 0;
4           (*q)->front=MAXSIZE;
5           (*q)->rear=MAXSIZE;
6           (*q)->num=0;
7       return 1;
8   }
```

(2) 入队列。

将数据元素 x 插入队列。先判断队列是不是满，若队列满，则不能入队列；否则将 x 插入队尾，作为新的队尾元素。代码如下：

```
1   int   In_SeQueue(c_SeQueue *q, datatype   x)
2   {     if(q->num==MAXSIZE)
3         {    printf("队满");
4              return –1;      /*队列满不能入队列*/
5         }
6         else
7         {   q->rear=(q->rear+1)%MAXSIZE;
8             q->data[q->rear]=x;
9             q->num++;
10            return 1;       /*入队列完成*/
11        }
12  }
```

(3) 出队列。

将队头元素出队列。先判断队列是不是为空，如果队列为空，则不能出队列，否则读出队头元素，修改队头指针指向新的队头。代码如下：

```
1   int Out_SeQueue(c_SeQueue *q, datatype *x)
2   {   if(q->num==0)
```

```
3        {  printf("队空");
4           return –1;                  /*队列空不能出队列*/
5        }
6        else
7        {  q->front=(q->front+1)%MAXSIZE;
8           *x=q->data[q->front];       /*读出队头元素*/
9           q->num--;
10          return 1;                   /*出队列完成*/
11       }
12   }
```

(4) 判队空。

```
1    int  Empty_SeQueue(c_SeQueue  *q)
2    {  if(q->num==0)
3          return 1;
4       else
5          return 0;
6    }
```

请读者写出关于第二种方法实现的循环队列。

3.6.3 链队列

用链表表示的队列简称为链队列。在一个链队列中需设定两个指针(头指针和尾指针)分别指向队列的头和尾。为了操作方便，和线性链表一样，我们也给链队列添加一个头结点，并设定头指针指向头结点。因此，空队列的判定条件就成为头指针和尾指针都指向头结点。图 3.35(a)所示为一个空队列；图 3.35(b)所示为一个非空队列。

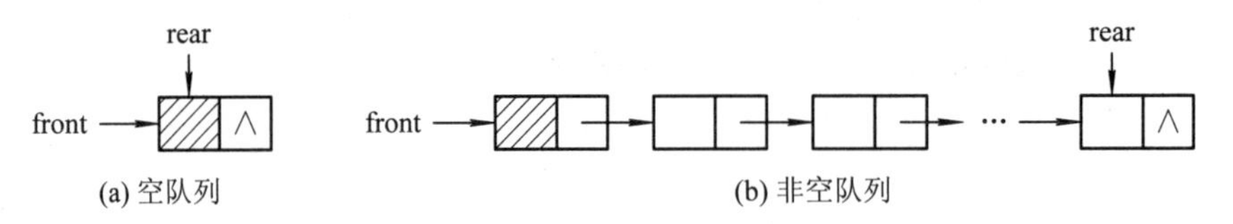

图 3.35　链队列示意图

图 3.35 中头指针 front 和尾指针 rear 是两个独立的指针变量，从结构性考虑，通常将二者封装在一个结构中。

链队列的代码如下：

```
typedef struct node
{
    datatype  data;
    struct  node *next;
} QNode;          /*链队列结点的类型*/
typedef struct
```

```
    {
        QNnode   *front, *rear;
    } LQueue;          /*将头尾指针封装在一起的链队列*/
```

定义一个指向链队列的指针：

```
    LQueue   *q;
```

按这种思想建立的带头结点的链队列如图 3.36 所示。

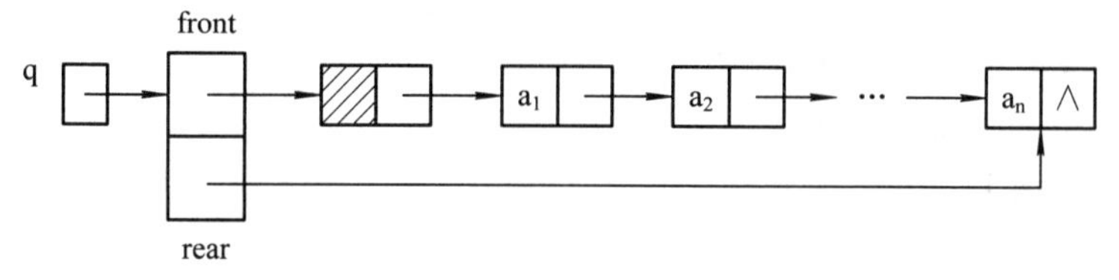

(a) 非空队列

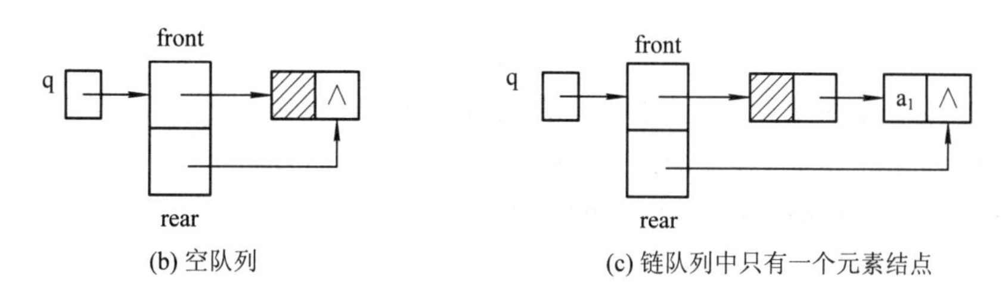

(b) 空队列　　(c) 链队列中只有一个元素结点

图 3.36　头尾指针封装在一起的链队列

链队列的基本运算如下：

(1) 创建一个带头结点的空队列。

申请一个头结点，令队头指针和队尾指针都指向它，并令该结点的 next 域为 NULL。代码如下：

```
1   int   Init_LQueue(LQueue   **q)
2   {
3    if(((*q)->front=(QNode *)malloc(sizeof(QNode)))==NULL)   /*申请头、尾指针结点*/
4        return 0;
5     (*q)->rear=(*q)->front;
6     (*q)->front->next=NULL;
7     return 1;
8   }
```

(2) 入队列。

为插入元素申请结点，并将结点插入队尾，时间复杂度为 O(1)。代码如下：

```
1   int In_LQueue(LQueue *q, datatype x)
2   {  QNode   *p;
3      if((p=(QNode *)malloc(sizeof(QNode)))==NULL)      /*申请新结点*/
4         return 0;
5      p->data=x;
```

```
6       p->next=NULL;
7       q->rear->next=p;
8       q->rear=p;
9       return 1;
10   }
```

(3) 判队空。

如果队列为空，即队头指针和队尾指针相等，则返回 1；否则返回 0。代码如下：

```
1   int  Empty_LQueue(LQueue *q)
2   {  if(q->front==q->rear)
3          return 1;
4      else
5          return 0;
6   }
```

(4) 出队列。

出队列时，如队列为空，则返回 0；否则出队列。若队列中只有一个元素，出队列后，队头与队尾指针指向头结点。时间复杂度为 O(1)。代码如下：

```
1   int Out_LQueue(LQueue *q, datatype  *x)
2   {  QNode *p;
3      if(Empty_LQueue(q))
4      {   printf("队空");
5          return 0;
6      }   /*队列空，出队列失败*/
7      else
8      {  p=q->front->next;
9            q->front->next=p->next;
10           *x=p->data;              /*队头元素放 x 中*/
11         free(p);
12         if(q->front->next==NULL)
13             q->rear=q->front; /*只有一个元素时，出队列后队列空，此时还要修改队尾指针*/
14         return 1;
15     }
16  }
```

本章知识点总结

栈和队列是插入和删除操作受限的线性表。栈只允许在表的一端进行插入或删除操作；队列只允许在表的一端进行插入操作，在另一端进行删除操作。

1. 栈

栈的特点：先进后出。

栈的存储结构：顺序栈、链栈。特别强调栈顶位置。

栈的应用：进行括号匹配、表达式求值，栈在递归中的应用。

栈的核心知识点总结如图 3.37 所示。

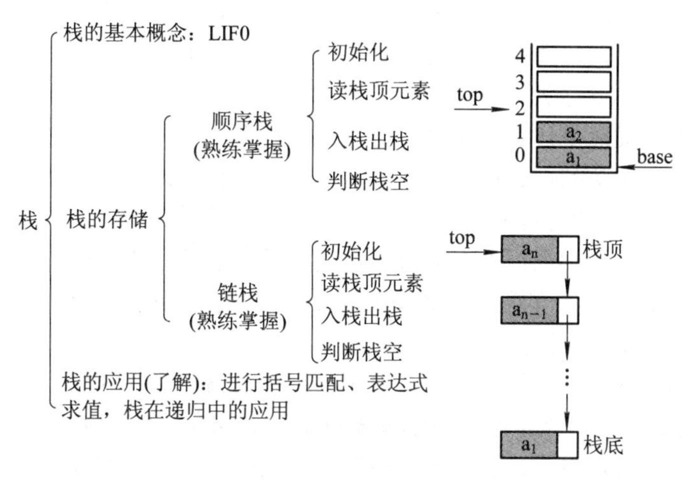

图 3.37 栈的核心知识点总结

2. 队列

队列的特点：先进先出。

队列的存储结构：顺序队列、循环队列、链队列。注意队头、队尾位置，循环队列如何判断队列空、队列满。

队列的核心知识点如图 3.38 所示。

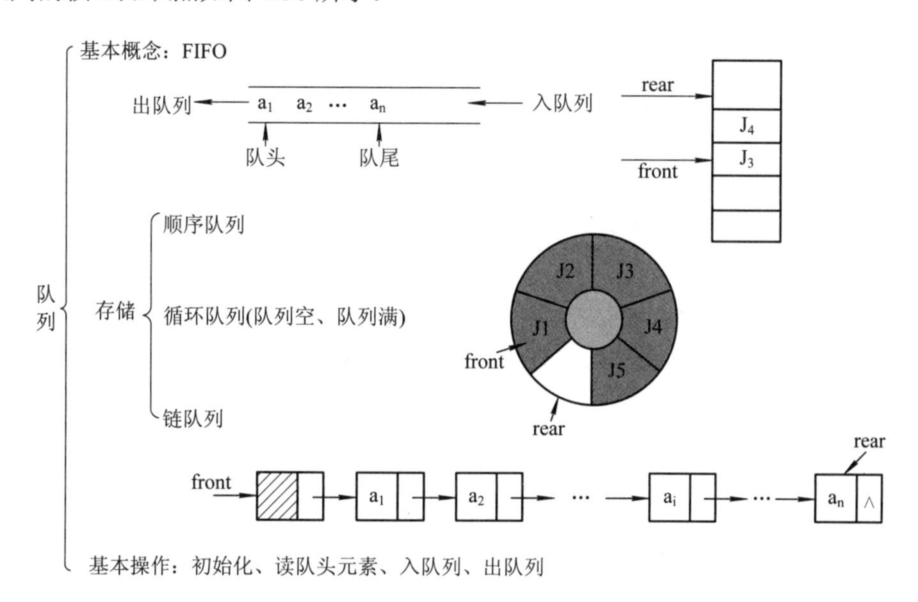

图 3.38 队列的核心知识点

习　题

1. 简述栈和线性表的差别，以及队列和线性表的差别。

2. 何谓队列的上溢现象和假溢出现象？解决它们有哪些方法？

3. 试各举一个实例，简要阐述栈和队列在程序设计中所起的作用。

4. 链栈中为何不设置头结点?

5. 循环队列的优点是什么？如何判别它的空和满?

6. 设长度为n的队列用循环单链表表示，若只设头指针，则入队列、出队列操作的时间复杂度为多少？若只设尾指针，又怎样?

7. 假设火车调度站的入口处有n节硬席或软席车厢(分别以H和S表示)等待调度，试设计算法，输出对这 n 节车厢进行调度的操作(即入栈或出栈操作)序列，以使所有的软席车厢都被调整到硬席车厢之前。

8. 回文是指正读和反读均相同的字符序列，如“abba”和“abdba”均是回文，但“good”不是回文。试设计算法，判定给定的字符向量是否为回文。(提示：将一半字符入栈)

9. 已知一个字符数组，设计一个高效算法，判断该数组中存放的字符串中左括号“(”和右括号“)”是否匹配，并分析算法性能。

10. 新时代提倡生活中低碳出行，响应绿色环保，实行节能减排、双碳计划。在计算机数据结构存储过程中，节省存储空间也必不可少，循环队列就是对队列的优化，其目的是降低空间浪费，提高存储空间的利用率。假设循环队列中只设 rear 和 quelen 来分别指示队尾元素的位置和队中元素的个数，试给出判别此循环队列的队列满条件，并写出相应的入队列和出队列算法，要求出队列时需返回队头元素。

第四章　串

串是一种特殊的线性表，它的数据元素仅由一个字符组成。在一般线性表的基本操作中，大多以单个元素作为操作对象，而在串的操作中，则是以串的操作的整体或一部分作为操作对象。因此，一般线性表和串的操作有很大的不同。

教学目标：

使学生掌握串的逻辑结构和存储结构，以及串的基本运算和算法实现。

思政目标：

引导学生明白“共性与个性”的辩证关系，培养学生的辩证思维能力。

4.1　串的定义及基本操作

串(即字符串)是一种特殊的线性表，它的数据元素仅由一个字符组成，计算机非数值处理的对象经常是字符串数据，如在汇编和高级语言的编译程序中，源程序和目标程序都是字符串数据；在事物处理程序中，顾客的姓名和地址、货物的产地和名称等，一般也是作为字符串处理的。另外，串还具有自身的特性，通常把一个串作为一个整体来处理。串是数据元素是字符的线性表，其操作对象是串，有线性表的共性，也有其特殊性。因此，在这一章我们把串作为独立结构加以研究。

4.1.1　串的定义

我们在用 Word 或者 WPS 处理文本时，会用到“查找”功能去查找某一个单词或一句话，这种操作就是在一个主串中查找一个子串。很明显这里查找的对象不是一个数据元素，而是若干个数据元素组成的一个序列，也就是串。

串是由零个或多个任意字符组成的字符序列。一般将串记作 S = "s_1 s_2 … s_n"，其中 S 是串名。在本书中，用双引号作为串的定界符，引号引起来的字符序列为串值，引号本身不属于串的内容；$s_i(1 \leqslant i \leqslant n)$是一个任意字符，称为串的元素，是构成串的基本单位，i 是它在整个串中的序号，n 为串的长度，表示串中所包含的字符个数，当 n = 0 时，称为空串，通常记为 Φ。

请读者注意，在 C 语言中，用单引号引起来的单个字符与用双引号引起来的单个字符的串是不同的，如 S_1 = 'a' 与 S_2 = "a" 两者是不同的，S_1 表示字符，而 S_2 表示字符串。

一个串的任意个连续的字符组成的子序列称为该串的子串，包含该子串的串称为主串。一个字符在串序列中的序号称为该字符在串中的位置，子串在主串中的位置是以子串的第一个字符在主串中的位置来表示的。

例如：S_1、S_2、S_3 分别为三个串 S_1 = "I'm a student"，S_2 = "student"，S_3 = "teacher"，则它们的长度分别为 13、7、7；S_2 是 S_1 的子串，S_2 在 S_1 中的位置为 7，也可以说 S_1 是 S_2 的主串；S_3 不是 S_1 的子串，S_2 和 S_3 不相等。

若两个串的长度相等且对应字符都相等，则称两个串是相等的。两个串不相等时，可按"字典顺序"分大小。令 S = "$s_0s_1\cdots s_{n-1}$" (n > 0)，T = "$t_0t_1\cdots t_{m-1}$" (m > 0)；首先比较第一个字符的大小，若 's_0' < 't_0'，则 S < T；反之，若 's_0' > 't_0'，则 S > T。否则，先确定两者的最大相等前缀字序列："$s_0s_1\cdots s_k$" = "$t_0t_1\cdots t_k$"，其中 $k \geqslant 0$ 且 $k \leqslant m-1$，$k \leqslant n-1$。若 $k \neq m-1$，$k \neq n-1$，则由 s_{k+1} 与 t_{k+1} 的大小来确定 S 与 T 的大小。

在 C 语言中，字符之间的大小以字符的 ASCII 码的大小为准。

4.1.2 串的基本操作

串的操作有很多，下面介绍部分基本操作：

(1) 赋值操作 StrAssign(S, chars)：chars 是字符串常量，生成一个值等于 chars 的串 S。

(2) 求串长度 StrLength(S)：串 S 存在，返回串 S 的长度，即串 S 中的元素个数。

(3) 连接函数 StrCat(S, T)：串 S 和 T 存在，将串 T 的值连接在串 S 的后面。

(4) 取子串函数 SubString(sub, S, pos, len)：串 S 存在，1≤pos≤StrLength(S)且 1≤len≤StrLength(S)-pos+1，用 sub 返回串 S 的第 pos 个字符起长度为 len 的子串。

(5) 定位函数 StrIndex(S, T, pos)：串 S 和 T 存在，T 是非空串，1≤pos≤StrLength(S)；若串 S 中存在与串 T 相同的子串，则返回它在串 S 中第 pos 个字符之后第一次出现的位置；否则返回 0。注意，T 不能为空串。

(6) 插入子串操作 StrInsert(S, pos, T)：串 S 存在，1≤pos≤StrLength(S)+1，在串 S 的第 pos 个字符之前插入串 T。

(7) 删除子串操作 StrDelete(S, pos, len)：串 S 存在，1≤pos≤StrLength(S)且 0≤len≤StrLength(S)-pos+1，从串 S 中删除第 pos 个字符起长度为 len 的子串。

(8) 串复制操作 StrCopy(S, T)：串 T 存在，由串 T 复制得串 S。

(9) 判空函数 StrEmpty(S)：串 S 存在，若串 S 为空串，则返回 true，否则返回 false。

(10) 串比较操作 StrCompare(S, T)：串 S 和 T 存在，若 S > T，则返回值大于 0；如 S = T，则返回值等于 0；若 S < T，则返回值小于 0。

(11) 串清空操作 StrClear(S)：串 S 存在，将 S 清为空串。

(12) 替换操作 StrReplace(S, T, V)：串 S、T 和 V 存在，且 T 是非空串，用串 V 替换串 S 中出现的所有与串 T 相等的不重叠的子串。

栈、队列、串都具有线性结构的共性，又有各自的特点，串是数据元素是字符的线性表，在逻辑结构上和线性表一模一样，但是其操作对象不再是一个数据元素，而是若干数据元素组成的串。

4.2 串的存储结构

串的存储结构和线性表类似，也有顺序存储结构和链式存储结构两种。

4.2.1 串的顺序存储结构

类似于顺序表，串的顺序存储结构用一组地址连续的存储单元存储串值中的字符序列，按照数组预定义的大小，为每个定义的串变量分配一个固定长度的存储区，一般用定长数组来定义。例如：

```
#define MAXLEN   256
char   S[MAXLEN];
```

则串的最大长度不能超过256。

标识串的实际长度通常有以下三种方法：

(1) 类似顺序表，用一个指针来指向最后一个字符，代码如下：

```
typedef struct
{   char ch[MAXLEN];
    int   last;        /*指向最后一个字符的位置*/
} SeqString;
```

定义一个串变量：

```
SeqString   S;
```

这种存储结构可以直接得到串的长度S.last+1，如图4.1所示。

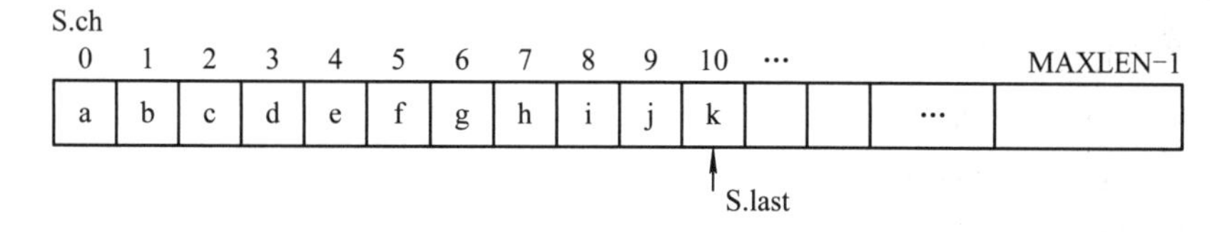

图 4.1 串的顺序存储结构 1

(2) 在串尾存储一个不会在串中出现的特殊字符作为串的终结符，以此表示串的结尾。比如C语言中在串的末尾用 '\0' 来表示串的结束(见图4.2)：

```
char   S[MAXLEN];
```

0	1	2	3	4	5	6	7	8	9	10	…			MAXLEN−1
a	b	c	d	e	f	g	h	i	j	k	\0		…	

图 4.2 串的顺序存储结构 2

(3) 设定长串存储空间：

```
char   S[MAXLEN+1];
```

用S[0]存放串的实际长度，串值存放在S[1]～S[MAXLEN]，字符的序号和存储位置一致，应用更为方便。

对于串的顺序存储结构，可以有一些变化，串值的存储空间可在程序执行过程中动态分配而得。比如在计算机中存在一个自由存储区，叫作堆，用的时候可以申请空间，不用的时候再释放回去。要实现这种存储结构，就要在串名和串的具体存储之间建立对应表。

4.2.2 串的链式存储结构

由于串是一种线性表，因此也可以采用链式存储结构。基于串的特殊性(每个元素只有一个字符)，在具体实现时，每个结点既可以存放一个字符，也可以存放多个字符，当最后一个结点未存满时，不足处用特定字符(如“#”)补齐。如图 4.3 所示，每个结点存 4 个字符。

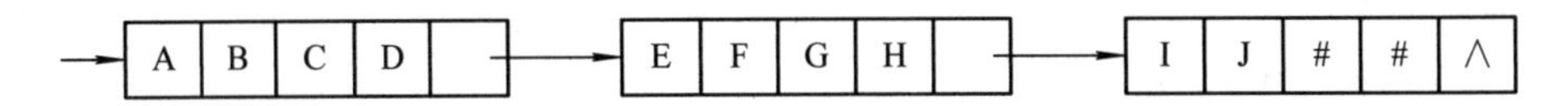

图 4.3 串的链式存储结构示例

每个结点称为块，整个链表称为块链结构，为了便于操作，再增加一个尾指针。块链结构可定义如下：

```
#define  BLOCKSIZE  <每个结点存放的字符个数>
typedef struct Block
{
    char  ch[BLOCKSIZE];
    struct Block    *next;
} Block;
typedef struct
{
     Block     *head;
     Block     *tail;
     int       length;
} BLString;
```

此时，插入、删除的处理方法比较复杂，需要考虑结点的拆分和合并，这里不再详细讨论。

4.3 串的模式匹配算法

串的定位操作(StrIndex(S, T, pos))通常称作串的模式匹配，这个操作是串的基本操作中最重要的一个操作。简单来说，就是以主串的每一个字符作为子串开头，与要匹配的字符串进行匹配。对主串做大循环，每个字符开头做 T 的长度的小循环，直到匹配成功或全部遍历完成为止。

设主串 S = "ababcabcacbab"，模式串 T = "abcac"，在串 S 中查找串 T，这里 pos = 1，模式匹配过程示例如图 4.4 所示。

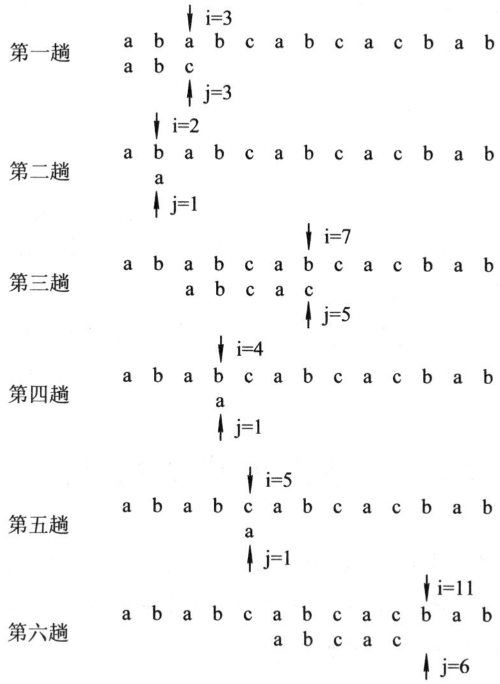

```
            ↓ i=3
第一趟  a b a b c a b c a c b a b
        a b c
            ↑ j=3

          ↓ i=2
第二趟  a b a b c a b c a c b a b
          a
          ↑ j=1

                    ↓ i=7
第三趟  a b a b c a b c a c b a b
            a b c a c
                    ↑ j=5

              ↓ i=4
第四趟  a b a b c a b c a c b a b
              a
              ↑ j=1

                ↓ i=5
第五趟  a b a b c a b c a c b a b
                a
                ↑ j=1

                            ↓ i=11
第六趟  a b a b c a b c a c b a b
                  a b c a c
                            ↑ j=6
```

图 4.4　模式匹配过程示例

依据这个思路，算法如下：

```
1   int StrIndex(SeqString S, SeqString T, int pos)
2   {  /*求串 T 在串 S 中的位置，如果 T 是 S 的子串，返回 T 在 S 中的位置；否则返回 -1 */
3       int i, j;
4       if(T.last+1==0)    /*串 T 为空*/
5          return(-1);
6       i=pos;   j=0;
7       while(i<=S.last&&j<=T.last)
8       if(S.ch[i]==T.ch[j])
9          {    i++;
10              j++;
11         }
12      else
13         {    i=i-j+1;
14              j=0;
15         }
16      if(j>T.last)
17         return(i-j);
18      else
19         return(-1);
20  }
```

假设主串的长度为 n，模式串的长度为 m，最坏情况下的时间复杂度为 O(n × m)。在最坏情况下，每趟不成功的匹配都发生在串 T 的最后一个字符。

例如：

S = "aaaaaaaaaaab"

T = "aaab"

设匹配成功发生在 s_i 处，则在前面 i−1 趟匹配中共比较了(i−1) × m 次，第 i 趟成功的匹配共比较了 m 次，所以总共比较了 i × m 次，因此最坏情况下比较的次数是(n−m+1) × m，即最坏情况下的时间复杂度是 O(n × m)。

不过，这个算法的平均性能比较好，因为对于那些不成功的试匹配来说，并非每次试匹配都测试到模式串的尾部才发现失配，通常只测试到模式串的前几个字符就发现失配了。

4.4 KMP 模式匹配算法

4.3 节中的模式匹配算法简单但效率较低。这一节介绍另外一种模式匹配算法，该算法是克努特(Knuth)、莫里斯(Morris)和普拉特(Pratt)同时设计的一种模式匹配算法，简称 KMP 算法，这个算法可以大大避免重复的遍历。

4.4.1 KMP 模式匹配算法的原理

例如主串 S = "abcdefgab⋯"(S 串还可以更长)，模式串 T = "abcdex"，按照 4.3 节匹配过程的思路，该模式匹配过程示例如图 4.5 所示。

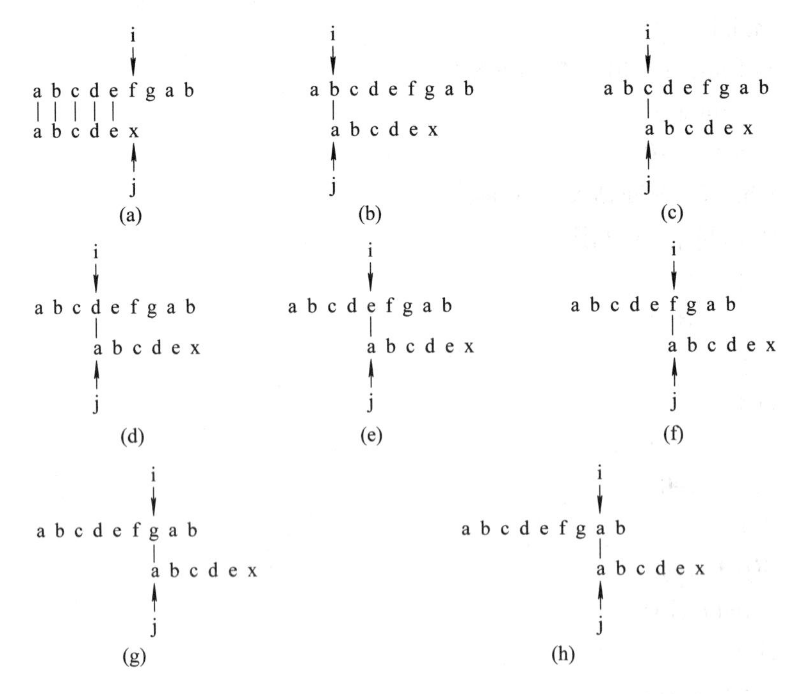

图 4.5 模式匹配过程示例(1)

在图 4.5(a)中 i = 6, j = 6 时，'f ' 和 'x' 不相同，接下来进行如图 4.5(b)～(h)所示的比较，其中图 4.5(b)～(g)的比较中，i = 2, 3, 4, 5, 6, 7 时，首字符与串 T 中的首字符均不同。仔细观察串 T "abcdex"，其首字符 'a' 与后面的串 'bcdex' 中任意一个字符都不相同。既然首字符'a'与后面的子串中任意一个字符都不相同，那么，图 4.5(1)中，前面 5 个字符分别相同，意味着串 T 中的首字符 'a' 不可能与串 S 中的第一到第五位字符相同，所以，图 4.5(2)～(7)的比较是多余的。这是理解 KMP 算法的关键。

下面我们再举一例来说明这一点。设 S = "abcababca"，T = "abcabx"。这里很明显看到字符串首字符 'a' 与其后面的字符串 "bcabx" 中倒数第三位字符相同。按照 4.3 节匹配过程的思路，这一模式匹配过程示例如图 4.6 所示。

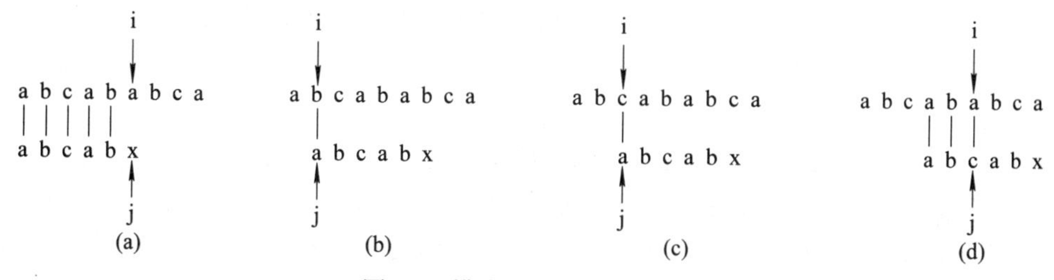

图 4.6　模式匹配过程示例(2)

图 4.6(a)中前 5 个字符均相同，此时观察 T = "abcabx"，其中首字符 'a' 与串 T 中的第二、第三个字符均不同，所以，图 4.6(b)、(c)均是多余的比较。

串 T 中首字符 'a' 与 T 中第四个字符相同，第二个字符 'b' 与第五个字符相同，在图 4.6(a)的比较过程中可以明显看出，串 T 中第四、第五个字符均与主串 S 中相应字符比较过，且相等，因此，可以断定，串 T 中的首字符 'a'、第二个字符 'b' 与主串 S 中第四、第五个字符也不需要比较了，肯定是相同的。

也就是说，对于子串中有与首字符相同的字符，可以省掉一部分不必要的比较。如图 4.7(a)所示主串 S 中第六个字符与串 T 中的第六个字符不同时，可以利用前面的比较信息，串 T 中第一个字符和第二个字符与后面的第四、第五个字符分别相同，即 "abcabx"，图 4.7(b)所示串 S 中 "ab" 和串 T 中的 "ab" 就没有必要比较了，也就是说指针 i 指向的字符可直接和串 T 中的第三个字符比较。

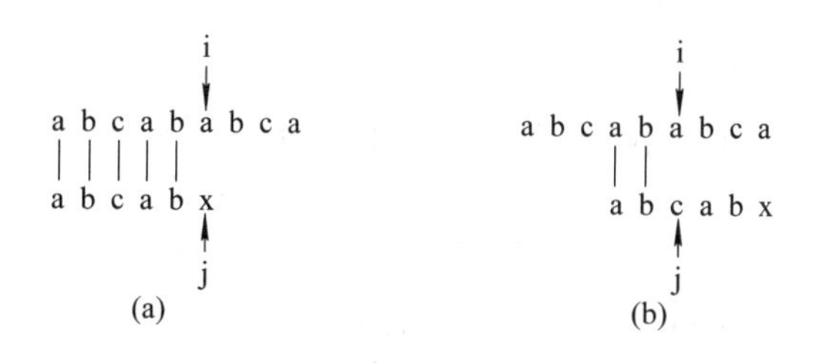

图 4.7　模式匹配过程示例(3)

KMP 算法的思路就是分析子串，找出子串的特点，主串的指针 i 不回溯。希望某趟在 s_i 和 t_j 匹配失败后，指针 i 不回溯，模式串 T 向右“滑动”至某个位置上，使得 t_k 对准 s_i 继续向右进行。显然，现在问题的关键是串 T“滑动”到哪个位置上。不妨设位置为 k，即 s_i 和 t_j 匹配失败后，指针 i 不动，模式串 T 向右“滑动”，使 t_k 和 s_i 对准继续向右进行比较，要满足这一假设，就要有如下关系成立：

$$"t_1\, t_2 \cdots t_{k-1}" = "s_{i-k+1}\, s_{i-k+2} \cdots s_{i-1}" \tag{4.1}$$

式(4.1)左边是 t_k 前面的 k-1 个字符，右边是 s_i 前面的 k-1 个字符。而本趟匹配失败是在 s_i 和 t_j 之处，已经得到的部分匹配结果是

$$"t_1\, t_2 \cdots t_{j-1}" = "s_{i-j+1}\, s_{i-j+2} \cdots s_{i-1}" \tag{4.2}$$

因为 k < j，所以有

$$"t_{j-k+1}\, t_{j-k+2} \cdots t_{j-1}" = "s_{i-k+1}\, s_{i-k+2} \cdots s_{i-1}" \tag{4.3}$$

式(4.3)左边是 t_j 前面的 k-1 个字符，右边是 s_i 前面的 k-1 个字符，通过式(4.1)和式(4.3)得到关系式：

$$"t_1\ t_2 \cdots t_{k-1}" = "t_{j-k+1}\ t_{j-k+2} \cdots t_{j-1}" \tag{4.4}$$

结论：在某趟 s_i 和 t_j 匹配失败后，如果模式串中有满足关系式(4.4)的子串存在，即模式中的前 k-1 个字符与模式串中 t_j 字符前面的 k-1 个字符相同时，则模式串 T 就可以向右“滑动”至 t_k 和 s_i 对准，继续向右进行比较即可。

如上例中 T = "abcabx"，其前面的 "ab" 和 x 之前的 "ab" 相同，如果主串中指针 i 指向的字符与串 T 中 j = 6 比较结果不相同，则利用前面的比较信息，指针 i 指向的字符应该与 j = 3 的字符比较。可以得出规律，j 值移动的位置与当前字串的当前字符之前的串前后缀的相似度有关。

4.4.2 next 函数

我们把串 T 各个位置的 j 值的变化定义为一个数组 next。模式串中的每一个 t_j 都对应一个 k 值，由式(4.4)可知，这个 k 值仅依赖于模式串 T 本身字符序列的构成，而与主串 S 无关。我们用 next[j] 表示 t_j 对应的 k 值，根据以上分析，next 函数有如下性质：

(1) next[j] 是一个整数，且 0≤next[j]<j。

(2) 为了使模式串 T 的右移不丢失任何匹配成功的可能，当存在多个满足式(4.4)的 k 值时，应取最大值，这样向右“滑动”的距离最短，“滑动”的字符为 j-next[j]个。

(3) 如果在 t_j 前不存在满足式(4.4)的子串，那么若 $t_1 \neq t_j$，则 k = 1，若 $t_1 = t_j$，则 k = 0。这时“滑动”的距离最长，为 j-1 个字符，即用 t_1 和 s_{j+1} 继续比较。

因此，next 函数定义如下：

$$\text{next}[j] = \begin{cases} 0 & j = 1 \\ \max\{k\} & 1 \leqslant k < j \text{ 且 } "t_1\, t_2 \cdots t_{k-1}" = "t_{j-k+1}\, t_{j-k+2} \cdots t_{j-1}" \\ 1 & \text{不存在上面的 k 且 } t_1 \neq t_j \\ 0 & \text{不存在上面的 k 且 } t_1 = t_i \end{cases}$$

设有模式串 T = "abcaababc"，则它的 next 函数值为

j	1	2	3	4	5	6	7	8	9
模式串	a	b	c	a	a	b	a	b	c
next[j]	0	1	1	0	2	2	3	2	3

4.4.3 KMP 算法实现

在求得模式串的 next 函数之后，可进行如下匹配：

(1) 假设以指针 i 和 j 分别指示主串和模式串中的比较字符，令 i 的初值为 pos，j 的初值为 1。

(2) 若在匹配过程中 $s_i==t_j$，则 i 和 j 分别加 1。

(3) 若 $s_i \neq t_j$，匹配失败后，则 i 不变，j 退到 next[j]位置再比较。

依此类推，直至下列两种情况：一种是 j 退到某个 next 值时字符比较结果相等，则 i 和 j 分别加 1 并继续进行匹配；另一种是 j 退到值为 0(即模式串的第一个字符失配)，则此时 i 和 j 也要分别加 1，表明从主串的下一个字符起重新开始模式匹配。

设主串 S = "aabcbabcaabcaababc"，子串 T = "abcaababc"，图 4.8 是利用 next 函数进行匹配的过程示意图。

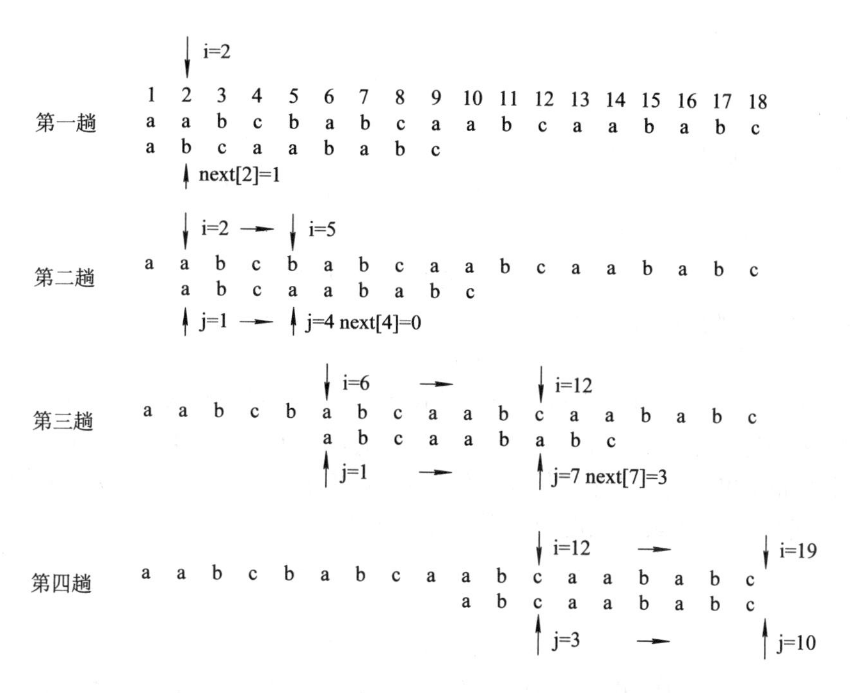

图 4.8　利用模式串 next 函数进行匹配的过程示例

在假设已有 next 函数的情况下，用 C 语言中的字符指针存储字符串，字符串的 0 位置存放串的长度，KMP 算法如下：

```
1    int StrIndex_KMP(char *S, char *T, int pos)
2    {  /*从串 S 的第 pos 个字符开始找首次与串 T 相等的子串*/
3       int i=pos, j=1;
4       while(i<=S[0] && j<=T[0])    /* S[0] 存放串 S 的长度，T[0] 存放串 T 的长度*/
5          if(j==0 || S[i]==T[j])
6          {
7             i++;   j++;
8          }
9          else
10            j=next[j];              /*回溯*/
```

```
11          if(j>T[0])
12              return   i-T[0];          /*匹配成功，返回存储位置*/
13          else
14              return   -1;
15      }
```

由以上讨论可知，next 函数值仅取决于模式串本身而和主串无关。我们可以从分析 next 函数的定义出发用递推的方法求得 next 函数值。

由函数定义可知：

$$next[1] = 0 \tag{4.5}$$

设 next[j] = k，即有

$$"t_1\ t_2 \cdots\ t_{k-1}" = "t_{j-k+1}\ t_{j-k+2} \cdots\ t_{j-1}" \tag{4.6}$$

next[j+1] = ? 可能有两种情况：

(1) 若 $t_k = t_j$，则表明在模式串中有

$$"t_1\ t_2 \cdots\ t_k" = "t_{j-k+1}\ t_{j-k+2} \cdots\ t_j" \tag{4.7}$$

这就是说 next[j+1] = k+1，即

$$next[j+1] = next[j]+1 \tag{4.8}$$

(2) 若 $t_k \neq t_j$，则表明在模式串中有

$$"t_1\ t_2 \cdots\ t_k" \neq "t_{j-k+1}\ t_{j-k+2} \cdots\ t_j" \tag{4.9}$$

此时可把求 next 函数值的问题看成是一个模式匹配问题，整个模式串既是主串又是模式，而当前在匹配的过程中，已有式(4.6)成立，则当 $t_k \neq t_j$ 时，应将模式串向右滑动，使得第 next[k]个字符和主串中的第 j 个字符相比较。若 next[k] = k'，且 $t_{k'} = t_j$，则说明在主串中第 j+1 个字符之前存在一个最大长度为 k' 的子串，使得

$$"t_1\ t_2 \cdots\ t_{k'}" = "t_{j-k'+1}\ t_{j-k'+2} \cdots\ t_j" \tag{4.10}$$

因此

$$next[j+1] = next[k]+1 \tag{4.11}$$

同理，若 $t_{k'} \neq t_j$，则将模式串继续向右滑动至第 next[k'] 个字符和 t_j 对齐，依此类推，直至 t_j 和模式串中的某个字符匹配成功或者不存在任何 k' $(1 < k' < k < \cdots < j)$满足式(4.10)，此时若 $t_1 \neq t_{j+1}$，则

$$next[j+1] = 1 \tag{4.12}$$

若 $t_1 = t_{j+1}$，则

$$next[j+1] = 0 \tag{4.13}$$

求 next 函数值的算法如下：

```
1  void get_next(char   *T, int   next[ ])   /*求模式串 T 的 next 值并存入数组 next*/
2  {
3          int i, j;
4          i=1;    next[1]=0;    j=0;
5          while(i<T[0])
6             { if (j==0||T[i]==T[j])
7                  {
```

```
8                    ++i;      ++j;
9                    next[i]=j;
10                   }
11                else
12                  j=next[j];
13             }
14      }
```

上述求 next 函数值算法的时间复杂度是 O(m)。通常模式串的长度 m 比主串的长度 n 小得多，因此，对整个匹配算法来说，增加的时间是值得的。

KMP 算法中由于指针 i 不回溯，使得算法的性能有所提高，整个算法的时间复杂度在一般情况下是 O(n+m)。当然和简单的模式匹配算法相比，KMP 算法增加了很大难度，我们主要学习该算法的设计技巧。

本章知识点总结

串是一种特殊的线性表，它的数据元素仅由字符组成。在一般线性表的基本操作中，大多以“单个元素”作为操作对象，而在串中，则是以“串的整体或一部分”作为操作对象。因此，一般线性表和串的操作有很大的不同。

(1) 相关术语：串、空串、串相等、子串等。

(2) 串的存储结构：顺序存储结构、链式存储结构。

串的顺序存储结构用一组地址连续的存储单元存储串值中的字符序列。

C 语言中在串的末尾用 '\0' 来表示串的结束。用这一特殊符号来判定串是否结束，从而求得串的长度。在顺序存储结构中，可以在计算机中开辟一个存储串的自由存储区，即串的堆存储结构。

串的链式存储结构是用不带头结点的单链表来存储串结点的。具体实现时，每个结点既可以存放一个字符，也可以存放多个字符。每个结点称为块，整个链表称为块链结构。

(3) 模式匹配算法：求串 T 在串 S 中的位置，这种子串在主串中的定位操作通常称作串的模式匹配，这个操作是串的基本操作中最重要的一个操作。

习　题

1. 串作为特殊的线性表在人工智能和机器学习领域中有特殊应用，它能直观处理文本、序列等信息。串是一种特殊的线性表，其特殊性表现在哪里？

2. 两个字符串相等的充分必要条件是什么？

3. 串常用的存储结构有哪些？

4. 设主串 S = "aabaaabaaaababa"，模式串 T = "aabab"。请问：如何用最少的比较次数找到 T 在 S 中出现的位置？相应的比较次数是多少？

5. 给出模式串 T = "abaabcac" 在 KMP 算法中的 next 函数值序列。

6. 已知 S = "(xyz)+*"，T = "(x+z)*y"。试利用连接、求子串和替换等基本运算，将 S 转化为 T。

7. 下列程序用于判断字符串 S 是否对称，若对称，则返回 1，否则返回 0。如 f("abba")返回 1，f("abab")返回 0。请填空完善程序。

```
int f (______(1)______)
{   int   i=0,j=0;
    while (s[j])
    ______(2)______;
    for(j--; i<j&&s[i]==s[j]; i++,j--);
      return(______(3)______)
}
```

8. 古代学者们手捧竹简，逐字逐句地研读比对，认真寻找文章的奥妙与异同。请设计一算法，实现顺序串的基本操作 StrCompare(S，T)，模拟古人的精细比对，检查两个顺序串 S 和 T 的内容是否一致，并比较它们的长度。

9. 中华古诗词字句精练，意境深远。请设计一算法，寻找古诗词文字串 S 中首次与给定词句串 T 完全匹配的子串，并将 S 中该子串逆置(S 和 T 是顺序串)。

10. 尊老爱幼是中华民族的传统美德，某社区服务站为了给社区老年人提供更贴心的服务，需要统计当前社区中所有年龄超过 60 岁的男、女性人数。现在需要在给定的社区人员登记的某个基本信息字符串中进行统计，信息用长度为 12 的字符串表示，表示方式如下：前 8 个字符是社区人员的门牌号码，接下来的 1 个字符是社区人员的性别(F 代表女，M 代表男)，后 3 个数字字符是社区人员的年龄。请设计一算法，统计给定一系列基本信息字符串中严格大于 60 岁的男、女性人数。

第五章　数组和广义表

数组与广义表可视为线性表的推广。在线性表中，每个数据元素都是不可再分的原子类型；而数组与广义表中的数据元素可以推广到一种具有特定结构的数据。

教学目标：

使学生掌握数组的顺序存储结构及其随机存取的特性；掌握特殊矩阵实现压缩存储时的下标变换；理解稀疏矩阵的两种存储方式的特点和适用范围，领会以三元组表表示稀疏矩阵时进行运算采用的处理方法；了解广义表的定义及其存储结构。

思政目标：

培养学生“博观约取，厚积薄发，砥砺深耕，履践致远”的人生态度。

5.1　数　　组

5.1.1　数组的逻辑结构

数组是我们很熟悉的一种数据结构，可以将其看作线性表的推广。数组作为一种数据结构，其特点是结构中的元素本身是具有某种结构的数据，但属于同一数据类型，比如，可以将一维数组看作一个线性表，将二维数组看作“数据元素是一维数组”的一维数组，将三维数组看作“数据元素是二维数组”的一维数组。如图 5.1(a)所示是一个 m 行 n 列的二维数组，如图 5.1(b)所示是 $3\times4\times2$ 的三维数组，依此类推。

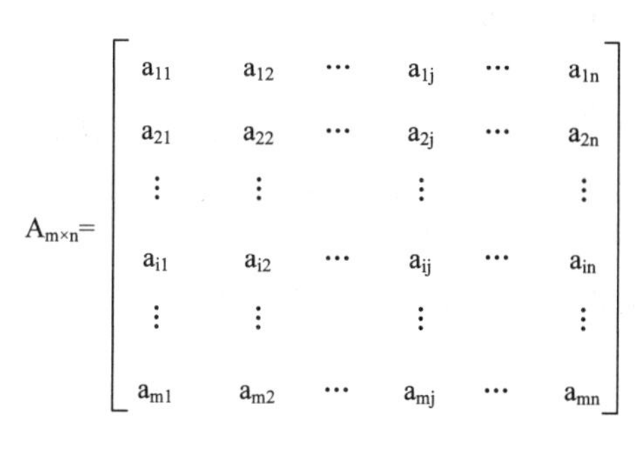

(a) 二维数组

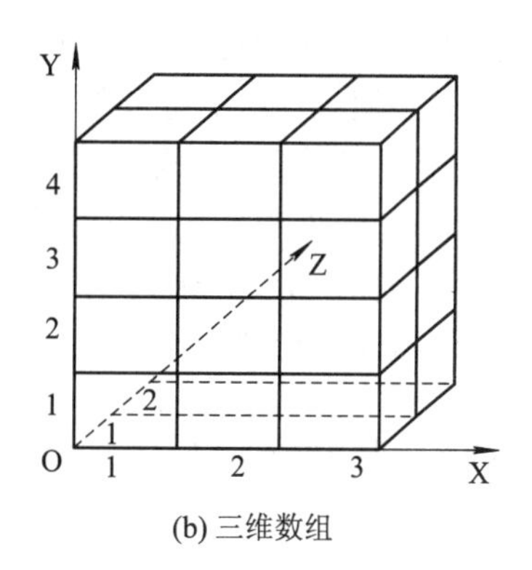

(b) 三维数组

图 5.1 数组示例

从一维到多维，遵循从浅入深、从易到难认识事物的一般规律。零到四维是比较好理解的，零维是一个点，一维是一条线，二维是一个面，三维是个体，有长、宽、高，再把时间算进去，就是第四个维度。第五维开始复杂一点了，需要借鉴从一维怎么理解二维的经验。每增加一维，思维上的飞跃，思想的深度和广度大为拓展和延伸。

在此，可以将二维数组 A 看成是由 n 个列向量$[\alpha_1, \alpha_2, \cdots, \alpha_n]$组成的，其中，$\alpha_j=(a_{1j}, a_{2j}, \cdots, a_{mj})$，$1\leqslant j\leqslant n$；也可以将二维数组 A 看成是由 m 个行向量$[\beta_1, \beta_2, \cdots, \beta_m]$组成的，其中 $\beta_i=(a_{i1}, a_{i2}, \cdots, a_{in})$，$1\leqslant i\leqslant m$，如图 5.2 所示。

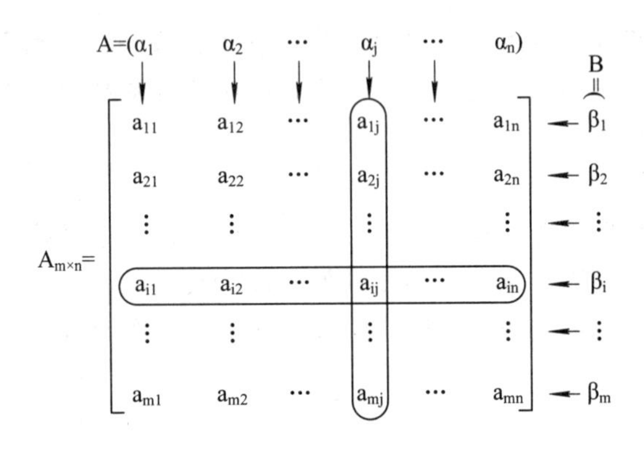

图 5.2　二维数组示例

一个数组元素 a_{ij} 在第 i 行、第 j 列，受到两个线性关系的约束，就是行和列的关系。

二维数组是线性表的推广，三维、四维……n 维数组类似。n 维数组中，每个数据元素受 n 个关系的约束，每个关系都是线性关系。

从数组的特殊结构可以看出，数组中的每个元素由一个值和一组下标来描述。值代表数组中元素的数据信息，一组下标用来描述该元素在数组中的相对位置。

一般来说，在数组上不能做插入、删除数据元素的操作。通常在各种高级语言中，数组一旦被定义，每一维的大小及上下界都不能改变。

通过以上分析可总结出数组具有以下性质：

(1) 数组中数据元素的数目固定。一旦定义了一个数组，其数据元素数目不再有增减变化。

(2) 数组中数据元素具有相同的数据类型。

(3) 数组中每一个数据元素由唯一的一组下标来标识。

(4) 数组是随机存取的存储结构。

在数组上不能做插入、删除数据元素的操作。通常在各种高级语言中，数组一旦被定义，每一维的大小及上下界都不能改变。在数组中通常有下面两种操作：

(1) 取值操作：给定一组下标，读其对应的数据元素。

(2) 赋值操作：给定一组下标，存储或修改与其相对应的数据元素。

5.1.2　数组的存储结构

由于对数组一般不做插入、删除操作，因此，通常采用顺序存储结构表示数组。由于存储单元是一维结构，而数组是多维结构，因此采用一组连续存储单元存放数组元素就有个次序约定问题。一般有两种存储结构：

(1) 按以行为主序(即先行后列)的顺序存放数据，如 BASIC、PASCAL、COBOL、C 等程序设计语言中是以行为主序分配存储空间的，即一行存储完了接着存储下一行。

(2) 按以列为主序(即先列后行)的顺序存放数据，如 FORTRAN 语言中是以列为主序分配存储空间的，即一列存储完了接着存储下一列。

例如，一个 2 × 3 二维数组的逻辑结构如图 5.3(a)所示；以行为主序的内存映象如图 5.3(b)所示，分配顺序为：a_{11}，a_{12}，a_{13}，a_{21}，a_{22}，a_{23}；以列为主序的内存映象如图 5.3(c)所示，分配顺序为：a_{11}，a_{21}，a_{12}，a_{22}，a_{13}，a_{23}。

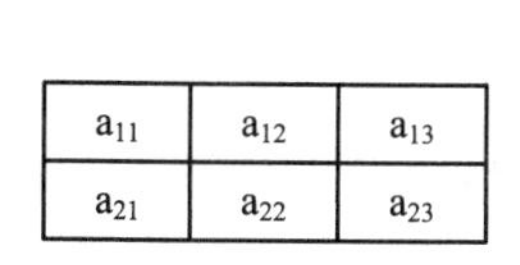

(a) 2×3数组的逻辑结构

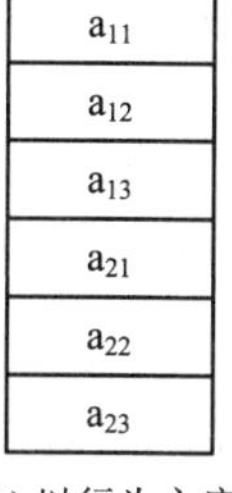

(b) 以行为主序

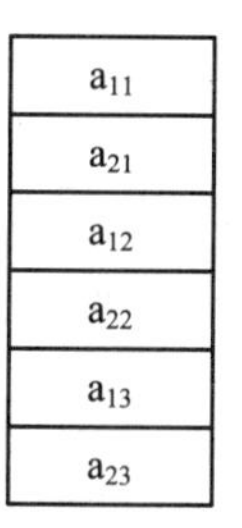

(c) 以列为主序

图 5.3　2 × 3 数组的物理状态示意图

假设有一个 3×4×2 的三维数组，共有 24 个元素。三维数组元素的下标由 3 个数字表示，即行、列、纵 3 个方向。A_{231} 表示第 2 行、第 3 列、第 1 纵的元素。如果下标从 1 开始，采用以行为主序的方式存放，即行下标变化最慢，纵下标变化最快，则存放顺序为：a_{111}，a_{112}，a_{121}，a_{122}，…，a_{331}，a_{332}，a_{341}，a_{342}；采用以纵为主序的方式存放，即纵下标变化最慢，行下标变化最快，则顺序为：a_{111}，a_{211}，a_{311}，a_{121}，a_{221}，a_{321}，…，a_{132}，a_{232}，a_{332}，a_{142}，a_{242}，a_{342}。

以上的存放规则可推广到多维数组的情况。

数组的顺序存储结构是一种随机存取的结构。如果已知多维数组的维数以及每一维的上、下界，则可以方便地将多维数组按顺序存储结构存放在计算机中。同时，根据数组的下标，可以计算出数组中某个数组元素在存储器中的位置。

设有 m×n 二维数组 A_{mn}，假设下标从 1 开始，用以行为主序的分配为例，下面介绍已知数组元素的下标，求其存储地址的计算方法。

设数组的基址为 $Loc(a_{11})$，每个数组元素占据 L 个地址单元，那么 a_{ij} 的物理地址可用一线性寻址函数计算：

$$Loc(a_{ij}) = Loc(a_{11}) + [(i - 1)\times n + j - 1] \times L \tag{5.1}$$

这是因为数组元素 a_{ij} 的前面有 i-1 行，每一行的元素个数为 n，在第 i 行中它的前面还有 j-1 个数组元素。

在 C 语言中，数组中每一维的下界定义为 0，则

$$Loc(a_{ij}) = Loc(a_{00}) + (i \times n + j) \times L \tag{5.2}$$

推广到一般的二维数组 $A[c_1..d_1][c_2..d_2]$，则 a_{ij} 的物理地址计算函数为

$$Loc(a_{ij}) = Loc(a_{c1\,c2}) + [(i - c_1) \times (d_2 - c_2 + 1) + (j - c_2)] \times L \tag{5.3}$$

同理，对于三维数组 A_{mnp}，即 m × n × p 数组，数组元素 a_{ijk} 的物理地址为

$$Loc(a_{ijk}) = Loc(a_{111}) + [(i-1) \times n \times p + (j-1) \times p + k - 1] \times L \tag{5.4}$$

推广到一般的三维数组 $A[c_1..d_1][c_2..d_2][c_3..d_3]$，则 a_{ijk} 的物理地址为

$$Loc(a_{ijk}) = Loc(a_{c1\,c2\,c3}) + [(i-c_1) \times (d_2-c_2+1) \times (d_3-c_3+1) + (j-c_2) \times (d_3-c_3+1) + (k-c_3)] \times L \tag{5.5}$$

对于 n 维数组 $A(c_1..d_1, c_2..d_2, \cdots, c_n..d_n)$，只要推广上式，就可以容易地得到 n 维数组中任意元素 $a_{j1j2\ldots jn}$ 的存储地址的计算公式：

$$\begin{aligned} Loc[j_1, j_2, \cdots, j_n] &= Loc[c_1, c_2, \cdots, c_n] + [(d_2-c_2+1)\cdots(d_n-c_n+1)(j_1-c_1) + \\ &\quad (d_3-c_3+1)\cdots(d_n-c_n+1)(j_2-c_2) + \cdots + (d_n-c_n+1)(j_{n-1}-c_{n-1}) + (j_n-c_n)]L \\ &= Loc[c_1, c_2, \cdots, c_n] + [\sum_{i=1}^{n-1}(j_i-c_i)\prod_{k=i+1}^{n}(d_k-c_k+1) + (j_n-c_n)]L \end{aligned} \tag{5.6}$$

容易看出，数组元素的存储位置是其下标的线性函数，一旦数组下标确定之后，数组中的元素就可随机存取。我们称具有这一特点的存储结构为随机存储结构。

5.2　特殊矩阵的压缩存储

矩阵是一个二维数组，它是很多科学与工程计算问题中研究的数学对象。矩阵可以用行优先或列优先方法顺序存放到计算机内存中，但是，当矩阵的阶数很大时将会占较多存储单元。而当数组元素分布呈现某种规律时，从节约存储单元出发，可考虑若干数组元素共用一个存储单元，即进行压缩存储。

矩阵的压缩存储是为了节约空间，虽然现在计算机硬件发展很快，其处理量以指数级增长，但仍必须考虑存储空间的有效利用，杜绝浪费。

所谓压缩存储，是指为多个值相同的数组元素只分配一个存储空间，值为 0 的数组元素不分配存储空间。但在压缩后要找到某数组元素，还必须给出压缩前的下标和压缩后的下标之间的变换公式，才能使压缩存储变得有意义。

下面从这一角度来考虑这些特殊矩阵的存储方法。

5.2.1　对称矩阵

对称矩阵的特点是：在一个 n 阶方阵中，有 $a_{ij} = a_{ji}$，其中 $1 \leqslant i, j \leqslant n$，如图 5.4 所示是一个 5 阶对称矩阵及其压缩存储形式。

$$A = \begin{bmatrix} 3 & 6 & 4 & 7 & 8 \\ 6 & 2 & 8 & 4 & 2 \\ 4 & 8 & 1 & 6 & 9 \\ 7 & 4 & 6 & 0 & 5 \\ 8 & 2 & 9 & 5 & 7 \end{bmatrix}$$

(a) 对称矩阵

3	6	2	4	8	1	7	4	6	0	8	2	9	5	7
1	2	3	4	5	6	7	8	9	10	11	12	13	14	15

(b) 压缩存储形式

图 5.4　5 阶对称矩阵及其压缩存储形式

对称矩阵关于主对角线对称，因此只需存储上三角或下三角部分即可。图 5.4(a)所示的对称矩阵的压缩存储如图 5.4(b)所示。我们只存储下三角中的数组元素 a_{ij}，其特点是 $j \leqslant i$ 且 $1 \leqslant i \leqslant n$，对于上三角中的数组元素 a_{ij}，它和对应的 a_{ji} 相等，因此当访问的数组元素在上三角时，直接去访问和它对应的下三角数组元素即可。这样，原来需要 n^2 个存储单元，现在只需要 $n(n+1)/2$ 个存储单元，节约了 $n(n-1)/2$ 个存储单元。当 n 较大时，这是可观的一部分存储资源。

对下三角部分以行为主序将其顺序存储到一个向量中，在下三角中共有 $n(n+1)/2$ 个元素，因此，为不失一般性，设存储到向量 SA[n(n+1)/2]中。一般对称矩阵及其压缩存储形式如图 5.5 所示。

$$A_{n\times n}=\begin{bmatrix} a_{11} & a_{12} & \cdots & a_{1j} & \cdots & a_{1n} \\ a_{21} & a_{21} & \cdots & a_{2j} & \cdots & a_{2n} \\ \vdots & \vdots & & \vdots & & \vdots \\ a_{i1} & a_{i2} & \cdots & a_{ij} & \cdots & a_{in} \\ a_{n1} & a_{n2} & \cdots & a_{nj} & \cdots & a_{nn} \end{bmatrix}$$

(a) 对称矩阵

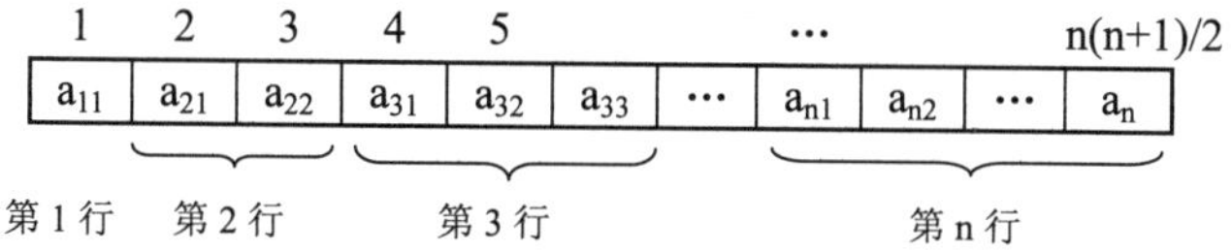

1	2	3	4	5				···		n(n+1)/2
a_{11}	a_{21}	a_{22}	a_{31}	a_{32}	a_{33}	···	a_{n1}	a_{n2}	···	a_n
第 1 行	第 2 行		第 3 行				第 n 行			

(b) 压缩存储形式

图 5.5 一般对称矩阵及其压缩存储形式

原矩阵下三角中的某一个数组元素 a_{ij} 对应一个 SA_k，下面讨论 k 与 i、j 之间的关系。对于下三角中的数组元素 a_{ij}，其特点是 $i \geqslant j$ 且 $1 \leqslant i \leqslant n$，存储到 SA 中后，根据存储原则，它前面有 i-1 行，共有 $1+2+\cdots+i-1=i(i-1)/2$ 个元素。而 a_{ij} 又是它所在行中的第 j 个元素，所以在上面的排列顺序中，a_{ij} 是第 $i(i-1)/2+j$ 个元素，因此它在 SA 中的下标 k 与 i、j 的关系为

$$k=i\times\frac{i-1}{2}+j \quad \left(0<k<\frac{n(n+1)}{2}\right) \tag{5.7}$$

若 $i<j$，则 a_{ij} 是上三角中的数组元素，因为 $a_{ij}=a_{ji}$，这样，访问上三角中的数组元素 a_{ij} 时，去访问和它对应的下三角中的 a_{ji} 即可，因此将式(5.7)中的行列下标交换就是上三角中的数组元素在 SA 中的对应关系：

$$k=j\times\frac{j-1}{2}+i \quad \left(0<k<\frac{n(n+1)}{2}\right) \tag{5.8}$$

综上所述，对于对称矩阵中的任意数组元素 a_{ij}，若令 $I=\max(i,j)$，$J=\min(i,j)$，则将上面两个式子综合起来可得

$$k=I\times\frac{I-1}{2}+J \tag{5.9}$$

5.2.2 三角矩阵

如图 5.6 所示矩阵称为三角矩阵，其中 c 为某个常数。图 5.6(a)所示为下三角矩阵，主

对角线以上均为同一个常数；图 5.6(b)所示为上三角矩阵，主对角线以下均为同一个常数；图 5.6(c)所示为下三角矩阵压缩存储形式。

$$\begin{bmatrix} 3 & c & c & c & c \\ 6 & 2 & c & c & c \\ 4 & 8 & 1 & c & c \\ 7 & 4 & 6 & 0 & c \\ 8 & 2 & 9 & 5 & 7 \end{bmatrix}$$

(a) 下三角矩阵

$$\begin{bmatrix} 3 & 4 & 8 & 1 & 0 \\ c & 2 & 9 & 4 & 6 \\ c & c & 1 & 5 & 7 \\ c & c & c & 0 & 8 \\ c & c & c & c & 7 \end{bmatrix}$$

(b) 上三角矩阵

3	6	2	4	8	1	7	4	6	0	8	2	9	5	7	c
1	2	3	4	5	6	7	8	9	10	11	12	13	14	15	16

(c) (a)的压缩存储形式

图 5.6　三角矩阵及其压缩存储形式

下三角矩阵与对称矩阵类似，不同之处在于存完下三角中的数组元素之后，紧接着存储对角线上方的常量，因为是同一个常数，所以存一个即可，这样一共存储了 n (n+1)/2+1 个元素。设存入向量 SA[n (n+1)/2+1]中，则 SA_k 与 a_{ij} 的对应关系为

$$k=\begin{cases} \dfrac{i\times(i-1)}{2}+j & i\geqslant j \\ \dfrac{n\times(n+1)}{2}+1 & i<j \end{cases} \tag{5.10}$$

同样，对于上三角矩阵，也可以将其压缩存储到一个大小为 n(n+1)/2+1 的一维数组 C 中。其中数组元素 $a_{ij}(i\leqslant j)$在数组 C 中的存储位置为

$$k=\begin{cases} \dfrac{j(j-1)}{2}+i & i\leqslant j \\ \dfrac{n(n+1)}{2}+1 & i>i \end{cases} \tag{5.11}$$

5.2.3　带状矩阵

若矩阵中所有非零元素都集中在以主对角线为中心的带状区域内，区域外的值全为 0，则称该矩阵为对角矩阵。常见的有三对角矩阵、五对角矩阵、七对角矩阵等。我们仅讨论三对角矩阵的压缩存储，对于五对角矩阵、七对角矩阵等，读者可以作类似的分析。

图 5.7(a)所示为 5 × 5 的三对角矩阵(即有三条对角线上元素非零)。图 5.7(b)是将图 5.7(a)所示矩阵压缩为 5 × 3 的矩阵，图 5.7(c)是图 5.6(a)所示矩阵的压缩存储形式。

$$A=\begin{bmatrix} a_{11} & a_{12} & 0 & 0 & 0 \\ a_{21} & a_{22} & a_{23} & 0 & 0 \\ 0 & a_{32} & a_{33} & a_{34} & 0 \\ 0 & 0 & a_{43} & a_{44} & a_{45} \\ 0 & 0 & 0 & a_{54} & a_{55} \end{bmatrix}$$

(a) w = 3 的 5 阶带状矩阵

$$B=\begin{bmatrix} a_{11} & a_{12} & 0 \\ a_{21} & a_{22} & a_{23} \\ a_{32} & a_{33} & a_{34} \\ a_{43} & a_{44} & a_{45} \\ a_{54} & a_{55} & 0 \end{bmatrix}$$

(b) 压缩为 5 × 3 的矩阵

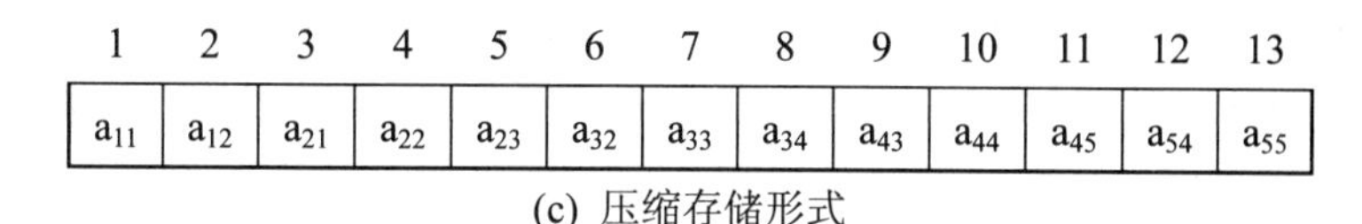

1	2	3	4	5	6	7	8	9	10	11	12	13
a_{11}	a_{12}	a_{21}	a_{22}	a_{23}	a_{32}	a_{33}	a_{34}	a_{43}	a_{44}	a_{45}	a_{54}	a_{55}

(c) 压缩存储形式

图 5.7　带状矩阵及压缩存储形式

三对角带状矩阵有如下特点：

$i = 1$，$j = 1$，2；

$1 < i < n$，$j = i-1$，i，$i+1$；

$i = n$，$j = n-1$，n，

时，a_{ij} 非零，其他元素均为零。

带状矩阵的压缩存储方法：

(1) 确定存储该矩阵所需的一维向量空间的大小。

这里我们假设每个非零元素所占空间的大小为 1 个单元。从图 5.7 中观察得知，三对角带状矩阵中，除了第一行和最后一行只有 2 个非零元素外，其余各行均有 3 个非零元素。由此得到所需一维向量空间的大小为

$$2 + 2 + 3(n - 2) = 3n - 2$$

(2) 确定非零元素在一维数组空间中的位置 Loc[i, j]。

Loc[i, j] = Loc[1, 1] + 前 i-1 行非零元素个数 + 第 i 行中 a_{ij} 前非零元素个数

前 i-1 行元素个数 = 3 (i-1) - 1(因为第 1 行只有两个非零元素)

第 i 行中 a_{ij} 前非零元素个数 = j-i+1，其中

$$j-i=\begin{cases}-1 & j<i\\ 0 & j=i\\ 1 & j>i\end{cases}$$

由此得到

$$Loc[i, j] = Loc[1, 1] + 3(i - 1) - 1 + j - i + 1 = Loc[1, 1] + 2(i - 1) + j - 1$$

总而言之，特殊矩阵的压缩存储方法可总结为两条：

第一，确定压缩存储矩阵所需空间的大小；

第二，找出这些特殊矩阵中特殊元素的分布规律，把那些有一定分布规律的、值相同的元素(包括零)压缩存储到一个存储空间中。这样的压缩存储只需在算法中按公式作一映射即可实现矩阵元素的随机存取。

5.3　稀疏矩阵的压缩存储

设 $m \times n$ 矩阵中有 t 个非零元素且 $t << m \times n$，这样的矩阵称为稀疏矩阵，如图 5.8 所示矩阵 A 就是一个稀疏矩阵。

很多科学管理及工程计算中，常会遇到阶数很高的大型稀疏矩阵。如果按常规分配方法顺序将其分配在计算机内，那会非常浪费内存。为此我们提出另外一种存储方法——仅存放矩阵的非零元素。但对于这类矩阵，通常零元素分布没有规律，为了能找到相应的元

素，仅存储矩阵中的非零元素的值是不够的，还要记下它所在的行和列。于是采取如下方法：将非零元素所在的行、列以及它的值构成一个三元组(i, j, v)，再按某种规律存储这些三元组，这种方法可以节约存储空间。

$$A=\begin{bmatrix} 15 & 0 & 0 & 22 & 0 & -15 \\ 0 & 11 & 3 & 0 & 0 & 0 \\ 0 & 0 & 0 & 6 & 0 & 0 \\ 0 & 0 & 0 & 0 & 0 & 0 \\ 91 & 0 & 0 & 0 & 0 & 0 \\ 0 & 0 & 0 & 0 & 0 & 0 \end{bmatrix}$$

图 5.8　稀疏矩阵

5.3.1　稀疏矩阵的三元组表存储

将三元组按行优先的顺序和同一行中列号从小到大的规律排列成的线性表，称为三元组表，采用顺序存储方式存储该表。显然，要唯一地表示一个稀疏矩阵，可在存储三元组表的同时存储该矩阵的行、列，为了运算方便，也同时存储矩阵的非零元素的个数。

三元组表的类型说明代码如下：

```
define SMAX    1024                /*一个足够大的数*/
typedef   struct
{
    int i, j;                      /*非零元素的行、列*/
    datatype   v;                  /*非零元素值*/
}SPNode;                           /*三元组类型*/
typedef   struct
{
    int mu, nu, tu;                /*矩阵的行、列及非零元素的个数*/
    SPNode   data[SMAX];           /*三元组表*/
} SPMatrix;                        /*三元组表的存储类型*/
```

图 5.8 所示的稀疏矩阵对应的三元组表如图 5.9 所示。

	i	j	v
1	1	1	15
2	1	4	22
3	1	6	−15
4	2	2	11
5	2	3	3
6	3	4	6
7	5	1	91

图 5.9　三元组表

稀疏矩阵的三元组表表示法虽然节约了存储空间，但比起正常的矩阵存储方式，其实现相同操作要耗费较多的时间，同时也增加了算法的难度，即以耗费更多时间为代价来换取存储空间的节省。

下面我们讨论这种存储方式下的稀疏矩阵的运算：转置。

所谓矩阵转置，是指变换元素的位置，把位于(row，col)位置上的元素换到(col，row)位置上，也就是说，把元素的行、列互换。采用正常的矩阵存储方式时，实现矩阵转置的经典算法如下：

```
1   void   TransMatrix(datatype source[n][m],   datatype dest[m][n])
2   {  /*source 和 dest 分别为被转置的矩阵和转置以后的矩阵(用二维数组表示)*/
3       int i,   j;
4       for(i=0; i<m; i++)
5          for(j=0; j<n; j++)
6             dest[i][j]=source[j][i];
7   }
```

显然，该算法的时间复杂度为 $O(m \times n)$。

采用三元组表压缩存储稀疏矩阵，实现矩阵的转置时，注意得到的转置矩阵的三元组表要按一行一行存放且每行中的元素按列号从小到大的规律顺序存放。图 5.8 所示的矩阵 A，其三元组表如图 5.9 所示。转置之后的矩阵 B 如图 5.10 所示，其三元组表如图 5.11 所示。

$$B=\begin{bmatrix} 15 & 0 & 0 & 0 & 91 & 0 \\ 0 & 11 & 0 & 0 & 0 & 0 \\ 0 & 3 & 0 & 0 & 0 & 0 \\ 22 & 0 & 6 & 0 & 0 & 0 \\ 0 & 0 & 0 & 0 & 0 & 0 \\ -15 & 0 & 0 & 0 & 0 & 0 \end{bmatrix}$$

图 5.10　A 的转置 B

	i	j	v
1	1	1	15
2	1	5	91
3	2	2	11
4	3	2	3
5	4	1	22
6	4	3	6
7	6	1	-15

图 5.11　B 的三元组表

要在矩阵 A 的三元组存储基础上得到矩阵 B 的三元组表存储(为了运算方便，矩阵的行列都从 1 算起，三元组表 data 也从 1 单元用起)。其算法思路如下：

① 将 A 的行数、列数、非零元素个数转化成 B 的列数、行数、非零元素个数。

② 按 A 的列(B 的行)进行循环处理：对 A 的每一列扫描三元组，找出相应的元素，若找到，则交换其行号与列号，并存储到 B 的三元组中。

算法如下：

```
1   SPMatrix *TransM1(SPMatrix   *A)
2   {  SPMatrix *B;
3      int p, q, col;
4      B=(SPMatrix *)malloc(sizeof(SPMatrix));                /*申请存储空间*/
```

```
5        B->mu=A->nu;   B->nu=A->mu;   B->tu=A->tu;
         /*稀疏矩阵的行、列、元素个数*/
6        if(B->tu>0)                             /*有非零元素则转换*/
7        {   q=1;
8            for(col=1; col<=(A->nu); col++)      /*按 A 的列序转换*/
9              for(p=1; p<=(A->tu); p++)          /*扫描整个三元组表*/
10               if(A->data[p].j==col)
11               {    B->data[q].i=A->data[p].j;
12                    B->data[q].j=A->data[p].i;
13                    B->data[q].v=A->data[p].v;
14                    q++;
15               }
16       }
17       return B;   /*返回的是转置矩阵的指针*/
18   }
```

分析该算法，其时间主要耗费在语句 8、语句 9 的二重循环上，算法的时间复杂度为 $O(nu \times tu)$（设 m、n 是原矩阵的行、列，tu 是稀疏矩阵的非零元素个数）。显然当非零元素的个数 tu 和 $m \times n$ 同数量级时，算法的时间复杂度为 $O(m \times n^2)$，和通常存储方式下矩阵转置算法相比，可节约一定量的存储空间，但算法的时间性能差一些。

此转置算法效率低的原因是算法要从 A 的三元组表中寻找第 1 列、第 2 列……，要反复搜索 A 的三元组表。

再例如，矩阵 A、B 的三元组表如图 5.12 所示。

	row	col	col
1	1	2	12
2	1	3	9
3	3	1	−3
4	3	6	14
5	4	3	24
6	5	2	18
7	6	1	15
8	6	4	−7

(a) 三元组表 A

	row	col	col
1	1	3	−3
2	1	6	15
3	2	1	12
4	2	5	18
5	3	1	9
6	3	4	24
7	4	6	−7
8	6	3	14

(b) 三元组表 B

图 5.12　矩阵 A、B 的三元组表

若能直接确定 A 中每一个三元组在 B 中的位置，则对 A 的三元组表扫描一次即可。这是可以做到的，因为 A 中第 1 列的第 1 个非零元素一定存储在 B.data[1]，如果还知道第 1 列的非零元素的个数，那么第 2 列的第 1 个非零元素在 B.data 中的位置便等于第 1 列的第 1 个非零元素在 B.data 中的位置加上第 1 列的非零元素的个数，以此类推。因为 A 中三元组的存放顺序是先行后列，对同一行来说，必定先遇到列号小的元素，这样只需扫描一遍 A.data 即可。

根据这个想法，需引入两个向量来实现：num[n+1] 和 cpot[n+1]。

num[col] 表示矩阵 A 中第 col 列的非零元素的个数(为了方便均从 1 单元用起)；
cpot[col] 初始值表示矩阵 A 中第 col 列的第 1 个非零元素在 B.data 中的位置。
cpot[col] 初始值的递推式为

cpot[1] = 1;

cpot[col] = cpot[col−1] + num[col−1];　　$2 \leqslant col \leqslant n$

例如，图 5.8 所示矩阵 A 的 num 和 cpot 的值如图 5.13 所示。

col	1	2	3	4	5	6
num[col]	2	1	1	2	0	1
cpot[col]	1	3	4	5	7	7

图 5.13　矩阵 A 的 num 与 cpot 值

依次扫描 A.data，当扫描到一个 col 列元素时，直接将其存放在 B.data 的 cpot[col]位置上，cpot[col]加 1，cpot[col]中始终是下一个 col 列元素在 B.data 中的位置。

按以上思路改进转置算法如下：

```
1    SPMatrix * TransM2(SPMatrix *A)
2    {  SPMatrix *B;
3       int   i, j, k;
4       int num[MAXSIZE], cpot[MAXSIZE];
5       B=(SPMatrix *)malloc(sizeof(SPMatrix));      /*申请存储空间*/
6       B->mu=A->nu;
7       B->nu=A->mu;
8       B->tu=A->tu;
9       if(B->tu>0)                                  /*有非零元素则转换*/
10      {  for(i=1; i<=A->nu; i++)   num[i]=0;
11         for(i=1; i<=A->tu; i++)                   /*求矩阵 A 中每一列非零元素的个数*/
12            {   j=A->data[i].j;
13                num[j]++;
14            }
15         cpot[1]=1;          /*求矩阵 A 中每一列第 1 个非零元素在 B.data 中的位置*/
16         for(i=2; i<=A->nu; i++)
17            cpot[i]=cpot[i-1]+num[i-1];
18         for(i=1; i<=A->tu; i++)                   /*扫描三元组表*/
19         {   j=A->data[i].j;                       /*当前三元组的列号*/
20             k=cpot[j];                            /*当前三元组在 B.data 中的位置*/
21             B->data[k].i=A->data[i].j;
22             B->data[k].j=A->data[i].i;
23             B->data[k].v=A->data[i].v;
24             cpot[j]++;
```

```
25          }
26       }
27       return B;    /*返回的是转置矩阵的指针*/
28   }
```

这个算法的时间主要耗费在4个并列的单循环上：

语句10的循环，初始化num[]，执行了A->nu次；

语句11～14的循环，求矩阵A中每一列非零元素的个数，执行了A->tu次；

语句16～17的循环，求矩阵A中每一列第1个非零元素在B.data中的位置，执行了A->nu次；

语句18～25的循环，扫描三元组表，进行转置，执行了A->tu次。

因而总的时间复杂度为O(A->nu + A->tu + A->nu + A->tu)。当待转置矩阵M中非零元素个数接近于A->mu × A->nu 时，其时间复杂度接近于经典算法的时间复杂度O(A->mu × A->nu)。

此算法除了三元组表所占用的空间，还需要两个辅助向量空间，即 num[1..A->n]，cpot[1..A->n]。可见，算法在时间上的节省，是以更多的存储空间为代价的。

5.3.2 稀疏矩阵的十字链表存储**

与用二维数组存储稀疏矩阵相比，用三元组表表示的稀疏矩阵不仅节约了空间，而且使得矩阵某些运算的运算时间比经典算法少。但是在进行矩阵加法、减法和乘法等运算时，有时矩阵中的非零元素的位置和个数会发生很大的变化。如 A = A + B，将矩阵B加到矩阵A上，此时若还用三元组表表示法，势必会为了保持三元组表“以行序为主序”而大量移动元素，为此引入了链式存储稀疏矩阵。

矩阵中，每个矩阵元素 a_{ij} 受行关系、列关系两个线性关系的约束；每个关系都是线性的，我们可以用线性链表来存储行关系、列关系；这样，a_{ij} 就处于第 i 行的单链表中，也处于第 j 列的单链表中，就像处于十字路口一样，所以将这种存储结构称为十字链表。

在十字链表中，矩阵的每一个非零元素用一个结点表示，该结点除(row，col，value)以外，还要有以下两个链域：

right：用于连接同一行中的下一个非零元素。

down：用于连接同一列中的下一个非零元素。

十字链表的结点结构如图5.14所示。

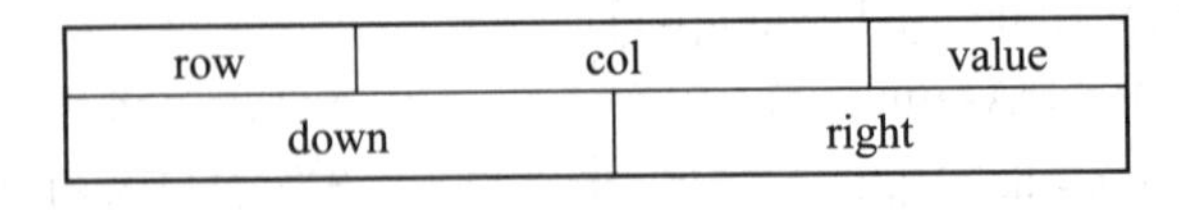

图5.14 十字链表的结点结构

在十字链表中，同一行的非零元素通过right域连接成一个单链表，同一列中的非零元素通过 down 域连接成一个单链表。同时，再附设一个存放所有行链表的头指针的一维数组和一个存放所有列链表的头指针的一维数组。图5.15(b)给出了图5.15(a)所示稀疏矩阵的十字链表。

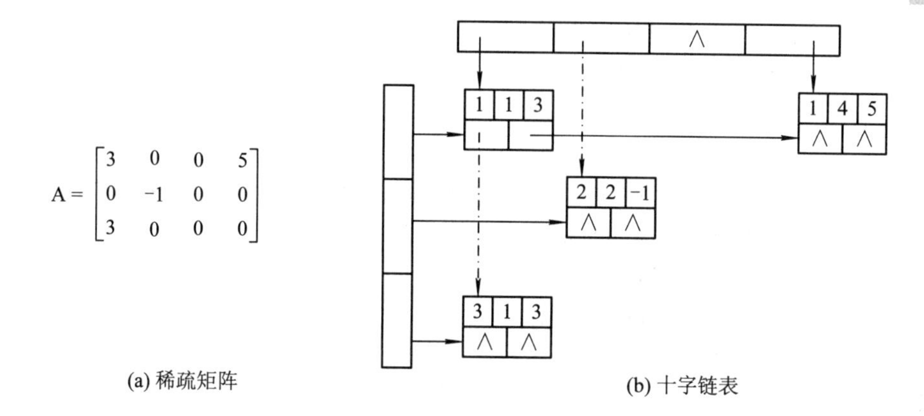

图 5.15　一个稀疏矩阵的十字链表

综上所述，十字链表的结构类型说明如下：

```
typedef struct OLNode
{   int   row, col;                          /*非零元素的行和列下标*/
    datatype value;
    struct OLNode   *right, *down;           /*非零元素所在行表、列表的后继链域*/
} OLNode;   *OLink;
typedef struct
{
    OLink   *row_head, *col_head;            /*行、列链表的头指针向量*/
    int   m, n, len;                         /*稀疏矩阵的行数、列数、非零元素的个数*/
}CrossList;
```

下面介绍创建一个稀疏矩阵的十字链表的算法。

首先输入的信息是：m(A 的行数)、n(A 的列数)、t(非零项数)；接着输入的是 t 个形如(i, j, a_{ij})的三元组。将其结点按其列号的大小插入第 i 个行链表中，同时也按其行号的大小将该结点插入第 j 个列链表中。算法如下：

```
1    CreateCrossList(CrossList *M)
2    {  /*采用十字链表存储结构，创建稀疏矩阵 M */
3       if(M!=NULL) { free(M);   return;}
4       scanf(&m, &n, &t);                      /*输入 M 的行数、列数和非零元素的个数*/
5       M->m=m;   M->n=n;   M->len=t;
6       if(!(M->row_head=(OLink *)malloc((m+1)sizeof(OLink)))) exit(OVERFLOW);
7       if(!(M->col_head=(OLink *)malloc((n+1)sizeof(OLink)))) exit(OVERFLOW);
8       M->row_head[]=M->col_head[]=NULL;
9       for(scanf(&i, &j, &e); i!=0; scanf(&i, &j, &e))
10      {
11        if(!(p=(OLNode *) malloc(sizeof(OLNode)))) exit(OVERFLOW);
12           p->row=i;   p->col=j;   p->value=e;              /*生成结点*/
```

```
13          if(M->row_head[i]==NULL)
14              M->row_head[i]=p;
15          else
16          {   /*寻找行表中的插入位置*/
17            for(q=M->row_head[i]; q->right&&q->right->col<j; q=q->right);
18            if(q==M->row_head[i])
19              {    p->right=q;
20                   M->row_head[i]=p;
21              } /*在第 i 行的第一个结点之前插入*/
22              else
23              {    p->right=q->right;
24                   q->right=p;
25              } /*在第 i 行的中间或最后位置插入*/
26          }
27          if(M->col_head[j]==NULL)
28            M->col_head[j]=p;
29          else
30          {   /*寻找列表中的插入位置*/
31              for(q=M->col_head[j]; q->down&&q->down->row<i; q=q->down);
32              if(q==M->col_head[j])
33                {   p->down=q;
34                    M-> col_head[j]=p;
35                }   /*在第 j 列的第一个结点之前插入*/
36                else
37                {   p->down=q->down;
38                    q->down=p;
39                }   /*在第 j 列的中间或最后位置插入*/
40          }
41        }
42    }
```

上述算法中，将每个结点插入相应的行表和列表的时间复杂度是 $O(t \times s)$，其中，$s = \max\{m.n\}$。这是因为每个结点插入时都要在链表中寻找插入位置，所以总的时间复杂度为 $O(t \times s)$。该算法对三元组的输入顺序没有要求。如果我们输入三元组时是按以行为主序(或以列为主序)输入的，则每次将新结点插入链表的尾部，改进算法后，时间复杂度为 $O(s + t)$。

5.4 广 义 表

广义表是线性表的推广，也有人称其为列表(lists，用复数形式以示与统称表 list 的区别)。

5.4.1　广义表的定义和基本运算

1. 广义表的定义

我们知道，线性表是由 n 个数据元素组成的有限序列，其中每个组成元素被限定为单元素，有时需要拓宽这种限制。例如，中国举办的某体育项目国际邀请赛，参赛队清单可采用如下的表示形式：

(俄罗斯，巴西，(国家，河北，四川)，古巴，美国，()，日本)

在这个拓宽了的线性表中，韩国队应排在美国队的后面，但由于某种原因其未参加，成为空表。国家队、河北队、四川队均作为东道主的参赛队参加，构成一个小的线性表，成为原线性表的一个数据项。这种拓宽了的线性表就是广义表。

广义表(generalized lists)是 $n(n\geqslant 0)$个数据元素 a_1，a_2，…，a_i，…，a_n 的有序序列，一般记作

$$ls = (a_1, a_2, \cdots, a_i, \cdots, a_n)$$

其中：ls 是广义表的名称，n 是它的长度。每个 $a_i(1\leqslant i\leqslant n)$是 ls 的成员，它可以是单个元素，也可以是一个广义表，分别称为广义表 ls 的单元素和子表。当广义表 ls 非空时，称第一个元素 a_1 为 ls 的表头(head)，称其余元素组成的表(a_2，…，a_i，…，a_n)为 ls 的表尾(tail)。显然，广义表的定义是递归的。

为了书写清楚，通常用大写字母表示广义表，用小写字母表示单个数据元素，广义表用括号括起来，括号内的数据元素用逗号分隔开。下面是一些广义表的例子：

D = ( )：空表，其长度为 0。

A = (a，(b，c))：表长度为 2 的广义表，其中第一个元素是单个数据 a，第二个元素是一个子表(b，c)。

B = (A，A，D)：长度为 3 的广义表，其前两个元素为表 A，第三个元素为空表 D。

C = (a，C)：长度为 2 的递归定义的广义表，C 相当于无穷表 C = (a，(a，(a，(…))))。

2. 广义表的性质

从上述广义表的定义和例子可以得到广义表的下列重要性质：

(1) 广义表是一种多层次的数据结构。广义表的元素可以是单元素，也可以是子表，而子表的元素还可以是子表。

(2) 广义表可以是递归的表。广义表的定义并没有限制元素的递归，即广义表也可以是其自身的子表。例如表 C 就是一个递归的表。

(3) 广义表可以为其他表所共享。例如，表 A、表 B、表 C 是表 D 的共享子表。在表 D 中可以不必列出子表的值，而用子表的名称来引用。

广义表的上述特性对于它的使用价值和应用效果起到了很大的作用。广义表的结构相当灵活，在某种前提下，它可以兼容线性表、数组、树和有向图等各种常用的数据结构。当二维数组的每行(或每列)作为子表处理时，二维数组即为一个广义表。另外，树和有向图也可以用广义表来表示。

由于广义表不仅集中了线性表、数组、树和有向图等常见数据结构的特点，而且可有效地利用存储空间，因此在计算机的许多应用领域都有成功使用广义表的实例。

3. 广义表的基本操作

广义表有两个重要的基本操作，即取头操作(Head)和取尾操作(Tail)。根据广义表的表头、表尾的定义可知，对于任意一个非空的广义表，其表头可能是单元素也可能是广义表，而表尾必为广义表。例如：

A = ()

B = (e)

C = (a，(b，c，d))

D = (A，B，C)

E = (a，E)

F = (())

则有

Head(B) = e　　Tail(B) = ()

Head(C) = a　　Tail(C) = ((b，c，d))

Head(D) = A　　Tail(D) = (B，C)

Head(E) = a　　Tail(E) = (E)

Head(F) = ()　　Tail(F) = ()

此外，在广义表上可以定义与线性表类似的一些操作，如建立、插入、删除、拆开、连接、复制、遍历等。

(1) CreateLists(ls)：创建一个广义表 ls。

(2) IsEmpty(ls)：若广义表 ls 空，则返回 True；否则返回 False。

(3) Length(ls)：求广义表 ls 的长度。

(4) Depth(ls)：求广义表 ls 的深度。

(5) Locate(ls，x)：在广义表 ls 中查找数据元素 x。

(6) Merge(ls1，ls2)：以 ls1 为头、ls2 为尾建立广义表。

(7) CopyGList(ls1，ls2)：复制广义表，即按 ls1 建立广义表 ls2。

(8) Head(ls)：返回广义表 ls 的头部。

(9) Tail(ls)：返回广义表 ls 的尾部。

5.4.2 广义表的存储

由于广义表中的数据元素可以具有不同的结构，因此难以用顺序存储结构来表示。而链式存储结构分配较为灵活，易于解决广义表的共享与递归问题，所以通常都采用链式存储结构来存储广义表。在这种表示方式下，每个数据元素可用一个结点表示。

若广义表不空，则可分解成表头和表尾；反之，一对确定的表头和表尾可唯一地确定一个广义表。头尾表示法就是根据这一性质设计的一种存储方法。

由于广义表中的数据元素既可能是广义表也可能是单元素，相应地，在头尾表示法中结点的结构形式有两种：一种是表结点，用以表示广义表；另一种是元素结点，用以表示单元素。在表结点中应该包括一个指向表头的指针和指向表尾的指针；在元素结点中应该包括所表示单元素的元素值。为了区分这两类结点，在结点中还要设置一个标识域，如果标识为 1，则表示该结点为表结点；如果标识为 0，则表示该结点为元素结点。其形式定义说明如下：

```
typedef  struct  GLNode
{
    int  tag;               /*标识域，tag=0 表示结点是元素结点，tag=1 表示结点是表结点*/
    union
    {                       /*元素结点和表结点的联合部分*/
       datatype  data;      /* data 是元素结点的值域*/
       struct
       {
          struct GLNode  *hp, *tp      /* hp 是表头指针，tp 是表尾指针*/
       }ptr;                           /*ptr 是表结点的指针域*/
    };
}*GList;                               /*广义表类型*/
```

头尾表示法的结点形式如图 5.16 所示。

tag=1	hp	tp

(a) 表结点

tag=0	data

(b) 元素结点

图 5.16　头尾表示法的结点形式

例如，有以下广义表：

A = (a, b, c)

B = (A, A, D)

C = (a,C)

D = ( )

若采用头尾表示法的存储方式，其存储结构如图 5.17 所示。

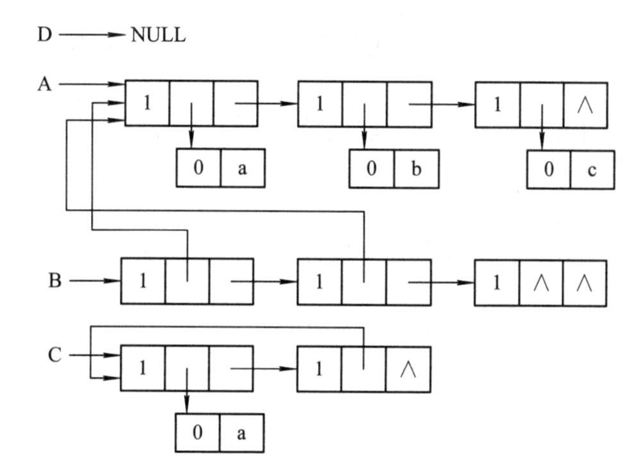

图 5.17　广义表的头尾表示法存储结构示例

从上述存储结构示例中可以看出，采用头尾表示法容易分清广义表中单元素或子表所在的层次。例如，在广义表 A 中，单元素 a、b 和 c 在同一层次上。另外，最高层的表结点的个数即为广义表的长度。例如，在广义表 A 的最高层有 3 个表结点，其广义表的长度为 3。

本章知识点总结

数组与广义表可视为线性表的推广。在线性表中，每个数据元素都是不可再分的原子类型；而数组与广义表中的数据元素可以推广到一种具有特定结构的数据。本章核心知识点总结如图 5.18 所示。

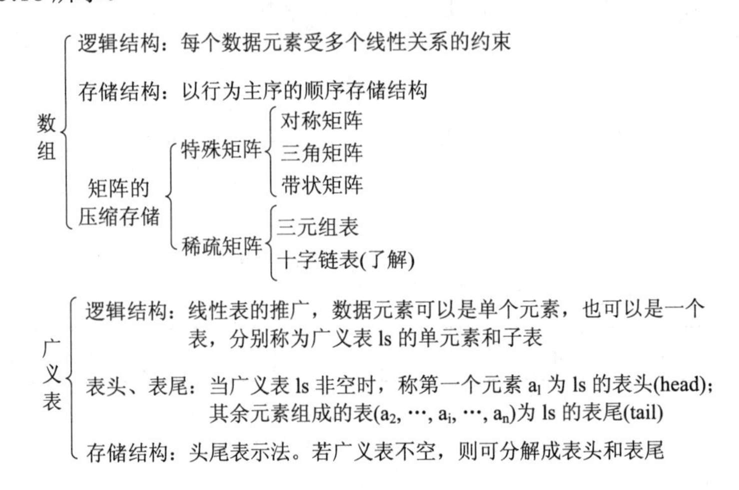

图 5.18　本章核心知识点总结

(1) 数组：二维数组可以定义为数据元素为一维数组的线性表；多维数组以此类推。

因为在数组上不能做插入、删除数据元素的操作，所以数组用顺序存储结构表示。

(2) 特殊矩阵的压缩存储：三角矩阵(包括下三角矩阵、上三角矩阵)、对称矩阵、(三对角)带状矩阵。

(3) 稀疏矩阵的压缩存储：三元组表、十字链表。

(4) 广义表：广义表拓宽了对表元素的限制，容许它们具有其自身结构(每个子表或元素也是线性结构)。

广义表的基本操作包括取头操作、取尾操作。特别注意表头与表尾的定义，一个广义表可看作表头和表尾两部分。

广义表的存储：头尾表示方法。

栈、队列、串、数组、广义表都属于线性结构，是最基础的数据结构，同学们必须掌握其逻辑特性、存储方式及操作实现的策略。希望大家在学习、工作中不断钻研、拓宽视野，培养自己“博观约取、厚积薄发”的能力。

习　题

1. 数组、广义表与线性表之间有什么样的关系？

2. 设有三对角矩阵 $A_{n\times n}$(从 $A_{1,1}$ 开始)，将其三对角线上元素逐行存于数组 B[1..m]中，使 B[k] = $A_{i,j}$。

(1) 用 i、j 表示 k 的下标变换公式；

(2) 用 k 表示 i、j 的下标变换公式。

3. 社会秩序和规则体现了个体与整体的关系，每个人都应遵守规则以维护整体的秩序。类似地，在数组中，每个元素都是整体的一部分，它们的位置和值相对于整体都具有特定的意义，必须按照规则进行管理和操作。设二维数组 $a_{5\times6}$ 的每个元素占 4 个字节，已知 Loc(a_{00}) = 1000，问：

(1) a 共占多少个字节？

(2) a_{45} 的起始地址为多少？

(3) 按行和按列优先存储时，a_{25} 的起始地址分别为多少？

4. 对于特殊矩阵和稀疏矩阵，哪一种压缩存储后会失去随机存取的功能？为什么？

5. 简述广义表和线性表的区别与联系。

6. 求下列广义表运算的结果：

(1) Head[((a, b), (c, d))];

(2) Tail[((a, b), (c, d))];

(3) Tail[Head[((a, b), (c, d))]];

(4) Head[Tail[Head[((a, b), (c, d))]]];

(5) Tail[Head[Tail[((a, b), (c, d))]]];

7. 利用广义表的 Head 和 Tail 运算，把原子 d 分别从下列广义表中分离出来：

L1 = (((((a), b), d), e));

L2 = (a, (b, ((d)), e))。

8. 合作共赢才能创造更多的成果，假设稀疏矩阵 A 和 B 代表两个团队各自岗位人员的能力，均以三元组顺序表作为存储结构，现在的目标是将这两个团队的能力合并，创造出更强大的团队力量。为了实现这个目标，将采用一种特殊的算法，把两个团队的对应岗位人员能力数字相加，然后存储在另一个三元组表 C 中，这个表将成为两个团队合作共赢的见证。试设计矩阵相加的算法。

9. 现在老师要统计班里所有学生的特长，以便有针对性地成立不同特长的兴趣小组，让学生在课外活动中发挥自己的独特才能。设二维数组 a[1..m，1..n]含有 m×n 个整数，代表每个学生的特长编号。

(1) 设计算法：判断 a 中所有元素是否互不相同，输出相关信息(yes/no)；

(2) 试分析算法的时间复杂度。

10. 某企业进行笔试，为了体现考试的公平性，需要对应聘人员的笔试座位进行调整。假设每位应聘人员的原始信息记录在数组 A[1..100]中，而他们新的考试座位信息记录在整数数组 B[1..100]中。现在需要按照数组 B 的内容调整每位应聘人员的座位，比如当 B[1]=11 时，要求将 A[1]的内容调整到 A[11]中去。请设计一个实现上述功能的算法。规定可使用的附加空间为 O(1)。

第六章　二叉树与树

树是以分支关系定义的层次结构。它不仅在现实生活中广泛存在，如社会组织机构、族谱等，而且在计算机领域也得到了广泛的应用，如 Windows 操作系统中的文件管理、数据库系统中的树形结构等。

教学目标：

使学生熟练掌握二叉树的五个性质；熟悉二叉树的各种存储结构的特点及适用范围；熟练掌握各种遍历策略的递归算法，了解其非递归算法；理解二叉树线索化的实质是建立结点与其在相应序列中的前驱或后继结点之间的直接联系；熟悉树的各种存储结构及其特点，掌握树、森林与二叉树之间的相互转换方法；了解哈夫曼树的特性，掌握建立哈夫曼树和哈夫曼编码的算法。

思政目标：

(1) 以“家族、家谱”作为实例介绍树的基本概念，培养学生的家国情怀。

(2) 以哈夫曼为榜样，鼓励学生不懈努力、改革创新，引导学生打破常规，从逆向思维的角度分析问题、解决问题；同时引导学生解决问题要寻求最佳方案，以最小代价获得最大效益。

6.1　树及二叉树的基本概念

族谱系统中的家谱树是一种描绘家庭关系的树状结构图，家谱树中的每个成员都可以清楚地知道自己的家族起源、家族关系以及其他成员的基础信息。家谱树和树形结构如图 6.1 所示。通过家谱，可使子孙后辈知悉祖先的渊源、人口、迁徙、分布、故事传说、先贤史迹等；通过家谱，可激励子孙后辈传承家族美德，发扬优良传统，赓续家族源流。把每一个成员都视为系统的一个要素，按照“祖—父—子—孙”的关系就构成了树形结构。

数据结构中的树形结构，是由 n(n≥1)个有限结点组成的一个具有层次关系的集合。把它叫作“树”是因为它看起来像一棵倒挂的树，根在最上面，依次朝下分支，如图 6.1(b)所示。

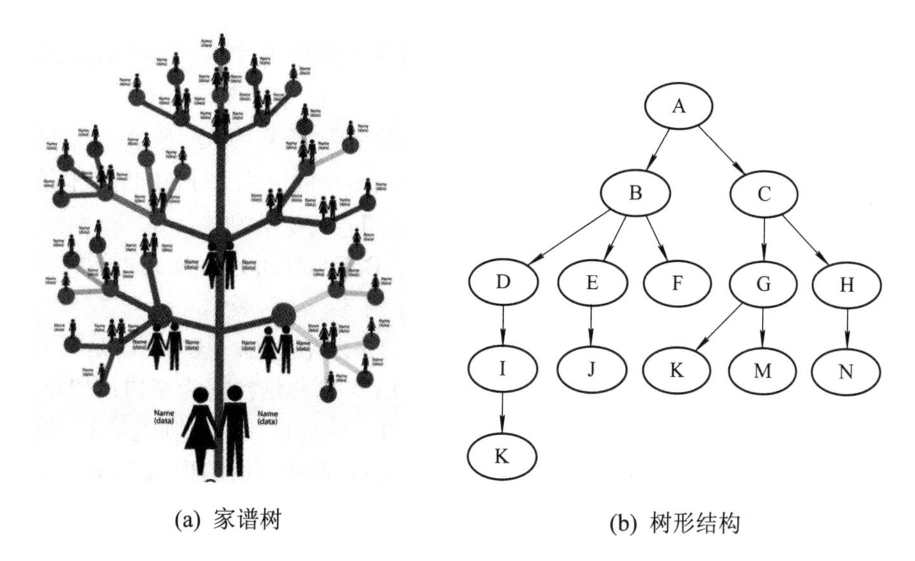

(a) 家谱树　　(b) 树形结构

图 6.1　家谱树和树形结构

6.1.1　树的定义

树(Tree)是 n(n≥0)个有限数据元素的集合。当 n=0 时，称这棵树为空树。在一棵非空树 T 中，有一个特殊的数据元素称为树的根结点，根结点没有前驱结点。

若 n>1，则除根结点之外的其余数据元素被分成 m(m>0)个互不相交的集合 $T_1, T_2, \cdots, T_m$，其中每一个集合 $T_i(1 \leqslant i \leqslant m)$本身又是一棵树。树 T_1，T_2，…，T_m 称为这个根结点的子树。如图 6.2(a)所示是一棵根为 A 的树。

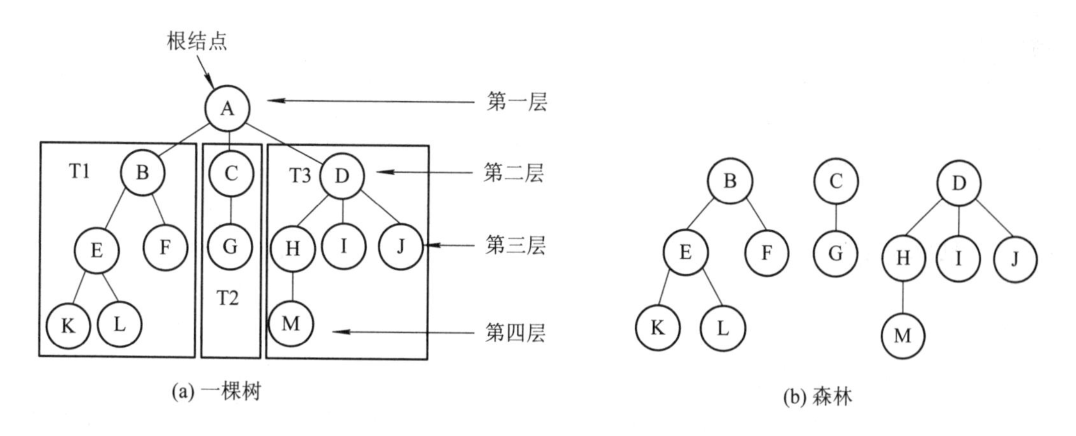

(a) 一棵树　　(b) 森林

图 6.2　树和森林

A、B、C、D、E、F、G、H、I、J、K、L、M 是数据元素，可以是一个整数或一个字符串，也可以是一个学生记录等，根据具体问题设置。

在树中，我们把数据元素称为结点。数据元素的关系层次分明，A 为第一层，B、C、D 在二层，E、F、G、H、I、J 在第三层，K、L、M 在第四层。一个数据元素后面跟多个数据元素，所以其关系是多对多的层次关系。

如图 6.2(a)所示的树中，数据元素集合 D 包含 11 个结点：{A, B, C, E, F, G, H, I, J, K, L, M}，结点 A 为树的根结点，除根结点 A 之外的其余结点分为三个不相交的集合：T_1、T_2、T_3。T_1、T_2、T_3 构成了根结点 A 的三棵子树，他们本身也分别是一棵树，T_1、T_2、T_3 的根结点分别是 B、C、D，根结点 A 和 B、C、D 之间存在父子关系：A 是 B、C、D 的直接前驱结点，B、C、D 是 A 的直接后继结点，是一个跟多个的关系。子树 T_1 的根结点为 B，B 结点有两棵子树：T_{11}={E, K, L}，T_{12}={F}。T_{11}、T_{12} 的根分别是：E、F, 结点 B 和 E、F 之间存在父子关系和直接前驱、后继结点的关系<B, E>、<B, F>。如此可继续向下分为更小的子树，直到每棵子树只有一个根结点为止。子树 T_2 、T_3 类似。

类似于线性表，我们把树定义为一个二元组：Tree = (D, R)。其中：D 是具有相同特性的数据元素的集合，R 是关系集合。如果 D = NULL，则称这棵树为空树；如果 D 只包含一个数据元素，则 R 为空集。如果 D 包含两个及以上的数据元素，则关系 R 描述如下：

(1) 在数据元素集合 D 中存在唯一的一个特殊的元素称为树的根结点 root，根结点 root 在关系 R 下没有前驱结点。

(2) 若 D-{root}！=NULL，除根结点之外的其余数据元素被分成 m(m＞0)个互不相交的集合 D_1，D_2，…，D_m，对于任意一个 D_i 存在一个数据元素 t_i，root 和 ti 存在前驱后继关系，即<root, t_i>∈R。root 就有 m 个直接后继。

(3) 对应集合 D_1，D_2，…，D_m，有 R_1，R_2，…，R_m 个关系，其中每一组二元组 T_i=(D_i, R_i)又是一棵满足上述定义的树。树 T_1，T_2，…，T_m 称为这个根结点 root 的子树。

在树的定义中用了递归概念，即用树来定义树。森林是零棵或多棵树组成的集合。

自然界中，我们常说独木不成林，树和森林是不同的概念，但在数据结构中，树和森林只有很小的差别。任何一棵树，删去根结点就变成了森林，如图 6.2(b)所示为三棵树组成的森林。因此，树由一个根结点和 m(m≥0)棵树组成的森林构成，森林中的每棵树都是根结点的子树。

从树的定义可知树具有下面两个特点：

(1) 树的根结点没有前驱结点，除根结点之外的所有结点有且只有一个前驱结点。

(2) 树中所有结点可以有零个或多个后继结点。

6.1.2 基本术语

1. 结点

如图 6.2(a)所示，结点 A 叫作树的根结点，一棵树只有一个根结点，没有前驱结点；结点 B、C、D 是结点 A 的后继结点，称作 A 的 3 个“孩子结点”；结点 A 是结点 B、C、D 的前驱结点，称为结点 B、C、D 的“双亲结点”；结点 B、C、D 互相是“兄弟”关系；结点 B 有两个孩子结点 E、F；结点 F 没有孩子结点(后继结点)，我们称之为叶子结点(也称为终端结点)；有孩子结点的结点叫作分支结点(也称为非终端结点)；结点 F 和 G 之间是“堂兄弟”关系。

结点 A 有 3 棵子树，结点 A 的度就是 3，也就是说结点拥有子树的棵数就是该结点的度。树中各个结点度的最大值称为这棵树的度，故这棵树的度为 3。度为 0 的结点称为叶子结点，或者称为终端结点，结点 K、L、F、G、M、I、J 是叶子结点。度不为 0 的结点称为分支结点，或者称为非终端结点，A、B、C、D、E、H 是分支结点。一棵二叉树的结点除叶子结点外，其余的都是分支结点。

2. 结点的层数及树的深度

结点在树中的层数约定为：树的根结点的层数为 1，其余结点的层数等于它的双亲结点的层数加 1。若某个结点的层数为 k，则其孩子结点的层数为 k + 1。

树的深度定义为树中叶子结点的最大层数。

如果一棵树有一串结点 $n_1, n_2, \cdots, n_k$，结点 n_i 是 n_{i+1} 的“双亲结点”($1 \leqslant i < k$)，则把 $n_1, n_2, \cdots, n_k$ 称为一条由 n_1 至 n_k 的路径。这条路径的长度是 k – 1。

在树中，如果有一条路径从结点 M 到结点 N，那么 M 就称为 N 的祖先结点，而 N 称为 M 的子孙结点。

图 6.2(a)中，可称 A、B、E 是 K、L 的祖先结点，A、C 是 G 的祖先结点；反之，称以 A 为根结点的树中所有结点是 A 的子孙结点。

树分有序树和无序树。如果一棵树中结点的各子树从左到右是有次序的，则称这棵树为有序树；反之，则称为无序树。

6.1.3 二叉树的定义

二叉树(binary tree)是 n(n≥0)个数据元素的有限集合，该集合或者为空，或者由一个称为根(root)的元素及两棵不相交的、分别称为左子树和右子树的二叉树组成。

二叉树是度为 2 的有序树。

显然，在二叉树的定义中用了递归的概念，即用二叉树来定义二叉树。当集合为空时，称该二叉树为空二叉树。在二叉树中，一个元素也称作一个结点。

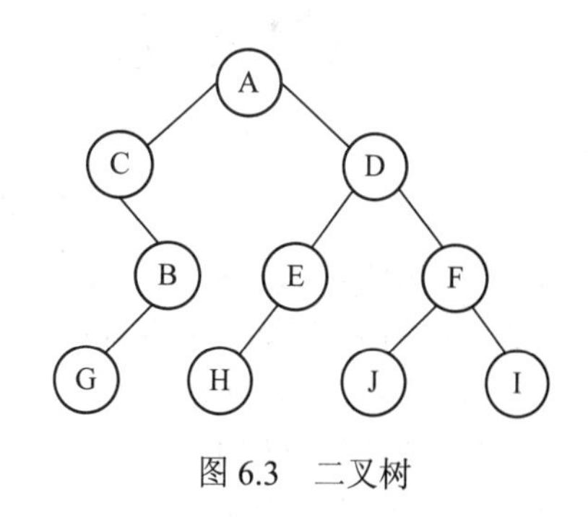

图 6.3 二叉树

图 6.3 中有 10 个结点，其中 A 是根结点。左子树 TL 由{C，B，G}构成，右子树 TR 由{D，E，F，H，J，I}构成；左子树 TL 中，C 是根结点，TL 的左子树为空，TL 的右子树由{B，G}构成；右子树 TR 中，D 是根结点，TR 的左子树由{E，H}构成，TR 的右子树由{F，J，I}构成，以此类推。

二叉树的特点：

(1) 每个结点最多有两棵子树，且互不相交。

(2) 左子树和右子树是有顺序的，不能颠倒。即二叉树每个结点不是只有两棵子树，而是最多有两棵子树，也就是说，可以没有子树，可以有一棵子树，可以有两棵子树。

二叉树是有序的，即若将其左、右子树颠倒，就成为另一棵不同的二叉树。即使树中结点只有一棵子树，也要区分它是左子树还是右子树。因此二叉树具有五种基本形态，如图 6.4 所示。

树中大多数的术语适用于二叉树，但在二叉树中子树需要区分为左子树、右子树。

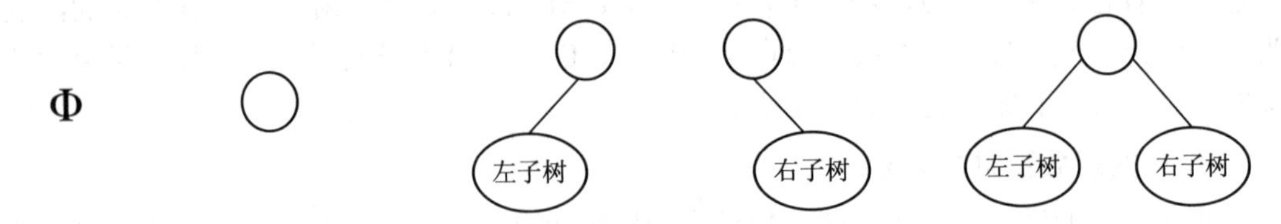

(a) 空树　(b) 只有一个根结点的树　(c) 根结点只有左子树　(d) 根结点只有右子树　(e) 根结点既有左子树又有右子树

图 6.4　二叉树的五种基本形态

6.1.4　特殊二叉树

满二叉树和完全二叉树是两种特殊形态的二叉树。

1. 满二叉树

在一棵二叉树中，如果所有分支结点都存在左子树和右子树，并且所有叶子结点都在同一层上，这样的二叉树称为满二叉树，如图 6.5(a)所示。而图 6.5(b)所示则不是满二叉树，虽然其所有结点要么是含有左右子树的分支结点，要么是叶子结点，但由于其叶子结点未在同一层上，故不是满二叉树。

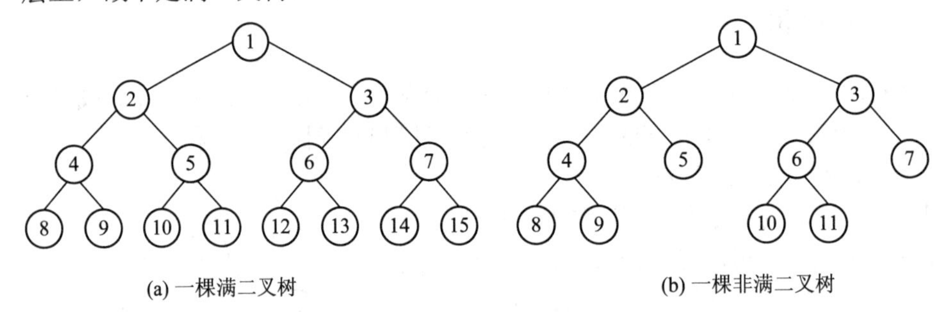

(a) 一棵满二叉树　　(b) 一棵非满二叉树

图 6.5　满二叉树和非满二叉树示意图

满二叉树的顺序表示从二叉树的根开始，层间从上到下，层内从左到右，逐层进行编号(1，2，…，n)。例如图 6.5(a)所示的满二叉树的顺序表示为(1，2，3，4，5，6，7，8，9，10，11，12，13，14，15)。

满二叉树的特点如下：

(1) 叶子只能出现在最下一层。

(2) 非叶子结点的度一定是 2。

(3) 在同样深度的二叉树中，满二叉树的结点个数最多，叶子结点也最多。

2. 完全二叉树

一棵深度为 k 的有 n 个结点的二叉树，对树中的结点按从上至下、从左到右的顺序进行编号，如果编号为 i(1≤i≤n)的结点与满二叉树中编号为 i 的结点在二叉树中的位置相同，则这棵二叉树称为完全二叉树，如图 6.6 所示。

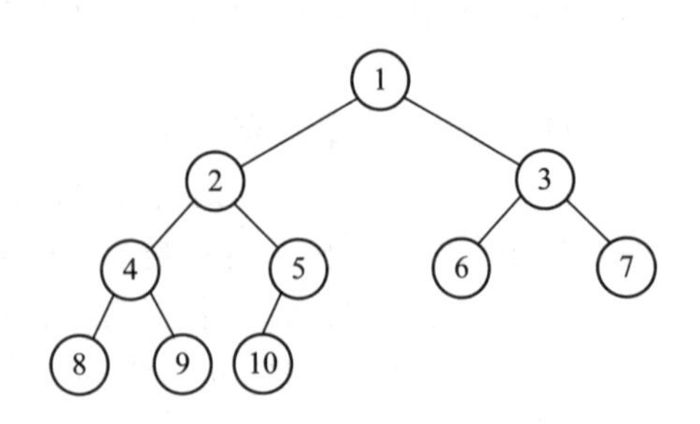

图 6.6　完全二叉树示意图

满二叉树一定是完全二叉树，但是完全二叉树不一定是满二叉树。完全二叉树的特点如下：

(1) 叶子结点只能出现在最下两层。

(2) 最下层的叶子结点一定集中在左部连续位置。

(3) 倒数第二层若有叶子结点，则一定都在右部连续位置。

(4) 如果结点度为1，则该结点只有左孩子结点，即不存在只有右孩子结点的情况。

(5) 同样结点数的二叉树，完全二叉树的深度最小。

6.2 二叉树的性质

性质1：一棵非空二叉树的第i层上最多有 2^{i-1} 个结点 $(i \geq 1)$。

如图6.5(a)所示是一棵满二叉树，满二叉树的每一层上都拥有最多的结点数。第一层有1个，可以记为 $2^0=1$；第二层有2个，记为 $2^{2-1}=2$；第三层有4个，记为 $2^{3-1}=4$；第四层有8个，记为 $2^{4-1}=8$。

通过数学归纳法论证，可以很容易得出第i层上至多有 2^{i-1} 个结点。

性质2：一棵深度为k的二叉树中，最多具有 2^k-1 个结点。

因为深度为k的二叉树，其结点总数的最大值是将二叉树每层上结点的最大值相加，所以深度为k的二叉树的结点总数最多为

$$\sum_{i=1}^{k}\text{第i层上的最大结点个数} = \sum_{i=1}^{k}2^{i-1} = 2^k - 1$$

性质3：对于一棵非空的二叉树，如果叶子结点数为 n_0，度数为2的结点数为 n_2，则有 $n_0=n_2+1$。

若n为二叉树的结点总数，n_1 为二叉树中度为1的结点数，则有

$$n = n_0 + n_1 + n_2 \tag{6.1}$$

在二叉树中，除根结点外，其余结点都有唯一的一个进入分支。如果B为二叉树中的分支数，那么有

$$B = n - 1 \tag{6.2}$$

这些分支是由度为1和度为2的结点发出的，一个度为1的结点发出一个分支，一个度为2的结点发出两个分支，所以有

$$B = n_1 + 2n_2 \tag{6.3}$$

综合式(6.1)～式(6.3)可得

$$n_0 = n_2 + 1$$

性质4：具有n个结点的完全二叉树的深度k为 $\lfloor \text{lb}\, n \rfloor + 1$。

根据完全二叉树的定义和性质2可知，当一棵完全二叉树的深度为k、结点个数为n时，有

$$2^{k-1} - 1 < n \leq 2^k - 1$$

即

$$2^{k-1} \leq n < 2^k$$

对不等式取对数，有

$$k-1\leqslant \mathrm{lb}\, n<k$$

由于 k 是整数，所以有 $k=\lfloor \mathrm{lb}\, n\rfloor+1$。

性质 5：对于具有 n 个结点的完全二叉树，如果按照从上至下和从左到右的顺序对二叉树中的所有结点从 1 开始顺序编号，则对于任意的序号为 i 的结点，有

(1) 如果 $i>1$，则序号为 i 的结点的双亲结点的序号为 i/2(“/”表示整除)；如果 $i=1$，则序号为 i 的结点是根结点，无双亲结点。

(2) 如果 $2i\leqslant n$，则序号为 i 的结点的左孩子结点的序号为 2i；如果 $2i>n$，则序号为 i 的结点无左孩子结点。

(3) 如果 $2i+1\leqslant n$，则序号为 i 的结点的右孩子结点的序号为 $2i+1$；如果 $2i+1>n$，则序号为 i 的结点无右孩子结点。

以图 6.6 所示的完全二叉树为例来讲解这个性质。

对于(1)，很明显，$i=1$ 时，该结点就是根结点。$i>1$ 时，比如结点 7，它的双亲结点是 $7/2=3$；结点 9，它的双亲结点是 $9/2=4$。

对于(2)，比如结点 6，因为 $2\times 6=12$ 超过了结点个数 10，所以结点 6 没有左孩子结点，它是叶子结点；同样，结点 5 因为 $2\times 5=10$ 没有超过结点个数 10，所以它有左孩子结点，左孩子结点为 10。

对于(3)，比如结点 5，$2\times 5+1=11$ 超过了结点个数 10，所以结点 5 没有右孩子结点；结点 3 因为 $2\times 3+1=7$ 没有超过结点个数 10，所以结点 3 有右孩子结点，右孩子结点是 7。

当然，我们可以用数学归纳法证明。

当 $i=1$ 时，由完全二叉树的定义可知，如果 $2i=2\leqslant n$，则说明二叉树中存在两个或两个以上的结点，所以其左孩子结点存在且序号为 2；反之，如果 $2>n$，则说明二叉树中不存在序号为 2 的结点，其左孩子结点不存在。同理，如果 $2i+1=3\leqslant n$，则说明其右孩子结点存在且序号为 3；如果 $3>n$，则二叉树中不存在序号为 3 的结点，其右孩子结点不存在。

假设对于序号为 $j(1\leqslant j<n)$的结点，当 $2j\leqslant n$ 时，其左孩子结点存在且序号为 2j，当 $2j>n$ 时，其左孩子结点不存在；当 $2j+1\leqslant n$ 时，其右孩子结点存在且序号为 $2j+1$，当 $2j+1>n$ 时，其右孩子结点不存在。

当 $i=j+1$ 时，根据完全二叉树的定义，若其左孩子结点存在，则其左孩子结点的序号一定等于序号为 j 的结点的右孩子结点的序号加 1，即其左孩子结点的序号等于 $(2j+1)+1=2(j+1)=2i$，且有 $2i\leqslant n$；如果 $2i>n$，则左孩子结点不存在。若右孩子结点存在，则其右孩子结点的序号应等于其左孩子结点的序号加 1，即右孩子结点的序号为 $2i+1$，且有 $2i+1\leqslant n$；如果 $2i+1>n$，则右孩子结点不存在。图 6.7 所示为完全二叉树上结点及其双亲、左孩子、右孩子结点之间的关系。

由性质 5 的(2)和(3)我们可以很容易证明性质 5 的(1)。

当 $i=1$ 时，显然该结点为根结点，无双亲结点。当 $i>1$ 时，设序号为 i 的结点的双亲结点的序号为 m，如果序号为 i 的结点是其双亲结点的左孩子结点，则根据(2)有 $i=2m$，即 $m=i/2$；如果序号为 i 的结点是其双亲结点的右孩子结点，则根据(3)有 $i=2m+1$，即 $m=(i-1)/2=i/2-1/2$，综合这两种情况，可以得到，当 $i>1$ 时，其双亲结点的序号等于 i/2。

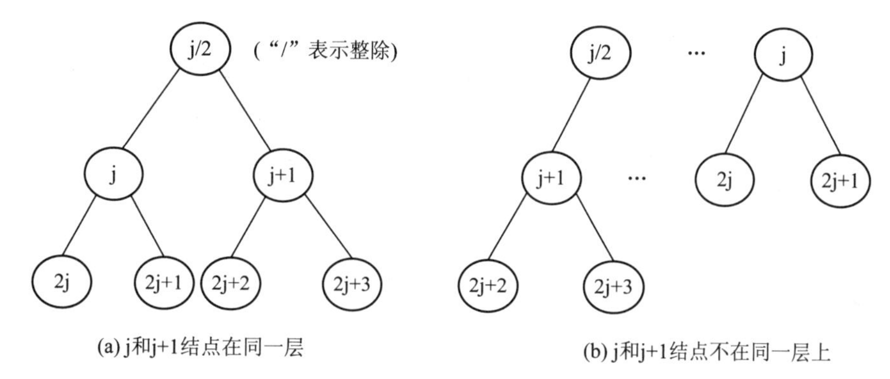

图 6.7　完全二叉树上结点及其双亲、左孩子、右孩子结点之间的关系

6.3　二叉树的存储结构

二叉树的结构是非线性的，根结点没有前驱结点，除根结点之外，任意一个结点只有唯一的一个前驱结点，每个结点最多可有两个后继结点。二叉树有两种存储结构：顺序存储结构和链式存储结构。在学习过程中大家要不断研究，才能做到去粗取精、去伪存真、由表及里，准确地揭示出事物的本质和规律。

6.3.1　顺序存储结构

二叉树的顺序存储结构是用一组连续的存储单元存放二叉树的结点。根据二叉树的性质 5 可以发现蕴含在其中的数据元素的逻辑关系，可将一般的二叉树补充为完全二叉树，顺序存储二叉树的结点信息，其数据元素之间的关系可通过下标体现。

对于具有 n 个结点的完全二叉树，如果按照从上至下和从左到右的顺序存储到一维数组中(下标从 1 开始)，如图 6.8 所示，则对于存储位置为 i 的结点：如果 $i=1$，则该结点是根结点，无双亲结点；如果 $i>1$，则其双亲结点的存储位置为 $i/2$；如果 $2i \leqslant n$，则其左孩子结点的存储位置为 $2i$，如果 $2i>n$，则无左孩子结点；如果 $2i+1 \leqslant n$，则其右孩子结点的存储位置为 $2i+1$，如果 $2i+1>n$，则无右孩子结点。这样既能够最大限度地节省存储空间，又可以利用数组元素的下标值确定结点在二叉树中的位置以及结点之间的关系。

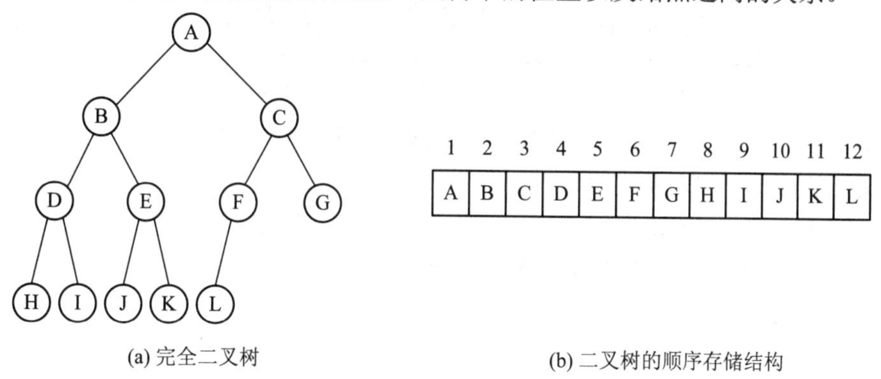

图 6.8　二叉树与顺序存储结构

对于一般的二叉树，如果仍按从上至下和从左到右的顺序将树中的结点顺序存储在一维数组中，则数组元素下标之间的关系不能反映二叉树中结点之间的逻辑关系，只有增添一些并不存在的空结点，使之成为一棵完全二叉树的形式，才能用一维数组顺序存储。如图 6.9 所示为一棵一般二叉树和改造后的完全二叉树形态及其顺序存储状态示意图。

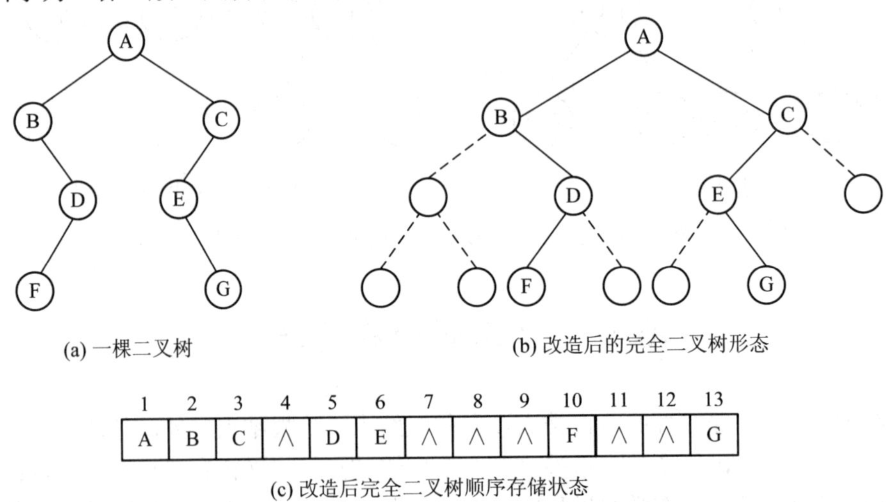

(a) 一棵二叉树　　(b) 改造后的完全二叉树形态

(c) 改造后完全二叉树顺序存储状态

图 6.9　一般二叉树和改造后的完全二叉树形态及其顺序存储状态示意图

显然，这种存储需增加许多空结点才能将一棵一般二叉树改造成为一棵完全二叉树，这样会造成空间的大量浪费。最坏的情况是右单支二叉树，如图 6.10 所示，一棵深度为 k 的右单支二叉树只有 k 个结点，却需分配 2^k-1 个存储单元。

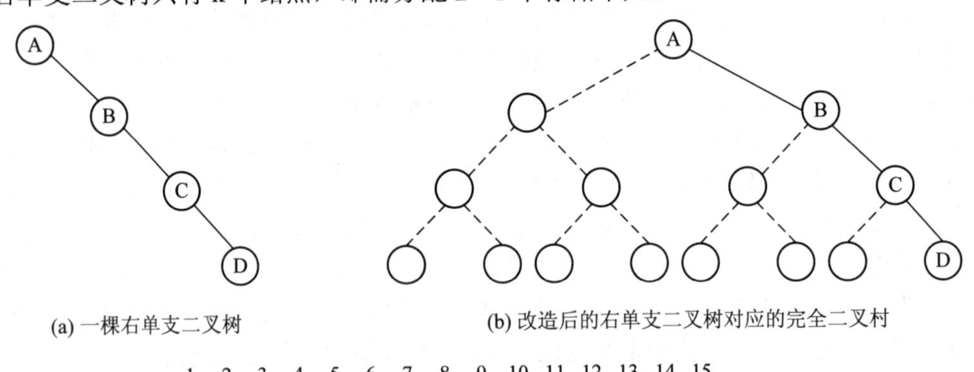

(a) 一棵右单支二叉树　　(b) 改造后的右单支二叉树对应的完全二叉村

1	2	3	4	5	6	7	8	9	10	11	12	13	14	15
A	∧	B	∧	∧	∧	C	∧	∧	∧	∧	∧	∧	∧	D

(c) 右单支二叉树改造后完全二叉树的顺序存储状态

图 6.10　右单支二叉树及其顺序存储示意图

二叉树的顺序存储表示代码如下：

```
#define MAXNODE                          /*二叉树的最大结点数*/
typedef datatype SqBiTree[MAXNODE];      /* 0 号单元存放结点数目*/
SqBiTree bt;
```

即将 bt 定义为含有 MAXNODE 个 datatype 类型元素的一维数组。

6.3.2 链式存储结构

二叉树的顺序存储结构简单，但只适合存储完全二叉树，适应性不强，因此就要考虑链式存储结构。二叉树的链式存储结构是指用链表来表示二叉树，即用链来指示元素的逻辑关系。通常有下面两种形式。

(1) 二叉链表存储结构。

对于任意的二叉树来说，每个结点最多有两个孩子结点和一个双亲结点。我们可以设计每个结点至少包括三个域：数据域、左孩子域和右孩子域。

结点的存储结构为

lchild	data	rchild

其中：data 域存放某结点的数据信息；lchild 与 rchild 分别存放指向左孩子结点和右孩子结点的指针，当左孩子结点或右孩子结点不存在时，相应指针域值为空(用符号∧或 NULL 表示)。

用 C 语言声明二叉树的二叉链表结点结构的代码如下：

```
typedef struct Node
{   datatype   data;
    struct Node    *LChild;
    struct Node    *RChild;
}BiTNode,   *BiTree;
```

图 6.11(b)给出了图 6.11(a)所示二叉树的二叉链表。

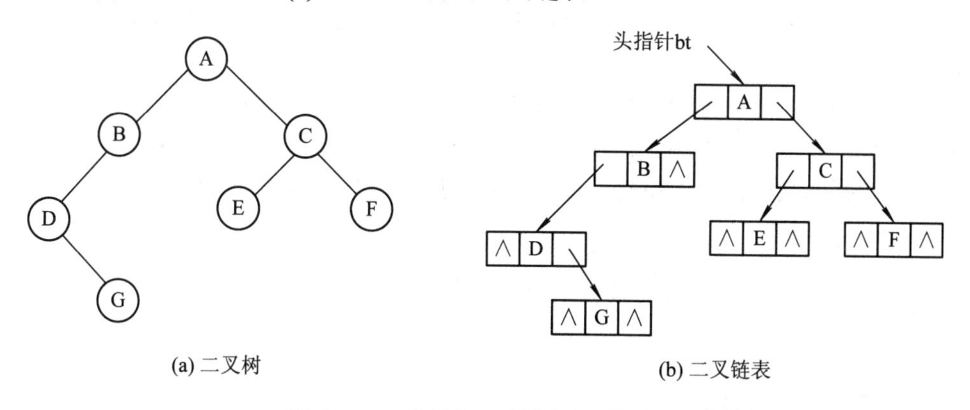

(a) 二叉树　　(b) 二叉链表

图 6.11　二叉树的二叉链表表示示意图

有时，为了便于找到双亲结点，可以增加一个 parent 域，parent 域指向该结点的双亲结点，即三叉链表。

(2) 三叉链表存储结构。

三叉链表存储结构的每个结点由四个域组成，具体结构为

lchild	data	rchild	parent

其中，data、lchild 以及 rchild 三个域的意义同二叉链表存储结构；parent 域为指向该结点

的双亲结点的指针。这种存储结构既便于查找孩子结点，又便于查找双亲结点；但是，相对于二叉链表存储结构而言，它增加了空间开销。图 6.12 为图 6.11(a)所示二叉树的三叉链表表示示意图。

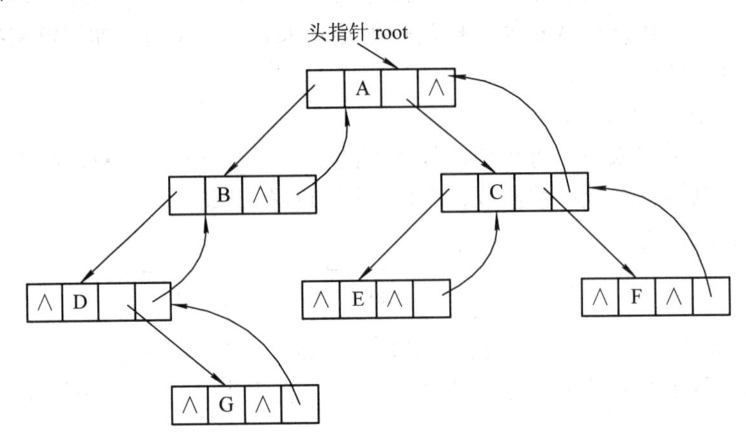

图 6.12　图 6.11(a)所示二叉树的三叉链表表示示意图

尽管在二叉链表中无法由结点直接找到其双亲结点，但由于二叉链表存储结构灵活，操作方便，对于一般情况的二叉树，甚至比顺序存储结构还节省空间。因此，二叉链表是最常用的二叉树存储方式。本书后面所涉及的二叉树的链式存储结构，如不加特别说明，都是指二叉链表存储结构。

由于二叉树中除根结点之外，每个结点都有一个双亲结点，所以，含有 n 个结点的二叉树其分支数目 B = n−1，即非空的链域有 n−1 个，故空链域有 2n−(n−1) = n + 1 个。由此可得：若一棵二叉树含有 n 个结点，则它的二叉链表中必含有 2n 个指针域，其中必有 n+1 个空的链域。

二叉链表和三叉链表存储结构各有其特点，如要找某个结点的双亲结点，在三叉链表中很容易实现；在二叉链表中则需从根指针出发一一查找。所以在具体应用中，需要根据具体需求来选择二叉树的存储结构，最大限度发挥各种存储结构的优势。

6.4　二叉树的遍历

6.4.1　二叉树遍历的递归实现

二叉树的遍历是指按照某种顺序访问二叉树中的每个结点，使每个结点被访问一次且仅被访问一次。遍历是二叉树中经常要用到的一种操作。因为在实际应用中，常常需要按一定顺序对二叉树中的每个结点逐个进行访问，查找具有某一特点的结点，然后对这些满足条件的结点进行处理。通过一次完整的遍历，可使二叉树中结点信息由非线性排列变为某种意义上的线性序列。也就是说，遍历操作使非线性结构线性化。

由二叉树的定义可知，一棵二叉树由根结点、根结点的左子树和根结点的右子树三部分组成。因此，只要依次遍历这三部分，就可以遍历整棵二叉树。若以 D、L、R 分别表示访问根结点、遍历根结点的左子树、遍历根结点的右子树，则二叉树的遍历方式有六种：DLR、LDR、LRD、DRL、RDL 和 RLD。如果限定先左后右，则只有前三种方式，即 DLR(称为先序遍历)、LDR(称为中序遍历)和 LRD(称为后序遍历)。下面算法中的 Visite( )函数可以根据具体情况确定，它可以是一条输出语句，也可以对结点信息进行修改。

1. 先序遍历(DLR)

先序遍历的递归过程为：若二叉树为空，则遍历结束；否则，

(1) 访问根结点，

(2) 先序遍历根结点的左子树，

(3) 先序遍历根结点的右子树。

先序遍历二叉树的递归算法如下：

```
1   void PreOrder(BiTree bt)
2   {   /*先序遍历二叉树 bt*/
3       if(bt==NULL) return;            /*递归调用的结束条件*/
4       Visite(bt->data);               /*访问结点的数据域*/
5       PreOrder(bt->lchild);           /*先序递归遍历 bt 的左子树*/
6       PreOrder(bt->rchild);           /*先序递归遍历 bt 的右子树*/
7   }
```

图 6.13 为二叉树先序递归遍历的执行踪迹示意图。图 6.13(a)的先序遍历结果为 ABDEC。

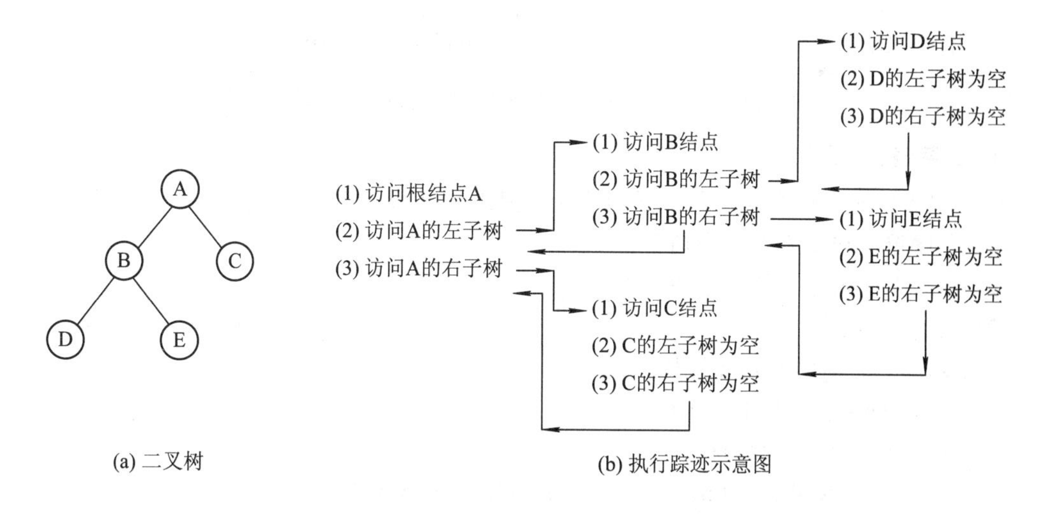

图 6.13　二叉树先序递归遍历的执行踪迹示意图

2. 中序遍历(LDR)

中序遍历的递归过程为：若二叉树为空，则遍历结束；否则，

(1) 中序遍历根结点的左子树，

(2) 访问根结点，

(3) 中序遍历根结点的右子树。

中序遍历二叉树的递归算法如下：

```
1   void InOrder(BiTree bt)
2   {  /*中序遍历二叉树 bt*/
3       if(bt==NULL) return;           /*递归调用的结束条件*/
4       InOrder(bt->lchild);           /*中序递归遍历 bt 的左子树*/
5       Visite(bt->data);              /*访问结点的数据域*/
6       InOrder(bt->rchild);           /*中序递归遍历 bt 的右子树*/
7   }
```

图 6.14 为二叉树中序递归遍历的执行踪迹示意图。图 6.14(a)的中序遍历结果为 DBEAC。

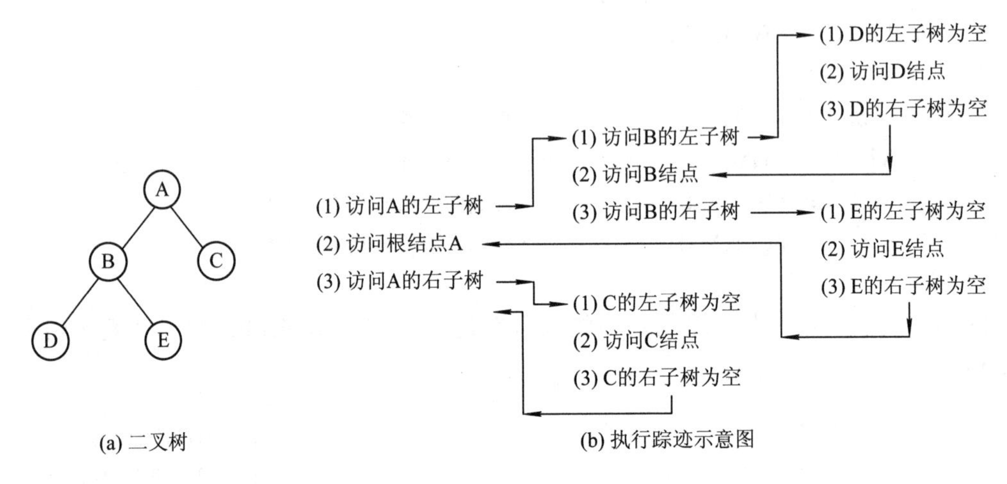

图 6.14 二叉树中序递归遍历的执行踪迹示意图

3. 后序遍历(LRD)

后序遍历的递归过程为：若二叉树为空，则遍历结束；否则，

(1) 后序遍历根结点的左子树，

(2) 后序遍历根结点的右子树，

(3) 访问根结点。

后序遍历二叉树的递归算法如下：

```
1   void PostOrder(BiTree bt)
2   {  /*后序遍历二叉树 bt*/
3       if(bt==NULL) return;           /*递归调用的结束条件*/
4       PostOrder(bt->lchild);         /*后序递归遍历 bt 的左子树*/
5       PostOrder(bt->rchild);         /*后序递归遍历 bt 的右子树*/
6       Visite(bt->data);              /*访问结点的数据域*/
7   }
```

图 6.15 为二叉树后序递归遍历的执行踪迹示意图。图 6.15(a)的后序遍历结果为 DEBCA。

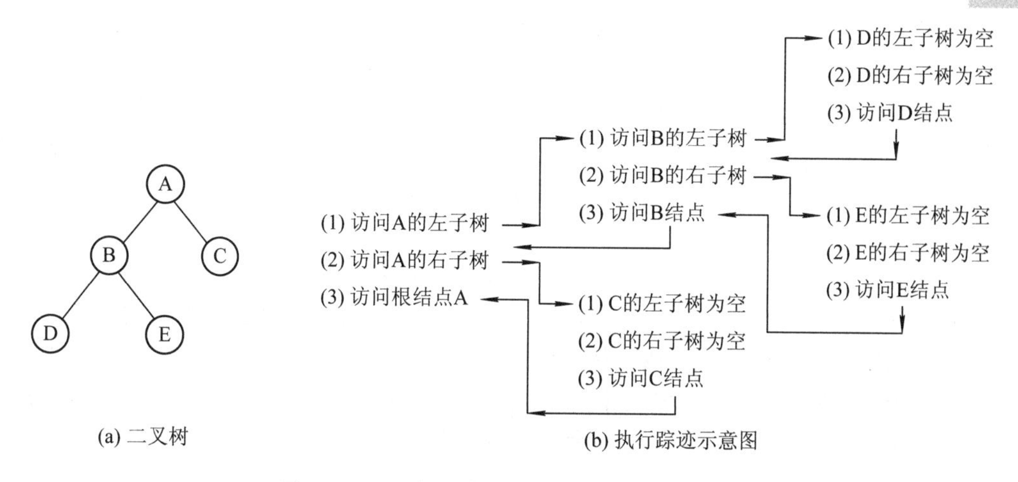

图 6.15 二叉树后序递归遍历的执行踪迹示意图

6.4.2 二叉树遍历的非递归实现**

前面介绍的二叉树先序、中序和后序遍历三种遍历算法都是递归算法。当给出二叉树的链式存储结构以后，用具有递归功能的程序设计语言很方便就能实现上述算法。然而，并非所有程序设计语言都可以递归，而且递归程序虽然简洁，但可读性一般不好，执行效率也不高。因此，就存在如何把一个递归算法转化为非递归算法的问题。可以通过对三种遍历方式的实质过程的分析得到解决这个问题的方法。

对二叉树进行先序、中序和后序遍历都是从根结点开始的，且在遍历过程中经过结点的路线是一样的，只是访问的时机不同而已。

如图 6.16 所示，从根结点开始，沿着虚线由根结点的左子树、右子树依次遍历二叉树。沿着该路线按△标记的结点读得的序列为先序序列，按○标记读得的序列为中序序列，按□标记读得的序列为后序序列。

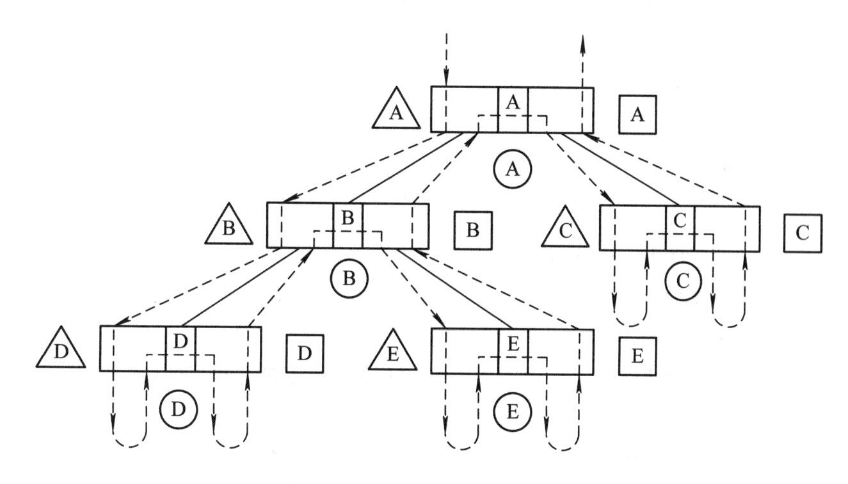

图 6.16 遍历二叉树的路线示意图

这一路线是从根结点开始沿左子树深入进行，当深入到最左端无法再深入下去时，则返回，然后逐一进入刚才深入时遇到结点的右子树，再进行深入和返回，直到最后从根结点的右子树返回到根结点为止。

先序遍历是在深入时遇到结点就访问，中序遍历是在从左子树返回时遇到结点访问，后序遍历是在从右子树返回时遇到结点访问。在这一过程中，返回结点的顺序与深入结点的顺序相反，即后深入先返回，正好符合栈结构后进先出的特点。因此，可以用栈来帮助实现这一遍历路线。其过程如下：

在沿左子树深入时，深入一个结点入栈一个结点。若为先序遍历，则在入栈之前访问之，若沿左分支深入过程中遇到空分支，则返回，即从堆栈中弹出前面压入的结点；若为中序遍历，则此时访问该结点，然后从该结点的右子树继续深入；若为后序遍历，则将此结点再次入栈，然后从该结点的右子树继续深入，与前面类同，仍为深入一个结点入栈一个结点，深入到遇到空分支时返回，直到第二次从栈里弹出该结点，才访问之。

1. 先序遍历的非递归实现

在二叉树的先序遍历非递归算法中，二叉树以二叉链表存放，一维数组 stack[MAXNODE] 用以实现栈，变量 top 用来表示当前栈顶的位置。算法如下：

```
1    void NRPreOrder(BiTree bt)
2    { /*非递归先序遍历二叉树*/
3      BiTree stack[MAXNODE], p;
4      int top;
5      if(bt==NULL) return;
6      top=0;
7      p=bt;
8      while(!(p= =NULL&&top= =0))
9      {  while(p!=NULL)
10        {  visite(p->data);                 /*访问结点的数据域*/
11           if(top<=MAXNODE-1)               /*将当前指针 p 压栈*/
12           {     stack[top]=p;
13                 top++;
14           }
15           else
16           {
17                printf("栈溢出");
18                return;
19           }
20           p=p->lchild;                     /*指针指向 p 的左孩子结点*/
21        }
22        if(top<=0) return;                  /*栈空时结束*/
23        else
24        {
```

```
25              top--;
26              p=stack[top];                    /*从栈中弹出栈顶元素*/
27              p=p->rchild;                     /*指针指向 p 的右孩子结点*/
28          }
29      }
30  }
```

2. 中序遍历的非递归实现

二叉树的中序遍历非递归算法的实现，只需将先序遍历的非递归算法中的语句 10 “visite(p->data)” 移到语句 26 “p=stack[top]” 和语句 27 “p=p->rchild” 之间即可。

3. 后序遍历的非递归实现

由前面的讨论可知，后序遍历与先序遍历和中序遍历不同，在后序遍历过程中，结点在第一次出栈后，还需再次入栈，也就是说，结点要入栈两次，出栈两次，而访问结点是在第二次出栈时访问。因此，为了区别同一个结点指针的两次出栈，设置一标识 flag，令：

$$\text{flag} = \begin{cases} 1 & \text{第一次出栈，结点不能访问} \\ 2 & \text{第二次出栈，结点可以访问} \end{cases}$$

当结点指针进、出栈时，其标识 flag 也同时进、出栈。因此，可将栈中元素的数据类型定义为指针和标识 flag 合并的结构体类型。定义如下：

```
typedef struct
{   BiTree   link;
    int   flag;
}   stacktype;
```

在二叉树的后序遍历非递归算法中，一维数组 stack[MAXNODE] 用于实现栈的结构，指针变量 p 指向当前要处理的结点，整型变量 top 用来表示当前栈顶的位置，整型变量 sign 为结点 p 的标识量。算法如下：

```
1   void NRPostOrder(BiTree   bt)            /*非递归后序遍历二叉树 bt*/
2   {
3       stacktype stack[MAXNODE];
4       BiTree p;
5       int top, sign;
6       if(bt==NULL) return;
7       top=-1                                /*栈顶位置初始化*/
8       p=bt;
9       while(!(p==NULL&&top==-1))
10      {
11          if(p!=NULL)                       /*结点第一次进栈*/
12          {   top++;
13              stack[top].link=p;
```

```
14              stack[top].flag=1;
15              p=p->lchild;                /*找该结点的左孩子结点*/
16          }
17          else
18          {   p=stack[top].link;
19              sign=stack[top].flag;
20              top--;
21              if(sign==1)                 /*结点第二次进栈*/
22              {   top++;
23                  stack[top].link=p;
24                  stack[top].flag=2;      /*标记第二次进栈*/
25                  p=p->rchild;
26              }
27              else
28              {
29                  visite(p->data);        /*访问该结点数据域值*/
30                  p=NULL;
31              }
32          }
33      }
34  }
```

6.4.3　二叉树的层次遍历

所谓二叉树的层次遍历是指从二叉树的第一层(根结点)开始，从上至下逐层遍历，在同一层中，则按从左到右的顺序对结点逐个访问。如图 6.17 所示的二叉树，按层次遍历所得到的结果序列为 ABCDEFG。

由层次遍历的定义可以推知，在进行层次遍历时，访问完一层结点后，再按照它们的访问次序对各个结点的左孩子和右孩子结点顺序访问，这样一层一层进行，先遇到的结点先访问，这与队列的操作原则比较吻合。因此，在进行层次遍历时，可设置一个队列结构，遍历从二叉树的根结点开始，首先将根结点指针入队列，依次执行下面操作：

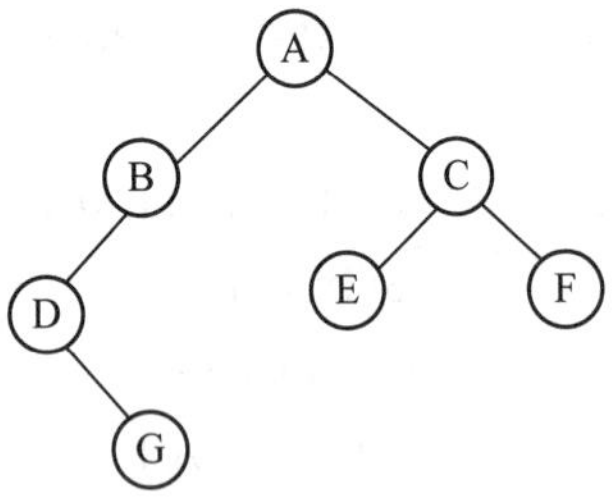

图 6.17　二叉树

(1) 队列不空，出队列，取队头元素。

(2) 访问该元素所指结点。

(3) 若该元素所指结点的左、右孩子结点非空，则将该元素所指结点的左孩子指针和右孩子指针顺序入队。

不断进行此过程，当队列为空时，二叉树的层次遍历结束。

在二叉树的层次遍历算法中，二叉树以二叉链表存放，一维数组 Queue[MAXNODE] 用以实现队列，变量 front 和 rear 分别表示当前队头元素和队尾元素在数组中的位置。

```
1   void LevelOrder(BiTree bt)                    /*层次遍历二叉树 bt*/
2   {
3       BiTree Queue[MAXNODE];
4       int front, rear;
5       if(bt==NULL) return;
6       front=-1;
7       rear=0;
8       queue[rear]=bt;                           /*根入队列*/
9       while(front!=rear)                        /*队列不空*/
10      {   front++;
11          visite(queue[front]->data);           /*访问队首结点的数据域*/
12          if(queue[front]->lchild!=NULL)        /*将队首结点的左孩子结点入队列*/
13          {   rear++;
14              queue[rear]=queue[front]->lchild;
15          }
16          if(queue[front]->rchild!=NULL)        /*将队首结点的右孩子结点入队列*/
17          {   rear++;
18              queue[rear]=queue[front]->rchild;
19          }
20      }
21  }
```

二叉树的先序、中序、后续遍历的过程是沿着一个分支走到最深处，层次遍历过程是一层一层、由近至远访问各个结点，这两种方式不同。就如同人生不仅要深度，也要有宽度，深度人生会得到更多的感佩与崇敬，宽度人生会得到更多的认同与赞赏。宽度与深度共同成就了“生命的厚度”。

6.4.4　遍历序列恢复二叉树

从前面讨论的二叉树的遍历可知，任意一棵二叉树结点的先序序列和中序序列都是唯一的。反过来，若已知结点的先序序列和中序序列，能否确定这棵二叉树呢？这样确定的二叉树是不是唯一的呢？回答是肯定的。

根据定义，二叉树的先序遍历是先访问根结点 D，再按先序遍历方式遍历根结点的左子树 L，最后按先序遍历方式遍历根结点的右子树 R。这就是说，在先序序列中，第一个结点一定是二叉树的根结点 D。另外，中序遍历是先遍历左子树 L，然后访问根结点 D，最后再遍历右子树 R。这样，根结点 D 在中序序列中必然将中序序列分割成两个子序列 IL 和 IR，IL 子序列是根结点的左子树的中序序列，而 IR 子序列是根结点的右子树的中序序列。根据这两个子序列，在先序序列中找到对应的左子序列 PL 和右子序列 PR。在先序序列中，左子序列 PL 的第一个结点是左子树的根结点 LD，右子序列的第一个结点是右子树的根结点 RD。这样，就确定了二叉树的 3 个结点。同时，左子树和右子树的根结点又可以分别把左子序列和右子序列划分成两个子序列，如此递归下去，当取尽先序序列中的结点时，便可以得到一棵二叉树。

同样的道理，由二叉树的后序序列和中序序列也可唯一确定一棵二叉树。因为，依据后序遍历和中序遍历的定义，后序序列的最后一个结点，就如同先序序列的第一个结点一样，可将中序序列分成两个子序列，分别为这个结点的左子树的中序序列和右子树的中序序列，再取出后序序列的倒数第二个结点，并继续分割中序序列，如此递归下去，当倒着取尽后序序列中的结点时，便可以得到一棵二叉树。

下面通过一个例子给出二叉树的先序序列和中序序列构造唯一的一棵二叉树的实现算法。

例 6.1 已知一棵二叉树的先序序列与中序序列分别为

ABCDEFGHI

BCAEDGHFI

试恢复该二叉树。

首先，由先序序列可知，结点 A 是二叉树的根结点。其次，根据中序序列 BCAEDGHFI，在 A 之前的所有结点 B、C 都是根结点左子树的结点，在 A 之后的所有结点 E、D、G、H、F、I 都是根结点右子树的结点，由此得到图 6.18(a)所示的状态。然后，再对左子树进行分解，可知 B 是左子树的根结点，又从中序序列知道，B 的左子树为空，B 的右子树只有一个结点 C。接着对 A 的右子树进行分解，可知 A 的右子树的根结点为 D；而结点 D 把其余结点分成两部分，即左子树为 E，右子树为 F、G、H、I，如图 6.18(b)所示。接下去按上述原则对 D 的右子树继续分解下去，最后得到如图 6.18(c)所示的整棵二叉树。

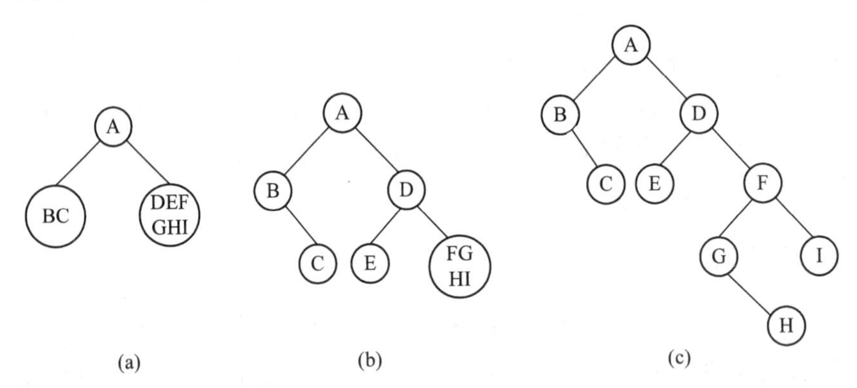

图 6.18 一棵二叉树的恢复过程示意图

上述过程是一个递归过程，其递归算法的思想是：先根据先序序列的第一个元素建立根结点；然后在中序序列中查找到该元素，依据该元素在中序序列中的位置，确定根结点的左、右子树的中序序列；再在先序序列中确定左、右子树的先序序列；最后由左子树的先序序列与中序序列建立左子树，由右子树的先序序列与中序序列建立右子树。

下面给出用 C 语言描述的该算法。假设二叉树的先序序列和中序序列分别存放在一维数组 preod[]与 inod[]中，并假设二叉树各结点的数据值均不相同。算法如下：

```
1    void  ReBiTree(char preod[], char inod[], int n, BiTree *root)
2    {  /*n 为二叉树的结点个数，root 为二叉树根结点的存储地址*/
3       if(n<=0)
4         (* root)=NULL;
5       else
6         PreInOd(preod, inod, 0, n-1, 0, n-1, root);
7    }
8    void PreInOd(char preod[]，char inod[]，int i, int j, int k, int h，BiTree *t)
9    {     /*以先序序列 preod[i..j]，中序序列 inod[k..h]恢复二叉树*t */
10        *t=(BiTNode *)malloc(sizeof(BiTNode));
11        *t->data=preod[i];
12        m=k;
13        while(inod[m]!=preod[i])
14            m++;            /*在 inod[]中查找 preod[i] */
15        if(m==k)
16            *t->lchild=NULL
17        else
18          PreInOd(preod, inod, i+1, i+m-k, k, m-1, &t->lchild);
          /*以先序序列 preod[i+1..i+m-k], 中序序列 inod[k..m-1]恢复二叉树&t->lchild */
19        if(m==h)
20            *t->rchild=NULL
21        else
22          PreInOd(preod, inod, i+m-k+1, j, m+1, h, &t->rchild);
          /*以先序序列 preod[i+m-k+1..j]，中序序列 inod[m+1..h]恢复二叉树&t->rchild */
23   }
```

需要说明的是，数组 preod 和 inod 的元素类型可根据实际需要来设定，这里设为字符型。另外，如果只知道二叉树的先序序列和后序序列，则不能唯一地确定一棵二叉树。

6.4.5　遍历二叉树的应用

遍历二叉树是二叉树各种操作的基础，根据遍历算法的程序框架，可以派生出很多关于二叉树的应用算法，如求结点的双亲、孩子结点，判定结点所在的层次等，甚至可在遍历的过程中生成结点，建立二叉树的存储结构等。

例 6.2　建立二叉链表方式存储的二叉树。

给定一棵二叉树，我们可以得到它的遍历序列；反过来，给定一棵二叉树的遍历序列，也可以创建相应的二叉链表。这里所说的遍历序列是一种“扩展的遍历序列”。在通常的遍历序列中，均忽略空子树，而在扩展的遍历序列中，必须用特定的元素表示空子树。例如，如图 6.19 所示二叉树的“扩展先序遍历序列”为

AB#D##C##

其中用“#”表示空子树。假设二叉树的结点均为一个字符，从键盘将前序序列 AB#D##C## 逐个输入。

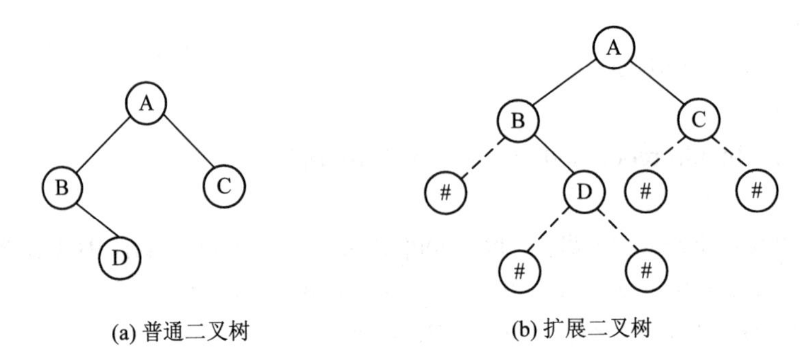

图 6.19　建立二叉树

利用“扩展先序遍历序列”创建二叉链表的算法如下：

```
1    void CreateBiTree(BiTree   *bt)
2    {   /*先序遍历建立二叉树*/
3        char ch;
4        ch=getchar( );
5        if(ch=='#')    *bt=NULL;
6        else
7        {
8            *bt=(BiTree) malloc(sizeof(BiTNode));
9             (*bt)->data=ch;
10            CreateBiTree(&((*bt)->LChild));     /*先序遍历建立左子树*/
11            CreateBiTree(&((*bt)->RChild));     /*先序遍历建立右子树*/
12       }
13   }
```

其实建立二叉树也是利用了递归的原理，只不过将原来应该访问的地方，改成了生成结点、给结点赋值而已。

例 6.3　统计二叉树中叶子结点数目。

算法如下：

```
1    void   Countleaf(BiTree   root)
2    {   /* LeafCount 是保存叶子结点数目的全局变量，调用之前初始化值为 0 */
3        if(root! =NULL)
4        {
5            Countleaf(root->LChild);
6            Countleaf(root->RChild);
7            if(root->LChild==NULL && root ->RChild==NULL)
8                LeafCount++;
9        }
```

```
10  }
```

例 6.4　在二叉链表中查找数据元素。

函数 Search(bt，x)的功能是在二叉链表 bt 中查找数据元素 x。查找成功时返回该结点的指针，查找失败时返回空指针。

算法如下：

```
1    BiTree   Search(BiTree bt，datatype   x)
2    { /*在 bt 为根结点指针的二叉树中查找数据元素 x*/
3       if(bt->data==x) return bt;          /*查找成功返回*/
4       if(bt->lchild!=NULL) return(Search(bt->lchild, x));
          /*在 bt->lchild 为根结点指针的二叉树中查找数据元素 x*/
5         if(bt->rchild!=NULL) return(Search(bt->rchild, x));
          /*在 bt->rchild 为根结点指针的二叉树中查找数据元素 x*/
6         return NULL;        /*查找失败返回*/
7    }
```

6.5 线索二叉树**

1. 线索二叉树的定义

按照某种遍历方式对二叉树进行遍历，可以把二叉树中所有结点排列为一个线性序列。在该序列中，除第一个结点外，每个结点有且仅有一个直接前驱结点；除最后一个结点外，每个结点有且仅有一个直接后继结点。但是，二叉树中每个结点在这个序列中的直接前驱结点和直接后继结点是什么，二叉树的存储结构中并没有反映出来，只能在对二叉树遍历的动态过程中得到这些信息。为了保留结点在某种遍历序列中直接前驱和直接后继结点的位置信息，可以利用二叉树的二叉链表存储结构中的那些空指针域来指示。这些指向直接前驱结点和直接后继结点的指针被称为线索(thread)，加了线索的二叉树称为线索二叉树。

2. 线索二叉树的结构

一棵具有 n 个结点的二叉树若采用二叉链表存储结构，则在 2n 个指针域中只有 n−1 个指针域是用来存储结点的孩子结点的地址，而另外 n+1 个指针域存放的都是 NULL，我们不能浪费这 n+1 个空指针域，如果能加以利用，即可“变废为宝”了。

利用某结点空的左指针域(lchild)指出该结点在某种遍历序列中的直接前驱结点的存储地址，利用结点空的右指针域(rchild)指出该结点在某种遍历序列中的直接后继结点的存储地址；对于那些非空的指针域，则仍然存放指向该结点左、右孩子结点的指针。这样，就得到了一棵线索二叉树。

由于序列可由不同的遍历方式得到，因此，线索二叉树有先序线索二叉树、中序线索二叉树和后序线索二叉树三种。把二叉树改造成线索二叉树的过程称为线索化。

图 6.20 所示是对二叉树进行先序线索化、中序线索化、后序线索化后得到的先序线索二叉树、中序线索二叉树、后序线索二叉树。图中实线表示指针，虚线表示线索。

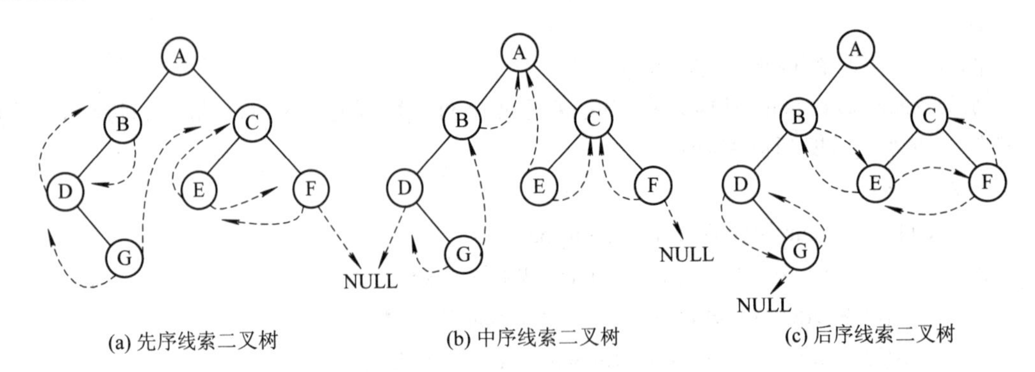

图 6.20　线索二叉树示例

那么，在存储中如何区别某结点的指针域内存放的是指针还是线索？通常可以采用下面两种方法来实现。

(1) 为每个结点增设两个标识位域 ltag 和 rtag，令

$$ltag=\begin{cases}0 & \text{lchild 指向结点的左孩子结点}\\1 & \text{lchild 指向结点的前驱结点}\end{cases}$$

$$rtag=\begin{cases}0 & \text{rchild 指向结点的右孩子结点}\\1 & \text{rchild 指向结点的后继结点}\end{cases}$$

每个标识位令其只占一个 bit，这样就只需增加很少的存储空间。这样的结点结构为

ltag	lchild	data	rchild	rtag

(2) 不改变结点结构，仅在作为线索的地址前加一个负号，即负的地址表示线索，正的地址表示指针。

这里我们按第一种方法来介绍线索二叉树的存储。为了将二叉树中所有空指针域都利用上，根据遍历的需要，在存储线索二叉树时往往增设一个头结点，其结构与其他线索二叉树的结点结构一样，只是其数据域不存放信息，其左指针域指向二叉树的根结点，右指针域指向自己。

在线索二叉树中，结点的结构可以定义为如下形式：

```
typedef char datatype;
typedef struct BiThrNode {
    datatype data;
    struct BiThrNode *lchild;
    struct BiThrNode *rchild;
    unsigned   ltag;
    unsigned   rtag;
} BiThrNodeType, *BiThrTree;
```

3. 建立一棵中序线索二叉树

下面以中序线索二叉树为例，讨论建立线索二叉树的算法。

建立线索二叉树，或者说对二叉树线索化，实质上就是遍历一棵二叉树。在遍历过程

中，访问结点的操作是检查当前结点的左、右指针域是否为空，如果为空，则将它们改为指向前驱结点或后继结点的线索。为实现这一过程，设指针 pre 始终指向刚刚访问过的结点，即若指针 p 指向当前结点，则 pre 指向它的前驱结点，以便增设线索。

另外，在对一棵二叉树加线索时，必须首先申请一个头结点，建立头结点与二叉树的根结点的指向关系，对二叉树线索化后，还需建立最后一个结点与头结点之间的线索。

建立中序线索二叉树的递归算法如下(其中 pre 为全局变量)：

```
1   int  InOrderThr(BiThrTree *head, BiThrTree T)
2   {  /*中序遍历二叉树 T，并将其中序线索化，*head 指向头结点*/
3       if(!(*head=(BiThrNodeType*)malloc(sizeof(BiThrNodeType))))   return 0;
4       (*head)->ltag=0;    (*head)->rtag=1;          /*建立头结点*/
5       (*head)->rchild=*head;                        /*右指针回指*/
6       if(!T)
7         (*head)->lchild=*head;                      /*若二叉树为空，则左指针回指*/
8       else
9       {  (*head)->lchild=T;   pre= head;
10          InThreading(T);                           /*中序遍历进行中序线索化*/
11          pre->rchild=*head;   pre->rtag=1;         /*最后一个结点线索化*/
12          (*head)->rchild=pre;
13      }
14      return 1;
15  }
16  void InTreading(BiThrTree   p)
17  {    /*中序遍历进行中序线索化*/
18      if(p)
19      {  InThreading(p->lchild);                    /*左子树线索化*/
20          if(!p->lchild)                            /*前驱结点线索*/
21          {  p->ltag=1;
22             p->lchild=pre;
23          }
24          if(!pre->rchild)                          /*后继结点线索*/
25          {  pre->rtag=1;
26             pre->rchild=p;
27          }
28          pre=p;
29          InThreading(p->rchild);                   /*右子树线索化*/
30      }
31  }
```

可以发现，InTreading(BiThrTree　p)中除了加黑部分代码外，其他和二叉树的中序遍历的递归部分一致，黑体部分代码就是加了线索。

语句 20～23：if(!p->lchild)表示如果某结点的左指针为空，因为刚刚访问过其前驱结点，赋值给 pre，则所以可以将 pre 赋值给 p->lchild，并修改 p->ltag = 1，即可完成前驱结点的线索化。

语句 24～27：对 pre 结点的指针进行判断，if(!pre->rchild)表示如果为空，则 p 就是 pre 的后继结点，执行 pre->rtag = 1; pre->rchild = p; 完成后继结点的线索化。

对图 6.21(a)所示的二叉树进行中序线索化之后的线索二叉树如图 6.19(b)所示。

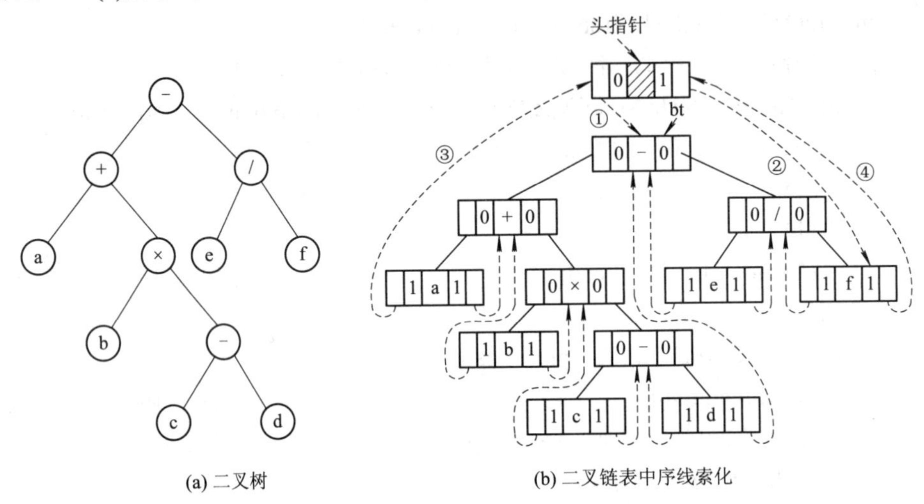

图 6.21　二叉树中序线索化示例

有了线索二叉树后，我们发现，对它进行遍历其实就等于操作一个双向链表结构。和双向链表结构一样，在二叉树线索链表上添加一个头结点，如图 6.21(b)所示，并令头结点的左子树 lchild 指向二叉树的根结点，如图 6.21(b)中的①，其右子树 rchild 指向中序遍历时访问的最后一个结点，如图 6.21(b)中的②。令二叉树的中序序列中的第一个结点的 lchild 域指针指向头结点，如图 6.21(b)中的③，最后一个结点的 rchild 域指针指向头结点，如图 6.21(b)中的④。这样定义的好处是既可以从第一个结点起顺后继结点进行遍历，又可以从最后一个结点起顺前驱结点进行遍历。

线索二叉树既充分利用了空指针域的空间(节省空间)，又能保证创建时的一次遍历就可以建立前驱、后继结点的信息(节省时间)，所以在实际问题中，如果所用的二叉树需经常遍历或查找结点时需要某种遍历序列中的前驱和后继结点，那么采用线索二叉树存储是非常不错的选择。

6.6 树的存储结构

在计算机中，树的存储结构有多种，既可以采用顺序存储结构，也可以采用链式存储结构，但无论采用何种存储结构，都要求存储结构不但能存储各结点本身的数据信息，还能反映树中各结点之间的逻辑关系。下面介绍几种基本的树的存储结构。

1. 双亲表示法

一个人可能没有孩子，但肯定有父母，树也不例外，除了根结点，树的每个结点不一定有孩子结点，但一定都有唯一的一个双亲结点。

根据这个特性，可以用一组连续的存储空间存储树的结点，同时在每个结点中，附设一个指示器指示其双亲结点的存储位置，所以，结点结构包含两部分：data 和 parent。data 是数据域，用于存储结点的信息，parent 域是指针域，用于存储这个结点的双亲结点在存储空间中的位置。

这种存储方法称为树的双亲表示法。用 C 语言描述很方便的，定义包含 data 和 parent 的一个结构体，再用一个结构体数组就可以表示树了。其代码如下：

```
#define MAXNODE <树中结点的最大个数>
typedef struct
{
    datatype    data;           /*结点的数据域*/
    int    parent;              /*存储结点双亲结点在数组中的下标*/
}NodeType;
NodeType    t[MAXNODE];
```

图 6.22(a)所示树的双亲表示法如图 6.22(b)所示。图中 parent 域的值为-1 表示该结点无双亲结点，即该结点是一个根结点。

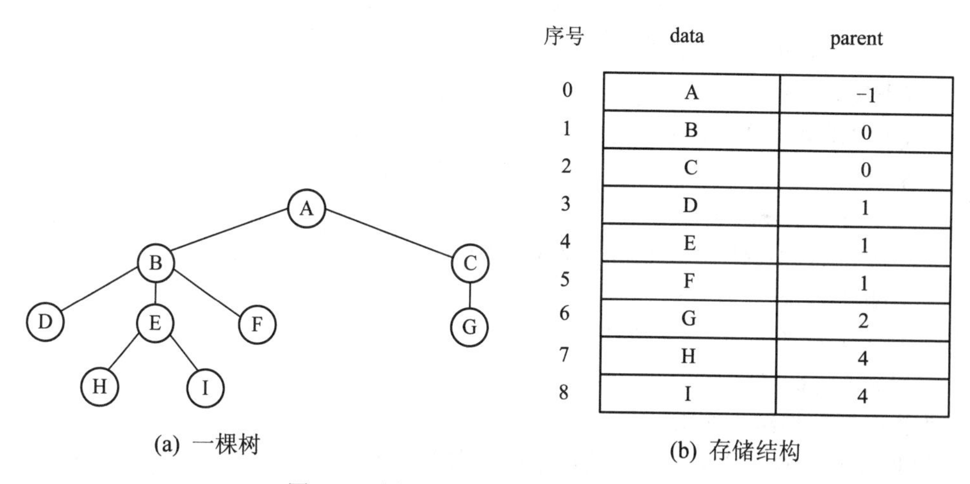

序号	data	parent
0	A	-1
1	B	0
2	C	0
3	D	1
4	E	1
5	F	1
6	G	2
7	H	4
8	I	4

(a) 一棵树　　(b) 存储结构

图 6.22　图 6.21 树的双亲表示法示意图

在树的双亲表示法中，可以根据结点的 parent 域指针很容易找双亲结点，parent 域为 -1 时，表示找到了树的根结点。所以实现 Parent(t, x)操作和 Root(x)操作很方便。

但若求某结点的孩子结点，即实现 Child(t, x, i)操作时，则需要查询整个数组。此外，这种存储方式不能反映各兄弟结点之间的关系，所以实现 RightSibling(t, x)操作也比较困难。

2. 孩子表示法

1) 多重链表表示法

由于树中每个结点都有零个或多个孩子结点，因此，可以令每个结点包括一个结点信息域和多个指针域，每个指针域指向该结点的一个孩子结点，通过各个指针域值反映出树中各结点之间的逻辑关系，这种方法称为多重链表表示法。在这种表示法中，树中每个结点有多个指针域，形成了多条链表。

在一棵树中，各结点的度数各异，因此设置结点的指针域个数有以下两种方法：

(1) 每个结点指针域的个数等于该结点的度数。

(2) 每个结点指针域的个数等于树的度数。

对于方法(1)，虽然在一定程度上节约了存储空间，但由于树中各结点是不同结构的，各种操作不容易实现，所以很少采用这种方法；方法(2)中各结点是同结构的，各种操作相对容易实现，但为此付出的代价是存储空间的浪费。图 6.23 是图 6.22(a)所示树采用多重链表表示法的存储结构示意图。显然，方法(2)适用于各结点的度数相差不大的情况。

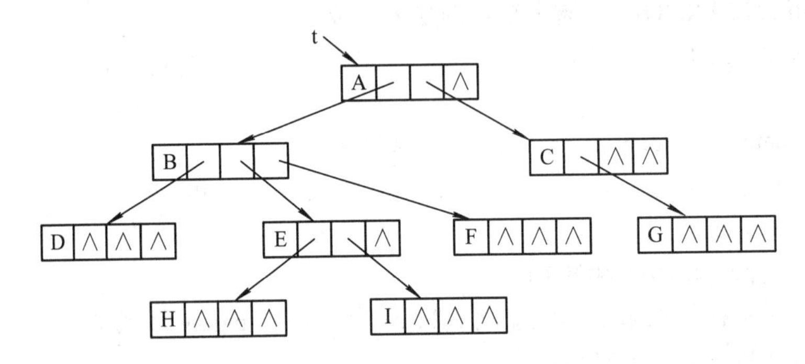

图 6.23 图 6.22(a)所示树的多重链表表示法的存储结构示意图

树中结点的存储表示可描述为

```
#define MAXSON   <树的度数>
typedef struct TreeNode
{
    datatype data;                          /*结点的数据域*/
    struct TreeNode   *son[MAXSON];         /*孩子指针域数组*/
} NodeType;
```

对于任意一棵树 t，可以定义为

```
NodeType   *t;
```

变量 t 为指向树的根结点的指针。

在这种存储结构中找某一结点的孩子结点非常方便，如果在结点结构中增加一个双亲指针，找双亲结点也很容易，遍历操作也方便实现，可用类似于二叉树的层次遍历。但为此付出的代价是存储空间的浪费。显然，同结构的多重链表适用于各结点的度数相差不大的情况。

为了遍历方便，还是将树中的结点放到一维数组中比较好，再来看，树中的每个结点可能有零个或多个孩子结点，我们可以将每个结点的孩子结点拉成一个单链表，这样就形成了孩子链表表示法。

2) *孩子链表表示法*

孩子链表表示法是把每个结点的孩子结点排列起来，以单链表作为存储结构，则 n 个结点就有 n 个孩子链表，如果是叶子结点，则此单链表为空，然后 n 个头指针又组成一个线性表，采用顺序存储结构，存放进一个一维数组中。如图 6.24 所示是图 6.22(a)所示树采用孩子链表表示法的存储结构示意图。

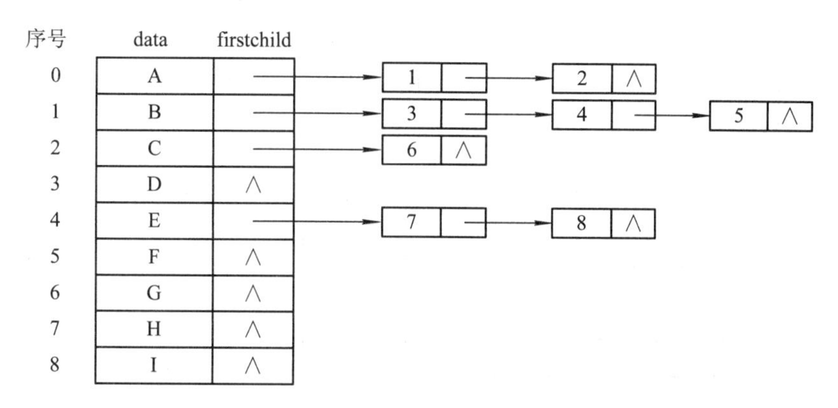

图 6.24　图 6.22(a)所示树的孩子链表表示法的存储结构示意图

孩子链表表示法的主体是一个与结点个数一样大小的一维数组，数组的每一个元素由两个域组成，一个域用来存放结点信息，另一个用来存放指针，该指针指向由该结点的孩子结点组成的单链表的首位置。单链表的结点结构也由两个域组成，一个存放孩子结点在一维数组中的序号，另一个是指针域，指向下一个孩子结点。

在孩子链表表示法中查找双亲结点比较困难，查找孩子结点却十分方便，故适用于对孩子结点操作多的应用。这种存储表示法代码如下：

```
#define MAXNODE <树中结点的最大个数>
typedef struct ChildNode                /*孩子结点*/
{
    int childcode;                      /*孩子结点在数组中的下标*/
    struct ChildNode *nextchild;        /*指向下一个孩子结点*/
}
typedef struct                          /*表头结点*/
{   datatype   data;                    /*结点的数据域*/
    struct ChildNode   *firstchild;     /*指向第一个孩子结点*/
}NodeType;
typedef struct                          /*树结构*/
{
    NodeType   nodes[MAXNODE];          /*结点数组*/
    int   r, n;                         /*根结点 r 的位置和结点数 n*/
}Ctree;
```

在这种结构中查找某个结点的某个孩子结点，或者查找某个结点的兄弟结点，只需要查找这个结点的孩子单链表即可。但是，如果需要查找双亲结点，则需要遍历整个表才行。为了方便，我们可以将双亲表示法和孩子链表表示法结合起来，也就是下面我们要讲的双亲孩子表示法。

3. 双亲孩子表示法

双亲孩子表示法是将双亲表示法和孩子表示法相结合的结果。仍将各结点的孩子结点分别组成单链表，同时用一维数组顺序存储树中的各结点，数组元素除了包括结点本身的信息和该结点的孩子结点链表的头指针之外，还增设一个域，存储该结点双亲结点在数组中的序号。图 6.25 所示为图 6.22(a)所示树采用双亲孩子表示法的存储结构示意图。这种存储结构结合了双亲表示法和孩子表示法的优点。

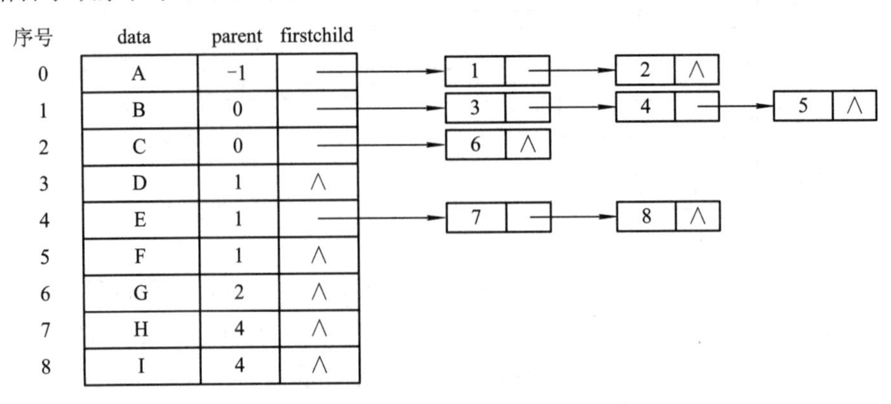

图 6.25　图 6.22(a)所示树的双亲孩子表示法的存储结构示意图

4. 孩子-兄弟表示法(二叉链表表示法)

孩子-兄弟表示法又称二叉树表示法，或二叉链表表示法，即以二叉链表作为树的存储结构，链表中结点的两个链域分别指向第一个孩子结点和下一个兄弟结点。在这种存储结构下，树中结点的存储表示可描述为

```
typedef struct TreeNode
{
    datatype data;                          /*结点数据域*/
    struct TreeNode   *FirstChild;          /*指向第一个孩子结点*/
    struct TreeNode   *Nextsibling;         /*指向下一个兄弟结点*/
}NodeType;
```

图 6.26 给出了图 6.22(a)所示树采用孩子-兄弟表示法的存储结构示意图。这种存储结构便于实现树的各种操作，例如，如果要访问结点 x 的第 i 个孩子结点，则只要先从 FirstChild 域找到第一个孩子结点，然后沿着这个孩子结点的 Nextsibling 域连续走 i-1 步，便可找到 x 的第 i 个孩子结点。如果在这种结构中为每个结点增设一个 parent 域，则同样可以方便地实现查找双亲的操作。

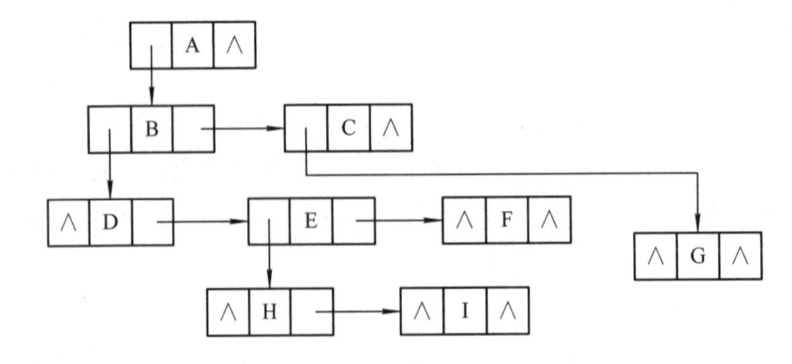

图 6.26　图 6.22(a)所示树的孩子-兄弟表示法存储示意图

这种存储结构便于实现树的各种操作，例如，如果要访问结点 x 的第 i 个孩子结点，那么只要先从 FirstChild 域找到第一个孩子结点，然后沿着这个孩子结点的 Nextsibling 域连续走 i−1 步，便可找到结点 x 的第 i 个孩子结点。如果在这种结构中为每个结点增设一个 parent 域，同样可以方便地实现查找双亲结点的操作。

由于孩子-兄弟链表存储结构在形式上与二叉链表一致，所以，可以将二叉树的有关研究成果应用于树。孩子兄弟链表存储结构中，树中根结点的下一个兄弟指针域一定是空的。因为，根结点没有兄弟结点。利用这一点，我们可以存储多棵树，有两棵以上的树，就可以利用根结点的下一个兄弟结点存储第二棵树的根结点了，以此类推，就可以用二叉链表存储森林了。

6.7　树、森林与二叉树的转换

二叉树、树、森林有各自的特点，可通过孩子-兄弟链表存储结构建立起来联系。本节讨论树、森林与二叉树之间的转换方法，这种转换是利用孩子-兄弟链表存储结构存储树、森林时对数据元素之间的逻辑关系进行解释。这样，对树、森林的操作就可以借助二叉树的操作来实现了。

6.7.1　树转换为二叉树

对于一棵无序树，树中结点的各孩子结点的次序是无关紧要的，而二叉树中结点的左、右孩子结点是有区别的。为避免发生混淆，我们约定树中每一个结点的孩子结点按从左到右的次序编号。如图 6.27 所示的一棵树，根结点 A 有 B、C、D 共 3 个孩子结点，可以认为结点 B 为 A 的第一个孩子结点，结点 C 为 A 的第二个孩子结点，结点 D 为 A 的第三个孩子结点。

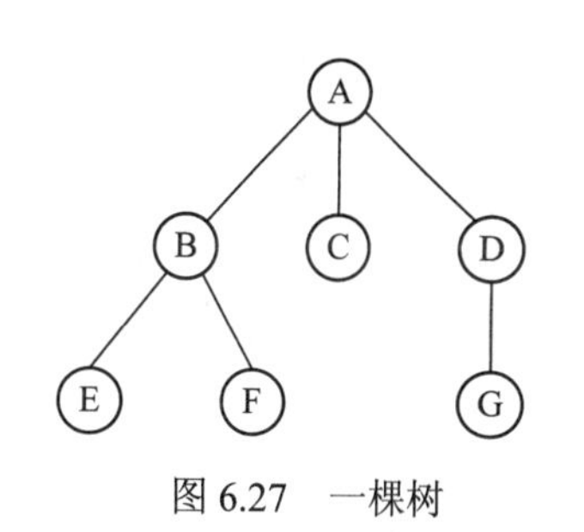

图 6.27　一棵树

将一棵树转换为二叉树的方法是：

(1) 树中所有相邻兄弟结点之间加一条连线。

(2) 对树中的每个结点，只保留它与第一个孩子结点之间的连线，删去它与其他孩子结点之间的连线。

(3) 以树的根结点为轴心，将整棵树顺时针转动一定的角度，使之结构层次分明。

可以证明，树经过这样的转换所构成的二叉树是唯一的。图 6.28(a)、(b)、(c)给出了图 6.27 所示树转换为二叉树的转换过程示意图。

由上面的转换可以看出，在二叉树中，左分支上的各结点在原来的树中是父子关系，而右分支上的各结点在原来的树中是兄弟关系。由于树的根结点没有兄弟结点，所以变换后的二叉树的根结点的右孩子结点必为空。

事实上，一棵树采用孩子-兄弟表示法所建立的存储结构与它所对应的二叉树的二叉链表存储结构是完全相同的，只是解释不同。

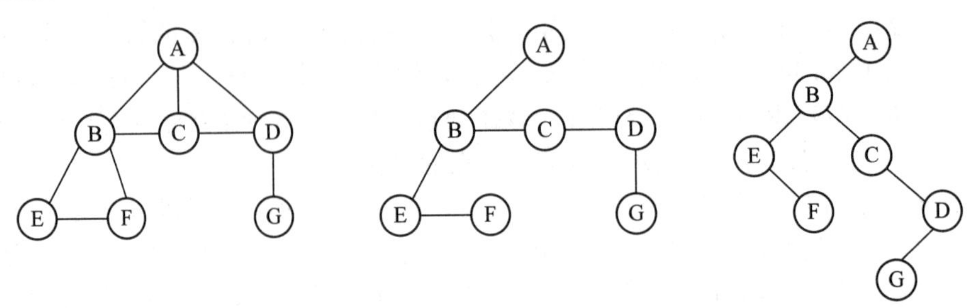

图 6.28　图 6.27 所示树转换为二叉树的转换过程示意图

6.7.2　森林转换为二叉树

由森林的概念可知，森林是若干棵树的集合，只要将森林中各棵树的根视为兄弟，每棵树就都可以用二叉树表示，森林也同样可以用二叉链表表示。

森林转换为二叉树的方法如下：

(1) 将森林中的每棵树转换成相应的二叉树。

(2) 第一棵二叉树不动，从第二棵二叉树开始，依次把后一棵二叉树的根结点作为前一棵二叉树根结点的右孩子结点，当所有二叉树连起来后，此时所得到的二叉树就是通过森林转换得到的二叉树。

图 6.29 为森林及其转换为二叉树的过程示意图。

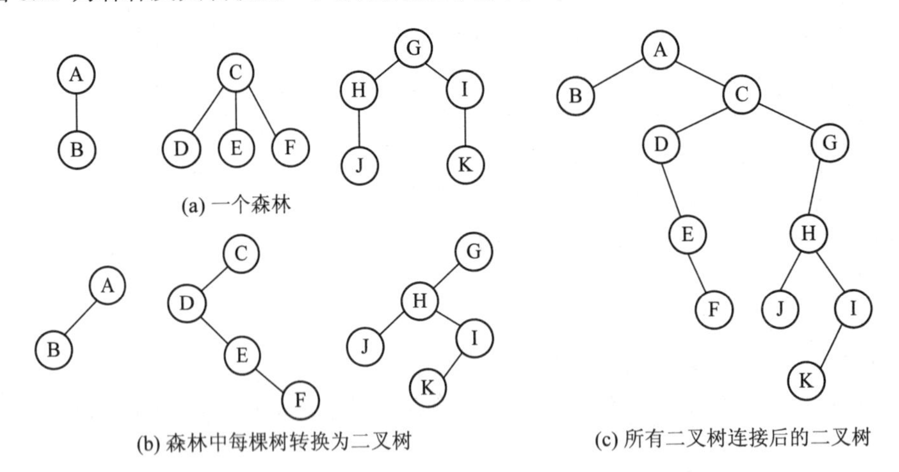

图 6.29　森林及其转换为二叉树的过程示意图

6.7.3　二叉树转换为树和森林

树和森林都可以转换为二叉树，二者不同的是由树转换成的二叉树，其根结点无右分支，而由森林转换成的二叉树，其根结点有右分支。显然这一转换过程是可逆的，即可以依据二叉树的根结点有无右分支，将一棵二叉树还原为树或森林，具体方法如下：

(1) 若某结点是其双亲结点的左孩子结点，则把该结点的右孩子结点、右孩子的右孩子结点……都与该结点的双亲结点用线连起来。

(2) 删去原二叉树中所有的双亲结点与右孩子结点的连线。

(3) 整理由(1)、(2)两步得到树或森林，使之结构层次分明。

图 6.30 为一棵二叉树还原为森林的过程示意图。

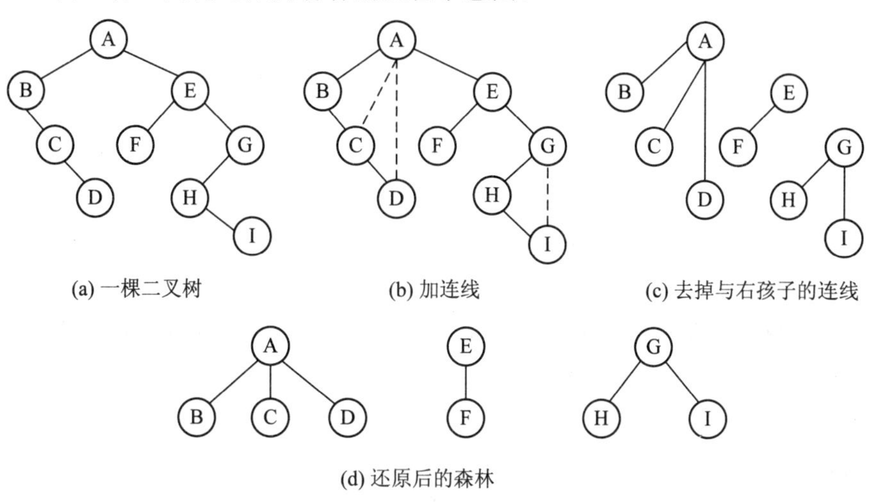

图 6.30　一棵二叉树还原为森林的过程示意图

6.7.4　树和森林的遍历

1. 树的遍历

树的遍历通常有以下两种方式。

1) *先根遍历*

先根遍历：若树为空，则遍历结束；否则，

(1) 访问根结点，

(2) 按照从左到右的顺序先根遍历根结点的每一棵子树。

按照树的先根遍历的定义，对图 6.27 所示的树进行先根遍历，得到的结果序列为 ABEFCDG。

2) *后根遍历*

后根遍历：若树为空，则遍历结束；否则，

(1) 按照从左到右的顺序后根遍历根结点的每一棵子树，

(2) 访问根结点。

按照树的后根遍历的定义，对图 6.27 所示的树进行后根遍历，得到的结果序列为 EFBCGDA。

根据树与二叉树的转换关系以及树和二叉树的遍历定义可以推知，树的先根遍历与其转换的相应二叉树的先序遍历的结果序列相同；树的后根遍历与其转换的相应二叉树的中序遍历的结果序列相同。因此树的遍历算法是可以采用相应二叉树的遍历算法来实现的。

2. 森林的遍历

森林的遍历有先序遍历、中序遍历、后序遍历三种方式。

1) 先序遍历

先序遍历：若森林为空，则遍历结束；否则，

(1) 访问森林中第一棵树的根结点，

(2) 前序遍历第一棵树的根结点的子树森林，

(3) 前序遍历去掉第一棵树后的子森林。

对于图 6.29(a)所示的森林进行先序遍历，得到的结果序列为 ABCDEFGHJIK。

2) 中序遍历

中序遍历：若森林为空，则遍历结束；否则，

(1) 中序遍历第一棵树的根结点的子树森林，

(2) 访问森林中第一棵树的根结点，

(3) 中序遍历去掉第一棵树后的子森林。

对于图 6.29(a)所示的森林进行中序遍历，得到的结果序列为 BADEFCJHKIG。

3) 后序遍历

后序遍历：若森林为空，则遍历结束；否则，

(1) 后序遍历森林中第一棵树的根结点的子树森林，

(2) 后序遍历除去第一棵树之后剩余的树构成的森林，

(3) 访问第一棵树的根结点。

对于图 6.29(a)所示的森林进行后序遍历，得到的结果序列为 BFEDJKIHGCA。

根据森林与二叉树的转换关系以及森林和二叉树的遍历定义可以推知，森林的先序遍历、中序遍历、后序遍历与所转换的二叉树的先序遍历、中序遍历、后序遍历的结果序列相同。

6.8 哈夫曼树及其应用

在计算机和互联网中，文本压缩是一个非常重要的技术。我们在传输文件时，为了使传输速度快，经常使用压缩软件来压缩文件，在收到压缩文件包之后，运用解压缩软件进行解压。可以看出压缩的目的：一是在网络上快速传输大量数据，二是节省磁盘空间。

那么压缩是怎么做到的呢？简单来说，就是把要压缩的文本进行重新编码，以减少不必要的空间。目前有很强大的编码方式及工具，下面我们介绍最基本的压缩编码方法——哈夫曼编码。

6.8.1 哈夫曼树的基本概念

哈夫曼编码是美国数学家哈夫曼(David A. Huffman)发明的。1951 年，哈夫曼的导师 Robert M. Fano 给他们的学期报告的题目是寻找最有效的二进制编码。由于无法证明哪个已有编码是最有效的，因此哈夫曼放弃了对已有编码的研究，转向探索新的方法，最终发现了基于有序频率二叉树编码的方法，并很快证明了这个方法是最有效的。1952 年，哈夫曼在麻省理工攻读博士时发表了《一种构建极小多余编码的方法》一文。为了纪念他的成

就，人们把哈夫曼在编码过程中用到的特殊二叉树称为哈夫曼树，其编码就称为哈夫曼编码。

通过哈夫曼编码的发明过程可以体会到生活处处有创新，我们在打好基础的同时，要养成多动脑、勤思考的习惯，激发自身的创新意识。

下面我们介绍几个相关概念。

1. 路径和路径长度

在二叉树中，从一个结点可以到达孩子结点或后辈结点之间的通路称为路径，通路中的分支数目称为路径长度。

若规定根结点的层次数为 1，则从根结点到第 L 层结点的路径长度为 L-1。

如图 6.31 所示二叉树中结点 A 到 C 的路径长度为 2，A 到 H 的路径长度为 3。

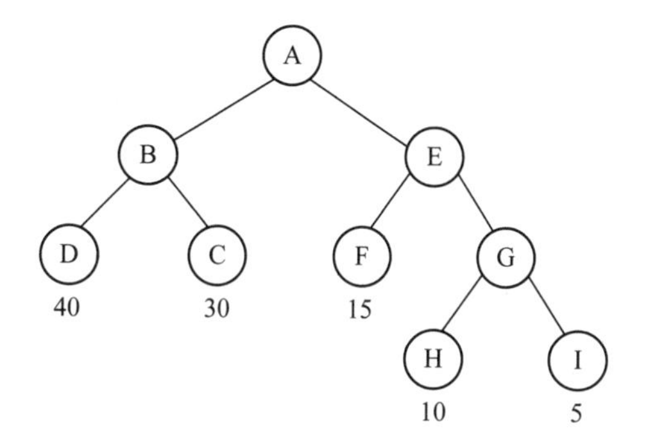

图 6.31　二叉树

2. 结点的权及结点的带权路径长度

若将二叉树中结点赋予一个有着某种意义的数值，这个数值就是该结点的权值。

在二叉树中，从根结点到某个后辈结点之间的路径长度与该结点的权的乘积称为该结点的带权路径长度。如图 6.31 所示二叉树结点 D 的权值是 40，C 的权值是 30，F 的权值是 15。结点 D 的带权路径长度是 80，结点 F 的带权路径长度是 30，结点 I 的带权路径长度是 15。

3. 二叉树的带权路径长度

二叉树的带权路径长度：设二叉树具有 n 个带权值的叶子结点，那么从根结点到各个叶子结点的路径长度与相应结点权值的乘积之和叫作二叉树的带权路径长度，记为

$$WPL = \sum_{i=1}^{n} W_i \times L_i$$

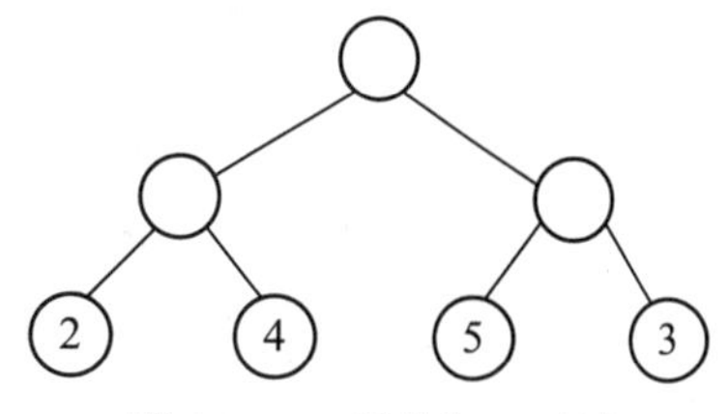

图 6.32　一棵带权二叉树

其中 W_i 为第 i 个叶子结点的权值，L_i 为第 i 个叶子结点的路径长度。如图 6.32 所示的二叉树，它的带权路径长度值为

$$WPL = 2 \times 2 + 4 \times 2 + 5 \times 2 + 3 \times 2 = 28$$

若给定一组具有确定权值的叶子结点，可以构造出不同的带权二叉树。例如，给出 4

个叶子结点，设其权值分别为 1、3、5、7，我们可以构造出形状不同的多个二叉树。这些形状不同的二叉树的带权路径长度将各不相同。图 6.33 所示为 5 棵不同形状的二叉树。这 5 棵树的带权路径长度分别为

(a) $WPL = 1 \times 2 + 3 \times 2 + 5 \times 2 + 7 \times 2 = 32$

(b) $WPL = 1 \times 3 + 3 \times 3 + 5 \times 2 + 7 \times 1 = 29$

(c) $WPL = 1 \times 2 + 3 \times 3 + 5 \times 3 + 7 \times 1 = 33$

(d) $WPL = 7 \times 3 + 5 \times 3 + 3 \times 2 + 1 \times 1 = 43$

(e) $WPL = 7 \times 1 + 5 \times 2 + 3 \times 3 + 1 \times 3 = 29$

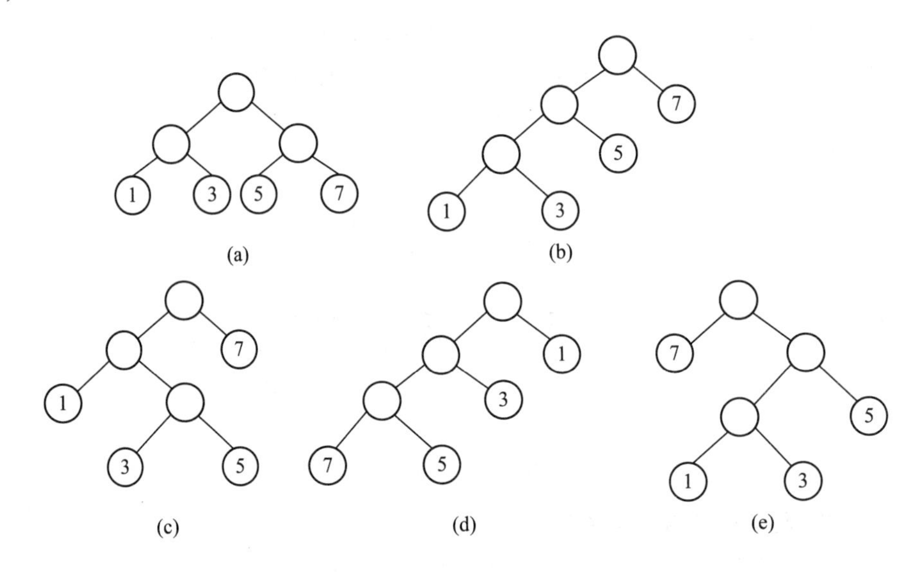

图 6.33　具有不同叶子结点和不同带权路径长度的二叉树

由此可见，由相同权值的一组叶子结点所构成的二叉树有不同的形态和不同的带权路径长度。

4. 哈夫曼树

哈夫曼树也称最优二叉树，是指对于一组带有确定权值的叶子结点，构造的具有最小带权路径长度的二叉树。

根据哈夫曼树的定义，一棵二叉树要使其 WPL 值最小，必须使权值越大的叶子结点越靠近根结点。哈夫曼依据这一特点提出了一种方法，这种方法的基本思想是：

(1) 由给定的 n 个权值$\{W_1, W_2, \cdots, W_n\}$构造 n 棵只有一个叶子结点的二叉树，从而得到一棵二叉树的集合 $F = \{T_1, T_2, \cdots, T_n\}$。

(2) 在 F 中选取根结点的权值最小和次小的两棵二叉树作为左、右子树构造一棵新的二叉树，这棵新的二叉树根结点的权值为其左、右子树根结点权值之和。

(3) 在集合 F 中删除作为左、右子树的两棵二叉树，并将新构造的二叉树加入集合 F 中。

(4) 重复(2)、(3)两步，当 F 中只剩下一棵二叉树时，这棵二叉树便是所要构造的哈夫曼树。

图 6.34 给出了前面提到的叶子结点权值集合为 W={1，3，5，7}的哈夫曼树的构造过

程，可以计算出其带权路径长度为 29。由此可见，对于同一组给定叶子结点所构造的哈夫曼树，树的形状可能不同，但带权路径长度值是相同的，一定是最小的。

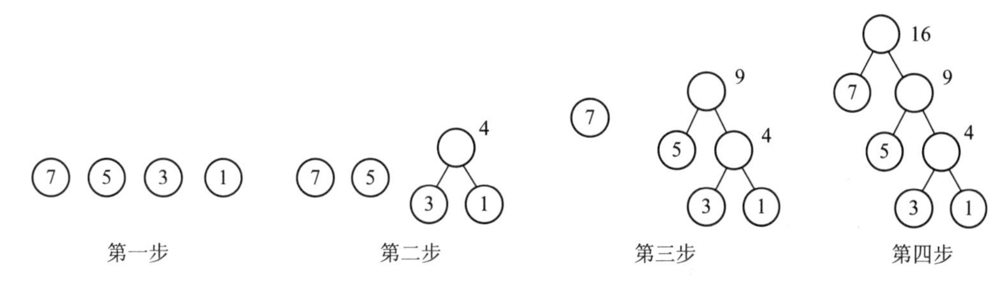

图 6.34　哈夫曼树的构造过程

总结：

(1) 给定 n 个权值，需经过 n-1 次合并最终能得到一棵哈夫曼树。

(2) 经过 n-1 次合并得到 n-1 个新结点，这 n-1 个新结点都是具有两个孩子结点的分支结点。也就是说哈夫曼树中没有度为 1 的结点。

(3) 给定 n 个权值，构造的哈夫曼树共有 2n-1 个结点。这一点读者可以自行证明。

6.8.2　哈夫曼树的构造算法

在构造哈夫曼树时，可以设置一个结构数组 HuffNode 保存哈夫曼树中各结点的信息。根据二叉树的性质可知，具有 n 个叶子结点的哈夫曼树共有 2n-1 个结点，所以数组 HuffNode 的大小设置为 2n-1，数组元素的结构形式如下：

weight	lchild	rchild	parent

其中，weight 域保存结点的权值，lchild 和 rchild 域分别保存该结点的左、右孩子结点在数组 HuffNode 中的序号，从而建立起结点之间的关系。判定一个结点是否已加入构造的哈夫曼树中，可通过 parent 域的值来确定。初始时 parent 的值为-1，当结点加入到树中时，该结点 parent 的值为其双亲结点在数组 HuffNode 中的序号，就不会是-1 了。

构造哈夫曼树时，首先将由 n 个字符形成的 n 个叶子结点存放到数组 HuffNode 的前 n 个分量中，然后根据前面介绍的哈夫曼方法的基本思想，不断将两棵小子树合并为一棵较大的子树，每次构成的新子树的根结点顺序放到 HuffNode 数组中的后面 n-1 个分量中。

哈夫曼树的构造算法如下：

```
#define MAXVALUE 10000             /*定义最大权值*/
#define MAXLEAF 30                 /*定义哈夫曼树中叶子结点个数*/
#define MAXNODE   MAXLEAF*2-1
typedef struct {
    int weight;                    /*结点的权值*/
    int parent;                    /*结点的双亲结点*/
    int lchild;                    /*结点的左孩子结点*/
    int rchild;                    /*结点的右孩子结点*/
```

```
    }HNodeType;
1   void  HaffmanTree(HNodeType HuffNode[ ])   /*哈夫曼树的构造算法*/
2   {
3     int i, j, m1, m2, n;
4     scanf("%d", &n);                    /*输入叶子结点个数*/
5     for(i=0; i<2*n-1; i++)              /*数组 HuffNode[ ]初始化*/
6     {  HuffNode[i].weight=0;
7        HuffNode[i].parent=-1;
8        HuffNode[i].lchild=-1;
9        HuffNode[i].rchild=-1;
10    }
11    for(i=0; i<n; i++)
12      scanf("%d", &HuffNode[i].weight);          /*输入 n 个叶子结点的权值*/
13    for(i=0; i<n-1; i++)                         /*构造哈夫曼树*/
14    {
15       select(n+i-1, &m1, &m2, HuffNode);        /*找出的两棵权值最小的子树 m1,m2*/
             /*将找出的两棵子树合并为一棵子树*/
16       HuffNode[m1].parent=n+i;
17       HuffNode[m2].parent=n+i;
18       HuffNode[n+i].weight= HuffNode[m1].weight+HuffNode[m2].weight;
19       HuffNode[n+i].lchild=m1;   HuffNode[n+i].rchild=m2;
20     }
21  }
```

语句 15：select(n+i-1, &m1, &m2, HuffNode)函数是在前 n+i-1 个结点中选择两个其双亲域为-1 且权值最小的结点，其序号分别为 m1、m2。

6.8.3 哈夫曼编码

哈夫曼研究这种最优二叉树的目的是为了解决当年远距离通信(主要是电报)中数据传输的最优化问题。

在数据通信中，经常需要将传输的文字转换成由二进制字符 0、1 组成的二进制串，我们称之为编码。在传输文字时，我们总是希望传输时间尽可能短，这就要求编码尽可能短。

例如：有一段长度为 12 的文字“BADCBBFEEFGH”通过网络传输，这段文字用到 8 个字母：ABCDEFGH。可以用三位二进制数据表示各个字母的编码，如表 6.1 所示。

表 6.1 字母的编码

A	B	C	D	E	F	G	H
000	001	010	011	100	101	110	111

这段“BADCBBFEEFGH”文字传输的编码是长度为 36 的一串二进制编码：

001 000 011 010 001 001 101 100 100 101 110 111

对方接收之后可以按照三位一分来译码。这种方式编码方便，解码容易。

但是如果文章较长，则二进制串也是相当长的。事实上，英文、中文或其他语言中，字母或者汉字的出现频率是不一样的，比如英文中“a e i o u”，中文的“的、了、有、在”出现频率极高。

假设这 8 个字母出现的频率为

A：5，B：29，C：7，D：8，E：14，F：23，G：3，H：11

如果在编码时考虑字符出现的频率，对出现频率高的字符采用尽可能短的编码，出现频率低的字符采用稍长的编码，构造一种不等长编码，则电文的代码就可能更短。比如设置编码如表 6.2 所示。

表 6.2　一种不等长编码

A	B	C	D	E	F	G	H
000	0	01	10	00	1	110	11

这段“BADCBBFEEFGH”文字传输的编码是长度为 21 的一串二进制编码：

0 000 10 01 0 0 1 00 00 1 110 11

这段编码比较短，但是解码比较麻烦。A 的编码是 000，B 的编码是 0，B 的编码是 A 的编码的前缀，我们解码时，编码的前五位 00001 是译成 BBBBF 还是 AC？这样的编码不能保证译码的唯一性，我们称之为具有二义性的译码。

所以在建立不等长编码时，必须使任何一个字符的编码都不是另一个字符编码的前缀，这样才能保证译码的唯一性。

哈夫曼树可用于构造使电文的编码总长最短的编码方案，且不会产生二义性问题。具体做法如下：

设需要编码的字符集合为$\{d_1, d_2, \cdots, d_n\}$，它们在电文中出现的次数或频率集合为$\{w_1, w_2, \cdots, w_n\}$，以 d_1，d_2，…，d_n 作为叶子结点，w_1，w_2，…，w_n 作为它们的权值，构造一棵哈夫曼树，规定哈夫曼树中的左分支代表 0，右分支代表 1，则从根结点到每个叶子结点所经过的路径分支组成的 0 和 1 的序列便为该结点对应字符的编码，称为哈夫曼编码。

在哈夫曼编码树中，树的带权路径长度的含义是各个字符的码长与其出现次数的乘积之和，也就是电文的代码总长，所以采用哈夫曼树构造的编码是一种能使电文代码总长最短的不等长编码。

采用哈夫曼树进行编码，不会产生上述二义性问题。因为，在哈夫曼树中，每个字符结点都是叶子结点，它们不可能在根结点到其他字符结点的路径上，所以一个字符的哈夫曼编码不可能是另一个字符的哈夫曼编码的前缀，从而保证了译码的非二义性。

实现哈夫曼编码的算法可分为两个部分：

(1) 构造哈夫曼树；

(2) 在哈夫曼树上求叶子结点的编码。

关于哈夫曼树的构造，在 6.8.2 节中已介绍。

求哈夫曼编码，实质上就是在已构造的哈夫曼树中，从叶子结点开始，沿结点的双亲链域回退到根结点，每回退一步，就走过了哈夫曼树的一个分支，从而得到一位哈夫曼码值，由于一个字符的哈夫曼编码是从根结点到相应叶子结点所经过的路径上各分支所组成的 0、1 序列，因此先得到的分支代码为所求编码的低位码，后得到的分支代码为所求编码的高位码。我们可以设置一结构数组 HuffCode 用来存放各字符的哈夫曼编码信息，数组元素的结构如下：

bit	start

其中，分量 bit 为一维数组，用来保存字符的哈夫曼编码，start 表示该编码在数组 bit 中的开始位置。所以，对于第 i 个字符，它的哈夫曼编码存放在 HuffCode[i].bit 中的从 HuffCode[i].start 到 n 的分量上。

哈夫曼编码算法如下：

```
        #define MAXBIT 10                        /*定义哈夫曼编码的最大长度*/
        typedef struct
        {  int bit[MAXBIT];
           int start;
        } HCodeType;
1       void HaffmanCode( )                      /*生成哈夫曼编码*/
2       {  HNodeType HuffNode[MAXNODE];
3          HCodeType HuffCode[MAXLEAF], cd;
4          int i,  j,  c,  p;
5          HuffmanTree(HuffNode);                /*建立哈夫曼树*/
6          for(i=0; i<n; i++)                    /*求 n 个叶子结点的哈夫曼编码*/
7          {  cd.start=n-1;
8             c=i;
9             p=HuffNode[c].parent;
10            while(p!=-1)                       /*由叶子结点向上直到树根*/
11            {
12               if(HuffNode[p].lchild==c)
13                  cd.bit[cd.start]=0;
14               else
15                  cd.bit[cd.start]=1;
16               cd.start--;
17               c=p;
18               p=HuffNode[c].parent;
19            }
20            for(j=cd.start+1; j<n; j++) /*保存求出的每个叶子结点的哈夫曼编码和编码的起始位*/
21                HuffCode[i].bit[j]=cd.bit[j];
22            HuffCode[i].start=cd.start;
23         }
```

```
24        for(i=0; i<n; i++)                    /*输出每个叶子结点的哈夫曼编码*/
25        {    for(j=HuffCode[i].start+1; j<n; j++)
26                  printf("%ld", HuffCode[i].bit[j]);
27             printf("\n");
28        }
29    }
```

前面提到的 A、B、C、D、E、F、G、H 这 8 个字母出现的频率为

A：5，B：29，C：7，D：8，E：14，F：23，G：3，H：11

按照 6.8.2 节中构造哈夫曼树的算法来构造哈夫曼树如图 6.35 所示，哈夫曼树的存储结构如图 6.36 所示。

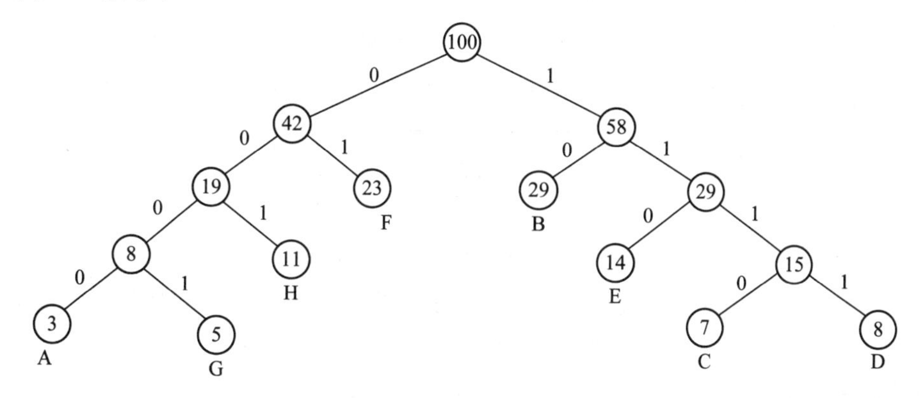

图 6.35　哈夫曼树

(a) 哈夫曼树初态

	weight	parent	lchild	rchild
0	5	−1	−1	−1
1	29	−1	−1	−1
2	7	−1	−1	−1
3	8	−1	−1	−1
4	14	−1	−1	−1
5	23	−1	−1	−1
6	3	−1	−1	−1
7	11	−1	−1	−1
8	0	−1	−1	−1
9	0	−1	−1	−1
10	0	−1	−1	−1
11	0	−1	−1	−1
12	0	−1	−1	−1
13	0	−1	−1	−1
14	0	−1	−1	−1

(b) 哈夫曼树的存储

	weight	parent	lchild	rchild
0	5	8	−1	−1
1	29	13	−1	−1
2	7	9	−1	−1
3	8	9	−1	−1
4	14	11	−1	−1
5	23	12	−1	−1
6	3	8	−1	−1
7	11	10	−1	−1
8	8	10	0	6
9	15	11	2	3
10	19	12	8	7
11	29	13	4	9
12	42	14	10	5
13	58	14	1	11
14	100	−1	12	13

图 6.36　哈夫曼树的存储结构

之后，左分支取 0，右分支取 1，可得到 8 个字符的编码：

A：0001，B：10，C：1110，D：1111，E：110，F：01，G：0001，H：001

其编码的存储结构如图 6.37 所示。

假设一段编码“01000011111110010100111011001000101”解码过程运用哈夫曼树进行。

		0	1	2	3	4	5	6	7	start
A	0					0	0	0	0	4
B	1							0	1	6
C	2					1	1	1	0	4
D	3					1	1	1	1	4
E	4						1	1	0	5
F	5							0	1	6
G	6					0	0	0	1	4
H	7						0	0	1	5

（表上方标注：bit）

图 6.37　哈夫曼编码的存储结构

解码时从哈夫曼树的根出发，设一个指针 P 指向根结点，读第一个编码，如读到的是 0，则走左分支，如果读到是 1，则走右分支。

这里读到的第一个字符是 1，走右分支，P 指针下移，继续读下一个字符 0，走左分支，P 指针下移，这时 P 指针指向叶子结点 B，可以解码第一个符号为 B。继续读，指针 P 回到根结点，再读下一个字符 0，走左分支，再读下一个字符 0，走左分支，继续读字符 0，走左分支，继续读字符 1，走右分支，这时到了叶子结点 A，得到解码 A，以此类推，可以进行无二义性的解码了，结果如下：

01	0000	1111	1110	01	01	001	110	110	01	0001	01
B	A	D	C	B	B	H	E	E	F	G	B

哈夫曼运用这么巧妙的方法对文本进行压缩，我们目前所用的压缩和解压缩技术大都是基于哈夫曼的研究之上发展而来。读者朋友们，我们现在学习的内容都是最基础的知识，只有打好基础，才可能有所创新，我们要向我们的前辈们学习，不懈努力、改革创新，思考计算机专业的新的方法和理论，助力科技强国，并注重新技术的应用转化，提高生产效率。

本章知识点总结

树是一种非线性结构，直观来看，树是以分支关系定义的层次结构。它不仅在现实生活中广泛存在，如社会组织机构，而且在计算机领域也得到了广泛的应用，如 Windows 操作系统中的文件管理、数据库系统中的树形结构等。本章核心知识点总结如图 6.38 所示。

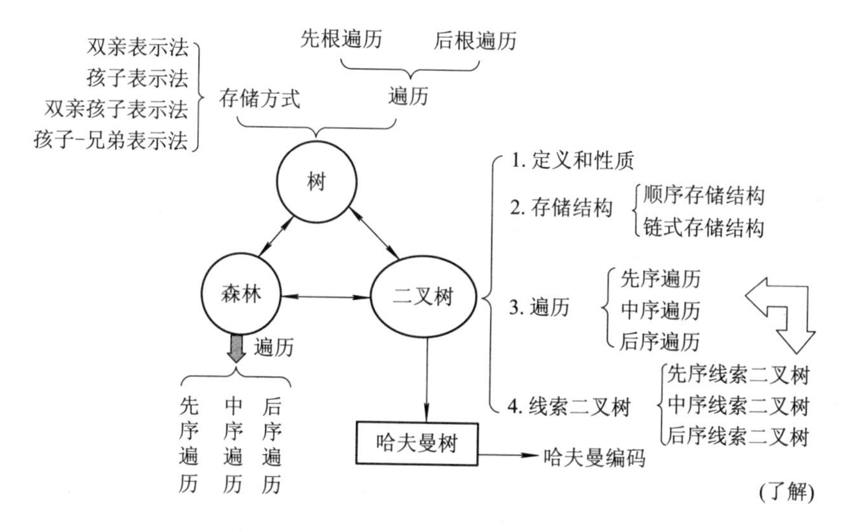

图 6.38　本章核心知识点总结

(1) 相关术语：根结点、双亲结点、孩子结点、结点的度、叶子结点(也称为终端结点)、分支结点(也称为非终端结点)、兄弟结点、祖先结点、子孙结点、二叉树的度、结点的层数、二叉树的高度(深度)、完全二叉树、满二叉树、路径和路径长度、结点的权和带权路径长度、二叉树的带权路径长度。

(2) 二叉树的五大性质：详见 6.2 节。

(3) 二叉树的存储结构：顺序存储结构、链式存储结构。必须掌握顺序存储结构和链式存储结构的优缺点及相互转换方法。

(4) 二叉树的遍历：按照一定规律对二叉树中的每个结点访问且仅访问一次。

(5) 二叉树遍历的递归算法：先、中、后序遍历算法。其划分的依据是视其每个算法中对根结点数据的访问顺序而定。

(6) 二叉树的确定：由二叉树的遍历的先序和中序序列或后序和中序序列可以唯一确定一棵二叉树，由先序和后序序列不能唯一确定一棵二叉树。

(7) 线索二叉树的特点：利用二叉链表中的空链域，将遍历过程中结点的前驱、后继信息保存下来。

(8) 二叉树线索化的实质：建立结点在相应序列(先、中或后序)中的前驱和后继之间的直接联系。

(9) 树的存储方式：双亲表示法、孩子表示法、双亲孩子表示法、孩子-兄弟表示法。

(10) 树的遍历：先根遍历、后根遍历。

(11) 森林的遍历：先序遍历、中序遍历、后序遍历 。

(12) 二叉树、树与森林的遍历算法的联系：二叉树、树与森林之间的关系是通过二叉链表建立起来的。二叉树使用二叉链表分别存放它的左右孩子结点；树利用二叉链表存储孩子及兄弟结点(称孩子-兄弟链表)；森林也是利用二叉链表来存储孩子及兄弟结点的。

(13) 哈夫曼树(也称最优二叉树)的定义：对于一组带有确定权值的叶子结点，构造的具有最小带权路径长度的二叉树。

(14) 哈夫曼树的应用：设计哈夫曼编码。

习　　题

1. 一棵度为 2 的有序树与一棵二叉树有何区别？树与二叉树之间有何区别？

2. 分别画出具有 3 个结点的树和 3 个结点的二叉树的所有不同形态。

3. 一棵有 n 个结点的完全二叉树，按层次从上到下、同一层从左到右的顺序存储在一维数组 A[1..n]中，则二叉树中第 i 个结点(i 从 1 开始用上述方法编号)的左孩子、右孩子、双亲结点在数组 A 中的位置是什么？

4. 引入二叉线索树的目的是什么？

5. 讨论树、森林和二叉树的关系的目的是什么？

6. 二叉树、树的存储结构各有哪几种？各自的特点是什么？

7. 已知一棵度为 m 的树中有 n_1 个度为 1 的结点，n_2 个度为 2 的结点……n_m 个度为 m 的结点，问：该树中有多少片叶子?

8. 试找出分别满足下面条件的所有二叉树：

(1) 先序序列和中序序列相同；

(2) 中序序列和后序序列相同；

(3) 先序序列和后序序列相同；

(4) 先序、中序、后序序列均相同。

9. 任意一棵有 n 个结点的二叉树，已知它有 m 个叶子结点，试证明非叶子结点有 m−1 个度为 2，其余度为 1。

10. 哈夫曼编码是一种重要的数据压缩算法，它可以将数据压缩到最小的空间，从而节省存储空间和传输带宽。假定用于通信的电文仅由 8 个字母{c_1, c_2, c_3, c_4, c_5, c_6, c_7, c_8}组成，各字母在电文中出现的频率分别为{5, 25, 3, 6, 10, 11, 36, 4}。

(1) 为这 8 个字母设计哈夫曼编码。

(2) 若用三位二进制数对这 8 个字母进行等长编码，则哈夫曼编码的平均码长是等长编码的百分之几? 它使电文总长平均压缩了多少?

11. 使用下述方法分别画出图 6.39 所示二叉树的存储结构。

(1) 顺序表示法；

(2) 二叉链表表示法。

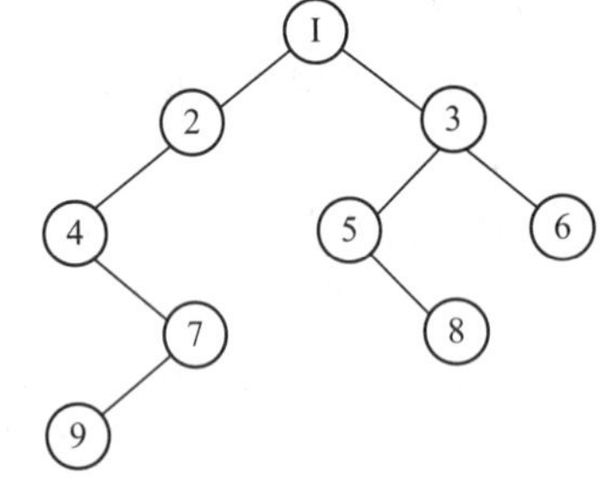

图 6.39　习题 11 图

12. 已知一棵树的先根遍历结果与其对应二叉树表示(第一个孩子-兄弟表示)的先序遍历结果相同，树的后根遍历结果与其对应二叉树表示的中序遍历结果相同。试问：利用树的先根遍历结果和后根遍历结果能否唯一确定一棵树? 举例说明。

13. 恢复二叉树时需要根据提供的遍历序列层层递归、不断追踪，这就需要我们具备不断探寻、坚持不懈的精神。已知一棵非空二叉树，其按中根和后根遍历的结果分别为 CGBAHEDJFI 和 GBCHEJIFDA，试将这样的二叉树构造出来。若已知先根和后根的遍历结果，能否构造出这个二叉树？

14. 二叉树的顺序存储代表其物理结构(表面现象)，根据顺序存储的性质，可以推断出各结点之间的逻辑结构(关系的实质)。工作学习中我们应该学会透过现象看本质，不要被事物的表面现象所迷惑。

设二叉树的顺序存储结构如下：

1	2	3	4	5	6	7	8	9	10	11	12	13	14	15	16	17	18	19	20
E	A	F	∧	D	∧	H	∧	∧	C	∧	∧	∧	G	I	∧	∧	∧	∧	B

(1) 根据其存储结构画出该二叉树。

(2) 写出按先序、中序、后序遍历该二叉树所得的结点序列。

15. 写出图 6.40 所示二叉树的先序、中序、后序遍历结果，并画出和此二叉树相应的森林。

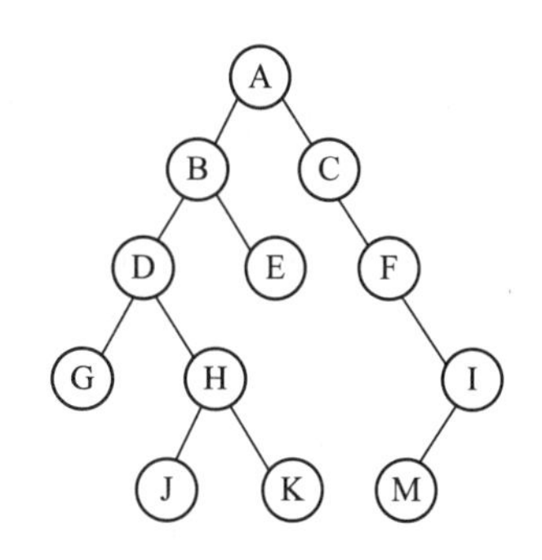

图 6.40　习题 15 图

16. 用树的二叉结构可以表示个人发展与国家利益之间的辩证统一关系；只有个人发展和国家利益相结合，才能承担起相应的社会责任。若用二叉树的左子树表示个人发展，右子树表示国家利益，试设计一算法求二叉树中度为 1 的结点个数，以便个人进行改进，成为“全面发展的又红又专的社会主义建设者和接班人”。

17. 二叉树的反转是二叉树的一个镜像，就像一个事物的正反两面。生活中我们应该学会从一个事物的正反两个方面看待问题，或者从对方的角度看待问题，设身处地地为他人想一想，拒绝偏执、自私，这样更容易解决面临的问题。设计递归算法，将二叉树中所有结点的左、右子树相互交换(二叉树反转算法)。

18. 用多重链表存储树，编写按层次顺序(同一层自左至右)遍历树的算法。

第七章 图

图是一种比树更复杂的数据结构。图中每个数据元素都可以和图中其他任意数据元素相关。树可以看作图的一种特例。图的应用非常广泛，在计算机领域，如逻辑设计、人工智能、形式语言、操作系统、编译原理以及信息检索等，图都起着重要的作用。

教学目标：

使学生掌握图的概念；熟练掌握图的邻接矩阵和邻接表这两种存储结构的特点及适用范围。熟练掌握图的两种搜索路径(深度优先和广度优先)的遍历算法；掌握求最小生成树的 Prim 算法和 Kruskal 算法；掌握求最短路径的 Dijkstra 算法，了解求任意两点之间的最短路径的 Floyd 算法；了解求拓扑排序的算法及其应用，了解求关键路径的方法及其应用。

思政目标：

(1) 引导学生“记得来时路，继续向远方，不忘初心，砥砺前行”。

(2) 引导学生学习前辈们锲而不舍的探究精神，培养创新意识，树立科技强国的坚定信念。

7.1 图的来历

在波罗的海东岸，立陶宛与波兰之间有一座古老的城市——哥尼斯堡，普莱格尔河蜿蜒其间，把整座小镇分成了 A、B、C、D 四部分，横跨河上的七座桥又把它们连成一体，让全镇四通八达。城中的居民尤其是大学生们经常沿河过桥散步。渐渐地，爱动脑筋的人们提出了一个问题：一个散步者能否一次走遍 7 座桥，而且每座桥只许通过一次，最后仍回到起始地点？这就是著名的七桥问题，如图 7.1(a)所示。

这个问题引起人们极大的兴趣，大家满怀热情争相试验。然而看似简单的问题，却让人一筹莫展。根据记载，一个大学生在 1735 年写信给当时在数学上已颇有名气的欧拉，请他帮忙解决这个难题。欧拉来到哥尼斯堡，观察了七桥后，经过一年的研究，29 岁的欧拉提交了《哥尼斯堡七桥》的论文，阐述了他的解题方法，证明了这种走法是不可能的，同时开创了数学史上一个新的分支——图论。

欧拉把每一块陆地看成一个点，连接两块陆地的桥用连线表示。把它转化成一个几何问题，如图 7.1(b)所示。七桥问题就转化成了是否能用一笔不重复地画出过此七条线的图形问题。

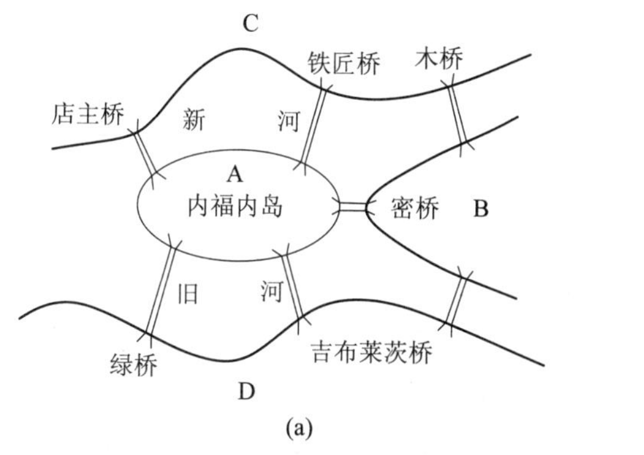

(a)

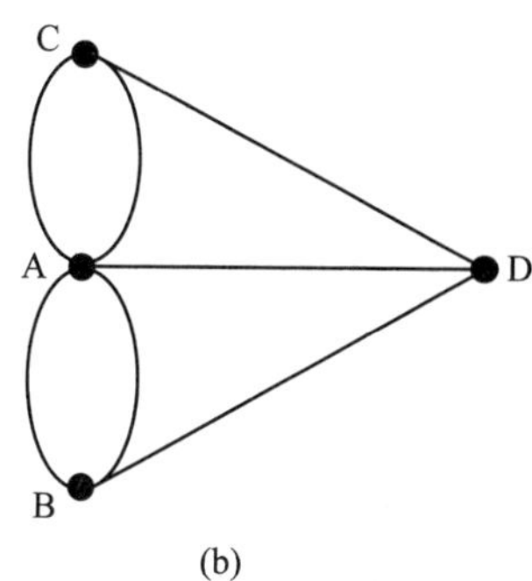

(b)

图 7.1 七桥问题

欧拉的解决方法非常重要，也非常巧妙，把一个实际问题抽象成合适的数学模型，把陆地的具体属性舍去，仅留下与问题有关的信息，就是四个几何上的“点”。再把桥的具体属性排除，仅留下一条几何上的“线”，然后，把“点”与“线”结合起来，这样就实现了从客观事物到图形的转变。这并不需要运用多么深奥的理论，但想到这一点，却是解决难题的关键。

同学们，遇到问题时，要善于观察、思考、分析，培养自己透过现象看本质的能力，进而运用科学的思维方法去解决问题。

本章将要介绍的图形结构，就是欧拉所提出来的数学模型。在这一部分我们重点介绍图在计算机中如何存储、图的基本操作实现的技巧和方法，还有图的一些经典的算法。

7.2 图的基本概念

7.2.1 图的定义和种类

1. 图的定义

图(graph)是一种网状数据结构，由一个顶点(vertex)的有穷非空集 V(G)和一个弧(arc)的集合 E(G)组成，通常记作 G = (V，E)，其中 G 表示一个图，V 是图 G 中顶点的集合，E 是图 G 中弧的集合。

注意：线性表可以没有元素，称之为空表；树可以没有结点，称之为空树；图不能没有顶点。在图的定义中强调了顶点集是有穷非空集。

2. 图的种类

1) 无向图和有向图

若图中所有边都是不带方向的，则称该图是无向图；若图中的顶点之间的连线是带方向的，则称该图是有向图。如图 7.2(a)为无向图，图 7.2(b)是有向图。

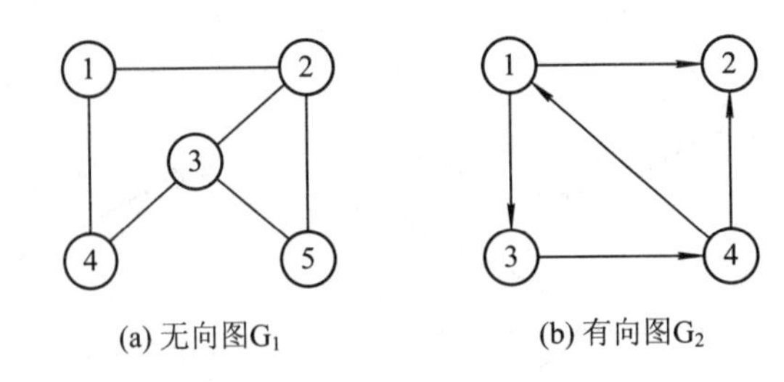

(a) 无向图G_1　　(b) 有向图G_2

图 7.2　无向图 G_1 和有向图 G_2

对于无向图 G = (V，E)，图中的顶点 v_i、v_j 之间有一条不带方向的边，记作(v_i，v_j)，称顶点 v_i、v_j 互为邻接点，边(v_i，v_j)依附于顶点 v_i 和 v_j。

注意：(v_i，v_j)和(v_j，v_i)是一条边。无向边用于表示"对称关系"，如城市中的双行道可以用无向边表示。

如图 7.2(a)所示是一个无向图 G_1：

$$G_1 = (V_1, E)$$

其中，V_1 = {1，2，3，4，5}，E = {(1，2)，(1，4)，(2，3)，(2，5)，(3，4)，(3，5)}。

对于有向图 G = (V，E)，图中的顶点 v_i、v_j 之间有一条带方向的弧，记作$<v_i, v_j>$，v_i 称为弧尾(tail)或起始点，v_j 称为弧头(head)或终端点。顶点 v_i 邻接到 v_j 或顶点 v_j 邻接自 v_i；弧$<v_i, v_j>$和顶点 v_i、v_j 相关联。

注意：$<v_1, v_2>$和$<v_2, v_1>$是两条不同的弧。

如图 7.2(b)所示是一个有向图 G_2：

$$G_2 = (V_2, A)$$

其中，V_2 = {1，2，3，4}，A = {<1，2>，<1，3>，<3，4>，<4，1>，<4，2>}。

注意：表示边的序偶用圆括号，表示弧的序偶用尖括号。

2) 完全图

在一个无向图中，如果任意两个顶点都有一条直接边相邻接，则称该图为无向完全图，如图 7.3(a)所示。可以证明，在一个含有 n 个顶点的无向完全图中，有 n(n − 1)/2 条边。

在一个有向图中，如果任意两个顶点之间都有方向互为相反的两条弧相邻接，则称该图为有向完全图，如图 7.3(b)所示。在一个含有 n 个顶点的有向完全图中，有 n(n − 1)条边。

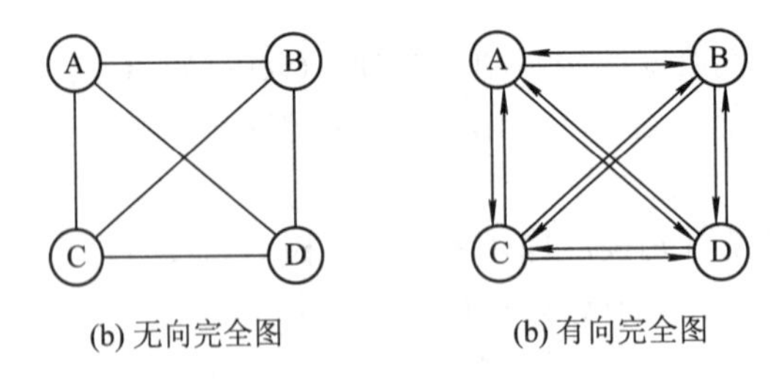

(b) 无向完全图　　(b) 有向完全图

图 7.3　完全图

若一个图接近完全图，则称之为稠密图；反之称为稀疏图。

3) 权、网或网络

如图 7.4 所示，图 7.4(a)的边与图 7.4(b)的弧上均有数字，这样的边或弧称为加权边或加权弧，数字通常称为权值。

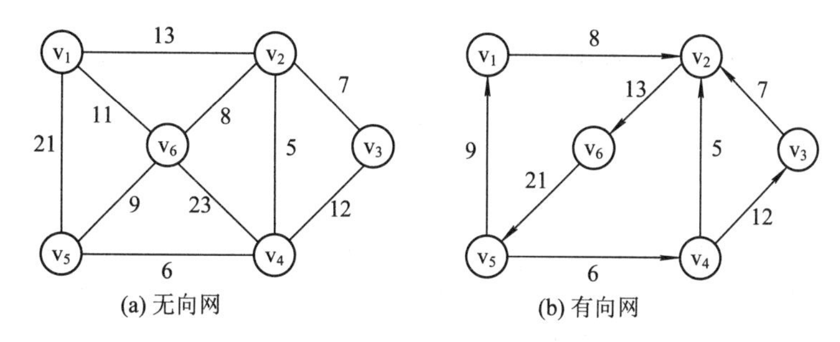

图 7.4 无向网和有向网示例

在实际应用中，权值可以有某种含义。比如，在一个反映城市交通线路的图中，边或弧上的权值可以表示该条线路的长度或者等级；对于一个电子线路图，边或弧上的权值可以表示两个端点之间的电阻、电流或电压值；对于反映工程进度的图，边或弧上的权值可以表示从前一个工程到后一个工程所需要的时间等。

若无向图(或有向图)的每条边(或弧)都带权值，这样的图称为无向网(或有向网)。如图7.4(a)所示就是一个无向网，图 7.4(b)所示是一个有向网。

7.2.2 相关术语

1. 顶点的度

顶点的度(degree)是指依附于某顶点 v 的边数，通常记为 TD(v)。在有向图中，要区别顶点的入度与出度的概念。顶点 v 的入度是指以顶点 v 为终点的弧的数目，记为 ID(v)；顶点 v 的出度是指以顶点 v 为始点的弧的数目，记为 OD(v)。TD(v)=ID(v)+OD(v)。

例如，在图 7.2(b)所示的有向图中有：

ID(1) = 1，OD(1) = 2，TD(1) = 3

ID(2) = 2，OD(2) = 0，TD(2) = 2

ID(3) = 1，OD(3) = 1，TD(3) = 2

ID(4) = 1，OD(4) = 2，TD(4) = 3

在图 7.2(a)所示的无向图中有：

TD(1) = 2，TD(2) = 3，TD(3) = 3，TD(4) = 2，TD(5) = 2

可以证明，对于具有 n 个顶点、e 条边的无向图，顶点 v_i 的度 TD(v_i)与顶点的个数以及边的数目满足关系：

$$e = \frac{1}{2}\sum_{i=1}^{n} TD(v_i)$$

在有向图中，所有顶点的入度之和与出度之和相等，就是弧的条数。

2. 路径和回路

无向图 G = (V, E)中从顶点 v 到顶点 v'之间的路径(path)是一个顶点序列($v = v_{i1}, v_{i2}, \cdots, v_{im} = v'$)，其中，($v_{ij}$，$v_{ij+1}$)∈E，1≤j<m。路径上边或弧的数目称为路径长度。序列中顶点

不重复出现的路径称为简单路径。

图 7.2(a)所示的无向图中，$v_1 \to v_2 \to v_3 \to v_4$ 与 $v_1 \to v_4$ 是从顶点 v_1 到顶点 v_4 的两条路径，路径长度分别为 3 和 1。这两条路径都是简单路径。

如果是有向网，则路径也是有向的，顶点序列应满足$<v_{ij}, v_{ij+1}> \in E$，$1 \leqslant j < m$。路径上边或弧的数目称为路径长度。

图 7.2(b)所示的有向图中，$v_1 \to v_3 \to v_4$ 是从顶点 v_1 到顶点 v_4 的一条路径，路径长度为 2。$v_4 \to v_1$ 是从顶点 v_4 到顶点 v_1 的一条路径，路径长度为 1。这两条路径都是简单路径。

路径中第一个顶点和最后一个顶点相同时，称该路径为回路或者环(cycle)。除第一个顶点与最后一个顶点之外，其他顶点不重复出现的回路称为简单回路或者简单环。

在图 7.2(a)中，$v_1 \to v_2 \to v_3 \to v_4 \to v_1$ 是一条简单回路。图 7.2(b)中的 $v_1 \to v_3 \to v_4 \to v_1$ 是一条简单回路。如图 7.2(a)中的 $v_1 \to v_2 \to v_3 \to v_5 \to v_2 \to v_1$ 路径中 v_2 是重复的，就不是简单环了。

3. 子图

对于图 G = (V，E)，G' = (V'，E')，若存在 V'是 V 的子集，E'是 E 的子集，则称图 G'是 G 的一个子图。图 7.5 给出了 G_1 和 G_2 的子图示例。

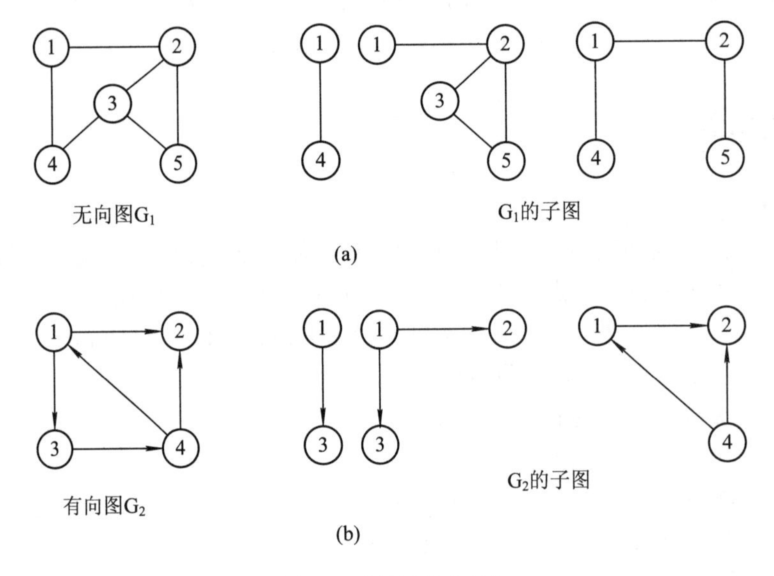

图 7.5 图的子图示例

4. 无向图的连通性

在无向图中，如果从一个顶点 v_i 到另一个顶点 $v_j(i \neq j)$有路径，则称顶点 v_i 和 v_j 是连通的。如果图中任意两顶点都是连通的，则称该图是连通图。

无向图的极大连通子图称为连通分量。连通分量的概念包括：

(1) 是子图；

(2) 子图要连通；

(3) 含有极大顶点数及依附于这些顶点的所有的边。

如图 7.6(b)所示的三个子图就是图 7.6(a)所示图的连通分量。

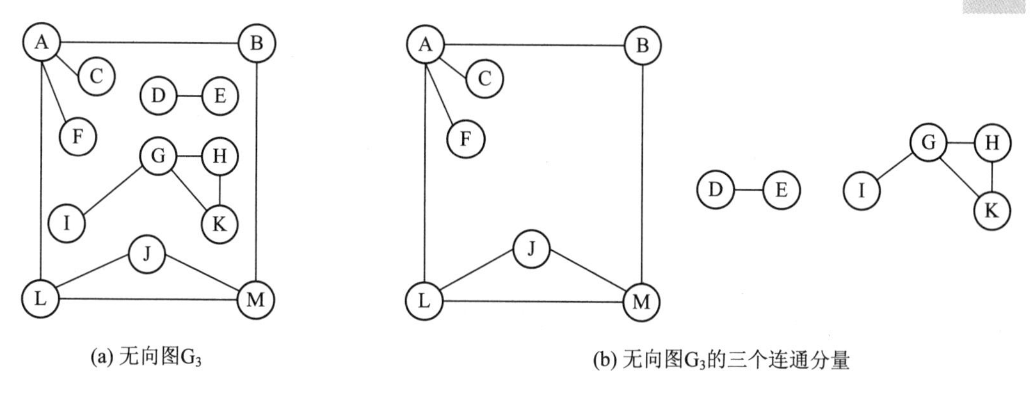

(a) 无向图G_3 (b) 无向图G_3的三个连通分量

图 7.6 无向图 G_3 及其连通分量

5. 有向图的连通性

对于有向图来说，若图中任意一对顶点 v_i 和 $v_j(i \neq j)$均有从一个顶点 v_i 到另一个顶点 v_j 的路径，也有从 v_j 到 v_i 的路径，则称该有向图是强连通图。有向图的极大强连通子图称为强连通分量。图 7.7(a)所示的有向图有两个强连通分量，分别是$\{v_1, v_3, v_4\}$和$\{v_2\}$，如图 7.7(b)所示。

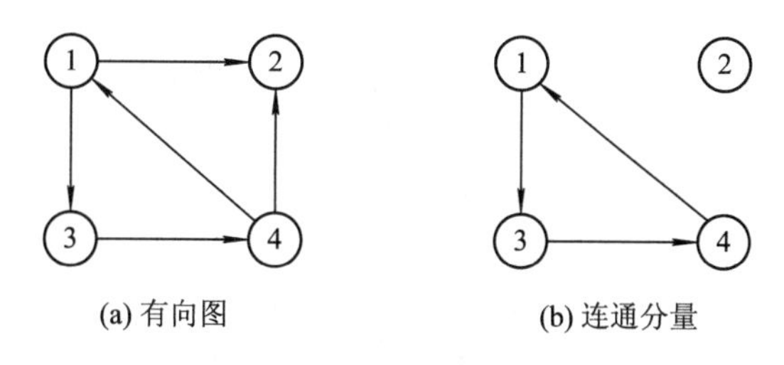

(a) 有向图 (b) 连通分量

图 7.7 有向图及其连通分量

6. 生成树和生成森林

一个连通图的生成树是一个极小的连通子图，它包含图中全部的顶点 n，但只有足以构成一棵树的 n-1 条边。任一无向连通图最少存在一棵生成树。如图 7.8(b)所示是图 7.8(a)所示连通图的一棵生成树。可以看出一个连通图的生成树不止一棵。

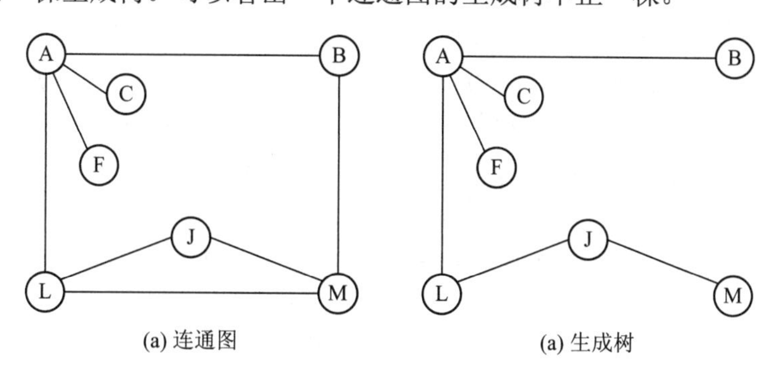

(a) 连通图 (a) 生成树

图 7.8 生成树示例

可以证明，若连通图含有 n 个顶点，则它的任一生成树有 n – 1 条边。

如果在一棵生成树上添加一条边，则必定构成一个回路，这是因为这条边使得它依附的两个顶点之间有了第二条路径。因此，如果图中多于 n－1 条边，则一定有回路。但是，有 n－1 条边的图并不一定连通，不一定存在生成树。如果一个图具有 n 个顶点且边数小于 n－1 条，则该图一定是非连通图。一个连通图 G 的生成树也称为该图的极小连通子图。

在非连通图中，由每个连通分量都可得到一个极小连通子图，即一棵生成树。这些连通分量的生成树就组成了一个非连通图的生成森林。

如果一个有向图恰有一个顶点的入度为 0，其余顶点的入度均为 1，则它是一棵有向树。入度为 0 的顶点其实就相当于树的根结点，其余顶点入度为 1 就是说树的非根结点的双亲结点只有一个。一个有向图的生成森林由若干棵有向树组成，含有图中全部顶点，但只有足以构成若干棵互不相交的有向树的弧。

7.2.3 图的基本操作

从图的定义来看，我们无法将图中的顶点排列成一个唯一的线性序列。任何一个顶点都可被看成是第一个顶点，任意一个顶点的邻接点之间也不存在次序关系。我们要将这种无秩序状态转换为有序状态，就需要将图中顶点按某一种顺序排列起来(这个序列是人为规定的)。

在图中，需明确“顶点在图中位置”的概念。所谓顶点在图中位置，指的是该顶点在人为的随意排列中的位置(或序号)。同理，可对某个顶点的所有邻接点进行排序，在这个序列中，自然形成了第一个邻接点和第 k 个邻接点。若某个顶点的邻接点的个数大于 k，则称第 k+1 个邻接点是第 k 个邻接点的下一个邻接点，最后一个邻接点的下一个邻接点为“空”。

如图 7.2(a)中，假设顶点的序号就是存储位置，按照序号从小到大排列某个顶点的邻接点。这个序列是人为给出的，顶点 1 有两个邻接点，可以称 2 是 1 的第一个邻接点，4 是顶点 1 相对于 2 的下一个邻接点，顶点 1 相对于 4 的下一个邻接点为空。这些顺序都是人为加入的。

有了这个人为规定的序列，对于图的处理就方便多了，其操作也能更加清晰地表达出来。我们需要训练一种从无序到有序、从混乱到清晰的思维能力，帮助我们快速加工处理繁杂的信息，提炼要点，从而更加清晰地表达出操作方法与步骤。

图的运用很广泛，不同的应用中操作集合不同。图的几种基本操作如下：

(1) 顶点定位操作 LocateVex(G，v)：在图 G 中找到顶点 v，返回该顶点在图中的位置。

(2) 取顶点操作 GetVextex(G，v)：在图 G 中找到顶点 v，并返回顶点 v 的相关信息。

(3) 求第一个邻接点操作 FirstAdjVex(G，v)：在图 G 中，返回 v 的第一个邻接点。若顶点 v 在 G 中没有邻接顶点，则返回“空”。

(4) 求下一个邻接点操作 NextAdjVex(G，v，w)：在图 G 中，返回 v 的(相对于 w 的)下一个邻接顶点。若 w 是 v 的最后一个邻接点，则返回“空”。

(5) 插入顶点操作 InsertVex(G，v)：在图 G 中增添新顶点 v。

(6) 删除顶点操作 DeleteVex(G，v)：在图 G 中，删除顶点 v 以及所有和顶点 v 相关联的边或弧。

(7) 插入弧操作 InsertArc(G，v，w)：在图 G 中增添一条从顶点 v 到顶点 w 的边或弧。

(8) 删除弧操作 DeleteArc(G，v，w)：在图 G 中删除一条从顶点 v 到顶点 w 的边或弧。

(9) 深度优先遍历图 DFSTraverse(G，v)：在图 G 中，从顶点 v 出发按深度优先对图中每个顶点访问一遍且仅一遍。

(10) 广度优先遍历图 BFSTraverse(G，v)：在图 G 中，从顶点 v 出发按广度优先对图中每个顶点访问一遍且仅一遍。

7.3　图的存储结构

图是一种结构复杂的数据结构，表现在不仅各个顶点的度可以千差万别，而且顶点之间的逻辑关系也错综复杂。透过复杂的表象看本质，从图的定义可知，一个图的信息包括两部分，即图中顶点的信息以及描述顶点之间的关系——边或者弧的信息。因此无论采用什么方法建立图的存储结构，都要完整、准确地反映这两方面的信息，这样我们就能抽象出图的存储结构。下面介绍四种常用的图的存储结构：邻接矩阵、邻接表、十字链表和邻接多重表。

7.3.1　邻接矩阵

1. 存储结构描述

图的信息包括两部分：顶点的信息、顶点之间的关系(边或者弧的信息)。两者合在一起比较困难，可以分两部分来存储：用一维数组来存储顶点信息，用二维数组来存储边或者弧的信息。

图的邻接矩阵(adjacency matrix)存储结构，就是用一个一维数组 vertex[]存储图中顶点的信息，用矩阵 arcs[][]表示图中各顶点之间的邻接关系。

假设图 G=(V，E)有 n 个顶点，即 V={v_0，v_1，…，v_{n-1}}，则表示 G 中各顶点相邻关系的为一个 n × n 的矩阵，矩阵的元素为

$$\text{arcs[i][j]} = \begin{cases} 1 & (v_i, v_j)\text{或} < v_i, v_j > \text{是G的边或弧} \\ 0 & (v_i, v_j)\text{或} < v_i, v_j > \text{不是G的边或弧} \end{cases}$$

通常将矩阵 arcs 称为邻接矩阵。

我们来看一个实例，图 7.9(a)给出了无向图的邻接矩阵存储结构示例，图 7.9(b)给出了有向图的邻接矩阵存储结构示例。

无向图的邻接矩阵存储结构如图 7.9(a)所示，其中顶点数组为 vertex[5] = {v_0, v_1, v_2, v_3, v_4}，顶点存储于数组之后每个顶点的存储位置就确定了。边数组 arcs[5][5]用于存储顶点之间的关系。若 arcs[i][j] = 1，则说明顶点 v_i、v_j 之间有一条边；若 arcs[i][j] = 0，则说明顶点 v_i、v_j 之间没有边。

可以看出，无向图的邻接矩阵是对称的，即 arcs[i][j] = 0，必然 arcs[j][i] = 0。邻接矩阵的主对角线的值都为 0，说明顶点不存在自己到自己的边。

顶点 v_i 的度就是第 i 行的元素之和，比如，v_0 的度为 2。如果要找顶点 v_i 的所有邻接点，查找第 i 行值为 1 的矩阵元，其所在列的序号即为其邻接点的序号。

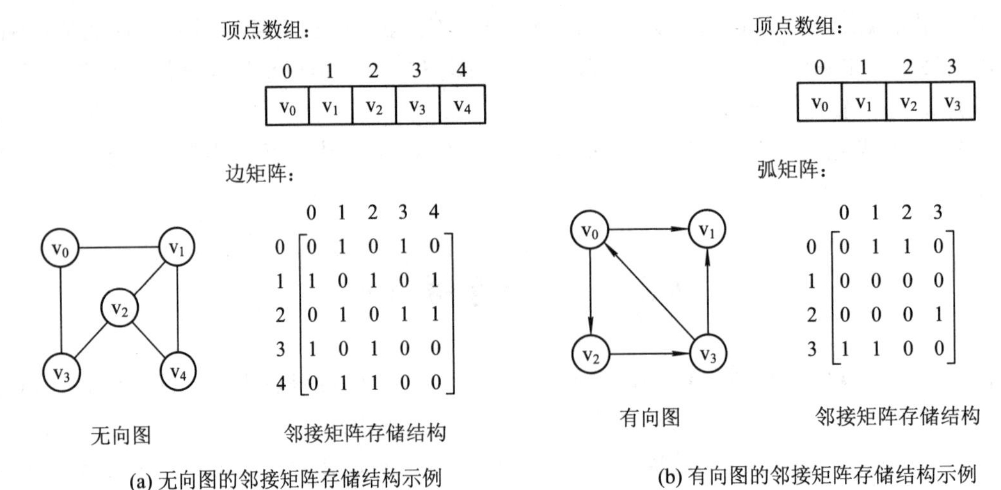

(a) 无向图的邻接矩阵存储结构示例　　(b) 有向图的邻接矩阵存储结构示例

图 7.9　图的邻接矩阵存储结构示例

有向图的邻接矩阵存储结构如图 7.9(b)所示，其中顶点数组为 vertex[4] = $\{v_0, v_1, v_2, v_3\}$，顶点存储于数组之后每个顶点的存储位置就确定了。弧数组 arcs[4][4]用于存储顶点之间的关系。若 arcs[i][j] = 1，则说明顶点 v_i、v_j 之间有一条弧；若 arcs[i][j]=0，则说明顶点 v_i、v_j 之间没有弧。有向图的邻接矩阵不一定是对称的。如图 7.9(b)中，v_0 到 v_2 有弧，arcs[v_0][v_2] = 1；v_2 到 v_0 没有弧，arcs[v_2][v_0] = 0。

有向图中的弧是有方向的，对于每个顶点的度，分出度和入度，图 7.9(b)中顶点 v_0 的出度为 2，即为第 0 行的元素之和；其入度为 1，即为第 1 列的元素之和。

在有向图中判断顶点 v_i 到 v_j 是否有弧，只要判断 arcs[i][j]是否等于 1 即可。如果要找顶点 v_i 的所有邻接点，查找第 i 行值为 1 的矩阵元，其所在列的序号即为其邻接点的序号。

若 G 是网，则邻接矩阵可定义为

$$\text{arcs[i][j]}\begin{cases} w_{ij} & (v_i,\ v_j)\text{或}<v_i,\ v_j>\text{是 G 的边或弧} \\ 0 & i = j \\ \infty & i \neq j \end{cases}$$

其中，w_{ij} 表示边(v_i，v_j)或弧<v_i，v_j>上的权值。

图 7.10 给出一个网的邻接矩阵示例。

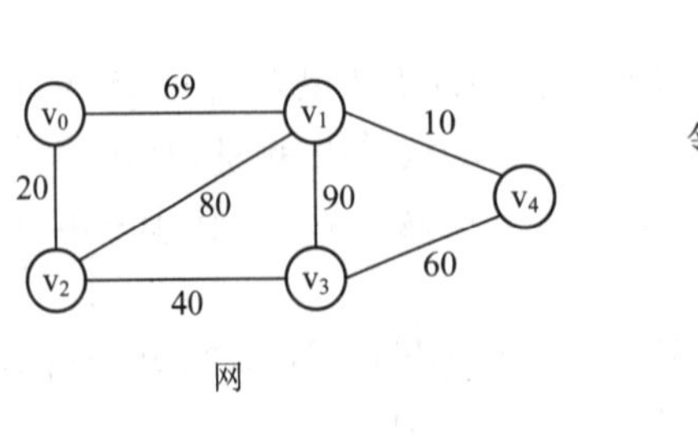

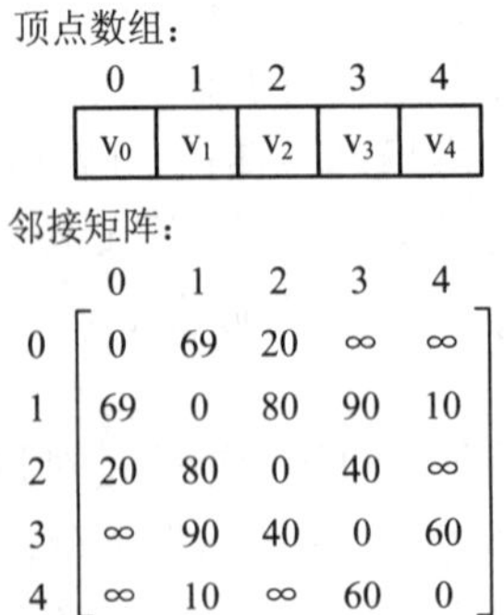

图 7.10　一个网的邻接矩阵示例

图或网的邻接矩阵存储结构的 C 语言代码如下：

```
#define INFINITY   <整数中允许的最大值>
#define MAXNODE   <图中顶点的最大个数>
typedef char VertexType;         /*假设顶点数据为字符型*/
typedef struct
{  int adj;              /*图：若两顶点相邻则 adj=1，否则 adj=0；*/
                         /*网：若两顶点相邻则 adj=wij，若 i=j 则 adj=0；否则 adj=∞  */
} ArcType;
typedef struct
{  VertexType   vertexs[MAXNODE];
   ArcType   arcs[MAXNODE][MAXNODE];   /*邻接矩阵*/
   int vexnum, arcnum;        /*图的顶点数和弧数*/
} GraphType;
```

其中，GraphType 为图的邻接矩阵存储结构，其中一维数组 vertexs 用来表示与顶点有关的信息，二维数组 arcs 用来表示图中顶点之间的关系。

在实际应用中，人们所关心的只是两顶点之间是否有边(或者弧)相连，而不考虑顶点本身的信息。在这种情况下，可以用 0 到 MAXNODE-1 作为图中各个顶点的编号。图或网的邻接矩阵存储结构可以简单地表示为

```
int adj[MAXNODE][MAXNODE]
```

2．图的邻接矩阵存储的特点

(1) 用邻接矩阵存储图简单明了，极易在图中查找、插入、删除一条边，但要占用 $O(n^2)$ 个存储空间(n 是顶点数)。对于稀疏图而言，不适合用邻接矩阵来存储，因为这样会造成存储空间的浪费。

(2) 无向图的邻接矩阵一定是一个对称矩阵。因此，在具体存放邻接矩阵时，只需存放上(或下)三角矩阵的元素即可。

(3) 对于无向图或网，邻接矩阵的第 i 行(或第 i 列)非零元素(或非∞元素)的个数正好是第 i 个顶点的度 $TD(v_i)$。

(4) 对于有向图或网，邻接矩阵的第 i 行(或第 i 列)非零元素(或非∞元素)的个数正好是第 i 个顶点的出度 $OD(v_i)$(或入度 $ID(v_i)$)。

3．图的一些基本操作的实现

以下算法假定图中顶点数目为 n，边数为 e。

(1) 顶点定位函数。算法描述如下：

```
1    int LocateVex(GraphType G, VertexType   v)      /*求顶点位置函数*/
2    {  int i=-1, k;
3       for(k=0; k<G.vexnum; k++)
4         if(G.vertexs[k]==v)
5         {  i=k;
6            break; }
```

```
7           return(i);
8     }
```

算法语句 3～6 的循环次数最多为 n 次，显然这个算法的时间复杂度为 O(n)。

(2) 求图 G 中 u 顶点的第一个邻接点操作：FirstAdjVex(G，u)。

实现访问图 G 中 u 顶点第一个邻接点的函数 FirstAdjVex(G，u)的步骤如下：

① 由 LocateVex(G，u)找到 u 在图中的位置，即 u 在一维数组 vertexs 中的序号 i。

② 二维数组 arcs 中第 i 行上第一个 adj 域非零的分量所在的列号 j 便是 u 的第一个邻接点在图 G 中的位置。

算法如下：

```
1    int FirstAdjVex(G, u)
2    {   int i, j;
3        i=LocateVex(G，u);
4        for(j=0; j<G.vexnum; j++)
5            if(G.arcs[i][j]!=0) break;
6        if(j==G.vexnum) return -1;    /* u 的第一个邻接点不存在*/
7        else return j;
8    }
```

语句 3 调用定位函数，语句 4、语句 5 在邻接矩阵的第 i 行中查找第一个非零元素，循环次数最多为 n，所以这个算法的时间复杂度为 O(n)。

(3) 创建有向网的算法如下：

```
1    int CreateDN(GraphType   *G)                            /*创建一个有向网*/
2    {
3        int i, j, k, weight;
4        VertexType v1, v2;
5        scanf("%d,%d", &G->vexnum, & G->arcnum);          /*输入图的顶点数和弧数*/
6        for(i=0; i<G->vexnum; i++)
7           for(j=0; j<G->vexnum; j++)
8              G->arcs[i][j].adj=INFINITY;                  /*初始化邻接矩阵*/
9        for(i=0; i<G->vexnum; i++)
10          scanf("%c", &G->vertexs[i]);                    /*输入图的顶点*/
11       for(k=0; k<G->arcnum; k++)
12       {
13          scanf("%c, %c, %d", &v1, &v2, &weight);         /*输入弧的两个顶点及权值*/
14          i=LocateVex(G, v1);
15          j=LocateVex(G, v2);
16          G->arcs[i][j].adj=weight;                       /*建立弧*/
17       }
18       return(OK);
19   }
```

算法分析如下：

语句 6～8 是对二维数组 arcs 的每个分量的 adj 域进行初始化赋值，时间复杂度为 $O(n^2)$。

语句 9～10 用来输入图中的顶点，时间复杂度为 O(n)。

语句 11～17 用来给有向网的边赋权值，循环次数为 e 次，其中包含的语句 14、语句 15 是顶点定位函数，时间复杂度为 O(n)，因此，语句 11～17 的时间复杂度为 $O(e\times n)$。所以，此算法的时间复杂度为 $O(n^2+e\times n)$。

7.3.2 邻接表

7.3.1 节介绍的邻接矩阵存储结构实际上是图的一种静态存储方法，建立这种存储结构时需要预先知道图中顶点的个数。如果要在解决问题的过程中动态地产生图结构，则每增加或删除一个顶点都需要改变邻接矩阵的大小，显然，这样做效率是很低的。除此之外。邻接矩阵是一个稀疏矩阵时，必然会造成存储空间的大量浪费。

图的邻接表存储结构是顺序存储结构和链式存储结构的完美结合。顺序存储结构和链式存储结构各有优缺点，在这里充分发挥了各自的优势。

顺序存储部分用来保存图中顶点的信息，链式存储部分用来保存图中边(或弧)的信息。该方法与树的孩子链表表示法类似。

(1) 图中的顶点用一个一维数组存储，每个数组元素包含两部分，一部分用于存储顶点信息，一部分用于存放与该顶点相邻接的所有顶点组成的单链表的头指针(即与顶点 v_i 邻接的第一个邻接点)。

(2) 图中的每个顶点 v_i 的所有邻接点构成一个线性表，由于邻接点的个数不定，所以用单链表存储。若是无向图，则该链表称为顶点 v_i 的边表；若是有向图，则该链表称为顶点 v_i 作为弧尾的出边表。

图 7.11 给出了无向图、有向图的邻接表存储结构示例。

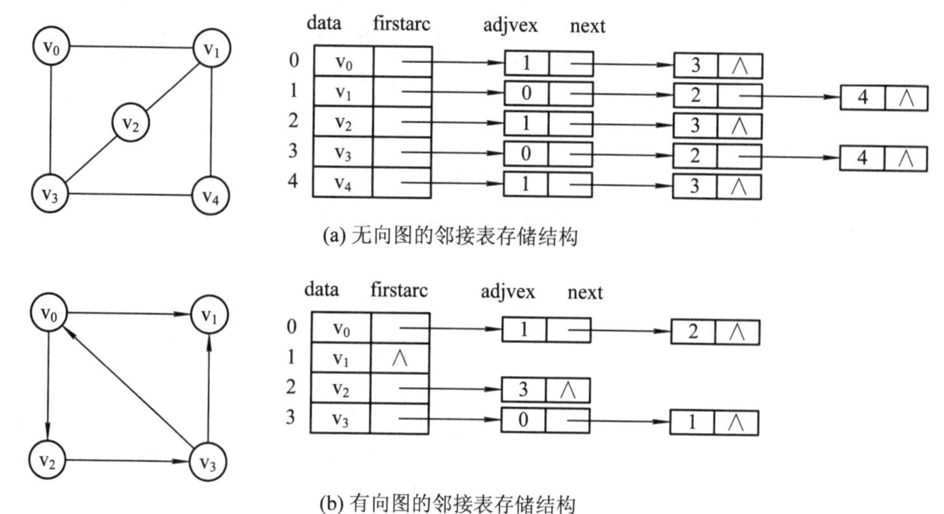

图 7.11　图的邻接表存储结构示例

其中顶点表的各结点由 data 和 firstarc 两个域表示，data 是数据域，存储顶点的信息；firstarc 为指针域，指向边表的第一个结点，即此结点的第一个邻接点。边表结点由 adjvex 和 next 组成，adjvex 用于存放与顶点 v_i 相邻接的顶点在图中的位置；next 存储指向与顶点 v_i 相关联的下一条边或弧的结点。

例如图 7.11(a)是无向图的邻接表，v_0 的邻接点为 v_1、v_3，在 v_0 的边表中 adjvex 分别为 1 和 3。

显然，当图中的顶点数很多而边数较少时，采用邻接表存储结构可以节省大量的存储单元。对于有 n 个顶点、e 条边的无向图而言，若采用邻接表作为存储结构，则需要 n 个表头结点和 2e 个表结点。

在无向图的邻接表存储结构中，我们要获得某顶点的度，只需要查找这个顶点的边表结点的个数即可。若要判断顶点 v_i 和 v_j 是否存在边，需要在 v_i(或 v_j)的边表中查找 adjvex 是否存在顶点 v_j(或 v_i)的下标 j(或 i)就行了。求顶点的所有邻接点，其实就是对此顶点的边表进行遍历，得到的 adjvex 域对应的顶点就是邻接点。

有向图的邻接表存储结构是类似的，但是要注意有向图中的弧是有方向的，比如图 7.11(b)中是以顶点为弧尾来存储边的，很容易确定图中顶点的出度，出度等于邻接表中第 i 条链表中边结点的个数。比如图 7.11(b)中有两条以 v_0 为弧尾的弧 $<v_0, v_1>$、$<v_0, v_2>$，在 v_0 的边表中有两个结点，其中的 adjvex 为 1 和 2。

如果要求有向图中第 i 个顶点的入度，则需扫描整个邻接表，统计各条链中各个边结点的 adjvex 域出现的次数，所以，在实际问题中，如果需要频繁计算顶点的入度，通常需要另建一个逆邻接表。逆邻接表的结构和邻接表的结构相同，只是每条单链表中各边结点的 adjvex 域存放的是该边结点所表示的弧尾顶点在表头结点表中的位置。

图 7.12 所示为有向图的逆邻接表示意图。在逆邻接表中第 i 个顶点的入度等于第 i 条链表中边结点的个数。

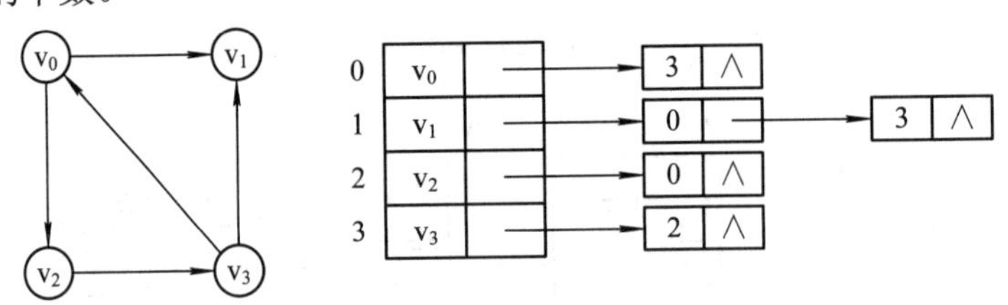

图 7.12 有向图的逆邻接表示意图

对于带权值的网图，可以在边表结点上增加一个 weight 域，用于存放与边或弧相关的信息，如图 7.13 所示。

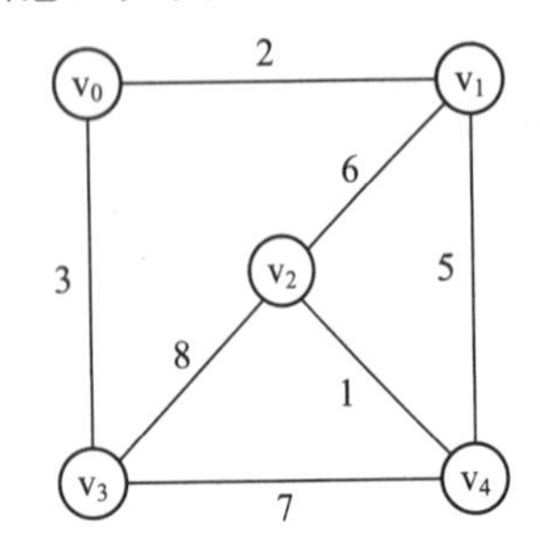

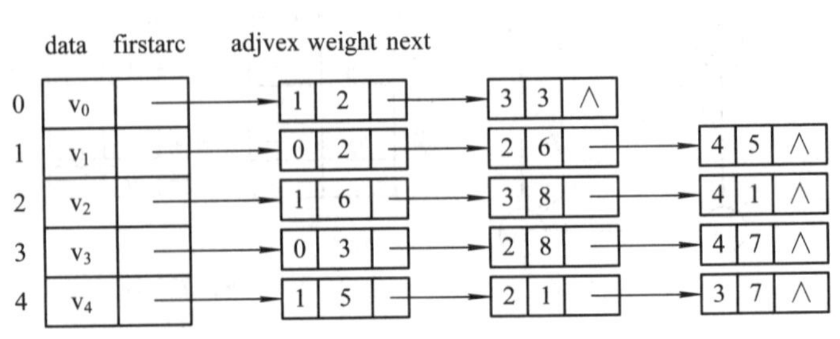

图 7.13 无向网的邻接表示意图

图的邻接表存储结构的C语言代码如下：

```
#define MAXNODE   <图中顶点的最大个数>
typedef struct arc
{
    int adjvex;                 /*邻接点域，存储邻接点在表头结点表中的位置*/
    int weight;                 /*权值域，用于存储边或弧相关的信息，非网图可以不需要*/
    struct arc *next;           /*链域，指向下一邻接点*/
} ArcType;                      /*边表结点*/
typedef struct
{
    ElemType   data;            /*顶点信息*/
    ArcType   *firstarc;        /*指向第一条依附该顶点的边或弧的指针*/
} VertexType;                   /*顶点表结点*/
typedef struct
{   VertexType   vertexs[MAXNODE];
    int vexnum, arcnum;         /*图中顶点数和弧数*/
} AdjList;
```

采用邻接表表示图，如要判断任意两个顶点之间是否有边或弧相连，则需要遍历所有的邻接单链表，这样比较麻烦。

下面给出建立邻接表存储结构的无向图G的C语言算法。对该算法稍加改变，就可成为建立有向图G的C语言算法。为讨论方便，假设顶点信息为整型数值。算法如下：

```
1    #define MAXNODE 30
2    int CreateUDN(AdjList   *G)          /*创建一个无向图G */
3    {
4        int i, j, k;
5        int v1, v2;
6        int n, e;
7        ArcType   *p, *q;
8        printf("\n 输入图中顶点的个数n和边数e：\n");
9        scanf("%d, %d", &n, &e,);
10       G->vexnum=n;
11       G->arcnum=e;
12       printf("\ n 输入顶点的信息：\n");
13       for(k=0; k< n; k++)
14       {
15           scanf("%d", &(G->vertexs[k].data));
16           G->vertexs[k].firstarc=NULL;
17       }
18       printf("\ n 输入图中各边:\n")
```

```
19      for(k=0; k< e; k++)
20      {
21          scanf("%d, %d", &v1, &v2);
22          i=LocateVex(*G, v1)
23          j=LocateVex(*G, v2);
24          q=(ArcType *)malloc(sizeof(ArcType));
25          q->adjvex=j;
26          q->next= G->vertexs[i].firstarc;
27          G->vertexs[i].firstarc=q;
28          p=(ArcType *)malloc(sizeof(ArcType));
29          p->adjvex=i;
30          p->next=G->vertexs[j].firstarc;
31          G->vertexs[j].firstarc=p;
32      }
33      return(1);
34  }
```

上述算法中调用的定位函数 LocateVex 与 7.3.1 节中的同名函数类似，仅仅是将参数说明中的 GraphType 改为 AdjList 即可。在邻接表中，无向图的一条边对应两个顶点，所以上述算法中语句 24～27 是在顶点 v1 的边表中插入表结点，语句 28～31 是在顶点 v2 的边表中插入表结点，运用了单链表创建中的头插法。

算法的时间性能分析比较简单，由两个并列的 for 循环构成。语句 13～17 完成顶点的输入，循环次数为 n；语句 19～32 完成边表的建立，循环次数为 e，其中语句 22、语句 23 是查找 v1、v2 的位置，其时间复杂度为 O(n)；所以，该算法时间复杂度为 O(e×n)。

邻接矩阵和邻接表是两种最常用的图的存储结构，前者适合于图的静态存储，后者适合于图的动态存储。在实际应用中，具体问题具体分析，应选择最为合适的存储结构。

7.3.3 十字链表**

十字链表是有向图的另一种链式存储结构。该结构可以看成是将有向图的邻接表和逆邻接表结合起来得到的。在有向图中，每条弧有弧头和弧尾，用类似邻接表的组织方式，依然用两部分来存储图，存储顶点的顶点表和存储弧的弧结点。

(1) 图中的顶点用一个一维数组存储，即顶点表。每个数组元素包含三个部分，如图 7.14(a)所示。vertex 用于存储顶点信息，firstout 用于存放指向以该顶点为弧尾的第一条弧的指针，firstin 用于存放指向以该顶点为弧头的第一条弧的指针。

(2) 每条弧有弧头和弧尾，所以弧结点包含五个域，如图 7.14(b)所示。其中 tailvex 是弧尾域，用于存储弧尾结点在顶点表中的位置，headvex 是弧头域，用于存储弧头结点在顶点表中的位置，指针域 hlink 指向弧头相同的下一条弧，指针域 tlink 指向弧尾相同的下一条弧，info 域指向该弧的相关信息。弧头相同的弧在同一链表上，弧尾相同的弧也在同一链表上。

顶点值域	指针域	指针域
vertex	firstin	firstout

(a) 十字链表顶点表的结点结构

弧尾结点	弧头结点	弧上信息	指针域	指针域
tailvex	headvex	info	hlink	tlink

(b) 十字链表边表的弧结点结构

图 7.14　十字链表的顶点表结构和边表的弧结点结构示意图

例如，图 7.15(a)所示有向图的十字链表如图 7.15(b)所示。若将有向图的邻接矩阵看成是稀疏矩阵，则可以将十字链表看成是邻接矩阵的链表存储结构。在图的十字链表中，弧结点之间相对位置是自然形成的，不一定按顶点序号排序，表头结点即顶点结点，它们之间是顺序存储。

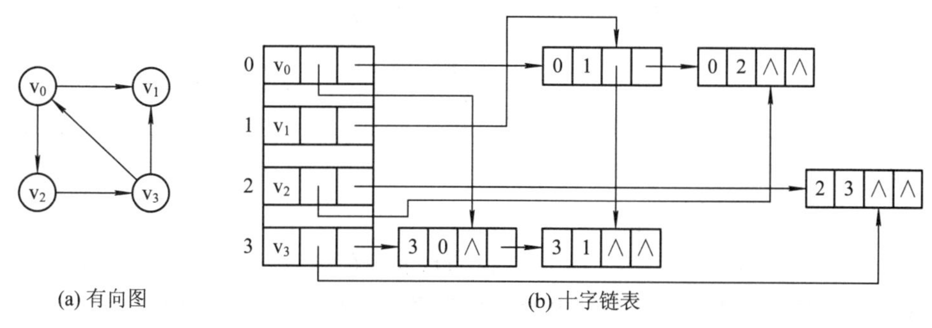

(a) 有向图　　(b) 十字链表

图 7.15　十字链表存储示意图

有向图的十字链表结构的形式化定义如下：

```
#define MAX_VERTEX_NUM 20                   /*最多顶点个数*/
typedef struct ArcBox
{
 int   tailvex, headvex;                    /*弧尾、弧头顶点的位置*/
   struct ArcBox   *hlink, *tlink;          /*分别为弧头相同和弧尾相同的弧的指针域*/
   InfoType   *info;                        /*该弧相关信息的指针(可无) */
  }ArcBox;                                  /*弧结点*/
typedef struct
{
  VertexType data;
  ArcBox *firstin, *firstout;               /*分别指向该顶点第一条入弧和出弧*/
}VexNode;                                   /*顶点结点*/
typedef struct
{
   VexNode xlist[MAX_VERTEX_NUM];           /*表头向量(数组) */
   int vexnum, arcnum;                      /*有向图的当前顶点数和弧数*/
}OLGraph;
```

十字链表的好处是将有向图的邻接表和逆邻接表整合在了一起，这样既容易找到以 v_i 为尾的弧，也容易找到以 v_i 为头的弧，因而容易求得顶点的出度和入度。十字链表除了结构复杂，其实创建图算法的时间复杂度是和邻接表相同的，因此，在有向图的应用中，十字链表也是非常好的数据结构模型。

7.3.4 邻接多重表**

邻接多重表是无向图的另外一种存储结构。因为，如果用邻接表存储无向图，每条边(v_i, v_j)在邻接表中都对应着两个结点，它们分别在第 i 个边表和第 j 个边表中，这给图的某些操作带来不便。例如，对已访问过的边做标记，或者要删除图中某一条边等，都需要找到表示同一条边的两个结点。

邻接多重表的存储结构和十字链表类似，也是由顶点表和边表组成的，每一条边用一个结点表示，其顶点表结点结构和边表结点结构如图 7.16 所示。

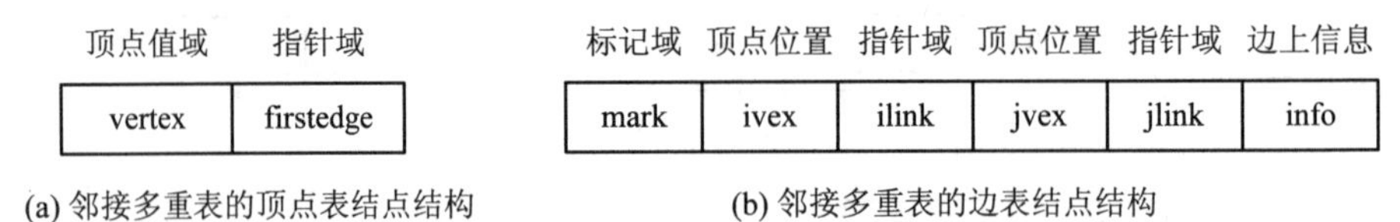

(a) 邻接多重表的顶点表结点结构　　(b) 邻接多重表的边表结点结构

图 7.16 邻接多重表的顶点表、边表结点结构示意图

图 7.16(a)中，顶点表结点由两个域组成，vertex 域存储顶点相关的信息，firstedge 域指示第一条依附于该顶点的边。图 7.16(b)中，边表结点由六个域组成，mark 为标记域，可用于标记该条边是否被遍历过；ivex 和 jvex 为该边依附的两个顶点在图中的位置；ilink 指向下一条依附于顶点 ivex 的边；jlink 指向下一条依附于顶点 jvex 的边，info 为指向和边相关的各种信息的指针域。

邻接多重表的结构类型说明如下：

```
typedef struct EBox
{ int    mark;                          /*访问标记*/
  int    ivex, jvex;                    /*该边依附的两个顶点的位置*/
  struct EBox *ilink,*jlink;            /*分别指向依附这两个顶点的下一条边*/
  InfoType    *info;                    /*该边信息指针*/
}EBox;
typedef struct
{   VertexType data;
    EBox    *firstedge;                 /*指向第一条依附该顶点的边*/
}VexBox;
typedef struct
{
  VexBox adjmulist[MAX_VERTEX_NUM];
  int vexnum, edgenum;                  /*无向图的当前顶点数和边数*/
}AdjMultiGraph;
```

例如，图 7.17 所示为无向图的邻接多重表示意图。在邻接多重表中，所有依附于同一顶点的边串联在同一链表中，由于每条边依附于两个顶点，因此每个边结点同时连接在两个链表中。可见，对无向图而言，其邻接多重表和邻接表的差别仅仅在于同一条边在邻接表中用两个结点表示，而在邻接多重表中只有一个结点。因此，除了在边结点中增加一个标识域，邻接多重表所需的存储量和邻接表相同。在邻接多重表上，各种基本操作的实现亦和邻接表相似。

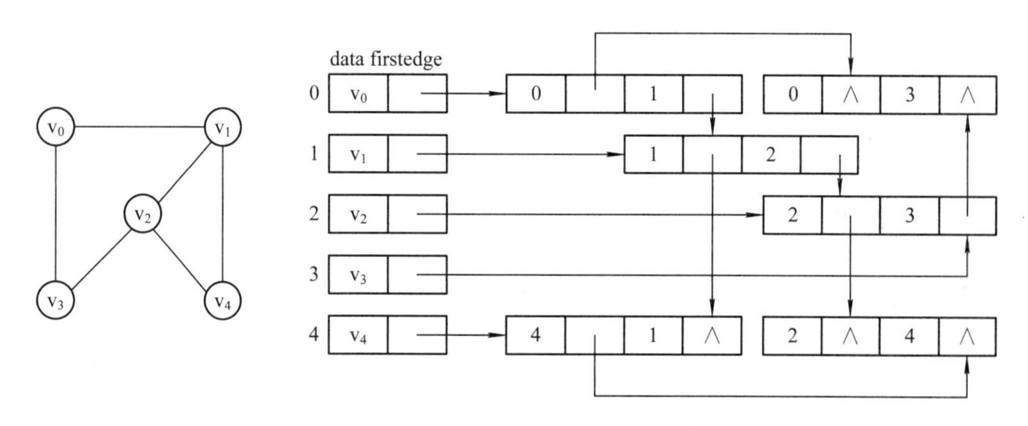

图 7.17　无向图的邻接多重表示意图

7.4　图的遍历

图的遍历是指从图中的任一顶点出发，对图中的所有顶点访问一次且只访问一次。图的遍历操作和树的遍历操作功能相似。图的许多其他操作都是建立在遍历操作的基础之上的。

图的遍历的应用非常广泛，比如我们常用的搜索引擎，其工作机制就是采用爬虫技术，从指定 URL 开始顺着网页上的超链接，采用深度优先遍历或广度优先遍历算法对整个 Internet 进行遍历，将网页信息抓取到本地数据库；然后使用索引器对数据库中的重要信息单元，如标题，关键字及摘要等或者全文进行索引，以供查询导航；最后，检索器将用户通过浏览器提交的查询请求与索引数据库中的信息以某种检索技术进行匹配，再将检索结果按某种排序方法返回给用户。

由于图结构本身的复杂性，所以图的遍历操作也较复杂，主要表现在以下四个方面：

(1) 在图结构中，没有一个“自然”的首结点，图中任意一个顶点都可作为第一个被访问的结点。

(2) 在非连通图中，从一个顶点出发，只能够访问它所在的连通分量上的所有顶点，因此，还需考虑如何选取下一个出发点以访问图中其余的连通分量。

(3) 在图结构中，如果有回路存在，那么访问一个顶点之后，有可能沿回路又回到该顶点。

(4) 在图结构中，一个顶点可以和其他多个顶点相连，当访问过这样的顶点后，存在如何选取下一个要访问的顶点的问题。

为了保证图中的各顶点在遍历过程中访问且仅访问一次，需要为每个顶点设一个访问标识，因此我们为图设置一个访问标识数组 visited[n]，用于表示图中每个顶点是否被访问过，它的初始值为 0(“假”)，表示顶点均未被访问；一旦访问过顶点 v_i，则置访问标识数组中的 visited[i]为 1(“真”)，表示该顶点已被访问。设置访问标识数组，记录顶点是否被访问过，这种方式就如同让我们记得来时路一样，不忘初心，砥砺前行。

图的遍历通常有两种方法，即深度优先遍历和广度优先遍历。这两种遍历方法对于无向图和有向图均适用。下面分别介绍。

7.4.1 深度优先遍历

深度优先遍历(depth first search)类似于树的先根遍历，是树的先根遍历的推广。深度优先遍历的遍历过程如下：

(1) 对图中所有顶点设置“未访问过”标记。

(2) 任选图中一个未被访问过的顶点 v 作为遍历起点。

(3) 访问顶点 v，然后深度优先访问 v 的第一个未被访问的邻接点 w_1。

(4) 从 w_1 出发深度优先访问 w_1 的第一个未被访问的邻接点 w_2……如此下去，直到到达一个所有邻接点都被访问过的顶点为止。

(5) 依次退回，查找前一顶点 w_{i-1} 是否还有未被访问的邻接点，如果存在尚未被访问的邻接点，则访问此邻接点，并从该顶点出发按深度优先的规则访问。如果顶点 w_{i-1} 不存在尚未被访问的邻接点，则后退一步，直到找到有尚未被访问过的邻接点的顶点。

(6) 重复上述过程，直到图中所有与 v 有路径相连的顶点都被访问过。

(7) 若此时图中还有顶点未被访问，则转(2)继续往下进行；否则，遍历结束。

由于在这种遍历过程中，尽可能地沿“前进”的方向遍历，所以称之为深度优先遍历。显然这个算法可用递归方法实现。从某个顶点 v 出发进行深度优先遍历图的算法采用递归的形式说明如下：

(1) 访问顶点 v。

(2) 找到 v 的第一个邻接点 w。

(3) 如果邻接点 w 存在且未被访问，则从 w 出发深度优先遍历图；否则，遍历结束。

(4) 找顶点 v 关于 w 的下一个邻接点，转(3)。

图的深度优先遍历的算法如下：

```
     int visited[MAXNUM];        /*访问标识数组*/
1    void TraveGraph(Craph G)
2    {  /*对图 G 进行深度优先搜索，Craph 是图的一种存储结构，如邻接矩阵表示法或邻接表*/
3       int v;
4       for(v=0; v<G.vexnum; v++)                /*初始化访问标识数组*/
5          visited[v]=0;
6       for(v=0; v<G.vexnum; v++)
7          if(!visited[v]) DepthFirstSearch(G, v);  /*调用深度遍历算法*/
8    }
9    void DepthFirstSearch(Graph G, int v)         /*深度遍历 v 所在的连通子图*/
10   {  int w;
11      visit(v);                                  /*访问顶点 v*/
```

```
12      visited[v]=1;                      /*置访问标识数组相应分量值*/
13      w=FirstAdjVertex(G, v);            /*找第一个邻接点*/
14      while(w!=-1)                       /*邻接点存在*/
15      {
16          if(!visited[w])
17              DepthFirstSearch(G, w);    /*递归调用 DepthFirstSearch */
18          w=NextAdjVertex(G, v, w);      /*找下一个邻接点*/
19      }
20  }
```

上述算法中调用的函数 visit(v)是访问顶点 v 的函数，可根据实际访问的性质来编写，如最简单的访问可以用 printf( )函数显示顶点 v 的信息。上面算法中的 FirstAdjVertex(G, v)及 NextAdjVertex(G，v，w)没有具体实现，因为其实现依赖于具体的存储结构。

对图 7.18 所示无向图 G_4 进行深度优先遍历的过程如下(A 为起始顶点)：

(1) 访问 A；

(2) 顶点 A 的未被访问的邻接点有 B、E、C，访问 A 的第一个未被访问的邻接点 B；

(3) 顶点 B 的未被访问的邻接点有 D、E，首先访问 B 的第一个未被访问的邻接点 D；

(4) 顶点 D 的未被访问的邻接点只有 H，访问 H；

(5) 顶点 H 的未被访问的邻接点只有 E，访问 E；

(6) 顶点 E 已没有未被访问的邻接点，回溯到 H；

(7) 顶点 H 也没有未被访问的邻接点，回溯到 D；

(8) 顶点 D 也没有未被访问的邻接点，回溯到 B；

(9) 顶点 B 也没有未被访问的邻接点，回溯到 A；

(10) 顶点 A 的未被访问的邻接点只有 C，访问 C；

(11) 顶点 C 的未被访问的邻接点有 F、G，访问 C 的第一个邻接点 F；

(12) 顶点 F 的未被访问的邻接点只有 G，访问 G；

(13) 顶点 G 没有未被访问的邻接点，回溯到 F；

(14) 顶点 F 已没有未被访问的邻接点，回溯到 C；

(15) 顶点 C 已没有未被访问的邻接点，回溯到 A。

A 已没有未被访问的邻接点，深度优先遍历过程结束，相应的访问序列为 ABDHECFG。

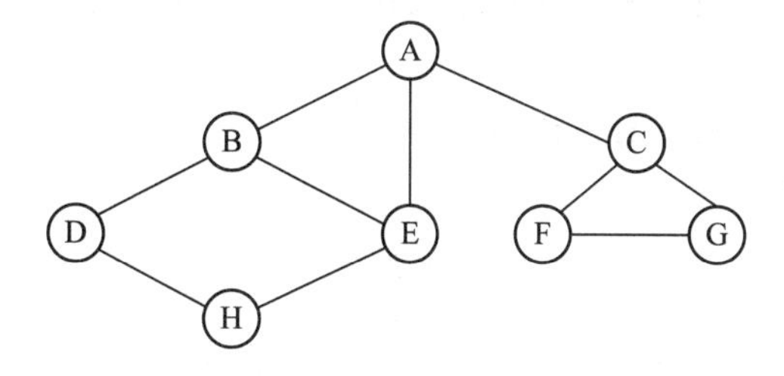

图 7.18　无向图 G_4

在对连通图进行深度优先遍历的过程中，连通图的所有顶点及深度优先遍历走过的边构成了一棵生成树，称为深度优先遍历生成树。显然，一个连通图的生成树不唯一，因为，深度优先遍历走过的边不同，就得到不同的生成树。

图 7.19 所示是对图 7.18 所示无向图进行深度优先遍历时生成的一棵以 A 为根的树。

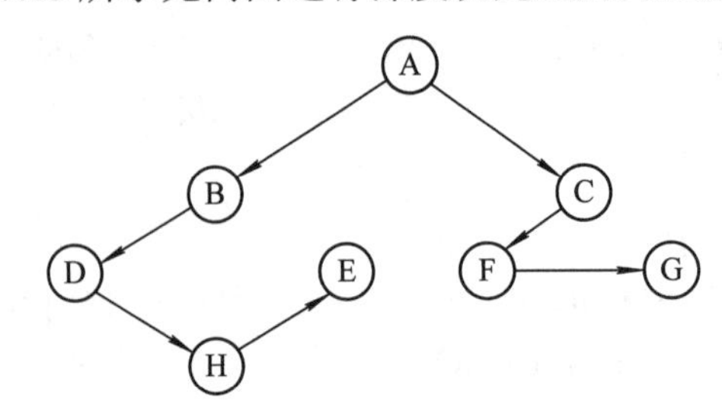

图 7.19 深度优先遍历生成树

对于非连通图，每个连通分量中的顶点集和深度优先遍历时走过的边一起构成若干棵深度优先遍历生成树，这些连通分量的生成树组成非连通分量的深度优先遍历生成森林。图 7.20 给出了非连通图的深度优先遍历生成森林。

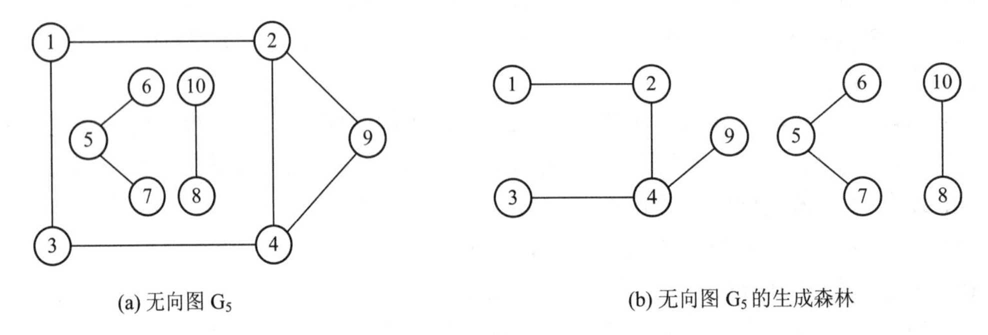

图 7.20 非连通图的深度优先遍历生成森林

如果我们用邻接矩阵存储结构，则其深度优先遍历的算法如下：

```
1   int visited[MAXNUM];                              /*访问标识数组*/
2   void DFSTraveGraph(GraphType  G)
3   {  /*对图 G 进行深度优先遍历，GraphType 是图的邻接矩阵表示法*/
4       int v;
5       for(v=0; v<G.vexnum; v++)                     /*初始化访问标识数组*/
6           visited[v]=0;
7       for(v=0; v<G.vexnum; v++)
8           if(!visited[v]) DepthFirstSearch(G, v);   /*调用深度遍历算法*/
9   }
10  void DepthFirstSearch(GraphType g, int v0)        /*图 g 为邻接矩阵类型*/
11  {   int vj;
12      visit(v0);                       /*访问 v0*/
13      visited[v0]=1;                   /*访问标识置 1*/
14      for(vj=0; vj<n; vj++)
15        if(!visited[vj]&&g.arcs[v0][vj].adj==1)
16            DepthFirstSearch(g, vj);
17  }/* DepthFirstSearch */
```

假设图有 n 个顶点，e 条边。

语句 5～6：初始化访问标识数组，时间复杂度为 O(n)。

语句 7～8：从没有访问过的某一顶点出发深度优先遍历，在遍历时，对图中每个顶点至多调用一次 DFS 函数，因为一旦某个顶点被标识成已被访问，就不再从它出发进行遍历。

语句 10～17：从某一顶点出发深度优先遍历，遍历图的过程实质上是对每个顶点查找其邻接点的过程，即语句 14～16，时间复杂度为 O(n)；深度优先遍历是递归过程，在遍历过程中对每个顶点都要求其邻接点，因此查找每个顶点的邻接点的时间复杂度为 $O(n^2)$。

因此，当图用邻接矩阵存储结构时，深度优先遍历的时间复杂度为 $O(n^2)$。

如果图用邻接表存储结构，则其深度优先遍历的算法如下：

```
1    int visited[MAXNUM];                /*访问标识数组*/
2    void DFSTraveGraph(AdjList   G)
3    { /*对图 G 进行深度优先遍历，AdjList 是图的邻接表表示法*/
4       int v;
5       for(v=0; v<G.vexnum; v++)                        /*初始化访问标识数组*/
6          visited[v]=0;
7       for(v=0; v<G.vexnum; v++)
8          if(!visited[v]) DepthFirstSearch(G, v);       /*调用深度遍历算法*/
9     }
10   void DepthFirstSearch(AdjList G, int v)     /*图 G 的邻接表存储结构为 AdjList */
11   {    ArcType * p;
12        visit(v);                                      /*访问 v0*/
13        visited[v]=1;                                  /*访问标识置 1*/
14        p=G.vertexs[v].firstarc;                       /*找第一个邻接点 1*/
15        while(p!=NULL)
16        {
17            if(!visited[p-> adjvex])
18                DepthFirstSearch(G, p->adjvex);
19                p=p->next;          /*找下一个邻接点 1*/
20        }
21   }
```

假设图有 n 个顶点，e 条边。

语句 1～9 与前面邻接矩阵存储结构的深度优先遍历一样。

语句 10～21：从某一顶点出发深度优先遍历。遍历图的过程实质上是对每个顶点查找其邻接点的过程，即语句 14～20 是在边表中找邻接点，时间复杂度为 O(e)。

因此，当图用邻接表存储结构时，深度优先遍历的时间复杂度为 O(n+e)。

显然对于稀疏图来说，用邻接表存储结构可使得遍历算法在时间性能上大大提高。

7.4.2　广度优先遍历

广度优先遍历(breadth first search)是对图进行遍历的另一种常用方法，它类似于树的层次遍历，是树的按层次遍历的推广。

广度优先遍历的遍历过程描述如下：

(1) 将图中所有顶点设置“未访问过”标记。

(2) 任选图中一个未被访问过的顶点 v 作为遍历起点，这是第一层。

(3) 访问顶点 v，相继访问与 v 相邻而尚未被访问的所有顶点 w_1，w_2，…，w_k，这是第二层。

(4) 访问第二层各顶点的所有未被访问过的邻接点，这是第三层。

(5) 以此类推，一层一层访问，直到图中所有被访问过的顶点的邻接点都被访问过为止。

(6) 若此时图中还有未被访问过的顶点，则转(2)继续往下进行；否则，遍历结束。

可以看出，广度优先遍历实质上是从指定顶点出发，按照到该顶点的路径长度由短到长的顺序访问图中的所有顶点。

与深度优先遍历类似，在遍历过程中需要设立一个访问标识数组 visited[n]，其初值为 0，一旦某个顶点被访问，则置相应的分量为 1。

广度优先遍历在访问某一层时，需要记住已被访问的顶点，以便在访问下层顶点时，从已被访问的顶点出发遍历其邻接点。所以在广度优先遍历中需要设置一个队列 Queue 来记录访问次序。广度优先遍历算法描述如下：

(1) 设图 G 的初态是所有顶点均未被访问，设置辅助队列 Q，队列 Q 置空。

(2) 任选图中一个未被访问过的顶点 v 作为遍历起点。

(3) 访问顶点 v(将其访问标识置为已被访问，即 visited[v]=1)，并且将 v 入队列。

(4) 若队列 Q 不空，则从队头取出一个顶点 v。

(5) 查找顶点 v 的所有未被访问的邻接点 v_i，对其访问(将其访问标识置为已被访问，即 visited[i]=1)，并将其入队列，重复(4)～(5)，直到队列 Q 为空。

(6) 若此时图中还有未被访问过的顶点，则重复(2)～(6)；否则，遍历结束。

图 7.21 展示了广度优先遍历过程中队列的变化过程。先初始化队列为空。以 A 为起始顶点，首先访问 A，将其入队列，如图 7.21(b)①所示。

队列不空，A 出队列，A 的未被访问邻接点有 B、C，依次访问 B、C，并将其依次入队列，如图 7.21(b)②所示。

队列不空，B 出队列，B 的未被访问邻接点有 D、E，依次访问 D、E，并将其依次入队列，如图 7.21(b)③所示。

队列不空，C 出队列，C 的邻接点均被访问过，如图 7.21(b)④所示。

队列不空，D 出队列，D 的未被访问邻接点有 F，访问 F，并将其入队列，如图 7.21(b)⑤所示。

队列不空，E 出队列，E 的邻接点均被访问过，如图 7.21(b)⑥所示。

队列不空，F 出队列，F 的邻接点均被访问过。此时，队列为空。

图中还有 G、H、I 没有被访问过。从 G 开始访问，G 入队列，如图 7.21(b)⑦所示。

队列不空，G 出队列，G 的未被访问邻接点有 H、I，依次访问 H、I，并将其依次入队列，如图 7.21(b)⑧所示。

队列不空，H 出队列，H 的邻接点均被访问过，如图 7.21(b)⑨所示。

队列不空，I 出队列，I 的邻接点均被访问过。此时队列为空，且图中所有顶点均被访问过，遍历结束。

至此广度优先遍历过程结束，相应的访问序列为 ABCDEFGHI。

在对连通图进行广度优先遍历过程中，连通图的所有顶点及广度优先遍历走过的边构成了一棵生成树，称为广度优先遍历生成树。

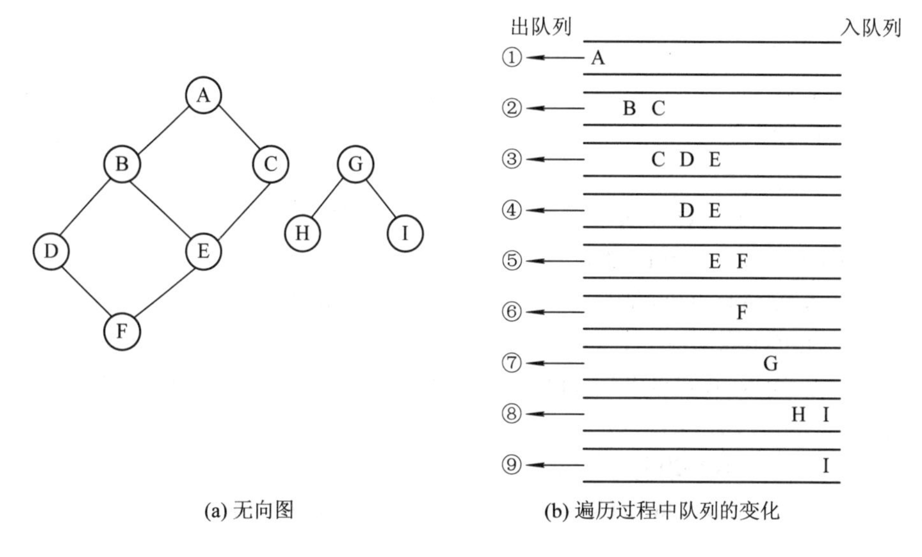

图 7.21　广度优先遍历过程示意图

对于非连通图，每个连通分量中的顶点集和广度优先遍历时走过的边一起构成若干棵广度优先遍历生成树，这些连通分量的生成树组成非连通图的广度优先遍历生成森林。图 7.22 是对图 7.21(a)进行广度优先遍历时构成的森林。

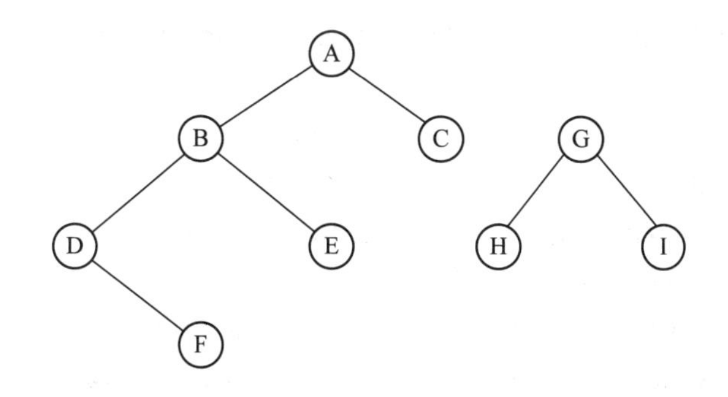

图 7.22　广度优先遍历生成森林

如果我们用邻接矩阵存储结构，广度优先遍历的算法如下：

```
1    int visited[MAXNUM];    /*访问标识数组*/
2    void   BFSTraveGraph(GraphType   G)
3    {   /*对图 G 进行广度优先遍历，GraphType 是图的邻接矩阵表示法*/
4        int v;
5        QQType Q;                          /* QQType 为队列类型标识符*/
6        InitQueue(&Q);                     /*初始化队列*/
```

```
7      for(v=0; v<G.vexnum; v++)                      /*初始化访问标识数组*/
8          visited[v]=0;
9      for(v=0; v<G.vexnum; v++)
10         if(!visited[v]) BreadthFirstSearch(G, v);   /*调用广度遍历算法*/
11  }
12  void BreadthFirstSearch(GraphType g, int v0)       /*图 g 为邻接矩阵类型 GraphType */
13  {   int v, vj, w;
14      visit(v0);
15      visited[v0]=1;
16      EnterQueue(&Q, v0);                 /*v0 入队列*/
17      while(!QueueEmpty(Q))
18      {   v=DeleteQueue(&Q);              /*队头元素出队*/
19          for(vj=0; vj<n; vj++)
20            if(!visited[vj]&&g.arcs[v][vj].adj==1)  /*若 vj 结点未被访问且与 v 邻接*/
21            {   visit(vj);
22                visited[vj]=1;
23                EnterQueue(&Q, vj)                   /* vj 入队列*/
24            }
25      }/* BreadthFirstSearch*/
26  }
```

如果我们用邻接表存储图，从某一顶点出发广度优先遍历算法如下(广度优先遍历的算法与上面语句 1～11 一样)：

```
12  void BreadthFirstSearch(AdjList G，int v0)       /*图 G 为邻接表类型 AdjList */
13  {   int v, vj, w;
14      visit(v0);                          /*访问顶点 v0 */
15      visited[v0]=1;
16      EnterQueue(&Q, v0);                 /* v0 入队列*/
17      while(!QueueEmpty(Q))
18      {   v=DeleteQueue(&Q);              /*队头元素出队*/
19          p=G.vertex[v].firstarc;         /*结点 v 的第一个邻接点*/
20          while(p!=NULL)
21          {   w=p->adjvex;
22              if(!visited[w])
23              {   visit(w);
24                  visited[w]=1;
25                  EnterQueue(&Q, w)       /* w 入队列*/
26              }
27              p=p->next;
28          }
```

```
29        }
30    }
```

图的深度优先遍历和广度优先遍历算法的时间复杂度是一样的，不同之处仅仅在于对顶点访问的顺序。一般来说，深度优先遍历更适合目标比较明确、以找到目标为主要目的的情况。广度优先遍历更适合不断扩大遍历范围时的情况。

7.5　图的连通性

判定一个图的连通性是一个图的应用问题，我们可以利用图的遍历算法来求解这一问题。本节将重点讨论无向图的连通性及最小生成树。

7.5.1　无向图的连通性

在对无向图进行遍历时，对于连通图，仅需从图中任一顶点出发进行深度优先遍历或广度优先遍历，便可访问到图中所有顶点。对非连通图，则需从多个顶点出发进行遍历，而每一次从一个新的起始点出发进行遍历过程中得到的访问顶点序列恰为其各个连通分量中的顶点集。例如，图 7.23(a)是一个非连通图，有三个连通分量，图 7.23(b)是其邻接表存储结构，按照它的邻接表进行深度优先遍历，三次调用 DepthFirstSearch 过程得到的访问顶点序列为

1，2，4，3，9

5，6，7

8，10

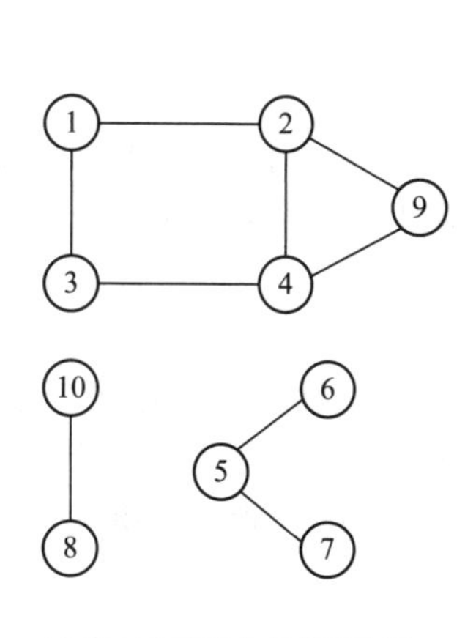

(a) 有三个连通分量的无向图

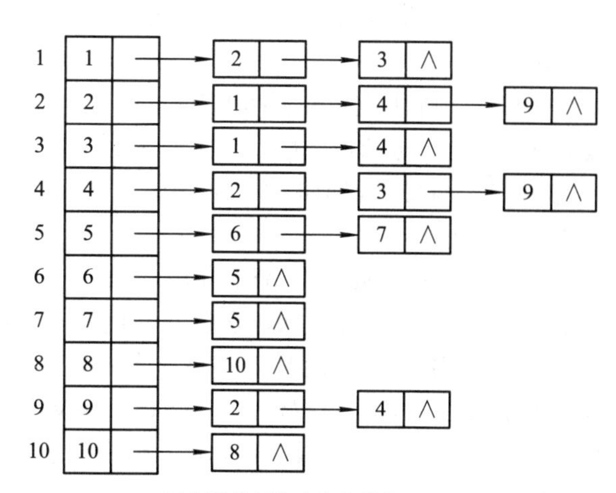

(b) 无向图的邻接表存储结构

图 7.23　无向图及其邻接表

可以利用图的遍历过程来判断一个图是否连通，并可得到其连通分量。如果在遍历的过程中，不止一次调用遍历过程，则说明该图是一个非连通图。调用遍历过程的次数就是该图连通分量的个数。

因此，要想判定一个无向图是否为连通图或有几个连通分量，可设一个计数变量 count，初始时取值为 0，在深度优先遍历算法中，每调用一次 DepthFirstSearch，就给 count 增 1。

这样，当整个算法结束时，依据 count 的值，就可确定图的连通性了。

同样，可以利用图的广度优先遍历算法进行遍历得到非连通图的连通分量。

7.5.2 最小生成树

一个有 n 个顶点的连通图的生成树是其极小连通子图，包含原图中所有的顶点，并且仅有保持图连通的 n−1 条边。

由 7.2 节中生成树的定义可知：

(1) 若在生成树中删除一条边，就会使该生成树不连通。

(2) 若在生成树中增加一条边，就会使该生成树存在回路。

(3) 一个图的生成树不止一棵。

如果一个无向网是连通的，那么它所有的生成树中必有一棵边的权值之和最小的生成树，我们称这棵树为最小代价生成树，简称最小生成树。

许多应用问题都用到求无向连通图的最小生成树的问题。例如，在 n 个城市之间修建高速公路或铺设管道，我们总是希望耗费最少。各个城市之间修建高速公路或铺设管道的费用不同，如果设计目标是既要使这 n 个城市的任意两个之间都可以直接或间接相通，又要总费用最低，这个问题就是最小生成树问题。这里也给我们启发，在解决问题时要不断刻苦钻研，获取最优的解决方案，不能只满足于找到答案。

从最小生成树的定义可知，构造有 n 个顶点的无向连通网的最小生成树必须满足以下三个条件：

(1) 构造的最小生成树必须包含 n 个顶点。

(2) 构造的最小生成树中有且只有原图中的 n−1 条边。

(3) 不存在回路。

最小生成树有如下重要性质(MST)：

设 N=(V, E)是一连通网，U 是顶点集 V 的一个非空子集。设(u, v)是一条两端点分别在 U 和 V−U 中的具有最小权值的边，即 $w(u, v)=mim\{w(x, y)|x\in U, y\in V-U\}$，则存在一棵包含边(u, v)的最小生成树。

我们用反证法来证明这个 MST 性质。

证明：假设不存在这样一棵包含边(u, v)的最小生成树。任取一棵最小生成树 T，将(u, v)加入 T 中。根据树的性质，此时 T 中必形成一个包含(u, v)的回路，且回路中必有一条边(u', v')的权值大于或等于(u, v)的权值，且 u'∈U，v'∈V−U。删除(u', v')，则得到一棵代价小于等于 T 的生成树 T'，且 T'为一棵包含边(u，v)的最小生成树。

这与假设矛盾，故该性质得证。

可以利用 MST 性质来生成一个连通网的最小生成树。普里姆(Prim)算法和克鲁斯卡尔(Kruskal)算法就是利用了这个性质。

1. 普里姆(Prim)算法构造最小生成树

假设 N=(V, E)是连通网，其中 V 为网中所有顶点的集合，E 为网中所有加权边的集合。TE 为最小生成树中边的集合。

(1) 初始化 $U = \{u_0\}(u_0\in V)$，$TE = \Phi$。

(2) 在所有 u∈U、v∈V-U 的边中选一条代价最小的边(u_0, v_0)并入集合 TE，同时将 v_0 并入 U。

(3) 重复(2)，直到 U=V 为止。

此时 TE 中必含有 n-1 条边，则 T=(V, TE)为 N 的最小生成树。

可以看出，普里姆算法逐步增加 U 中的顶点，故可称为“加点法”。注意：选择最小边时，可能有多条同样权值的边可供选择，此时任选其一。

利用上述步骤，对图 7.24(a)所示的连通网从顶点 v_1 开始构造最小生成树。

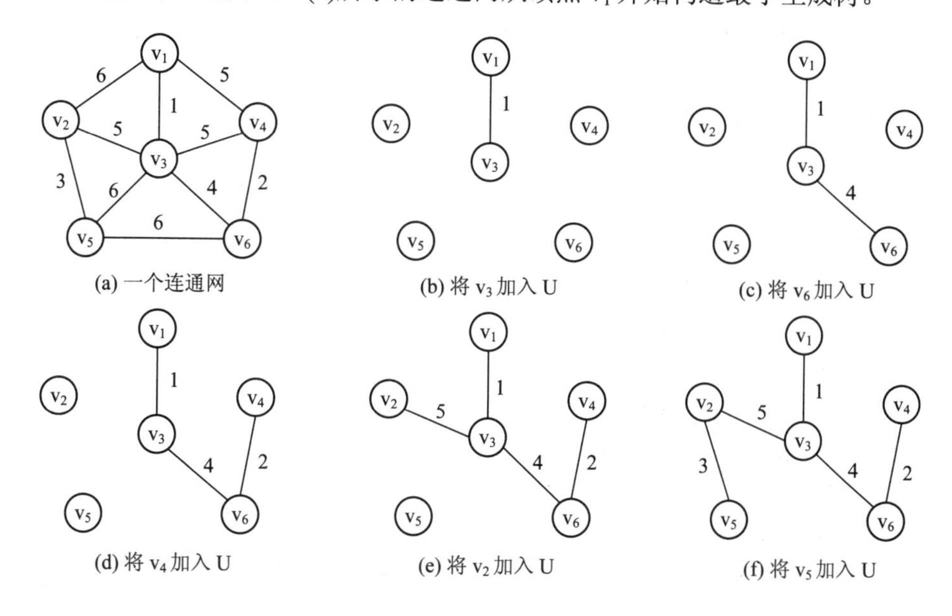

(a) 一个连通网　(b) 将 v_3 加入 U　(c) 将 v_6 加入 U

(d) 将 v_4 加入 U　(e) 将 v_2 加入 U　(f) 将 v_5 加入 U

图 7.24　普里姆算法构造最小生成树的过程

设 U = {v_1}，则 V-U = {v_2, v_3, v_4, v_5, v_6}。

(1) 在 U 到 V-U 之间找到一条代价最小的边(v_1, v_3)，将 v_3 加入 U，U = {v_1, v_3}，则 V-U = {v_2, v_4, v_5, v_6}，如图 7.24(b)所示。

(2) 在 U 到 V-U 之间找到一条代价最小的边(v_3, v_6)，将 v_6 加入 U，U = {v_1, v_3, v_6}，则 V-U = {v_2, v_4, v_5}，如图 7.24(c)所示。

(3) 在 U 到 V-U 之间找到一条代价最小的边(v_6, v_4)，将 v_4 加入 U，U = {v_1, v_3, v_6, v_4}，则 V-U = {v_2, v_5}，如图 7.24(d)所示。

(4) 在 U 到 V-U 之间找到一条代价最小的边(v_3, v_2)，将 v_2 加入 U，U = {v_1, v_2,v_3, v_6, v_4}，则 V-U = {v_5}，如图 7.24(e)所示。

(5) 在 U 到 V-U 之间找到一条代价最小的边(v_2, v_5)，将 v_5 加入 U，U = {v_1, v_2, v_3, v_6, v_4, v_5}，则 V-U = { }，此时，U=V，最小生成树即为图 7.24(f)所示。

实现这个算法需要设置一个辅助数组 closedge[]，用来记录从 U 到 V-U 具有最小代价的边。对每个顶点 v∈V-U 在辅助数组中存在一个分量 closedge[v]，它包括两个域 vex 和 lowcost，其中 lowcost 存储该边上的权，显然有

closedge[v].lowcost = min({cost(u,v)|u∈U})

其中 cost(u, v)表示边(u, v)的权或称为费用。

选择邻接矩阵存储结构，普里姆(Prim)算法如下：

```
typedef char VertexType;
struct
{
  VertexType vex;
  int lowcost;
} closedge[MAXNUM];   /*求最小生成树时的辅助数组*/
```

从顶点 u 出发，按普里姆算法构造连通网 G 的最小生成树，并输出生成树的每条边的算法如下：

```
1   MiniTreePrim(GraphType G, VertexType u)
2   {  int k, i, j, e, k0, mincost;
3      char u0, v0;
4      k=LocateVex(G，u);                /*确定 u 在图 G 中的位置*/
5      closedge[k].lowcost=0;            /*初始化 U={u} */
6      for(i=0; i<G.vexnum; i++)         /*对 V-U 中的顶点 i，初始化 closedge[i] */
7        if(i!=k)
8        {  closedge[i].vex=u;
9           closedge[i].lowcost=G.arcs[k][i].adj;
10       }
11     for(e=1; e<=G.vexnum-1; e++)      /*找 n-1 条边*/
12     {  mincost=32767;                 /* mincost 为一个比任何边的权值都要大的数*/
13        k0=0;
14        for(j=0; j<G.vexnum; j++)      /*选择当前代价最小的边*/
15          if(closedge[j].lowcost!=0&&closedge[j].lowcost<mincost)
16          {
17            k0=j;               /* closedge[k0]中存有当前代价最小的边*/
18            mincost = closedge[j].lowcost;
19          }
20          u0=closedge[k0].vex;
21          v0=G.vertexs[k0];
22          printf("(%c, %c)\n", u0, v0);   /*输出生成树的当前最小边*/
23          closedge[k0].lowcost=0;         /*将顶点 v0 并入 U 集合*/
24          for(i=0; i<G.vexnum; i++)       /*在顶点 v0 并入 U 后，更新 closedge[i] */
25            if(G.arcs[k0][i].adj<closedge[i].lowcost)
26            {  closedge[i].lowcost=G.arcs[k0][i].adj;
27               closedge[i].vex=v0;
28            }
29     }
30  }
```

时间复杂度分析：

语句 6～10：对 closedge 向量进行初始化，时间复杂度为 O(n)，n 为顶点数。

语句 11～29：依次找到 n-1 条边，循环 n-1 次，其中包含两个并列的 for 循环，第一个循环是语句 14～19，功能是在 closedge 向量中查找代价最小的边(u_0, v_0)，时间复杂度为 O(n)；第二个循环是语句 24～28，功能是对 closedge 向量进行更新，时间复杂度为 O(n)。

由此可知该算法的时间复杂度为 $O(n^2)$，与网中的边数无关，因此，它适合于求边稠密的网的最小生成树。

利用该算法对图 7.24(a)所示的连通网从顶点 v_1 开始构造最小生成树，算法中各参量的变化如表 7.1 所示。图 7.24(a)所示的连通网有 6 个顶点，所以，需要迭代 5 次。

表 7.1　普里姆算法各参量的变化

	closedge	v_2	v_3	v_4	v_5	v_6	U	V-U	(u_0, v_0)
第一次迭代	vex	v_1	v_1	v_1	v_1	v_1	$\{v_1\}$	$\{v_2, v_3, v_4, v_5, v_6\}$	(v_1, v_3)
	lowcost	6	1	5					
第二次迭代	vex	v_3		v_1	v_3	v_3	$\{v_1, v_3\}$	$\{v_2, v_4, v_5, v_6\}$	(v_3, v_6)
	lowcost	5	0	5	6	4			
第三次迭代	vex	v_3		v_6	v_3		$\{v_1, v_3, v_6\}$	$\{v_2, v_4, v_5\}$	(v_6, v_4)
	lowcost	5	0	2	6	0			
第四次迭代	vex	v_3			v_3		$\{v_1, v_3, v_6, v_4\}$	$\{v_2, v_5\}$	(v_3, v_2)
	lowcost	5	0	0	6	0			
第五次迭代	vex				v_2		$\{v_1, v_3, v_6, v_4, v_2\}$	$\{v_5\}$	(v_2, v_5)
	lowcost	0	0	0	3	0			
	vex						$\{v_1, v_2, v_3, v_4, v_5, v_6\}$	{ }	
	lowcost	0	0	0	0	0			

2. 克鲁斯卡尔(Kruskal)算法

克鲁斯卡尔算法是由克鲁斯卡尔在 1956 年提出的，该算法以边为目标寻求最小生成树。设 N=(V, E)是连通网，将 N 中的边按权值从小到大的顺序排列。克鲁斯卡尔算法的基本思想是：

(1) 令最小生成树的初始状态为只有 n 个顶点而无边的非连通图 T=(V, Φ)，图中每个顶点自成一个连通分量。

(2) 在边集 E 中选择代价最小的边，若该边依附的顶点落在 T 中不同的连通分量上，则将此边加入 T 中；否则舍去此边而选择下一条代价最小的边。

(3) 重复(2)，直到 T 中所有的顶点都在同一连通分量上为止。

可以看出，克鲁斯卡尔算法逐步增加生成树的边，与普里姆算法相比，可称其为“加边法”。对于图 7.25(a)所示的连通网，按照克鲁斯卡尔算法构造最小生成树的过程如图 7.25 所示。

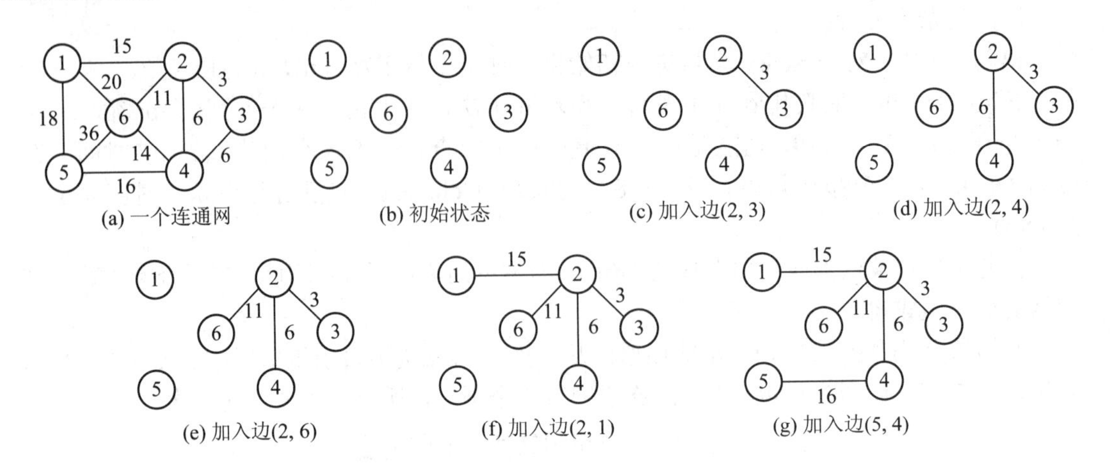

图 7.25　克鲁斯卡尔算法构造最小生成树的过程

设 N = {V, {E}}，最小生成树的初始状态为 T = {V, {}}，如图 7.25(b)所示。

(1) 在待选边中选择一条权值最小的边(2, 3)，将边加入 T 中，T = {V, {(2, 3)}}，如图 7.25(c)所示。

(2) 在待选边中选择一条权值最小的边(2, 4)，将边加入 T 中，T = {V, {(2,3)，(2,4)}}，如图 7.25(d)所示。

(3) 在待选边中选择一条权值最小的边(2, 6)，将边加入 T 中，T = {V, {(2, 3)，(2, 4)，(2,6)}}，如图 7.25(e)所示。

(4) 在待选边中选择一条权值最小的边(4, 6)，由于(4, 6)在同一个连通分量上，故舍弃。重新在待选边中选择一条权值最小的边(2, 1)，将边加入 T 中，T = {V, {(2, 3)，(2,4)，(2,6)，(2,1)}}，如图 7.25(f)所示。

(5) 在待选边中选择一条权值最小的边(5, 4)，将边加入 T 中，T = {V, {(2, 3)，(2, 4)，(2, 6), (2, 1), (5, 4)}}，如图 7.25(g)所示。

至此，所有的顶点都在同一个顶点集合{1, 2, 3, 4, 5, 6}中，算法结束。所得最小生成树如图 7.25(g)所示。

上述算法至多对 e 条边各扫描一次，如果用堆来存放边，则每次选择最小边仅需 O(lbe)的时间代价。可以证明，克鲁斯卡尔算法的时间复杂度为 O(elbe)，它适合于求边稀疏的网的最小生成树。

7.6　最 短 路 径

在实际生活中经常遇到这样的问题，从 A 城市到 B 城市有若干条路，问哪条路的距离最短，假如要用计算机解决这一问题，可以采用带权图结构描述交通网络。在图中，顶点代表城市，边代表城市之间的通路，边上的权值代表通路的距离。这样，上述问题就变成了在图中寻找一条从顶点 A 到顶点 B 所经过的路径上权值累加和最小的路径。我们把这样一类问题称为最短路径问题。本节主要讨论带权有向图的两种最短路径问题：① 求某一源点到其余各顶点的最短路径；② 求任意两顶点间的最短路径。

下面我们要介绍的第一个问题的求解过程是由荷兰计算机科学家迪杰斯特拉(Dijkstra)于1959年提出的，因此又叫迪杰斯特拉算法。迪杰斯特拉算法主要特点是从起始点开始，采用贪心算法的策略。第二个问题的求解过程是1978年图灵奖获得者、斯坦福大学计算机科学系教授罗伯特·弗洛伊德提出的，因此又叫弗洛伊德算法，是一种利用动态规划的思想寻找给定的带权图中多源点之间最短路径的算法。

这两位科学家在计算机领域成果斐然，是我们学习的榜样。读者朋友，希望大家不懈努力、勇于改革创新，思考计算机专业的新的方法和理论，助力科技强国。

7.6.1　某一源点到其余各顶点的最短路径

从源点到终点的路径可能存在三种情况：

(1) 没有路径；

(2) 只有一条路径，则该路径即为最短路径；

(3) 存在多条路径，则其中必存在一条最短路径。

例如，图7.26所示有向网G=(V，E)，用邻接矩阵存储结构，已知源点v_0，求v_0到其他各顶点的最短路径。从源点v_0到v_5没有路径；从源点v_0到v_1只有一条路径<v_0，v_1>；从源点v_0到v_4有两条路径，其中以长度为15的路径(v_0，v_2，v_4)为最短路径。

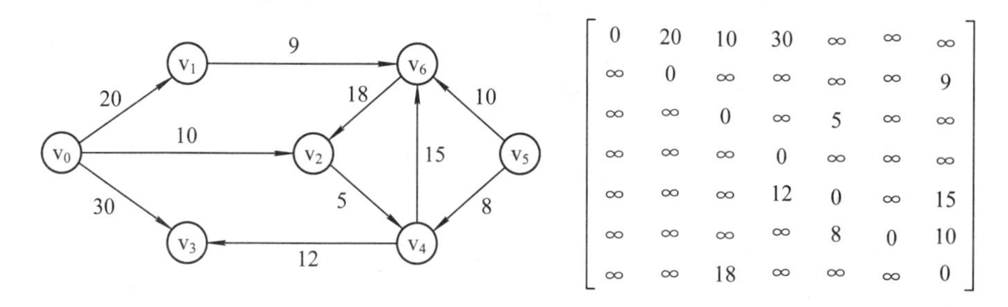

图7.26　有向网及其邻接矩阵

如何求得从源点到各终点的最短路径？迪杰斯特拉提出了一种按路径长度递增的次序求从源点到各终点的最短路径的算法。此算法建立一个集合S，初始时该集合只有源点v_0，然后逐步将已求得最短路径的顶点加入集合中，直到全部顶点都在集合S中，算法结束。

可以看出，最短路径并不一定是经过边数量最少的路径。

为了实现此算法，需要引进辅助向量dist[]，它的每个分量dist[i]表示已经找到的从源点v_0到终点v_i的当前最短路径的长度。如果从v_0到v_i有弧，则dist[i]为弧的权值；否则dist[i]为∞。显然，长度为dist[j]=Min{dist[i] | $v_i \in V$}的路径是从源点v_0出发到其他顶点之间的长度最短的一条路径，此路径为<v_0，v_j>。

那么，下一条长度次短的路径是哪一条呢？设该次短路径的终点是v_k，则这条路径可能是弧<v_0，v_k>，即它的长度或者是从源点v_0到v_k的弧上的权值；或者是<v_0，v_j，v_k>，即是dist[j]和从v_j到v_k的弧上的权值之和。

集合S用于存放已经求得的最短路径的终点。一般情况下，下一条长度次短的最短路径的长度是

$$dist[j]=Min\{dist[i] \mid v_i \in V-S\}$$

其中，dist[i]或者是弧$<v_0, v_i>$上的权值，或者是 dist[k]($v_k \in S$)和弧$<v_k, v_i>$上的权值之和。

根据以上分析，可以将迪杰斯特拉算法总结如下：

(1) g 为用邻接矩阵表示的带权图；S 集合为已找到的从源点 v_0 出发的最短路径的终点集合，它的初态为$\{v_0\}$；dist[i]=g.arcs[0][i]。

(2) 选择 v_k，使得

dist[k]=Min{dist[i] | $v_i \in$ V–S}

v_k 就是当前求得的一条从 v_0 出发的最短路径的终点(令 S=S∪{k})。

(3) 修改从源点 v_0 出发到集合 V-S 上任一顶点 v_i 的最短路径长度。如果

dist[k]+g.arcs[k][i]<dist[i]

则将 dist[i]修改为

dist[k]+g.arcs[k][i]

(4) 重复(2)、(3)步 n-1 次，即可求得最短路径长度的递增顺序，逐个求出源点 v_0 到图的其他每个顶点的最短路径。

若对图 7.26 所示有向网利用 Dijkstra 算法求源点 v_0 到其余各顶点的最短路径，则其求解过程如表 7.2 所示，从 i = 1 到 i = 6 依次迭代。

表 7.2　从 v_0 到各顶点的最短路径的求解过程

顶点	从 v_0 到各顶点的最短路径及最短路径长度的求解过程					
	i=1	i=2	i=3	i=4	i=5	i=6
v_1	20 $<v_0, v_1>$	20 $<v_0, v_1>$	**20** $\mathbf{<v_0, v_1>}$	—	—	—
v_2	**10** $\mathbf{<v_0, v_2>}$	—	—	—	—	—
v_3	30 $<v_0, v_3>$	30 $<v_0, v_3>$	27 $<v_0, v_2, v_4, v_3>$	**27** $\mathbf{<v_0, v_2, v_4, v_3>}$	—	—
v_4	∞	**15** $\mathbf{<v_0, v_2, v_4>}$	—	—	—	—
v_5	∞	∞	∞	∞	∞	∞
v_6	∞	∞	30 $<v_0, v_2, v_4, v_6>$	29 $<v_0, v_1, v_6>$	**29** $\mathbf{<v_0, v_1, v_6>}$	—

(1) 从邻接矩阵中获得源点 v_0 到其他各顶点的路径及路径长度，如果 v_0 和某顶点不邻接，则设为无穷大，如表 7.2 中 i = 1 列所示。v_0 到 v_1 有边，长度 dist[1]为 20；v_0 到 v_2 有边，长度 dist[2]为 10；v_0 到 v_3 有边，长度 dist[3]为 30；v_0 到 v_4、v_0 到 v_5、v_0 到 v_6 没有边，路径长度 dist[4]、dist[5]、dist[6]为无穷大。

在这一组路径长度中找到权值最小的一条路径：v_0 到 v_2，长度为 10。这条路径就是 v_0 到 v_2 的最短路径，将 v_2 加入集合 S。

(2) 更新迭代：从源点 v_0 借助 v_2 到其他顶点是否有路径，其路径长度是否最短？

v_0 到 v_1 保持原来的路径，长度 20 不变；v_0 到 v_3 保持原来的路径，长度 30 不变；$v_0 \rightarrow v_2$

$\rightarrow v_4$ 有路径，路径长度为 15，而原来的 v_0 到 v_4 的路径长度为无穷大，所以替换为路径 $v_0 \rightarrow v_2 \rightarrow v_4$，长度为 15；$v_0$ 到 v_5、v_0 到 v_6 均无法借助 v_2 到达，保持无穷大。迭代结果如表 7.2 中 i=2 列所示。

在这一组中选择路径上权值最小的一条路径：$v_0 \rightarrow v_2 \rightarrow v_4$，路径长度为 15，这条路径就是源点 v_0 到 v_4 的最短路径。将 v_4 加入集合 S。

(3) 更新迭代：从源点 v_0 借助 v_2、v_4 到其他顶点是否有路径，其路径长度是否最短？

v_0 到 v_2 路径长度为 10；$v_0 \rightarrow v_2 \rightarrow v_4$ 的路径长度为 15，是已找到的最短路径；v_0 到 v_1 借助于 v_2、v_4 没有更短的路径，原路径不变；v_0 到 v_3，借助于 v_2、v_4 到达 v_3 的路径长度为 27，比 v_0 到 v_3 的路径长度 30 短，更新原路径；v_0 到 v_5，借助于 v_2、v_4，依然不可达；v_0 到 v_6，借助于 v_2、v_4 可达，路径长度为 30，更新原路径。

迭代结果如表 7.2 中 i=3 列所示。在这一组中选择最短的路径，显然是 v_0 到 v_1，路径长度为 20，这条路径就是源点 v_0 到 v_1 的最短路径。将 v_1 加入集合 S。

(4) 更新迭代：从源点 v_0 借助集合 S 中的 v_1、v_2、v_4 到其他顶点是否有路径，其路径长度是否最短？

v_0 到 v_3 是 27，借助于 v_1、v_2、v_4 到 v_3 没有比 v_0 到 v_3 更短的路径，保持。v_0 到 v_5，借助于 v_1、v_2、v_4，依然不可达。v_0 到 v_6，$v_0 \rightarrow v_1 \rightarrow v_6$ 的路径长度为 29，小于原有路径长度，更新原路径。

迭代结果如表 7.2 中 i=4 列所示。

在这一组中选择最短的路径，显然是 $v_0 \rightarrow v_2 \rightarrow v_4 \rightarrow v_3$，路径长度为 27，这条路径就是源点 v_0 到 v_3 的最短路径。将 v_3 加入集合 S。

(5) 更新迭代：从源点 v_0 到 v_5，v_0 到 v_6，借助于集合 S 中的 v_1、v_2、v_3、v_4，可否有更短的路径？

v_0 到 v_5，依然不可达。

v_0 到 v_6，借助于 v_1、v_2、v_4、v_3，$v_0 \rightarrow v_1 \rightarrow v_6$ 的路径长度为 29，是最短的。迭代结果如表 7.2 中 i = 5 列所示。选择最短的路径 $v_0 \rightarrow v_1 \rightarrow v_6$。将 v_6 加入集合 S。

(6) 更新迭代：就剩下源点 v_0 到 v_5 了，v_0 到 v_5 借助于集合 S 中的 v_1、v_2、v_4、v_3、v_6 没有路径，至此，我们求得了源点 v_0 到其余各顶点之间的最短距离。

为实现算法方便，引入向量 P、D、final。P[v]记录有向网 G 的 v_0 顶点到其余顶点 v 的最短路径，若 P[v][w]为 1，则 w 是从 v_0 到 v 当前求得最短路径上的顶点；D[v]记录有向网 G 的 v_0 顶点到其余顶点 v 的最短路径长度；final[v]为 1，当且仅当 $v \in S$，即已经求得从 v_0 到 v 的最短路径。

求最短路径的算法如下：

```
1   void Dijkstra(GraphType G, int v0, PathMatrix *P, ShortPathTable *D)
2   {  /*常量 INFINITY 为边上权值可能的最大值*/
3       for(v=0; v<G.vexnum; ++v)            /*初始化*/
4       {
5          fianl[v]=0;                       /*v 顶点属于 V-S 集*/
6          D[v]=G.arcs[v0][v];               /*初始化源点到其他顶点的最短路径*/
7          P[v]=0;                           /*设空路径*/
```

```
8            if(D[v]<INFINITY)                /*初始化最短路径上的点*/
9              P[v]=1;
10         }
11        D[v0]=0; final[v0]=1;                        /*初始化，v0 顶点属于 S 集*/
12        for(i=1; i<G.vexnum; ++i)                    /*其余 G.vexnum-1 个顶点*/
13        {  /*开始主循环，每次求得 v0 到某个 v 顶点的最短路径，并加 v 到 S 集*/
14          min=INFINITY;                              /*min 为当前所知离 v0 顶点的最近距离*/
15          for(w=0; w<G.vexnum; ++w)                  /*在 v0 到其他顶点 vi 中查找最短路径*/
16           if(!final[w])                             /* w 顶点在 V-S 中*/
17              if(D[w]<min)
18              {   v=w;
19                  min=D[w];
20              }
21            final[v]=1                               /*离 v0 顶点最近的 v 加入 S 集合*/
22            for(w=0; w<G.vexnum; ++w)                /*更新当前最短路径*/
23             if(!final[w]&&(min+G.arcs[v][w]<D[w]))   /*修改 D[w]和 P[w], w∈V-S */
24             {   D[w]=min+G.arcs[v][w];
25                 P[w]=P[v]; P[w][v]=1;               /* P[w]=P[v]+P[w] */
26             }
27        }
28  }
```

算法的运行时间分析：

设图中有 n 个顶点，e 条边。

语句 3～10：for 循环的次数为 n，时间复杂度是 O(n)。

语句 12～27：for 循环共进行 n-1 次，其中包含两个并列的循环，语句 15～20 是查找最短路径，循环 n 次；语句 22～26 是更新当前最短路径，循环 n 次。

所以总的时间复杂度是 $O(n^2)$。

7.6.2 任意两顶点间的最短路径

对于一个有向网，求任意两顶点之间的最短路径，显然可调用 Dijkstra 算法。具体方法是：每次以不同的顶点为源点，用 Dijkstra 算法求出从该顶点到其余顶点的最短路径，反复执行 n 次这样的操作，就可得到从每个顶点到其余顶点的最短路径。这种方法的时间复杂度为 $O(n^3)$。下面介绍一种形式更简洁的方法，此方法是由弗洛伊德提出的，称为弗洛伊德算法。

设图 g 用邻接矩阵法表示，弗洛伊德算法的基本思想如下：

(1) 假设求图 g 中任意一对顶点 v_i、v_j 间的最短路径。将 v_i 到 v_j 的最短的路径长度初始化为 g.arcs[i][j]，这个不一定是 v_i 到 v_j 的最短的路径，还需要做 n 次试探。

(2) 在 v_i、v_j 间加入顶点 v_0，判别 $\langle v_i, v_0, v_j \rangle$ 是否存在(即判别弧 $\langle v_i, v_0 \rangle$ 和 $\langle v_0, v_j \rangle$ 是否存

在)。如果存在，则比较<v_i, v_0, v_j>和<v_i, v_j>的路径长度，取其中较短的路径作为 v_i 到 v_j 的且中间顶点序号不大于 0 的最短路径。

(3) 再将顶点 v_1 加入 v_i、v_j 间，若<v_i, …, v_1>和<v_1, …, v_j>分别是中间顶点序号不大于 0 的最短路径，这两条路径在上一步中已求出。将<v_i, …, v_1, …, v_j>与上一步已求出的且 v_i 到 v_j 中间顶点序号不大于 0 的最短路径比较，取其中较短的路径作为 v_i 到 v_j 的且中间顶点序号不大于 1 的最短路径。

(4) 继续在 v_i、v_j 间加入顶点 v_2，得<v_i, …, v_2>和<v_2, …, v_j>，其中<v_i, …, v_2>是 v_i 到 v_2 且中间顶点序号不大于 1 的最短路径，<v_2, …, v_j> 是 v_2 到 v_j 且中间顶点序号不大于 1 的最短路径，这两条路径在上一步中已求出。将<vi, …, v_2, …, v_j>与上一步已求出的且 v_i 到 v_j 中间顶点序号不大于 1 的最短路径比较，取其中较短的路径作为 v_i 到 v_j 且中间顶点序号不大于 2 的最短路径。

依次类推，经过 n 次比较和修正，在第 n 步，将求得 v_i 到 v_j 且中间顶点序号不大于 n 的最短路径，这必是从 v_i 到 v_j 的最短路径。

按此方法可求得各对顶点间的最短路径。

图 g 中所有顶点偶对<v_i, v_j>间的最短路径长度对应一个 n 阶方阵 D。在上述 n+1 步中，D 的值不断变化，对应一个 n 阶方阵序列。

现定义一个 n 阶方阵序列：

$$D^{(-1)},\ D^{(0)},\ D^{(1)},\ \cdots,\ D^{(k)},\ \cdots,\ D^{(n-1)}$$

其中：

$$D^{(-1)}[i][j]=G.arcs[i][j]$$

$$D^{(k)}[i][j]=Min\{D^{(k-1)}[i][j], D^{(k-1)}[i][k]+D^{(k-1)}[k][j]\} \quad 0\leqslant k\leqslant n-1$$

从上述计算公式可见，$D^{(1)}[i][j]$是从 v_i 到 v_j 且中间顶点序号不大于 1 的最短路径长度；$D^{(k)}[i][j]$是从 v_i 到 v_j 且中间顶点序号不大于 k 的最短路径长度；$D^{(n-1)}[i][j]$就是从 v_i 到 v_j 的最短路径的长度。

为了能记录路径，我们定义一个方阵 P，记录所有顶点偶对<v_i，v_j>间的最短路径，用它代表对应顶点的最短路径的前驱矩阵。方阵 P 随着 D 的变化而变化，所以，P 也对应一个方阵序列：($P^{(-1)}$，$P^{(0)}$，$P^{(1)}$，…，$P^{(k)}$，…，$P^{(n-1)}$)。$P^{(-1)}$是初始设置。

$$P^{(-1)}[i][j]=j$$

针对式：

$$D^{(k)}[i][j]=Min\{D^{(k-1)}[i][j], D^{(k-1)}[i][k]+D^{(k-1)}[k][j]\} \quad 0\leqslant k\leqslant n-1$$

如果 $D^{(k)}[i][j]=D^{(k-1)}[i][j]$，则

$$P^{(k)}[i][j]=P^{(k-1)}[i][j]$$

如果 $D^{(k)}[i][j]=D^{(k-1)}[i][k]+D^{(k-1)}[k][j]$，则

$$P^{(k)}[i][j]=P^{(k-1)}[i][k]$$

$D^{(1)}[i][j]$是从 v_i 到 v_j 且中间顶点序号不大于 1 的最短路径长度；$D^{(k)}[i][j]$是从 v_i 到 v_j 且中间顶点的个数不大于 k 的最短路径长度；$D^{(n-1)}[i][j]$就是从 v_i 到 v_j 的最短路径长度。

由此得到求任意两顶点间的最短路径的算法如下：

```
typedef int PathMatrix[MAXVEX][MAXVEX]
typedef int DistancMatrix[MAXVEX][MAXVEX]
```

```
1   void Floyd(Ggraph G, PathMatrix *P[], DistancMatrix *D)
2   { /* G：带权有向图，P[v][w]为 v 到 w 的当前最短路径，D[v][w]记录路径长度*/
3     for(v=0; v<G.vexnum; ++v)                /*各对顶点之间初始已知路径及距离*/
4       for(w=0; w<G.vexnum; ++w)
5       {
6         D[v][w]=G.arcs[v][w];                /*初始化 D*/
7         P[v][w]=w;                           /*初始化 P*/
8       }
9       for(u=0; u<G.vexnum; ++u)
10        for(v=0; v<G.vexnum; ++v)
11          for(w=0; w<G.vexnum; ++w)
12            if(D[v][u]+D[u][w]<D[v][w])      /*从 v 经 u 到 w 的一条路径更短*/
13            {
14              D[v][w]=D[v][u]+D[u][w];
15              P[v][w]=P[v][u];
16            }
17  }
```

弗洛伊德算法代码简洁，三重循环就可以完成任意一对顶点之间的最短路径的计算。但是其时间复杂度是 $O(n^3)$。

图 7.27 给出了一个简单的有向网及其邻接矩阵。图 7.28 给出了用弗洛伊德算法求该有向网中每对顶点之间的最短路径过程中数组 D 和数组 P 的变化情况。

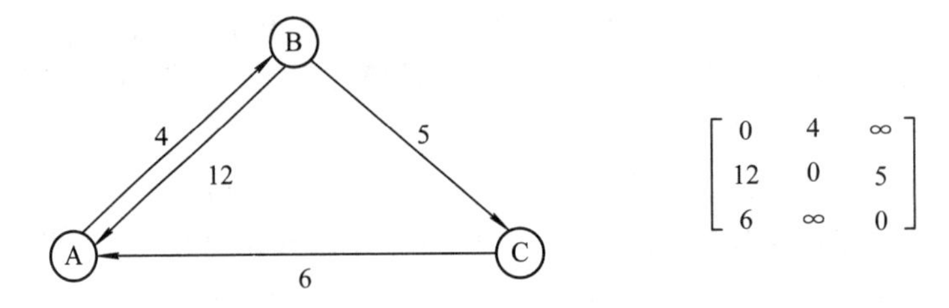

图 7.27 带权有向网及其邻接矩阵

D	$D^{(-1)}$			$D^{(0)}$			$D^{(1)}$			$D^{(2)}$		
	0	1	2	0	1	2	0	1	2	0	1	2
0	0	4	∞	0	4	∞	0	4	9	0	4	9
1	12	0	5	12	0	5	12	0	5	11	0	5
2	6	∞	0	6	10	0	6	10	0	6	10	0
P	$P^{(-1)}$			$P^{(0)}$			$P^{(1)}$			$P^{(2)}$		
	0	1	2	0	1	2	0	1	2	0	1	2
0	0	1	2	0	1	2	0	1	1	0	1	1
1	0	1	2	0	1	2	0	1	2	2	1	2
2	0	1	2	0	0	2	0	0	2	0	0	2

图 7.28 执行弗洛伊德算法时数组 D 和 P 取值的变化示意图

如何由 P 这个路径前驱获取具体的路径？以 A 到 C 为例，从图 7.28 中的 $P^{(2)}$看出，P[0][2]=1，说明经过 B 结点，然后将 B 结点序号 1 取代 A 结点序号 0 得到 P[1][2]=2，2 是路径终点，所以 A 到 C 的路径为 A→B→C。

由 P 矩阵求路径的算法如下：

```
1    for(v=0; v<G.vexnum; ++v)
2    {
3        for(w=0; w<G.vexnum; ++w)
4        {
5            printf("%d--%d    weight: %d", v, w, D[v][w]);    /*输出路径长度*/
6            k=P[v][w];                    /*取得路径上的第一个结点的下标*/
7            printf("path:   %", v);       /*输出源点*/
8            while(k!=w)                   /*如果路径上的结点不是终点*/
9           {
10              printf("-> %d", k)         /*输出路径上的结点*/
11              k=P[k][w];                 /*取得下一个路径中结点的下标*/
12          }
13          printf("->   %d\n", w);        /*输出终点*/
14       }
15       printf("\n");
16   }
```

弗洛伊德算法代码简洁，包含一个初始化 D 和 P 的二重循环加一个不断修正权值和路径中前驱矩阵的三重循环，就完成了任意一对顶点之间的最短路径的计算。这个算法巧妙而漂亮，由于包含三重循环，所以算法的时间复杂度为 $O(n^3)$。

我们虽然在讲解最短路径的两个算法的过程中，例子用的都是有向图，但它们对无向图依然有效。

7.7　有向无环图的应用

一个无环的有向图称作有向无环图，简称 DAG 图。DAG 图是一类特殊有向图，图 7.29 给出了有向树、DAG 图和有向图的例子。

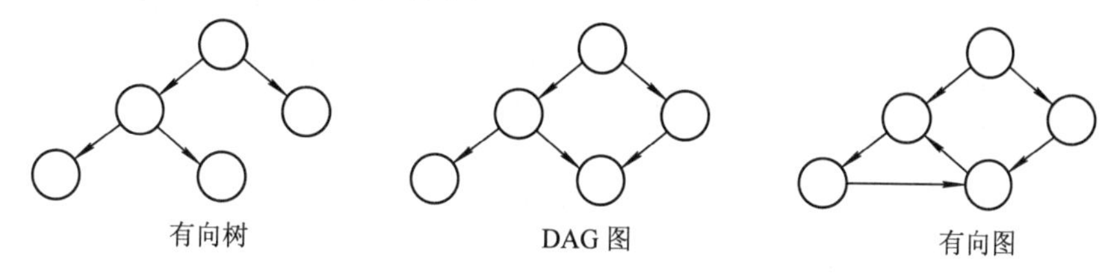

图 7.29　有向树、DAG 图和有向图示意图

对于无向图来说，若深度优先遍历过程中遇到回边(即指向已访问过的顶点的边)，则必定存在环；检查一个有向图是否存在环要比无向图复杂，因为这条回边有可能是指向深

度优先遍历生成森林中另一棵生成树上顶点的弧。但是，如果从有向图上某个顶点 v 出发的遍历，在深度优先遍历结束之前出现一条从顶点 u 到顶点 v 的回边，那么由于 u 在生成树上是 v 的子孙结点，因此有向图必定存在包含顶点 v 和 u 的环。

有向无环图是描述一项工程或系统的进行过程的有效工具。除最简单的情况之外，几乎所有的工程(project)都可分为若干个称作活动(activity)的子工程，而这些子工程之间，通常受一定条件的约束，如其中某些子工程的开始必须在另一些子工程完成之后。对整个工程和系统，人们关心的是两个方面的问题：一是工程能否顺利进行；二是估算完成整个工程所必需的最短时间。第一个问题可以用拓扑排序来解决，第二个问题用求关键路径来实现。下面我们分别来讨论这两个问题。

7.7.1 AOV 网与拓扑排序

1. AOV(activity on vertex)网

所有的工程或者某种流程都可以分为若干个小的工程或阶段，这些小的工程或阶段就称为活动。若以图中的顶点来表示活动，以有向边(弧)表示活动之间的优先关系，则这种活动在顶点上的有向图称为 AOV 网。

在 AOV 网中，弧表示了活动之间存在的制约关系。若从顶点 i 到顶点 j 之间存在一条有向路径，则称顶点 i 是顶点 j 的前驱，或者称顶点 j 是顶点 i 的后继。若<i, j>是图中的弧，则称顶点 i 是顶点 j 的直接前驱，顶点 j 是顶点 i 的直接后继。

在 AOV 网中，不应该出现有向环，因为存在环意味着某项活动应以自己为先决条件，显然，这是荒谬的。若设计出这样的流程图，则会陷入死循环。因此，对给定的 AOV 网应先判定网中是否存在环。检测的办法是对有向网构造其顶点的拓扑有序序列，若网中所有顶点都在它的拓扑有序序列中，则 AOV 网必定不存在环。

例如，计算机专业的学生必须完成一系列规定的基础课和专业课才能毕业。学生按照怎样的顺序来学习这些课程呢？这个问题可以看成是一个大的工程，其活动就是学习每一门课程。这些课程的名称与相应代号及先修课程如表 7.3 所示。

表 7.3 计算机专业的课程名称及先修课程

课程代码	课程名称	先修课程
C_1	高等数学	—
C_2	程序设计基础	—
C_3	离散数学	C_1，C_2
C_4	数据结构	C_2，C_3
C_5	高级程序设计语言	C_2
C_6	编译原理	C_5，C_4
C_7	操作系统	C_4，C_9
C_8	普通物理	C_1
C_9	计算机原理	C_8

表 7.3 中，C_1、C_2 是独立于其他课程的基础课，而有的课却需要有先修课程，比如，

学习完“程序设计基础”和“离散数学”后才能学习“数据结构”，学习完“程序设计基础”后可以学习“高级程序设计语言”等，这种约束条件规定了课程之间的优先关系。这种优先关系可以用图 7.30 所示的有向图来表示。其中，顶点表示课程，有向边表示前提条件。若课程 i 为课程 j 的先修课，则必然存在有向边 <i, j>。在安排学习顺序时，必须保证在学习某门课程之前，已经学习了其先修课程。

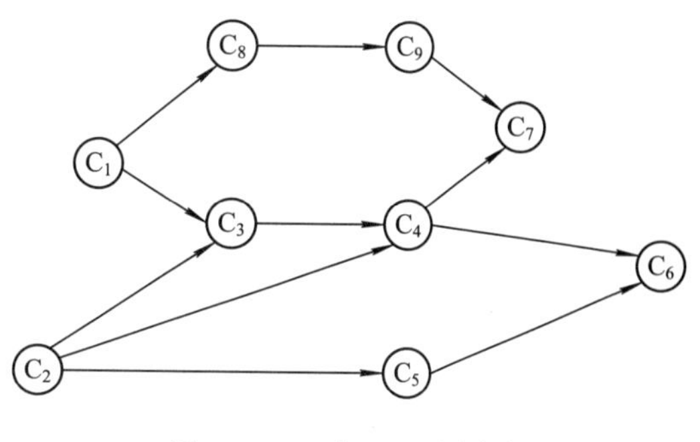

图 7.30　一个 AOV 网实例

对于图 7.30 所示的 AOV 网有如下两个拓扑有序序列：

$C_1—C_2—C_3—C_8—C_4—C_5—C_9—C_7—C_6$

$C_2—C_1—C_8—C_3—C_4—C_5—C_9—C_7—C_6$

可以判断，图 7.30 是一个有向无环图。当然，对此图也可以构造其他的拓扑有序序列。若某位学生每学期只学一门课程，则必须按照拓扑有序的顺序来安排学习计划。

类似的 AOV 网的例子还有很多，比如大家熟悉的计算机程序，任何一个可执行程序都可以划分为若干个程序段(或若干语句)，由这些程序段组成的流程图也是一个 AOV 网。

2. 拓扑排序**

在 AOV 网中，若不存在回路，则所有活动可排列成一个线性序列，使得每个活动的所有前驱活动都排在该活动的前面，我们把此序列叫作拓扑序列(topological order)，由AOV 网构造拓扑序列的过程叫作拓扑排序(topological sort)。AOV 网的拓扑序列不是唯一的，满足上述定义的任一线性序列都称作它的拓扑序列。

测试 AOV 网是否具有回路(即是不是一个有向无环图)的方法就是对 AOV 网进行拓扑排序，使得网中的顶点形成一个线性序列，该线性序列具有以下性质：

(1) 在 AOV 网中，若顶点 i 优先于顶点 j，则在线性序列中顶点 i 仍然优先于顶点 j。

(2) 对于 AOV 网中原来没有优先关系的顶点，如图 7.30 中的 C_1 与 C_2，在线性序列中也建立一个先后关系，或者顶点 i 优先于顶点 j，或者顶点 j 优先于顶点 i。

若某个 AOV 网中所有顶点都在它的拓扑序列中，则说明该 AOV 网不存在回路。拓扑序列不唯一，如图 7.30 所示的 AOV 网的拓扑序列就不止一条。显然，对于任何一项工程中各个活动的安排，必须按拓扑有序序列中的顺序进行。

3. 拓扑排序算法

对 AOV 网进行拓扑排序的方法如下：

(1) 从 AOV 网中选择一个没有前驱的顶点(该顶点的入度为 0)并且输出它。

(2) 从 AOV 网中删去该顶点，并且删去从该顶点发出的全部有向边。

(3) 重复上述两步，直到剩余的网中不再存在没有前驱的顶点为止。

这样操作的结果有两种：一种是网中全部顶点都被输出，这说明网中不存在有向回路；另一种就是网中顶点未全部输出，剩余的顶点均有前驱顶点，这说明网中存在有向回路。

图 7.31 给出了在一个 AOV 网上实施上述步骤的例子。依次输出的顶点序列为(v_2 v_5 v_1 v_4 v_3 v_7 v_6)。

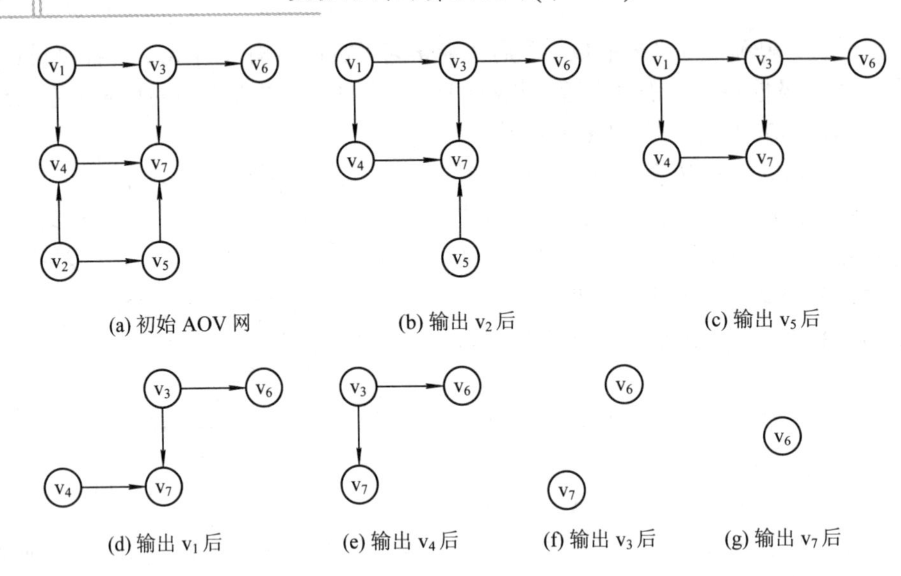

图 7.31 求拓扑序列的过程示例

为了实现上述算法，对 AOV 网采用邻接表存储结构，并且邻接表的顶点结点中增加一个记录顶点入度的数据域，即设置顶点结构为

indegree	data	firstarc

其中，indegree 为记录顶点入度的数据域。data、firstarc 的含义同 7.3.2 节所述。

顶点表结点结构的描述如下：

```
typedef struct vnode
{   int  indegree;                /*存放顶点入度*/
    ElemType data;                /*顶点信息*/
    ArcType * firstarc;           /*指向第一条依附该顶点的弧的指针*/
} VertexType;
```

图 7.31(a)所示 AOV 网的邻接表如图 7.32 所示。

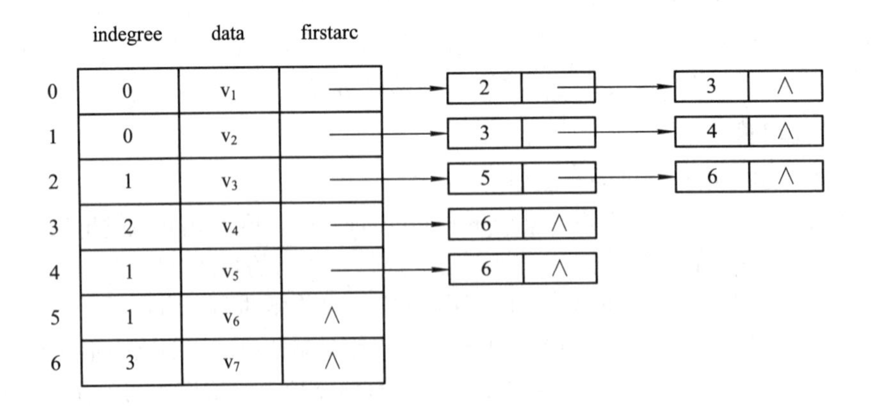

图 7.32 图 7.31(a)所示一个 AOV 网的邻接表

当然也可以不增设入度域，而另外设一个一维数组来存放每一个顶点的入度。

为了避免重复检测入度为 0 的顶点，可以再设置一个辅助栈，若某一顶点的入度减为 0，则将它入栈。每当输出某一入度为 0 的顶点时，便将它从栈中删除。为此，拓扑排序的算法步骤如下：

(1) 查找 G 中无前驱的顶点并将其入栈。

(2) 如果栈不空，则从栈中退出栈顶元素输出，并把该顶点引出的所有有向边删去，即把它的各个邻接顶点的入度减 1。

(3) 将入度减为 0 的顶点入栈。

(4) 重复(2)～(3)，直到栈为空为止。此时或者是已经输出全部顶点，或者剩下的顶点中没有入度为 0 的顶点。

从上面的步骤可以看出，栈在这里的作用只是保存当前入度为 0 的顶点，并使之处理有序。这种有序可以是后进先出，也可以是先进先出，因此也可以用队列来辅助实现。在用 C 语言描述的拓扑排序的算法实现中，我们采用栈来存放当前未处理过的入度为 0 的顶点，但并不需要额外增设栈的空间，而是设一个栈顶位置的指针将当前所有未处理过的入度为 0 的顶点连接起来，形成一个链式栈。用 C 语言描述拓扑排序的算法实现如下：

```
1    int TopoSort(AdjList   G)
2    {  Stack S;
3       int i, count, k;
4       ArcNode *p;
5       for(i=0;   i<G.vexnum;   i++)
6          G.vertexs[i].indegree=0;
7       for(i=0; i<G.vexnum; i++)                    /*求各顶点入度*/
8       {  p=G.vertexs[i].firstarc;
9          while(p!=NULL)
10         {  G.vertexes[p->adjvex].indegree ++;
11            p=p->next;
12         }
13      }
14      InitStack(&S);                               /*初始化辅助栈*/
15      for(i=0; i<G.vexnum; i++)
16         if(G.vertexs[i].indegree==0) Push(&S, i); /*将入度为 0 的顶点入栈*/
17      count=0;
18      while(!StackEmpty(S))
19         {  Pop(&S, &i);
20            printf("%c", G.vertexs[i].data);
21            count++;                               /*输出 i 号顶点并计数*/
22            p=G.vertes[i].firstarc;                /*取 i 的第一个邻接点*/
23            while(p!=NULL)
24            {  k=p->adjvex;
25               G.vertexs[k].indegree--;            /*入度减 1 */
```

```
26                  if(G.vertexs[k].indegree==0)   Push(&S, k);   /*若入度减为0，则入栈*/
27                  p=p->next;                                     /*取下一个邻接点*/
28              }
29          }
30          if(count<G.vexnum)   return(Error);                    /*该有向图含有回路*/
31          else   return(Ok);
32   }
```

对一个具有 n 个顶点、e 条弧的 AOV 网来说，整个算法的时间复杂度为 O(e×n)。

语句 7～13：求每个顶点的入度，循环 n 次，其中包含一个循环。

语句 9～12：遍历每个顶点的边表，循环最多 e 次，所以求每个顶点的入度的时间复杂度为 O(e×n)。

语句 15～16：将入度为 0 的顶点入栈，循环 n 次。

语句 18～29：双重循环，外循环最多 n 次。

语句 23～28：内循环，最多循环 e 次，时间复杂度为 O(e×n)。

7.7.2 AOE 图与关键路径**

1. AOE(activity on edge)网

有向图在工程计划和经营管理中有着广泛的应用。通常用有向图来表示工程计划时有两种方法：

(1) 用顶点表示活动，用弧表示活动间的优先关系，即上节所讨论的 AOV 网。

(2) 用顶点表示事件，用弧表示活动，弧的权值表示活动所需要的时间。

我们把用第(2)种方法构造的有向无环图叫作弧表示活动的网(activity on edge network)，简称 AOE 网。如果用 AOE 网来表示一项工程，那么，仅仅考虑各个子工程之间的优先关系还不够，还要考虑完成整个工程的最短时间是多少，哪些活动的延期将会影响整个工程的进度，而加速这些活动是否会提高整个工程的效率等问题。因此，通常在 AOE 网中列出完成预定工程计划所需要进行的活动，计划完成每个活动的时间，要发生哪些事件以及这些事件与活动之间的关系，从而可以确定该项工程是否可行，估算工程完成的时间以及确定哪些活动是影响工程进度的关键。

AOE 网具有以下三条性质：

(1) 只有在某顶点所代表的事件发生后，从该顶点出发的各有向边所代表的活动才能开始。如图 7.33 中顶点 v_1 代表的事件发生后，活动 a_1 和 a_2 才可以开始。

(2) 只有在进入某一顶点的各有向边所代表的活动都已经结束后，该顶点所代表的事件才能发生。如图 7.33 中活动 a_4 和 a_5 结束后，顶点 v_5 代表的事件才可以发生。也可以说，图 7.33 中顶点 v_5 的含义就是活动 a_4 和 a_5 结束后，活动 a_8、a_9 才可以开始。

(3) 在 AOE 网中存在唯一的、入度为 0 的顶点，叫作源点；存在唯一的、出度为 0 的顶点，叫作汇点。如图 7.33 中 v_1 是源点，v_{11} 是汇点。

图 7.33 给出了一个具有 15 个活动、11 个事件的假想工程的 AOE 网。$v_1 \to v_2 \to \cdots \to v_{11}$ 分别表示一个事件。其中，v_1 是开始事件，称为源点，是整个工程的开始点，其入度为 0；

v_{11}为结束事件，是整个工程的结束点，其出度为 0。

一个活动依附两个顶点，如活动 a_1 依附顶点 v_1、v_2 代表的事件，也就是说顶点 v_1 代表的事件发生后，活动 a_1 才可以开始，活动 a_1 结束是 v_2 代表的事件发生的一个前驱条件。图 7.33 中，$<v_1 \to v_2>$，$<v_1 \to v_3>$，…，$<v_{10} \to v_{11}>$分别表示一个活动；用 a_1，a_2，…，a_{15} 代表这些活动。活动上的数字代表该活动需要的时间或耗费。

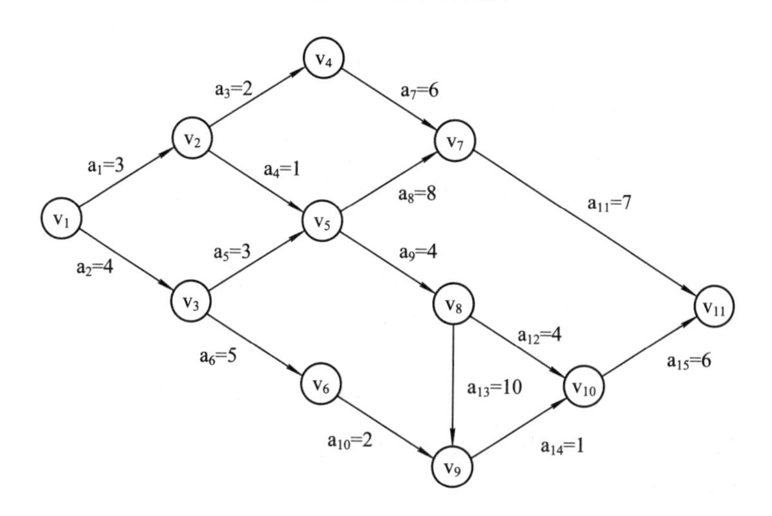

图 7.33 一个 AOE 网示例

对于 AOE 网，可采用与 AOV 网一样的邻接表存储结构。其中，邻接表中边结点的域为该边的权值，即该有向边代表的活动所持续的时间。

2. 关键路径

由于 AOE 网中的某些活动能够同时进行，故完成整个工程所必须花费的时间应该为源点到终点的最大路径长度(这里的路径长度是指该路径上的各个活动所需时间之和)。具有最大路径长度的路径称为关键路径。关键路径上的活动称为关键活动。关键路径长度是整个工程所需的最短工期。这就是说，要缩短整个工期，必须加快关键活动的进度。

3. 关键路径的确定

设 v_0 是源点，v_n 是汇点，一般规定事件 v_0 的发生时间为 0。

为了在 AOE 网中找出关键路径，需要定义几个参量，并且说明其计算方法。

(1) 事件 v_i 的最早发生时间 ve[i]。

从源点 v_0 到顶点 v_i 的所有路径长度的最大值叫作事件 v_i 的最早发生时间。求 ve[i]时可从源点开始，按拓扑顺序向汇点递推：

$$\begin{cases} ve[0] = 0 \\ ve[i] = \mathrm{Max}\{ve[k] + dut(<k, i>)\} \quad <k, i> \in T,\ 1 \leqslant i \leqslant n-1 \end{cases} \tag{7.1}$$

其中，T 为所有以 i 为头的弧<k, i>的集合，dut(<k, i>)表示与弧<k, i>对应的活动的持续时间。

(2) 事件 v_i 的最晚发生时间 vl[i]。

在保证汇点 v_n 按其最早发生时间发生这一前提下，求事件 v_i 的最晚发生时间。

在求出 ve[i]的基础上，可从汇点 v_n 开始，按逆拓扑顺序向源点递推，求出 vl[i]：

$$\begin{cases} vl[n] = ve[n] \\ vl[i] = \text{Min}\{vl[k]-dut(<i, k>)\} \quad <i, k>\in S, 0\leqslant i\leqslant n-2 \end{cases} \tag{7.2}$$

其中，S 为所有以 i 为尾的弧<i, k>的集合，dut(<i, k>)表示与弧<i, k>对应的活动的持续时间。

(3) 活动 a_i 的最早开始时间 e[i]。

若活动 a_i 是由弧$<v_k, v_j>$表示的，则根据 AOE 网的性质，只有事件 v_k 发生了，活动 a_i 才能开始。也就是说，活动 a_i 的最早开始时间应等于事件 v_k 的最早发生时间，因此有

$$e[i]=ve[k] \tag{7.3}$$

(4) 活动 a_i 的最晚开始时间 l[i]。

活动 a_i 的最晚开始时间是指在不推迟整个工程完成日期的前提下，必须开始的最晚时间。若由弧$<v_k, v_j>$表示活动 a_i，则 a_i 的最晚开始时间要保证事件 v_j 的最迟发生时间不拖后，因此有

$$l[i] = vl[j]-dut(<v_k,v_j>) \tag{7.4}$$

根据每个活动的最早开始时间 e[i]和最晚开始时间 l[i]就可判定该活动是否为关键活动，即 l[i] = e[i]的活动就是关键活动，而 l[i]>e[i]的活动则不是关键活动，l[i]−e[i]的值为活动的时间余量。关键活动确定之后，关键活动所在的路径就是关键路径。

下面以图 7.33 所示的 AOE 网为例，求出上述参量，来确定该网的关键活动和关键路径。

首先，按照式(7.1)求事件的最早发生时间 ve[i]。

$ve[1] = 0$

$ve[2] = 3$

$ve[3] = 4$

$ve[4] = ve[2] + 2 = 5$

$ve[5] = \max\{ve[2] + 1, ve[3] + 3\} = 7$

$ve[6] = ve[3] + 5 = 9$

$ve[7] = \max\{ve[4] + 6, ve[5] + 8\} = 15$

$ve[8] = ve[5] + 4 = 11$

$ve[9] = \max\{ve[8] + 10, ve[6] + 2\} = 21$

$ve[10] = \max\{ve[8] + 4, ve[9] + 1\} = 22$

$ve[11] = \max\{ve[7] + 7, ve[10] + 6\} = 28$

其次，按照式(7.2)求事件的最晚发生时间 vl[i]。

$vl[11] = ve[11] = 28$

$vl[10] = vl[11] - 6 = 22$

$vl[9] = vl[10] - 1 = 21$

$vl[8] = \min\{vl[10] - 4, vl[9] - 10\} = 11$

$vl[7] = vl[11] - 7 = 21$

$vl[6] = vl[9] - 2 = 19$

$vl[5] = \min\{vl[7] - 8, vl[8] - 4\} = 7$

$vl[4] = vl[7] - 6 = 15$

$vl[3] = \min\{vl[5] - 3, vl[6] - 5\} = 4$

$vl[2] = \min\{vl[4] - 2, vl[5] - 1\} = 6$

$vl[1] = \min\{vl[2] - 3, vl[3] - 4\} = 0$

再按照式(7.3)和式(7.4)求活动 a_i 的最早开始时间 e[i]和最晚开始时间 l[i]。

活动 $a_1[v_1, v_2]$	e[1] = ve[1] = 0	l[1] = vl[2] − 3 = 3
活动 $a_2[v_1, v_3]$	e[2] = ve[1] = 0	l[2] = vl[3] − 4 = 0
活动 $a_3[v_2, v_4]$	e[3] = ve[2] = 3	l[3] = vl[4] − 2 = 13
活动 $a_4[v_2, v_5]$	e[4] = ve[2] = 3	l[4] = vl[5] − 1 = 6
活动 $a_5[v_3, v_5]$	e[5] = ve[3] = 4	l[5] = vl[5] − 3 = 4
活动 $a_6[v_3, v_6]$	e[6] = ve[3] = 4	l[6] = vl[6] − 5 = 14
活动 $a_7[v_4, v_7]$	e[7] = ve[4] = 5	l[7] = vl[7] − 6 = 15
活动 $a_8[v_5, v_7]$	e[8] = ve[5] = 7	l[8] = vl[7] − 8 = 13
活动 $a_9[v_5, v_8]$	e[9] = ve[5] = 7	l[9] = vl[8] − 4 = 7
活动 $a_{10}[v_6, v_9]$	e[10] = ve[6] = 9	l[10] = vl[9] − 2 = 19
活动 $a_{11}[v_7, v_{11}]$	e[11] = ve[7] = 15	l[11] = vl[11] − 7 = 21
活动 $a_{12}[v_8, v_{10}]$	e[12] = ve[8] = 11	l[12] = vl[10] − 4 = 18
活动 $a_{13}[v_8, v_9]$	e[13] = ve[8] = 11	l[13] = vl[9] − 10 = 11
活动 $a_{14}[v_9, v_{10}]$	e[14] = ve[9] = 21	l[14] = vl[10] − 1 = 21
活动 $a_{15}[v_{10}, v_{11}]$	e[15] = ve[10] = 22	l[15] = vl[11] − 6 = 22

最后，比较 e[i] 和 l[i] 的值可判断出 a_2、a_5、a_9、a_{13}、a_{14}、a_{15} 是关键活动，关键路径如图 7.34 所示。

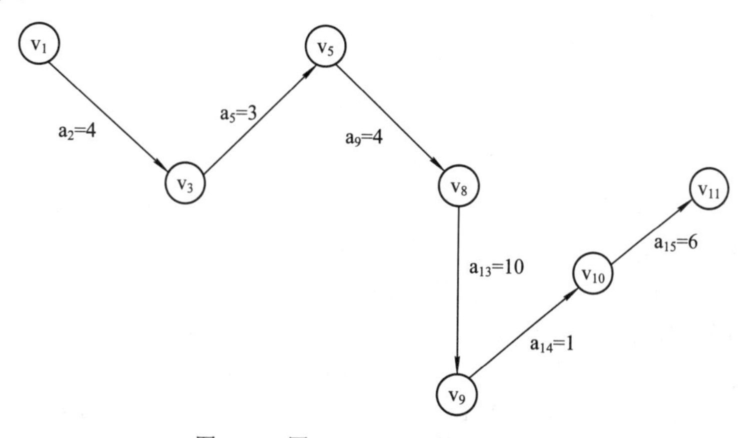

图 7.34　图 7.33AOE 网的关键路径

由上述方法得到求关键路径的算法步骤如下：

(1) 建立 AOE 网的存储结构。

(2) 从源点 v_0 出发，令 ve[0] = 0，按拓扑有序序列求其余各顶点的最早发生时间 ve[i](1≤i≤n−1)。如果得到的拓扑有序序列中顶点个数小于网中顶点数 n，则说明网中存在环，不能求关键路径，算法终止；否则执行步骤(3)。

(3) 从汇点 v_n 出发，令 vl[n−1] = ve[n−1]，按逆拓扑有序求其余各顶点的最晚发生时间 vl[i](n−2≥i≥2)。

(4) 根据各顶点的 ve 和 vl 值，求每条弧 s 表示的活动的最早发生时间 e[s]和最晚发生时间 l[s]。若某条弧满足条件 e[s] = l[s]，则为关键活动。

实践已经证明，用 AOE 网来估算某些工程完成的时间是非常有用的。由于网中各项活动是互相关联的，因此影响关键活动的因素亦是多方面的。关键路径上关键活动的速度的提高是有限的。只有在不改变网的关键路径的情况下，提高关键活动的速度才有效。另外，若网络中有多条关键路径，那么，提高一条关键路径上的关键活动的速度，还不能使整个工程工期缩短，而必须同时提高所有关键路径上的关键活动的速度。

本章知识点总结

在图结构中，数据元素之间的关系是多对多的，不存在明显的线性或层次关系。图中每个数据元素可以和图中其他任意数据元素相关。树可以看作是图的一种特例。本章核心知识点总结如图 7.35 所示。

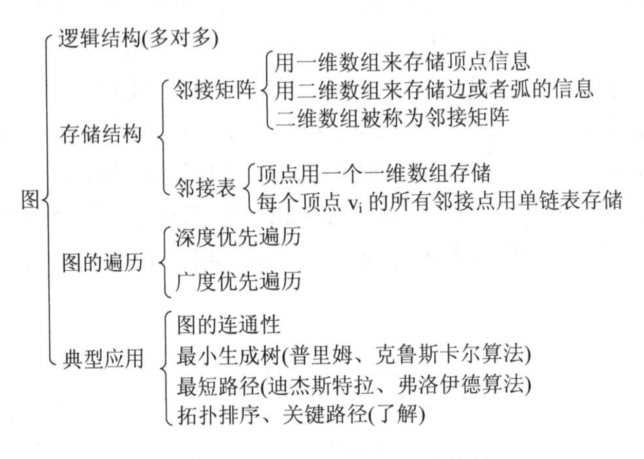

图 7.35　本章核心知识点总结

(1) 相关术语：无向图、有向图、弧、边、完全图、子图、(强)连通图、(强)连通分量；邻接点、相邻接、相关联；路径、路径长度、回路或环、简单路径、简单回路；度、入度、出度；权、赋权图或网；生成树(极小连通子图)。

(2) 图的存储结构：邻接矩阵、邻接表、十字链表(了解)、邻接多重表(了解)。

(3) 图的遍历：深度优先遍历和广度优先遍历。

(4) 图的连通性：可以利用两种遍历算法判断图的连通性，如果图不连通，则可以获知其有几个连通分量。

(5) 最小生成树算法：对于连通图，可以利用 Prim 算法和 Kruskal 算法找到图的最小生成树。Prim 算法适用于稠密图，Kruskal 算法适用于稀疏图。

(6) 最短路径问题，分为两种：一是求某一点到其余各顶点的最短路径(采用 Dijsktra 算法)；二是求图中任意两顶点之间的最短路径(采用 Floyd 算法)。

(7) 有向无环图(DAG 图)：描述一项工程进行过程的有效工具，主要用来进行拓扑排序和关键路径的操作。

本章以科学家命名的算法有 Kruskal 算法、Prim 算法、Dijsktra 算法、Floyd 算法等。我们应向前辈们学习，不懈努力，思考计算机领域的新方法、新理论，为实现科技强国的目标作出贡献。

习　　题

1. 已知有向图如图 7.36 所示，请给出：

(1) 该图每个顶点的入度、出度；

(2) 该图的邻接矩阵；

(3) 该图的邻接表；

(4) 该图的逆邻接表；

(5) 该图的所有强连通分量。

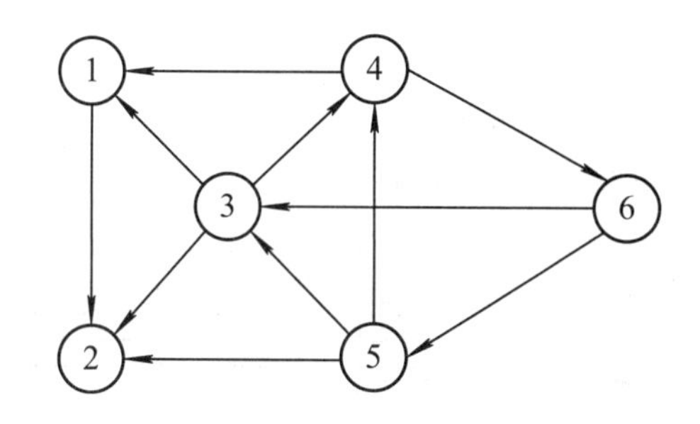

图 7.36　习题 1 图

2. 回答下列问题：

(1) 具有 n 个顶点的连通图至少有几条边？

(2) 具有 n 个顶点的强连通图至少有几条边？这样的图应该是什么形状的？

(3) n 个顶点的有向无环图最多有几条边？

3. 对于有 n 个顶点的无向图，采用邻接矩阵表示时，应如何判断图中有多少条边？任意两个顶点 i 和 j 之间是否有边相连？任意一个顶点的度是多少？

4. 对于图 7.37 所示的有向图，试给出：

(1) 该图的邻接矩阵；

(2) 从 1 出发的深度优先遍历序列；

(3) 从 6 出发的广度优先遍历序列。

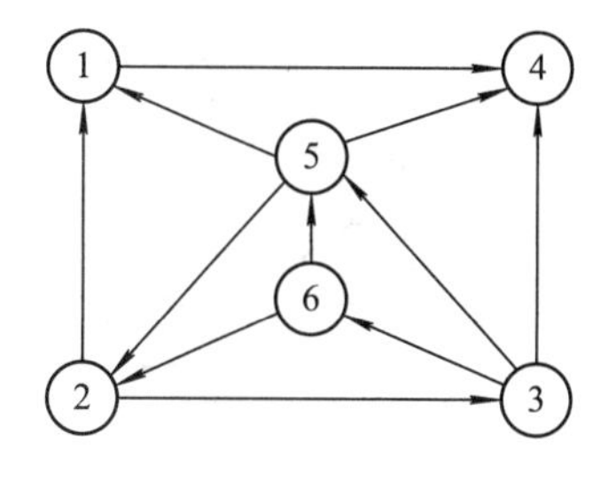

图 7.37　习题 4 图

5. 首先给出如图 7.38 所示的无向图的存储结构的邻接表表示，然后写出对其分别进行深度、广度优先遍历的结果。

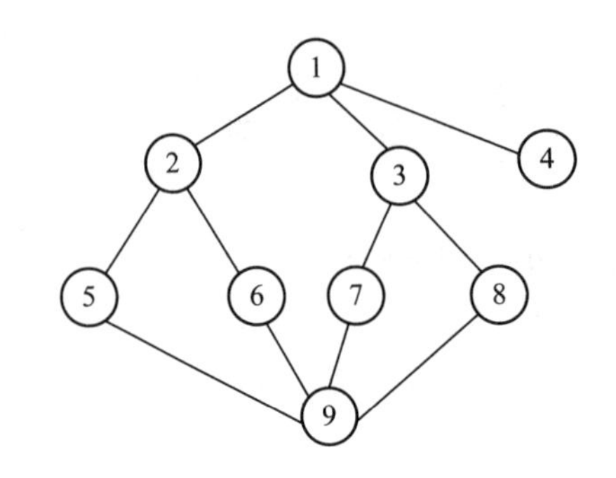

图 7.38　习题 5 图

6. 已知某图的邻接表如图 7.39 所示。

(1) 画出此邻接表所对应的无向图；

(2) 写出从 F 出发的深度优先搜索序列；

(3) 写出从 F 出发的广度优先搜索序列。

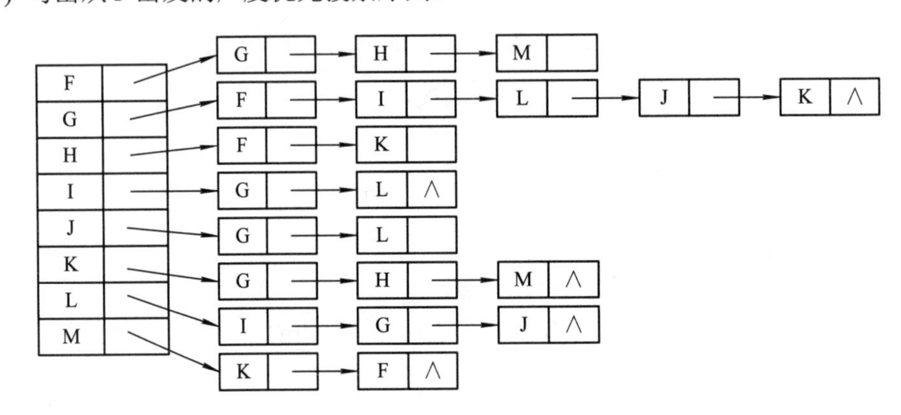

图 7.39　习题 6 图

7. 某乡镇 5 个村庄的公路交通图如图 7.40 所示，现在需要沿公路修建天然气管道将 5 个村庄连通。为了节约修建成本，请给出能连通 5 个村庄的最短天然气管道的方案。

8. 已知图 G 如图 7.41 所示。

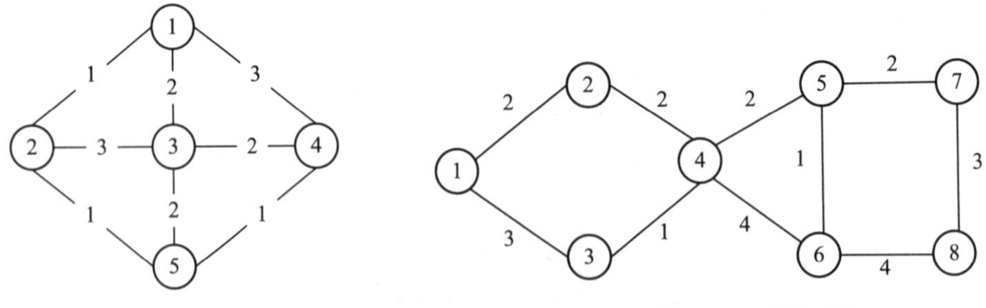

图 7.40　习题 7 图　　　图 7.41　习题 8 图

(1) 用 C 语言(或其他算法语言)写出该图的邻接表存储结构的数据类型。

(2) 画出该图的邻接表存储结构。

(3) 该图是否连通?如何判断图是否连通?请写出判断步骤。

(4) 用 Kruskal 算法求其最小生成树，要求画出构造过程图。

9. 已知世界六大城市为北京(PE)、纽约(N)、巴黎(PA)、伦敦(L)、东京(T)、墨西哥(M)，表 7.4 给出了这六大城市之间的交通里程。

表 7.4　世界六大城市交通里程表　　(单位：百公里)

	PE	N	PA	L	T	M
PE	—	109	82	81	21	124
N	109	—	58	55	108	32
PA	82	58	—	3	97	92
L	81	55	3	—	95	89
T	21	108	97	95	—	113
M	124	32	92	89	113	—

(1) 画出这六大城市的交通网络图；

(2) 画出该图的邻接表；

(3) 利用 Prim 算法画出该图的最小(代价)生成树。

10. 表 7.5 给出了某工程中各工序之间的优先关系和各工序所需的时间。

表 7.5　各工序之间的优先关系和各工序所需时间

工序代号	A	B	C	D	E	F	G	H	I	J	K	L	M	N
所需时间/s	15	10	50	8	15	40	300	15	120	60	15	30	20	40
先驱工作	—	—	A, B	B	C, D	B	E	G，I	E	I	F, I	H, J, K	L	G

(1) 画出相应的 AOE 网；

(2) 列出各事件的最早发生时间、最晚发生时间；

(3) 找出关键路径并指明完成该工程所需最短时间。

11. 已知图的邻接矩阵如图 7.42 所示，画出对应的图形，并画出该图的邻接表(邻接表中边表按序号从大到小排序)，试写出：

(1) 以顶点 v_1 为出发点的唯一的深度优先遍历序列；

	v_1	v_2	v_3	v_4	v_5	v_6	v_7	v_8	v_9	v_{10}
v_1	0	1	1	1	0	0	0	0	0	0
v_2	0	0	0	1	1	0	0	0	0	0
v_3	0	0	0	1	0	1	0	0	0	0
v_4	0	0	0	0	0	1	1	0	1	0
v_5	0	0	0	0	0	0	1	0	0	0
v_6	0	0	0	0	0	0	0	1	1	0
v_7	0	0	0	0	0	0	0	0	1	0
v_8	0	0	0	0	0	0	0	0	0	1
v_9	0	0	0	0	0	0	0	0	0	1
v_{10}	0	0	0	0	0	0	0	0	0	0

图 7.41　图的邻接矩阵

(2) 以顶点 v_1 为出发点的唯一的广度优先遍历序列；

(3) 该图唯一的拓扑有序序列。

12. 试基于图的深度优先遍历设计一算法，判别以邻接表方式存储的有向图中是否存在由顶点 v_i 到顶点 v_j 的路径($i \neq j$)。

13. 采用邻接表存储结构，设计一个判别无向图中任意给定的两个顶点之间是否存在一条长度为 k 的简单路径的算法。

14. 已知有向图和图中两个顶点 u 和 v，试设计算法求出有向图中从 u 到 v 的所有简单路径。

15. 对于一个使用邻接表存储的有向图 G，完成以下任务：

(1) 给出图的邻接表定义(结构)；

(2) 定义在算法中使用的全局辅助数组；

(3) 写出在遍历图的同时进行拓扑排序的算法。

16. n 个村庄之间的交通图如图 7.43 所示，若村庄 i 和 j 之间有道路，则将顶点 i 和 j 用边连接，边上的 W_{ij} 表示这条道路的长度。现在要从这 n 个村庄中选择一个村庄建一所医院，使离医院最远的村庄到医院的路程最短。试设计一个解决上述问题的算法。

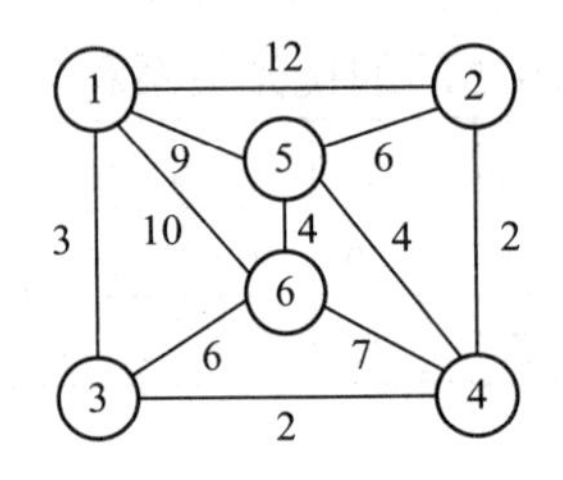

图 7.43　习题 16 图

第八章　查　　找

第二到七章介绍了基本的数据结构，包括线性表、树、图等。本章介绍数据结构的重要技术——查找。现在数据存储量一般很大，为了在大量信息中找到所需信息，就需用到查找技术。查找是对查找表进行的操作，而查找表是一种非常灵活、方便的数据结构。其数据元素之间仅存在“同属于一个集合”的这一种关系。

教学目标：

使学生熟练掌握顺序表和有序顺序表的查找方法及其平均查找长度的计算方法；熟练掌握二叉排序树的构造和查找方法，了解在二叉排序树上插入结点和删除结点的算法；了解平衡二叉树(AVL 树)的定义及平衡旋转规律；简单了解 B 树的特点及其查找的过程；掌握哈希表的构造方法；掌握按定义计算各种查找方法在等概率情况下查找成功时的平均查找长度。

思政目标：

引导学生努力学习、储备知识，培养学生精益求精、追求卓越的工匠精神。

8.1　基本概念

1. 查找

在日常生活中，我们几乎每天都要进行“查找”工作，例如，在手机微信或 QQ 通讯录中查找联系人，在硬盘上找一张照片、一个 Word 文件，在互联网上查找信息等。

所谓查找，是指在一个含有众多数据元素(或记录)的查找表中找出某个特定的数据元素(或记录)。为了便于讨论，必须给出这个特定词的确切含义，这里引入“关键字”的概念。

2. 关键字

关键字(key)是指数据元素(或记录)中某个数据项的值，用它可以标识一个(或一组)数据元素(或记录)。

如果一个关键字可以唯一地标识一个数据元素，则称其为主关键字；否则称其为次关键字。当数据元素仅有一个数据项时，数据元素的值就是关键字。通讯录中电话号码是主关键字，姓名就是次关键字。

3. 查找表

所有需要查找的数据所在的集合称为查找表。比如手机中的通讯录和互联网就是查找表。

在计算机的各种系统软件或应用软件中，查找表也是一种最常见的结构，如编译程序中的符号表、信息处理系统中的信息表等。

表 8.1 所示学生信息管理系统中的学生信息表就是一个查找表，表中每一行为一个记录，学号是主关键字，姓名、性别等为次关键字。

假设我们要查找学号为 040302 的同学，通过查找，可获得“040302，张汉涛，男，信息与计算科学，04 级，…”这个记录，此时查找成功；若要查找学号为 050203 的同学，由于表中没有学号为 050203 的记录，因此查找不成功。

表 8.1 学生信息表

学号	姓名	性别	专　业	年级	…
050002	崔小雅	女	信息与计算科学	05 级	…
050301	李　丽	女	软件工程	05 级	…
040302	张汉涛	男	信息与计算科学	04 级	…
030801	何颖文	女	计算机应用	03 级	…
020601	李　丽	女	计算机应用	02 级	…
…	…	…	…	…	…

如果给定一个关键字，而表中存在具有这个关键字的记录，就可以查找成功，此时查找的结果可以是整个记录信息，也可以是这个记录在查找表中的位置。

如果表中不存在这样一个记录，则查找是失败的，此时查找结果可以是一个“空”记录或“空”指针。

查找表(search table)是由同一类型的数据元素(或记录)构成的集合。由于“集合”中的数据元素之间存在松散的关系，给查找带来不便，而在查找时，我们总是希望尽可能快地找到要查找的信息，因此，为了能快速高效地完成查找，可以人为地为数据元素加上关系，如线性关系、层次关系、网状关系。比如：通讯录中联系人之间可以按照姓名的拼音字母顺序组织，这就是一种线性关系，如果按照联系人的关系组织(比如：同事、朋友、亲戚等)，那就是一种网状关系了。

显然，在一个查找表中查找某个数据元素的过程依赖于这个数据元素在结构中所处的位置。因此，对表进行查找的方法取决于表中数据元素是依赖何种关系(这个关系是人为加上的)组织在一起的。例如，在表 8.1 的学生信息表中以学生姓名作为关键字进行查找，查找的方法就是从表中第一个记录开始到最后一个记录，依次将每个记录的姓名与给定的姓名进行比较，其中，如果某个记录的姓名与给定的姓名相等，则查找成功。又如，在英文字典中查找英文单词，由于字典是按单词的字母在字母表中的次序编排的，因此查找时不需要从字典中第一个单词比较起，而只需要根据待查单词中每个字母在字母表中的位置查找该单词。

本章所讨论的查找表分两大类：静态查找表、动态查找表。

静态查找表是指在查找表中只做查找操作，不做插入和删除操作，也就是查找表是静态的。比如牛津英汉双节词典，它的主要操作有两个：

(1) 在查找表中查找某个“特定的”数据元素。

(2) 查找某个“特定的”数据元素的各种属性。

静态查找表在查找之前已经存在，查找是在已经有的数据集中找我们需要的信息。但是，随着时间的推移，新的信息不断出现，查找表也不断更新。为此，引进了动态查找表，比如互联网每天都增添新的信息，也有许多网页被删掉。

动态查找表是动态变化的，随着新的信息的出现，可做插入操作，而淘汰信息可做删除操作。显然动态查找表的操作有两个：

(1) 查找过程中，查找不到时可根据需求插入数据元素。

(2) 查找过程中，查找到时可以依据需求删除数据元素。

4. 哈希表

在查找关键字和存放地址之间建立一个对应关系的函数，并由此建立查找表，这个表就叫作哈希表。查找时就利用关键字和存储地址之间的建立的对应函数进行快速查找。

5. 平均查找长度

哈希表是一种既适合于静态查找也适合于动态查找的查找表。

查找算法注重的是查找的效率，我们用搜索引擎时，希望能即时得到要查找的信息。查找效率的高低与查找表的组织以及查找策略的设计直接相关。那么查找算法的效率如何评价？

无论是静态查找表、动态查找表还是哈希表，在进行查找的过程，都需要将查找关键字和查找表中的记录关键字进行比较。可以用比较次数的期望值来评价，查找算法的优劣。

为确定记录在查找表中的位置，需和给定值进行比较的关键字次数的期望值称为查找算法在查找成功时的平均查找长度(average search length)。可以用平均查找长度来评价查找算法效率。

比如在表 8.1 中，有 N 个学生记录，采取最简单的逐一查找的方法：找第一个学生，比较一次；找第二个学生，比较两次；……找最后一个学生，比较 N 次。我们用 C_i 表示找到表中其关键字与给定值相等的第 i 个记录时的比较次数，显然 C_i 随查找过程不同而不同。P_i 表示在查找表中查找第 i 个记录的概率，查找成功时的平均查找长度为

$$ASL = P_1C_1 + P_2C_2 + \cdots + P_nC_n = \sum_{i=1}^{n} P_iC_i$$

这一章给大家介绍经典的查找算法，在此基础上，读者可依据不同的场景设计高效的查找算法，提高查找效率。

8.2 静态查找表

静态查找表主要有顺序表、有序顺序表、索引顺序表、倒排表，查找法可分为顺序查找法、折半查找法和分块查找法。我们用线性结构来组织数据，顺序查找用顺序存储结构或链式存储结构；折半查找用顺序存储结构，同时按照查找关键字排序；索引顺序表采用顺序存储结构。

8.2.1 顺序表

在顺序表上进行顺序查找就是用给定的关键字与顺序表中各元素的关键字逐个比较，直到成功或失败(所有元素均不成功)为止。存储结构可以是顺序存储结构，也可以是链式存储结构。

在此只讨论在顺序存储结构中的顺序查找，在链式存储结构中的实现留给读者自己完成。下面给出顺序存储结构有关数据类型的定义：

```
#define LISTSIZE 20
typedef struct
{ int    key;        /*关键字域*/
  …                  /*其他域*/
} ElemType;
typedef   struct
{   ElemType   r[LISTSIZE];
    int   length;
} STable;
STable   st;
```

其中 st 就是查找表，st.r[1]～st.r[length]中存储 length 个记录，将给定的关键字存放在 st.r[0]中，即 st.r[0].key=k，st.r[0]作为哨兵，称为监视哨，可以起到防止越界的作用。

顺序查找过程可以描述为：从表的尾部开始查找，逐个将记录的关键字和给定值进行比较，若某个记录的关键字和给定值相等，则查找成功；反之，一定在最终的 st.r[0]中查找到，此时说明查找失败。显然，查找成功返回记录在表中的位置，查找失败返回 0。

查找过程的算法如下：

```
1   int   SearchSeq(STable st, int k)
    /*在顺序表中查找关键字等于 k 的元素，若找到，则函数值为该元素在表中的位置，否则为 0 */
2   {
3       int   i;
4       st.r[0].key=k;
5       i=st.length;
6       while(st.r[i].key!=k)   i--;
7       return(i);
8   }
```

例 8.1 在下列顺序表(st.length = 9)中查找 k = 58，算法第 4 句设置哨兵，将 58 放入 st.r[0].key。

0	1	2	3	4	5	6	7	8	9
58	25	3	89	16	35	58	90	81	48

解 根据以上算法第 6 句循环比较 i 位置的关键字与 k，st.r[9].key 是 48，不等于 58，则“i--”之后等于 8，依次循环比较 58 与 81、90，直到 i = 6 时 while(st.r[i].key! = k)成立，

循环终止，算法第 7 句返回结果为 6。

例 8.2 在下列顺序表中查找 k = 8，算法第 4 句设置哨兵，将 8 放入 st.r[0].key。

0	1	2	3	4	5	6	7	8	9
8	25	3	89	16	35	58	90	81	48

解 根据以上算法第 5 句初始化循环变量 i = st.length 为 9，第 6 句 st.r[9].key 是 48 不等于 8，依次循环比较 8 与 81，90，58，…，25，直到 i = 0 时 while(st.r[i].key! = k)不成立，循环终止，算法第 7 句返回结果为 0，查找失败。

显然，顺序查找法对表中数据有无排序没有要求。

下面用平均查找长度来分析顺序查找算法的性能。假设表长为 n，那么查找第 i 个数据元素时需要进行 n−i + 1 次比较，即 $C_i = n-i+1$，又假设查找每个元素的概率相等，即 $P_i = 1/n$，则顺序查找算法查找成功时的平均查找长度为

$$ASL_{succ} = \sum_{i=1}^{n} P_i C_i = \frac{1}{n}\sum_{i=1}^{n} C_i = \frac{1}{n}\sum_{i=1}^{n}(n-i+1) = \frac{1}{2}(n+1)$$

顺序查找算法查找失败时，关键字从第 n 个一直比较到第 0 个，所以需要进行 n+1 次比较，因此，平均查找长度为 n+1。

顺序查找法的特点是算法简单且适应面广，对表的结构无任何要求，无论记录是否按关键字排序均可应用，而且，上述所有讨论对线性链表也同样适用。其缺点是平均查找长度较大(与后面将要讨论的其他查找算法相比)，特别是当 n 很大时，查找效率较低。在查找算法上我们需要不断精益求精，努力创新，提高算法的效率。

8.2.2 有序顺序表

在有序顺序表上查找的算法主要有顺序查找、折半查找和插值查找方法。

1. 顺序查找

有序顺序表的顺序查找的方法和 8.2.1 节讨论的顺序表的查找方法类似，但一般情况下不需要比较到 st.r[0] 就可判断出要查找的数据元素是否在数据元素集合中。例如，设有序顺序表的数据元素集合为{10, 26, 48, 69, 90}，要查找的数据元素是 50，当顺序查找与 48 比较后就可确定 50 不在数据元素集合中。

有序顺序表的查找算法如下：

```
1   int  SearchSeq(STable st, int k)
    /*在有序顺序表中查找关键字等于k的元素，若找到，则函数值为该元素在表中的位置，否则为0 */
2   {  int  i;
3       st.r[0].key=k;
4       i=st.length;
5       while(st.r[i].key>k)  i--;
6       if(st.r[i].key= =k)  return(i);
7       else return(0);
8   }
```

假设表长为 n，那么查找第 i 个数据元素时需要进行 n–i+1 次比较，即 C_i=n–i+1，又假设查找每个元素的概率相等，即 P_i=1/n，则有序顺序查找算法的平均查找长度为

$$ASL_{succ}=\sum_{i=1}^{n}P_iC_i=\frac{1}{n}\sum_{i=1}^{n}C_i=\frac{1}{n}\sum_{i=1}^{n}(n-i+1)=\frac{1}{2}(n+1)$$

查找失败的情况分析：因为关键字是有序的，查找大于第 n 个元素需要比较 1 次，查找大于第 n–1 小于第 n 个元素的比较次数为 2 次，依次类推，查找大于第 i–1 且小于第 i 个元素的比较次数为 n–i+1 次，在等概率情况下，查找不成功的平均查找长度为

$$ASL_{unsucc}=\sum_{i=1}^{n}P_iC_i=\frac{1}{n}\sum_{i=1}^{n}C_i=\frac{1}{n}\sum_{i=1}^{n}(n-i+1)=\frac{1}{2}(n+1)$$

由此可见，查找成功时，有序顺序表的查找算法的平均查找长度和顺序表的查找算法的平均查找长度相同；但当查找不成功时，有序顺序表的查找算法平均查找长度是顺序表的平均查找长度的 1/2。

2. 折半查找

折半查找又称为二分查找法，这种方法要求待查找的表顺序存储而且表中关键字大小有序排列。其查找过程是：先确定待查记录所在的范围(区间)，然后逐步缩小范围直到找到或找不到记录为止。具体方法是：将表中间位置的关键字与查找关键字进行比较，如果两者相等，则查找成功；否则利用中间位置记录将表分成前、后两个子表，如果中间位置的关键字大于查找关键字，则进一步查找前一子表，否则查找后一子表。重复以上过程，直到找到满足条件的记录，查找成功，或直到子表不存在为止，此时查找不成功。

例 8.3 在下列有序表中查找关键字为 26 和 85 的数据元素。

1	2	3	4	5	6	7	8	9	10	11
05	13	19	26	38	58	67	79	86	96	100

解 假设指针 low 和 high 分别指示待查元素所在范围的下界和上界，指针 mid 指示区间的中间位置，即 mid=(low+high)/2。在此例中，low 和 high 的初始值分别为 1 和 11，当 high<low 时，表示不存在这样的子表空间，查找失败。

下面先看查找 key=26 的查找过程：

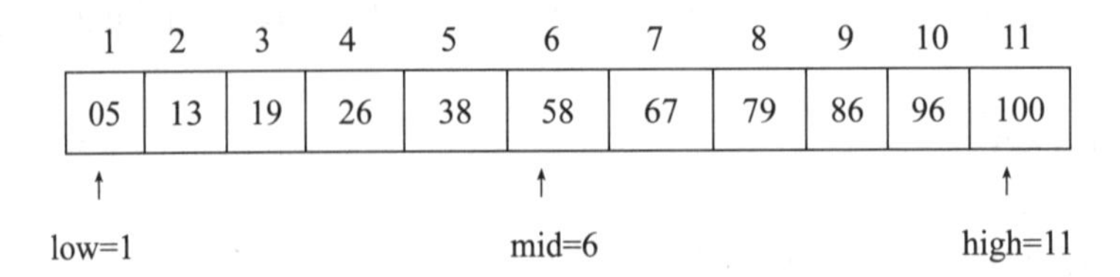

st.r[mid].key 与给定 key=26 比较，显然，st.r[mid].key>key，说明若待查找元素存在，则必在区间[low，mid–1]范围的子表中。令指针 high 指向第 mid–1 个元素，重新求得 mid=(low+high)/2。

1	2	3	4	5	6	7	8	9	10	11
05	13	19	26	38	58	67	79	86	96	100

↑ low=1 ↑ mid=3 ↑ high=5

仍以 st.r[mid].key 与给定 key=26 比较，显然，st.r[mid].key<key，说明若待查找元素存在，则必在区间[mid+1，high]范围的子表中。令指针 low 指向第 mid+1 个元素，重新求得 mid=(low+high)/2。

1	2	3	4	5	6	7	8	9	10	11
05	13	19	26	38	58	67	79	86	96	100

↑↑ low=4 mid=4 ↑ high=5

此时 st.r[mid].key 与 key 相等，查找成功，所查找元素在表中序号等于指针 mid 的值。

再看 key=85 的查找过程：

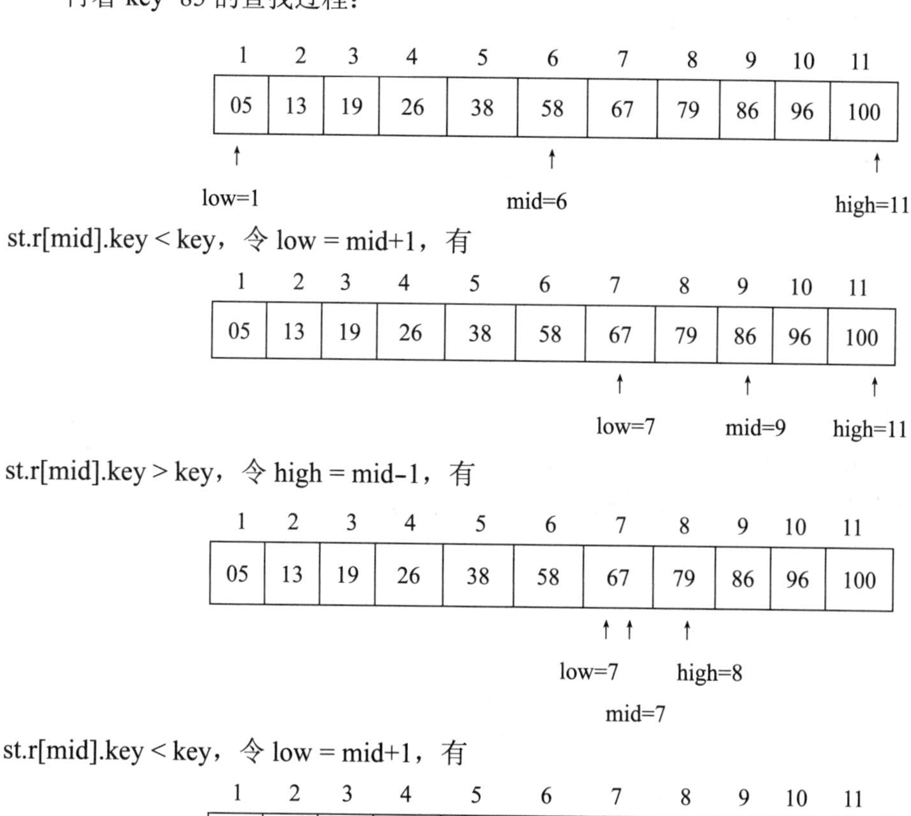

st.r[mid].key < key，令 low = mid+1，有

1	2	3	4	5	6	7	8	9	10	11
05	13	19	26	38	58	67	79	86	96	100
							↑	↑		
							high=8	low=9		

此时 low > high，表明表中没有等于 key 的元素，查找不成功。

折半查找的算法如下：

```
1    int BinSearch(STable st, int key)
     /*在有序表 st 中折半查找其关键字等于 key 的元素，若找到，则函数值为该元素在表中的位置*/
2    {   int   low, high, mid;
3        low=1;   high=st.length;          /*置区间初值*/
4        while(low<=high)
5        {
6          mid=(low+high)/2;               /*折半*/
7          if(key==st.r[mid].key)
8              return(mid);                /*找到待查元素*/
9          else
10            if(key<st.r[mid].key)
11                high=mid-1;              /*继续在前半区间进行查找*/
12            else
13                low=mid+1;               /*继续在后半区间进行查找*/
14       }
15       return(0);
16   }
```

为了分析折半查找的性能，可以用一棵二叉树来描述折半查找的过程，称此二叉树为折半查找的判定树。例如对上述含有 11 个记录的有序表，查找过程的判定树如图 8.1 所示。二叉树中结点内的数值表示有序表中记录的序号，如二叉树的根结点表示有序表中第 6 个记录。

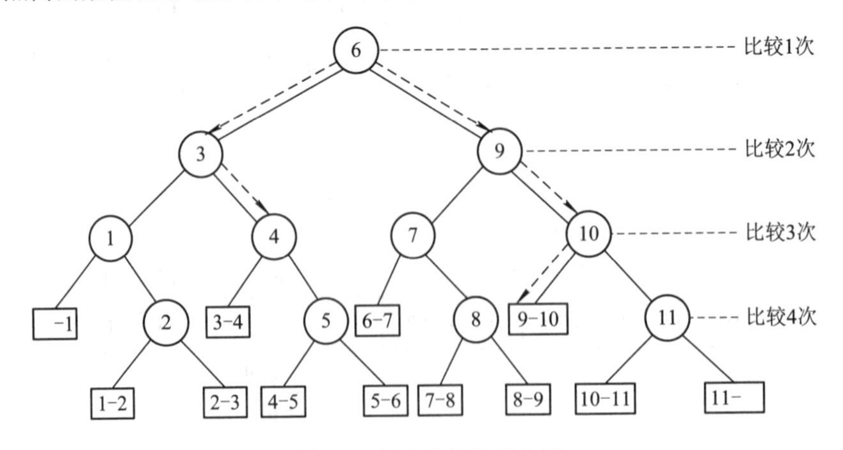

图 8.1 折半查找的判定树

折半查找关键字为 26 的记录的过程就是如图 8.1 所示判定树中从⑥经过③到④的带箭头的虚线走过的过程，虚线经过的结点正是查找过程中和给定值比较过的记录，比较 3 次之后查找成功。因此，记录在判定树上的“层次”恰为找到此记录时所需进行的比较次数。例如，在长度为 11 的表中查找第 8 号记录需要的比较次数为 4，因为该记录在判定树上位于第 4 层。

假设每个记录的查找概率相同，则从图 8.1 所示判定树可知，对长度为 11 的表进行折半查找，其查找成功时的平均查找长度为

$$\mathrm{ASL}=\frac{1+2+2+3+3+3+3+4+4+4+4}{11}=\frac{33}{11}=3$$

可以看到，查找表中任一元素与判定树中从根到该元素结点路径上各结点关键字进行比较的过程，其比较次数即该元素结点在树中的层次数。因此，折半查找在查找成功时进行关键字比较的次数最多不超过树的深度。

n 个结点的判定树的深度为 $\lfloor \mathrm{lb}\, n \rfloor +1$。折半查找在查找成功时，所进行的关键字比较次数至多为 $\lfloor \mathrm{lb}\, n \rfloor +1$，所以，折半查找的时间复杂度为 $O(\mathrm{lb}\, n)$，显然折半查找比顺序查找效率高。

在图 8.1 所示的判定树中有一些方形结点，这些结点称为判定树的外部结点(与之对应，称圆形结点为内部结点)，外部结点的含义就是查找不成功的结点，如 1–2 结点表示大于①号结点小于②号结点的值。那么折半查找不成功的过程就是走了一条从根结点到外部结点的路径，和给定值进行比较的次数等于该路径上的内部结点的个数。例如，查找 85 的过程就是走了一条从根结点到 9–10 的路径。因此，折半查找在查找不成功时和给定值进行比较的次数最多不超过 $\lfloor \mathrm{lb}\, n \rfloor +1$。

可见，折半查找的效率要高于顺序查找，特别是在表长较长时，其差别更大。但是折半查找要求数据集为顺序存储结构的有序表。表为顺序存储且按关键字有序，才可用高效的折半查找。

3. 插值查找

为什么是折半查找呢？可不可以折四分之一或者其他? 比如在英文字典中查“apple”，我们会在前面的页面查，如果查“zero”，会在后面的页面查，显然不会折半从中间去查。比如：在 0～100 000 之间的 200 个元素从小到大均匀分布的数组中查找 10，自然从数组下标较小的开始查找。也就是说，折半查找算法中的语句 6“mid = (low + high)/2”，我们可以进行改进，修改为下列公式：

$$\mathrm{mid}=\mathrm{low}+\frac{\mathrm{kx}-\mathrm{st.r[low].key}}{\mathrm{st.r[high].key}-\mathrm{st.r[low].key}}(\mathrm{high}-\mathrm{low})$$

求取中点，其中 low 和 high 分别为表的两个端点下标，kx 为给定值。

若 kx < st.r[mid].key，则 high = mid–1，继续左半区查找；若 kx > st.r[mid].key，则 low = mid+1，继续右半区查找；若 kx = st.r[mid].key，则查找成功。

我们只要修改折半查找算法的语句 6，就可得到另一种有序顺序表的查找方法——插值查找。比如：

1	2	3	4	5	6	7	8	9	10	11
02	13	19	26	38	58	67	79	86	96	100

要查找 k = 13，low = 1，high = 11，如果用折半查找，则需进行 4 次比较，如图 8.1 所示。若用插值查找，则 mid = 1 + (13 − 2)/(100 − 5) × 10 ≈ 2.15，取整为 mid = 2，查找成功。

插值查找是根据要查找的关键字与查找表中最大最小记录的关键字进行比较的查找方法。插值查找的时间效率依然是 O(lb n)。但对于表长较长、关键字均匀分布的表，插值查找算法的平均性能比折半查找要好得多。反之，数组中如果分布极端不均匀，用插值查找未必是很合适的选择。

当然还有其他的分隔方法，比如说可以用斐波那契数列依次作为比较的中间值，斐波那契查找是利用了黄金分隔的原理实现的。关于斐波那契查找请读者自行查阅资料，这里不再赘述。

8.2.3 索引顺序表

索引的目的在于提高查询效率，书中的目录分为一级目录、二级目录……，这就是索引。查找信息时，可先定位到章，再定位到该章下的一个小节，然后找到某页。查字典，查火车车次、飞机航班等都是类似的。

在有索引的数据集中查找本质上是通过不断地缩小想要获取数据的范围来筛选出最终想要的信息。

当顺序表中的数据元素数目非常大时，为了提高查找速度，可在顺序表上建立索引表。我们把要在其上建立索引表的顺序表称为主表，主表中存放着数据元素的全部信息，索引表中只存放主表中要查找数据元素的主关键字和索引信息。要使用索引表提高查找效率，索引表必须有序。主表中的数据元素不一定要按关键字有序，但是要“分块有序”。

图 8.2 所示为一个索引顺序表，其中包含三大块，每一块含有 4 个记录，第一块中最大关键字 21 小于第二块中最小关键字 22，第二块中最大关键字 35 小于第三块中最小关键字 37，以此类推。

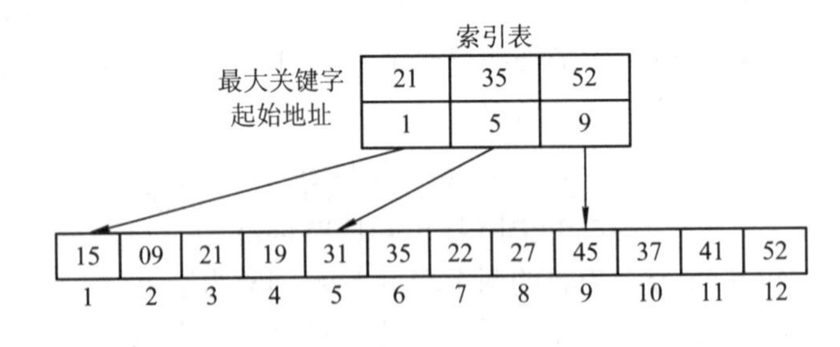

图 8.2 索引顺序表示例

分块查找又称索引顺序查找，其性能介于顺序查找和折半查找之间，它适合于对关键字“分块有序”的查找表进行查找操作。

所谓“分块有序”，是指查找表中的记录可按其关键字的大小分成若干“块”，且前一块中的最大关键字小于后一块中的最小关键字，而各块内部的关键字不一定有序。

分块查找法要求将查找表组织成以下索引顺序结构：

首先，将表分成若干块(子表)。一般情况下，块的长度均匀，最后一块可以不满。每块中元素任意排列，即块内无序，但块与块之间有序。

然后，构造一个索引表。其中每个索引项对应一个块并记录每块的起始位置，以及每块中的最大关键字(或最小关键字)。索引表按关键字有序排列。

分块查找过程如下：

第一步，将待查关键字 k 与索引表中的关键字进行比较，以确定待查记录所在的块。具体可用顺序查找法或折半查找法进行。

第二步，用顺序查找法，在相应的块内查找关键字为 k 的记录。

例如，在图 8.2 所示的表中查找 41。首先在索引表中查找 41 所在的块，因为 $35 < 41 < 52$，所以，41 在第三块，然后在第三块中进行顺序查找，最后在 11 号单元中找到 41。

由以上分析可知，分块查找的平均查找长度由两部分构成，即查找索引表时的平均查找长度 L_B 以及在相应的块内进行顺序查找的平均查找长度 L_W，即

$$ASL_{bs} = L_B + L_W$$

假定将长度为 n 的表分成 b 块，且每块含 s 个数据元素，则 $b = n/s$。又假定表中每个元素的查找概率相等，则每个索引项的查找概率为 1/b，块中每个元素的查找概率为 1/s。若用顺序查找法确定待查元素所在块，则有

$$L_B = \frac{1}{b}\sum_{j=1}^{b} j = \frac{b+1}{2}, \qquad L_W = \frac{1}{s}\sum_{i=1}^{s} i = \frac{s+1}{2}$$

$$ASL_{bs} = L_B + L_W = \frac{b+s}{2} + 1$$

将 $b=\dfrac{n}{s}$ 代入，得

$$ASL_{bs} = \frac{1}{2}\left(\frac{n}{s} + s\right) + 1$$

可见，此时的平均查找长度不仅和表长 n 有关，而且和每一个块中元素个数 s 有关。在给定 n 的前提下，s 是可以选择的。容易证明，当 s 取 $\sqrt{n}$ 时，ASL_{bs} 取最小值 $\sqrt{n}+1$。这个值比顺序查找有了很大改进，但远不及折半查找，因此在确定所在块的过程中，由于块间有序，所以可以应用折半、插值查找等方法来提高查找效率。

若用折半查找法确定待查元素所在的块，则有

$$L_B = \mathrm{lb}\,(b+1) - 1$$

$$ASL_{bs} = \mathrm{lb}(b+1) - 1 + \frac{s+1}{2} \approx \mathrm{lb}\left(\frac{n}{s} + 1\right) + \frac{s}{2}$$

8.2.4 倒排表

大家都用过互联网上的搜索引擎，在搜索信息时，能够在极短的时间内得到一些结果。是什么样的查找技术能达到这样高效呢?

这里给大家介绍最简单、最基础的查找表的组织技术——倒排表。比如有 2 篇文章，是 2 个句子，编号分别为 1、2，有

1. A good medicine tasks bitter.(良药苦口)
2. A good book is a good friend.(好书如挚友)

假设我们忽略大小写，可以整理出一个单词表，如表 8.2 所示。

表 8.2 单 词 表

英文单词	文章编号
a	1，2
book	2
bitter	1
friend	2
good	1,2
medicine	1
is	2
tasks	1

有了这样一个单词表，查找文章就很方便了，比如，搜索“good”，系统先在表 8.2 中查找，找到后将与它对应的文章编号的地址(一般在搜索引擎中就是标题和链接)返回。由于单词表是有序的，而且返回的只是文章编号，所以查找速度非常快。

表 8.2 就是索引表，索引项通常包含次关键字和记录号。索引表的特点是每项都包含一个属性值和具有该属性值的各记录的地址，由于在这个表中是按属性(字段、次关键字)的值来查找记录的，不是通常的通过记录号查找其属性值，因此称为倒排索引。

倒排索引的优点是查找速度非常快，在生成索引表之后，查找时不用读取记录，就可以得到结果。但它也有明显的缺点，就是表中记录号不定长。如上面的例子中，如果文章比较多，倒排索引中的记录号就比较复杂，维护起来就比较困难，其插入、删除操作就需要做相应处理。可采用批量处理，也就是累积到一定规模后再处理。

搜索技术在实际中的应用是非常复杂的，比如：提取单词，英文比较方便，中文就要涉及分词技术；还有搜索时检索到的记录有上千条，如何组织等。这里仅仅是抛砖引玉，希望引起读者对搜索技术的兴趣，相关的技术知识读者可以查阅相关资料。

查找方法和查找表的组织息息相关，折半查找要求待查找的表顺序存储且表中关键字有序排列，索引顺序查找要求查找表分块有序。在遇到具体问题时具体分析，在普遍性原理的指导下，分析具体问题的特殊性，并找出解决问题的正确方法。要根据事情的不同情况采取不同措施，不能一概而论。

8.3 动态查找表

在静态查找表中，对表中的元素只进行查找，不做插入或删除操作。但是往往数据集不可能一直不变，万事万物都在变化之中。常用的词典也会随着时代的变迁有新的词汇融入，过时的词汇被淘汰。所以引入动态查找表的组织方式，其特点是随着查找过程表长不断增加或者缩短，就可将查找不到的元素插入表中，对没有用的元素可以将其删除。我们作为学习者，也要跟着时代的变迁，学会推陈出新。

动态查找表主要有二叉树和树结构两种类型，二叉树结构有二叉排序树、平衡二叉树等，树结构有 B 树、B+ 树等。

8.3.1 二叉排序树

1. 二叉排序树的定义

在 8.2 节中介绍的查找算法主要适合于顺序表结构，并且限定于对表中的元素只进行查找，而不进行插入或删除操作，也就是说只做静态查找。如果不但要查找元素，还要不断地插入或删除元素，那么就需要花费大量的时间移动表中的数据元素，显然，顺序表中的动态查找效率很低。

二叉排序树又称为二叉查找树，它是一种特殊的二叉树，采用了递归的定义方法，而且结点之间存在一定的次序关系。

二叉排序树或者是一棵空树，或者是具有如下性质的二叉树：

① 若它的左子树非空，则左子树上所有结点的值均小于根结点的值；

② 若它的右子树非空，则右子树上所有结点的值均大于根结点的值；

③ 它的左、右子树也分别是二叉排序树。

如图 8.3 所示为一个二叉排序树，其根的值为 67，其左子树上的数值均小于 67，右子树上的数值均大于 67，再观察，左子树、右子树也满足这个规律。

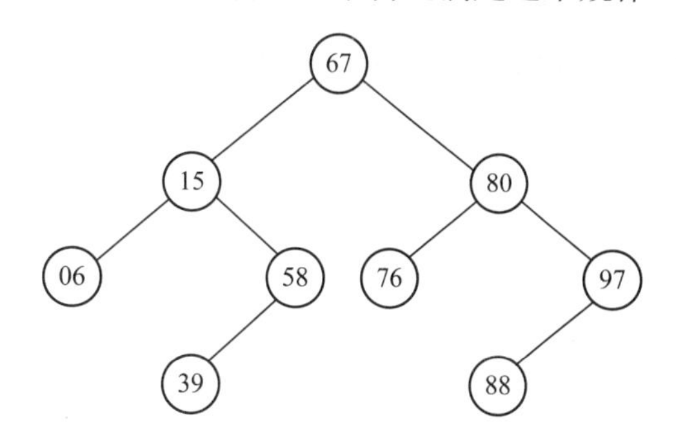

图 8.3　二叉排序树示例

对图 8.3 所示二叉排序树进行中序遍历，可得到序列：{06，15，39，58，67，76，80，88，97}。

由此得出一个重要性质：中序遍历一棵二叉排序树时可以得到一个递增有序序列。

构造二叉排序树的目的不是为了排序，而是为了提高查找性能，且便于插入和删除记录。

2. 二叉排序树的查找过程

对二叉排序树进行查找的过程类似于折半查找判定树的查找过程，其不同之处在于折半查找的判定树是静态的，二叉排序树是动态的。

如图 8.3 所示的二叉排序树中，查找 k = 58 的过程是：首先将给定的值 58 和根结点的关键字 67 进行比较，因为 58 < 67，由二叉排序树的定义可知，如果关键字 58 存在，则必在根的左子树上，故只需在 67 的左子树继续查找；同理，因为 58 > 15，所以应在 15 的右子树上继续查找；最后找到 15 的右子树的根的关键字等于 58，查找成功。类似地，当查找关键字 k = 75 时，从根结点起，将关键字 75 先后和关键字 67、80、76 相比较，最后因为关键字 76 的左子树为“空”而得出查找不成功的结论。

由上述例子可见，在二叉排序树中进行查找的过程是：首先将给定值和根结点的关键字进行比较，若相等，则查找成功；否则，依据给定值小于或大于根结点的关键字，继续在左子树或右子树中进行查找，直到查找成功或者左子树或右子树为空，后者说明查找不成功。

由此过程可总结出二叉排序树的特性：通过和根结点关键字的比较可将继续查找的范围缩小到某一棵子树中。

在下面讨论的二叉排序树的操作中，使用二叉链表作为存储结构，其结点结构说明如下：

```
typedef struct node
{
    int   key;   /*假设关键字为整型*/
    struct node   *lchild,   *rchild;
} BSTNode,   *BSTree;
```

二叉排序树的查找算法如下：

```
1    BSTree SearchBST(BSTree   bt, int key)
     /*在根指针 bt 所指二叉排序树中，查找关键字等于 key 的元素，若查找成功，则返回指向该元
       素的指针，否则返回空指针*/
2    {
3      if(!bt) return NULL;
4      else
5        if(bt->key==key)   return bt;                   /*查找成功*/
6        else
7          if(key<bt->key)
8            return SearchBST(bt->lchild, key);         /*在左子树查找*/
9          else
10           return SearchBST(bt->rchild, key);         /*在右子树查找*/
```

```
11   }
```

SearchBST 函数是一个递归函数。

语句 3 是查找不成功时返回 NULL；语句 5 是查找成功时返回指向查找到的结点的指针；语句 7～8 是当要查找的关键字小于当前结点时，继续在当前结点的左子树中查找，进行递归；语句 9～10 是当要查找的关键字大于当前结点时，继续在当前结点的右子树中查找，进行递归。很显然，在二叉排序树中进行查找，其时间复杂度和树的形态有关。

3. 二叉排序树的插入和生成

二叉排序树是动态查找表，若要在二叉排序树中插入一个元素，则必须保证插入元素后仍符合二叉排序树的定义。所以，在二叉排序树中插入一个元素，首先要查找到合适的插入位置。有了查找算法，就很容易实现二叉排序树的插入了。

已知一个关键字值为 key 的结点 s，若将其插入二叉排序树中，则只要保证插入后仍符合二叉排序树的定义即可。插入过程可描述如下：

① 若二叉排序树是空树，则 key 成为二叉排序树的根。

② 若二叉排序树是非空树，则将 key 与二叉排序树的根进行比较，如果 key 等于根结点的值，则停止插入；如果 key 小于根结点的值，则将 key 插入左子树；如果 key 大于根结点的值，则将 key 插入右子树。

二叉排序树的插入算法如下：

```
1    viod   InsertBST(BSTree *bt,   int key)
     /*若在二叉排序树中不存在关键字等于 key 的元素，则插入该元素*/
2    {
3        BSTree   s;
4        if(*bt==NULL)   /*递归结束条件*/
5        {
6            s=(BSTree)malloc(sizeof(BSTNode));
7            s->key=key;
8            s->lchild=NULL;   s->rchild=NULL;
9            *bt=s;
10       }
11       else
12        if(key<(*bt)->key)
13           InsertBST(&((*bt)->lchild), key);         /*将 s 插入左子树*/
14        else
15           if(key>(*bt)->key)
16              InsertBST(&((*bt)->rchild), key);      /*将 s 插入右子树*/
17   }
```

可以看出，二叉排序树的插入是将待插元素插入二叉排序树的叶子结点上，不需要移动元素。

如果给定一个元素序列，则可以利用二叉排序树的插入算法动态构造一棵二叉排序树。

首先，将二叉排序树初始化为一棵空树，然后逐个读入元素，每读入一个元素，就建立一个新的结点并将其插入当前已生成的二叉排序树中，即调用上述二叉排序树的插入算法将新结点插入。假设关键字为整型，构造二叉排序树的算法如下：

```
1   void CreateBST(BSTree   *bt)      /*从键盘输入元素值，建立相应二叉排序树*/
2   {
3     int   key;                      /*假设关键字为整型*/
4     *bt=NULL;
5      scanf("%d", &key);
6      while(key!=ENDKEY)             /* ENDKEY 为自定义常数，作为结束标识*/
7      {
8          InsertBST(bt, key);
9          scanf("%d", &key);
10     }
11  }
```

例如，有一关键字序列{56，26，67，12，37，98}，按上述算法建立二叉排序树的过程如图 8.4 所示。

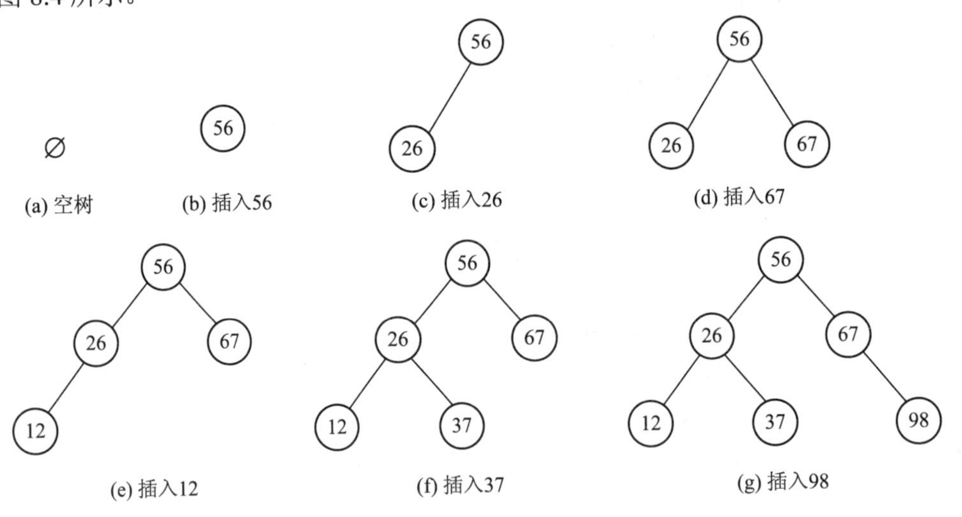

图 8.4　二叉排序树的建立过程

可以看出，对于同样的元素，如果输入顺序不同，那么构造的二叉排序树形状不同。如果输入顺序为：26，67，12，37，56，98，则构造的二叉排序树如图 8.5 所示。

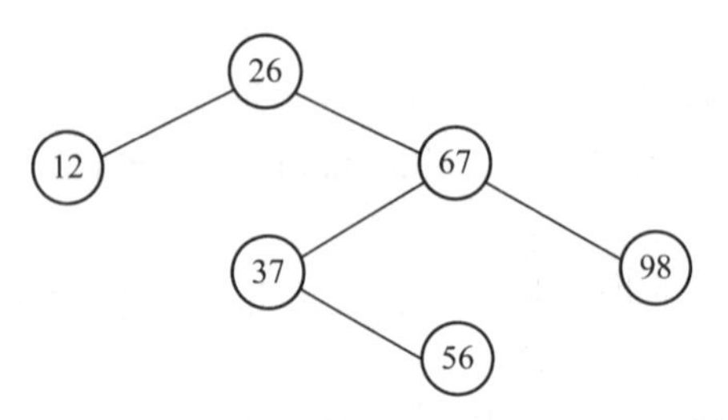

图 8.5　输入顺序不同所建立的不同的二叉树

4. 二叉排序树的删除

在二叉排序树中删除一个结点，不能将以该结点为根的子树全部删除，只能删除该结点并使得二叉树依然满足二叉排序树的性质。也就是说，在二叉排序树中删除一个结点相当于在一个有序序列中删除一个结点。

在二叉排序树中删除一个结点的过程描述如下：

查找待删结点，若找不到，则空操作；否则，假设待删除结点为 p，结点 p 的双亲结点为 f，并假设 p 是 f 的左孩子结点(右孩子结点的情况类似)。

下面分三种情况进行讨论：

(1) p 为叶子结点，由于删去叶子结点不破坏整棵树的结构，因此只需修改其双亲结点的指针即可：

```
f->lchild = NULL;    free(p);
```

(2) p 结点只有左子树，或只有右子树，则 p 的左子树或右子树直接改为其双亲结点 f 的左子树：

```
f->lchild = p->lchild
```

或

```
f->lchild = p->rchild;  free(p);
```

(3) p 结点既有左子树，又有右子树，如图 8.6(a)所示，此时有两种处理方法：

方法一：首先找到p结点在二叉排序树的中序遍历序列中的直接前驱s结点(无右子树)，然后将 p 的左子树改为 f 的左子树，而将 p 的右子树改为 s 的右子树：

```
f->lchild = p->lchild;
s->rchild = p->rchild;
free(p);
```

结果如图 8.6(b)所示。

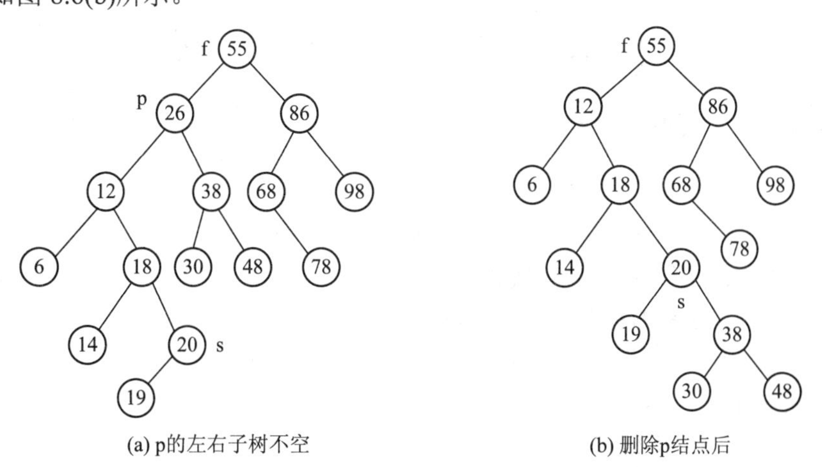

(a) p的左右子树不空　　(b) 删除p结点后

图 8.6 二叉排序树中删除结点处理方法一图示

方法二：首先找到 p 结点在二叉排序树的中序遍历序列中的直接前驱 s 结点，q 为 s 结点的双亲结点，如图 8.7(a)所示。用 s 结点的值代替 p 结点的值，原 s 结点的左子树改为 s 结点的双亲结点 q 的右子树，再将 s 结点删除：

```
p->key = s->key;
```

```
q->rchild = s->lchild;
free(s);
```

结果如图 8.7(b)所示。

如果 s 结点是 p 结点的左子树的根，q 等于 p，如图 8.7(c)所示。利用 s 结点的值代替 p 结点的值，原 s 结点的左子树改为 s 结点的双亲结点 q 的左子树，再将 s 结点删除：

```
p->key = s->key;
q->lchild = s->lchild;
free(s);
```

结果如图 8.7(d)所示。

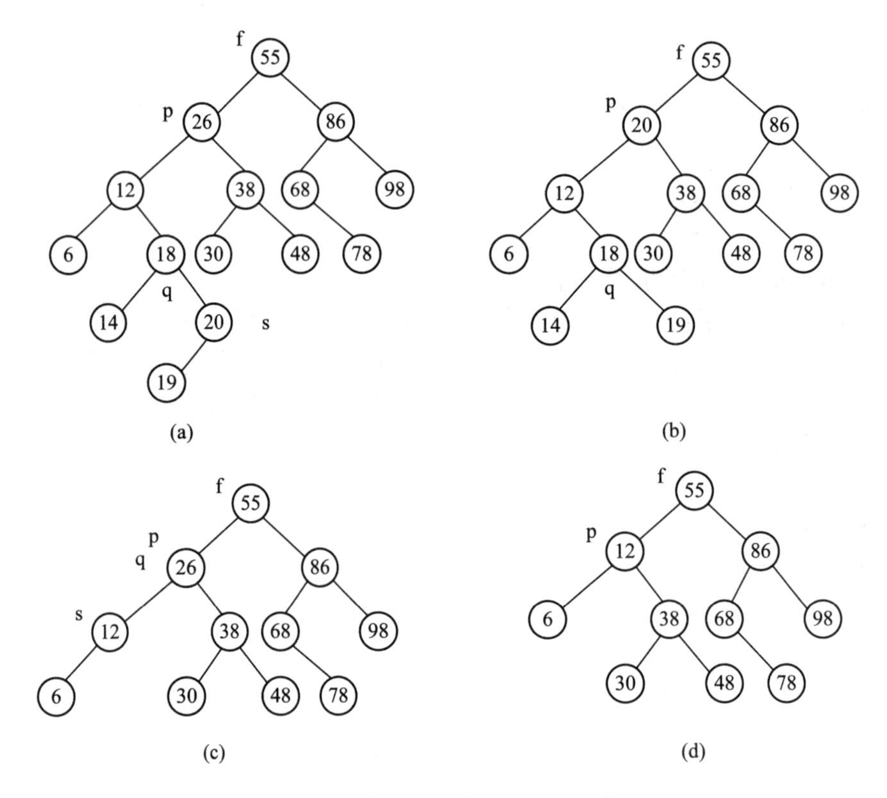

图 8.7　二叉排序树中删除结点处理方法二图示

将三种情况综合所得的删除算法如下：

```
1    BSTree    DelBST(BSTree bt, int k)
     /*若二叉排序树 bt 中存在关键字等于 k 的数据元素，则删除之*/
2    {   BSTree p, f, s, q;
3        p=bt;    f=NULL;
4        while(p)
5        {
6            if(p->key==k) break;              /*如果查找到关键字则退出循环*/
7            f=p;                              /* f 指向查找过程中当前结点的双亲结点*/
8            if(p->key>k)    p=p->lchild;      /*在左子树中查找*/
```

```
9          else    p=p->rchild;                 /*在右子树中查找*/
10      };
11      if(p==NULL) return bt;                  /*如果没有查找到关键字则返回*/
12      if(p->lchild&&p->rchild)                /*p 左右子树不空*/
13         {   q=p;
14             s=p->lchild;
15             while(s->rchild)                 /*找待删节点的前驱*/
16             {   q=s;
17                 s=s->rchild;
18             }
19             p->key=s->key;                   /* s 的值覆盖 p 的值*/
20             if(q!=p) q->rchild=s->lchild;  /*原 s 结点的左子树改为 s 结点的双亲结点 q 的
                                                 右子树*/
21             else    q->lchild=s->lchild;
22             free(s);
23         }
24      else
25         {
26             if(!p->rchild)                   /*p 左子树不空*/
27             {   q=p;
28                 p=p->lchild;
29             }
30             else                             /*p 右子树不空*/
31             {   q=p;
32                 p=p->rchild;
33             }
34             if(!f) bt=p;
35             else
36                if(q==f->lchild)    f->lchild=p;
37                else f->rchild=p;
38                free(q);
39      }
40      return    bt;
41  }
```

语句 4～10：在二叉排序树中查找关键字为 key 的结点，若查找到了，则由 p 指向，若找不到，则退出。

语句 12～23：找到的结点如果左右子树都不为空，则删除结点 p 的处理过程。其中语句 13～18 是在查找 p 结点左子树的最右边的结点；语句 19 是将 s 结点的值覆盖 p 结点的值；语句 20～21 是判断 s 结点是不是 p 结点的左子树的根，如果不是，则原 s 结点的左子树改为 s 结点的双亲结点 q 的右子树，否则原 s 结点的左子树改为 s 结点的双亲结点 q 的左子树。

语句 24～39：当找到的结点 p 只有左孩子结点或者右孩子结点时，若 p 是其双亲结点 f 的左孩子结点，则 f 的左孩子结点指向 p 的左孩子结点或者右孩子结点；若 p 是其双亲结点 f 的右孩子结点，则 f 的右孩子结点指向 p 的左孩子结点或者右孩子结点。

5. 二叉排序树的查找性能分析

对二叉排序树的查找，若查找成功，则是从根结点出发走了一条从根到待查结点的路径；若查找不成功，则是从根结点出发走了一条从根结点到叶子结点的路径。因此二叉排序树的查找与折半查找过程类似，在二叉排序树中查找到一个记录时，其比较次数不超过树的深度。但是，对于长度为 n 的表来说，折半查找的判定树是唯一的，而含有 n 个结点的二叉排序树却不唯一，插入结点的顺序不同，所构成的二叉排序树的形态和深度就不同。而二叉排序树的平均查找长度 ASL 与二叉排序树的形态有关，二叉排序树的深度越浅，其平均查找长度 ASL 越小。例如，图 8.8 所示的两棵二叉排序树，它们对应同一元素集合，但排列顺序不同，分别是(56，26，67，12，37，98)和(12，26，37，56，67，98)。

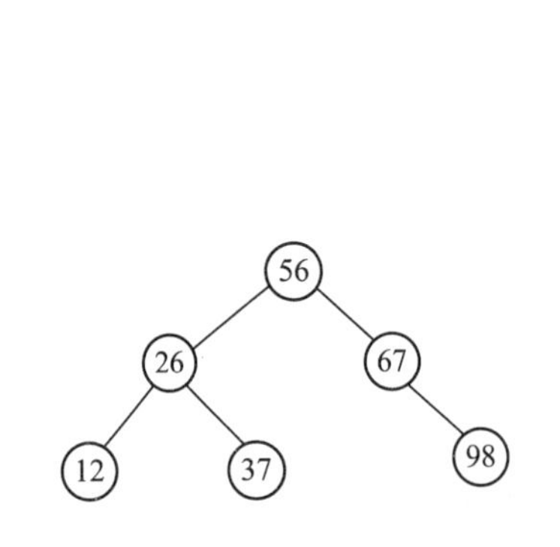

(a) 输入关键字序列为
{54, 26, 67, 12, 37, 98}时的二叉排序树

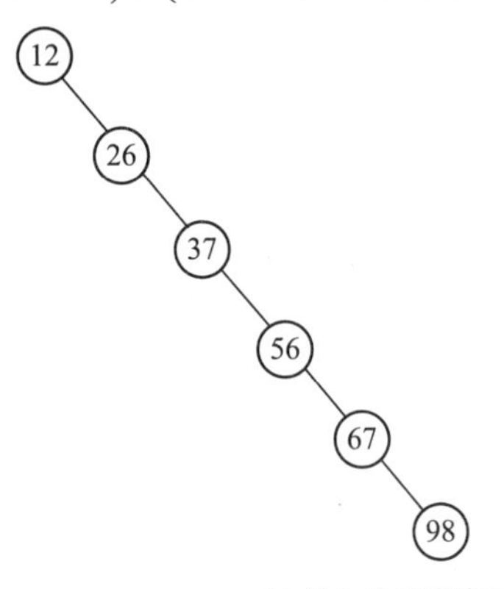

(b) 输入关键字序列为
{12, 26, 37, 56, 67, 98}时的二叉排序树

图 8.8 二叉排序树的不同形态

假设每个元素的查找概率相同，则它们的平均查找长度分别是

图 8.8(a)：
$$ASL=\frac{1+2\times2+3\times3}{6}=\frac{14}{6}$$

图 8.8(b)：
$$ASL=\frac{1+2+3+4+5+6}{6}=\frac{21}{6}$$

因此，对二叉排序树进行查找时的平均查找长度与二叉排序树的形态有关。当插入的关键字有序时，构成的二叉排序树是一单支树，其深度为 n，其平均查找长度 ASL = (n+1)/2，与顺序查找相同，这是最坏情况。最好情况下，二叉排序树在生成过程中，树的形态比较均匀，最终得到的二叉排序树形态与折半查找的判定树形态相似，此时它的平均查找长度大约是 lb n。如果把 n 个结点按各种可能的次序插入二叉排序树中，则有 n! 棵二叉排序树(其中有形态相同的)，可以证明，对这些二叉排序树的查找长度进行平均，得到的平均查找长度仍然是 O(lb n)。

就平均性能而言，二叉排序树与折半查找的查找性能相差不大，并且对二叉排序树进行插入和删除操作十分方便，无需移动大量结点。因此，对于需要经常做插入、删除、查找操作的表，宜采用二叉排序树结构。

为了获得高效的查找性能，稍做变通，在生成二叉排序树的过程中对二叉排序树进行“平衡化”处理，使所生成的二叉排序树始终保持“平衡”状态。例如，图 8.8(a)所示的二叉排序树就是一棵平衡二叉树。

8.3.2　平衡二叉树**

平衡二叉树(balanced binary tree)又称为 AVL 树，是一种二叉排序树，具有以下性质：

(1) 它是一棵空树或它的左、右两棵子树的高度差的绝对值不超过 1。

(2) 左右两棵子树都是平衡二叉树。

我们将二叉树结点的左子树深度减去右子树深度的差值称为该结点的平衡因子 BF(balance factor)。那么，平衡二叉树的所有结点的平衡因子只可能是 -1、0、1。如果二叉树有一个结点的平衡因子的绝对值大于 1，则该二叉树就不平衡了。如图 8.9(a)所示是一棵平衡二叉树，图 8.9(b)所示是不平衡二叉树。

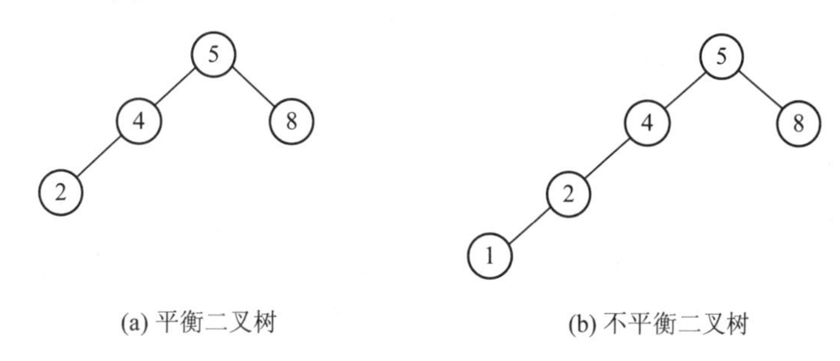

(a) 平衡二叉树　　(b) 不平衡二叉树

图 8.9　平衡二叉树示例

我们希望由任何序列构成的二叉排序树都是一棵 AVL 树。AVL 树的任何结点的左、右子树的深度之差不超过 1，可以证明它的深度和 lb n 是同数量级的(n 是结点个数)。由此，AVL 树的平均查找长度也和 lb n 是同数量级。

如何使构成的二叉排序树成为一棵平衡树？先看一个具体例子。

有一序列{13, 24, 37, 90, 53}，构建二叉排序树的过程如图 8.10 所示。其中图 8.10(a)、(b)所示都是平衡二叉树，在插入 24 后，根结点 13 的平衡因子 BF 由 0 变为 -1；继续插入 37 之后，如图 8.10(c)所示，结点 13 的平衡因子变为 -2，出现了不平衡现象。若能将二叉树进行“逆时针旋转”，将 24 作为根结点，13 作为 24 的左孩子结点，37 作为 24 的右孩子结点，则二叉树就平衡了，且保持了二叉排序树的特性，如图 8.10(d)所示。继续插入 90 和 53 后，由于 37 的 BF 由 -1 变为 -2，出现了新的不平衡，需进行调整。但此时由于结点 53 插在结点 90 的左子树上，因此不能做简单调整，对于以结点 37 为根的子树来说，既要保持二叉排序树的特性，又要平衡，则必须以 53 作为根结点，而使 37 成为它的左子树的根，90 成为右子树的根。也就是做了两次“旋转”操作：先顺时针，后逆时针，如图 8.10(f)～(g)所示。

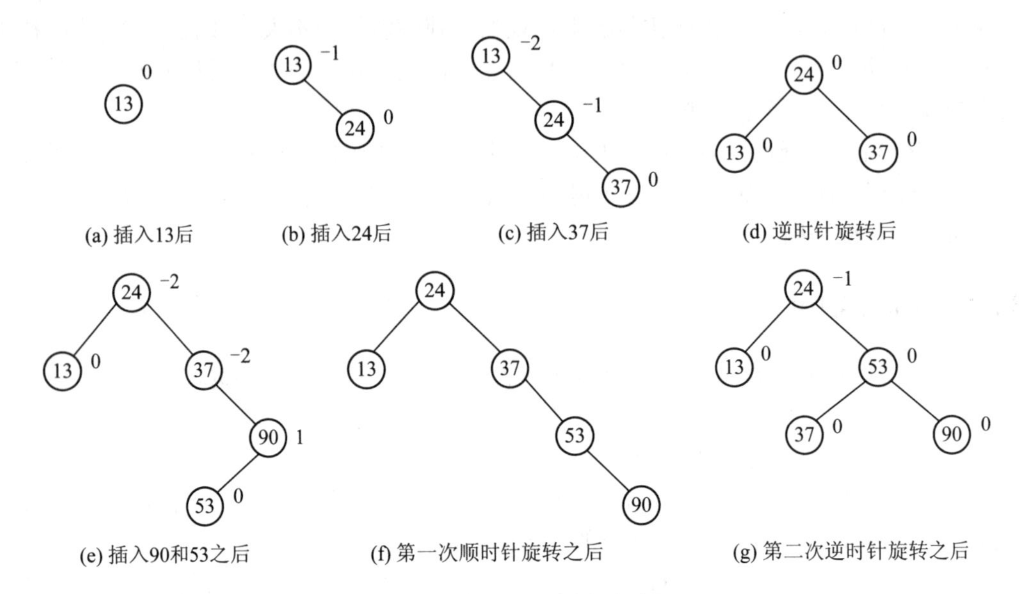
(a) 插入13后　(b) 插入24后　(c) 插入37后　(d) 逆时针旋转后

(e) 插入90和53之后　(f) 第一次顺时针旋转之后　(g) 第二次逆时针旋转之后

图 8.10　平衡二叉树生成过程

一般情况下，假设由于二叉排序树插入结点而失去平衡的最小子树的根结点指针为a(即离插入结点最近，且平衡因子绝对值超过 1 的祖先结点)，则失去平衡后进行调整的规律可归纳为以下四种情况：

1) LL 型平衡旋转

如图 8.11 所示，在结点 A 的左子树的左子树上插入新结点 S 后导致失衡，由 A 和 B 的平衡因子可知，BL、BR 和 AR 深度相同。为恢复平衡并保持二叉排序树的特性，可将 A 改为 B 的右子树，B 原来的右子树 BR 改为 A 的左子树，这相当于以 B 为轴对 A 做了一次顺时针旋转，如图 8.11 所示。

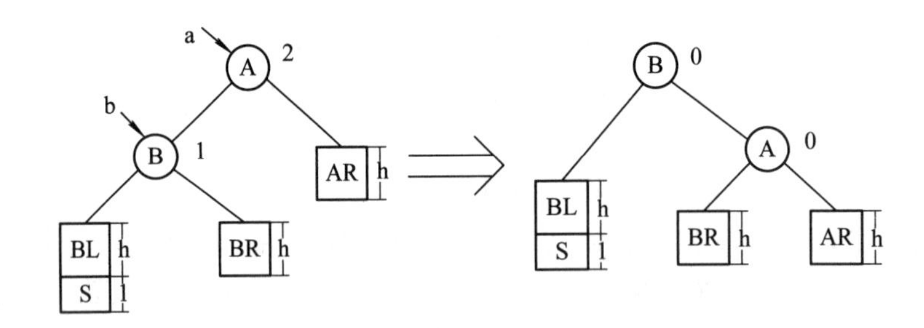

图 8.11　LL 型旋转

假设在二叉链表结点中增加一个存储结点的平衡因子的域 BF，则上述旋转变换时指针修改描述为

```
b=a->lchild;
a->lchild=b->rchild;
a->BF=0;
b->rchild=a;
b->BF=0;
```

2) RR 型平衡旋转

如图 8.12 所示，在结点 A 的右子树的右子树上插入新结点 S 后导致失衡，由 A 和 B 的平衡因子可知，BL、BR 和 AL 深度相同。为恢复平衡并保持二叉排序树的特性，可将 A 改为 B 的左子树，B 原来的左子树 BL 改为 A 的右子树，这相当于以 B 为轴对 A 做了一次逆时针旋转。

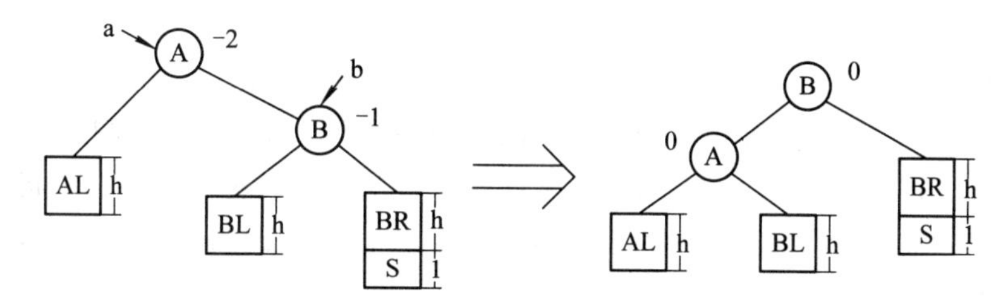

图 8.12 RR 型旋转

上述 RR 旋转变换时指针修改描述为

```
b=a->rchild;
a->rchild=b->lchild;
a->BF=0;
b->lchild=a;
b->BF=0;
```

3) LR 型平衡旋转

如图 8.13 所示，在结点 A 的左子树的右子树上插入新结点 S 后导致失衡。假设在 CL 下插入 S，由 A、B、C 的平衡因子可知，CL 与 CR 深度相同，BL 与 AR 深度相同，且 BL、AR 的深度比 CL、CR 的深度大 1。为恢复平衡并保持二叉排序树的特性，可将 B 改为 C 的左子树，而 C 原来的左子树 CL 改为 B 的右子树，然后将 A 改为 C 的右子树，C 原来的右子树 CR 改为 A 的左子树。

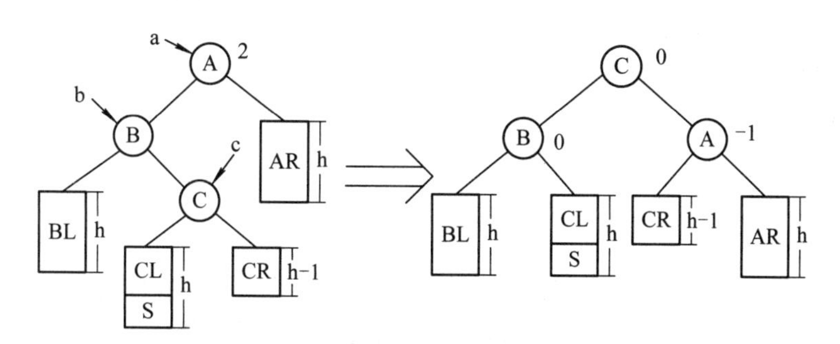

图 8.13 LR 型旋转

上述 LR 旋转变换时指针修改描述为

```
b=a->lchild;
c=b->rchild;
b->rchild=c->lchild;
a->lchild=c->rchild;
```

```
b->BF=0;
a->BF=-1;
c->lchild=b;
c->rchild=a
c->BF=0;
```

4) RL 型平衡旋转

如图 8.14 所示，在结点 A 的右子树的左子树上插入新结点 S 后导致失衡。假设在 CR 下插入 S，由 A、B、C 的平衡因子可知，CL 与 CR 深度相同，AL 与 BR 深度相同，且 AL、BR 的深度比 CL、CR 的深度大 1。为恢复平衡并保持二叉排序树的特性，可将 B 改为 C 的右子树，而 C 原来的右子树 CR 改为 B 的左子树，然后将 A 改为 C 的左子树，C 原来的左子树 CL 改为 A 的右子树。

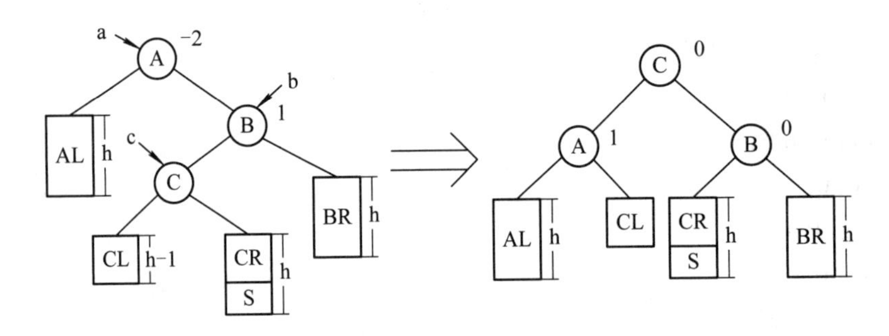

图 8.14　RL 型旋转

上述 RL 旋转变换时指针修改描述为

```
b=a->rchild;
c=b->lchild;
b->lchild=c->rchild;
a->rchild=c->lchild;
b->BF=0;
a->BF=1;
c->lchild=a;
c->rchild=b
c->BF=0;
```

综上所述，平衡旋转是当二叉排序树在插入结点后产生不平衡时进行的。因此，要建立一棵平衡的二叉排序树，需要对 CreateBST 算法进行以下几点修改：

(1) 判别插入结点之后是否产生不平衡。

(2) 找到失去平衡的最小子树。

(3) 判别旋转类型并进行相应调整。

因为平衡二叉树的所有结点的平衡因子的绝对值都不超过 1，所以，在插入结点之后，若二叉排序树的某个结点的平衡因子的绝对值大于 1，则说明出现不平衡；同时，失去平衡的最小子树的根结点必为离插入结点最近且插入结点之前的平衡因子的绝对值大于 0(在插入结点之后，其平衡因子的绝对值才有可能大于 1)的祖先结点。因此，在对 CreateBST 算法进行修改时，假设插入结点为 s，需要做到：

(1) 在查找插入位置的过程中，记下离插入位置最近且平衡因子不等于 0 的结点，令指针 a 指向该结点。

(2) 插入结点之后，修改自 a 到 s 路径上所有结点的平衡因子值。

(3) 判别二叉树是否失去平衡，即在插入结点之后，a 结点的平衡因子的绝对值是否大于 1。若是，则需判别旋转类型并进行相应处理，否则插入过程结束。

对平衡二叉树进行查找和二叉排序树的查找相同，因此，在查找过程中和给定值进行比较的关键字个数不超过树的深度。

如果需要查找的集合本身没有顺序，在频繁查找的同时也需要经常进行插入和删除操作，那么显然需要建立一棵二叉排序树。如果二叉排序树不平衡，则查找的效率是非常低的，因此在构建二叉树时，就让这棵二叉排序树是平衡二叉树，这样查找的时间复杂度为 O(lb n)，而插入和删除操作的平均查找长度也是 O(lb n)。

8.3.3　B 树**

前面我们讨论过的数据结构，处理数据都是在内存，因此，考虑的都是内存中的运算时间复杂度。如果数据集非常大，在内存已经没有办法处理数据了，比如数据库中上千万条记录的数据表、硬盘中的上万个文件等，在这种情况下，对数据的处理需要不断地从硬盘等存储设备中调入或调出内存。

一旦涉及外部存储设备(外存)，关于时间复杂度的计算就会发生变化，不仅仅要考虑查找元素时的比较次数，还必须考虑对硬盘等外部设备的访问时间及访问次数。比如，在拥有几十万个文件的磁盘中查找一个文件，设计的算法需要读取磁盘上万次还是几十次，这是有本质差别的。为了降低对外部存储设备的访问次数，需要新的数据结构来处理。为此，我们引入了 B 树。

1. B 树及其查找

B 树是一种平衡的多路查找树，它在文件系统中很有用。其定义如下：

一棵 m 阶的 B 树，或者为空树，或为满足下列特性的 m 叉树：

(1) 树中每个结点至多有 m 棵子树；

(2) 若根结点不是叶子结点，则至少有两棵子树；

(3) 除根结点之外的所有非终端结点至少有 $\lceil m/2 \rceil$ 棵子树；

(4) 所有的非终端结点中包含以下信息数据：

$$(n，A_0，K_1，A_1，K_2，\cdots，K_n，A_n)$$

其中：$K_i(i = 1, 2, \cdots, n)$为关键字，且 $K_i < K_{i+1}$，A_i 为指向子树根结点的指针$(i = 0, 1, \cdots, n)$，且指针 A_{i-1} 所指子树中所有结点的关键字均小于 $K_i(i = 1, 2, \cdots, n)$，A_n 所指子树中所有结点的关键字均大于 K_n，$n(n \leqslant m-1)$为关键字的个数。

(5) 所有的叶子结点都出现在同一层次上，并且不带信息(可以看作是外部结点或查找失败的结点，实际上这些结点不存在，指向这些结点的指针为空)。

如图 8.15 所示为一棵 4 阶的 B 树，其深度为 4。

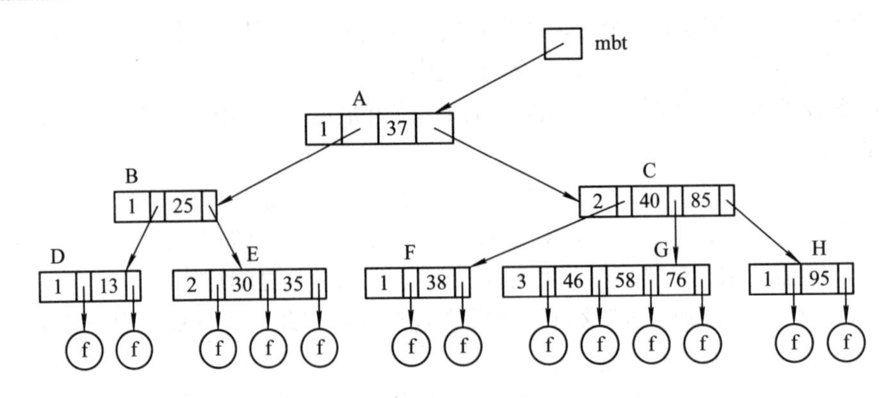

图 8.15　一棵 4 阶 B 树

B 树的查找类似二叉排序树的查找，所不同的是 B 树每个结点上是多关键字的有序表。比如，在图 8.15 中查找关键字为 38 的元素。首先，从 mbt 指向的根结点开始，结点 A 中只有一个关键字 37，且 $38 > 37$，因此，按结点 A 指针域 A_1 到结点 C 去查找，结点 C 有两个关键字 40、85，而 38 小于它们，应按结点 C 指针域 A_0 到结点 F 去查找，在结点 F 中顺序比较关键字，找到关键字 38，查找成功。

查找不成功的过程与此类似。比如，查找 23，从 mbt 指向的根结点开始，结点 A 中只有一个关键字 37，且 $23 < 37$，因此，按结点 A 指针域 A_0 到结点 B 去查找，结点 B 有一个关键字 25，$23 < 25$，应按结点 B 指针域 A_0 到结点 D 去查找，结点 D 只有一个关键字 13，$23 > 13$，则按结点 D 的指针域 A_1 查找，找到叶子结点，说明此棵 B 树中不存在关键字 23，查找失败。

对 B 树进行查找的过程是一个顺指针查找结点和在结点的关键字中进行查找交替进行的过程。

B 树主要用作文件的索引，因此它的查找涉及外存的存取，我们略去外存的读写，这里只作示意性描述。假设采用如下结点结构：

```
#define   m   <阶数>
typedef   struct Mbtnode
{
   struct Mbtnode   *parent;
   int   keynum;                    /*结点中关键字个数*/
   int   key[m+1];                  /*关键字向量，0 号单元未用*/
   struct Mbtnode   *ptr[m+1];     /*子树指针向量*/
}   Mbtnode,   *Mbtree;
```

在 B 树中查找关键字为 K 的元素的算法描述如下：

(1) 从 B 树的根结点开始，在结点中查找 K，如果找到，则查找结束；否则，若 $K_i < K < K_{i+1}$，则顺着该结点的子树指针 A_i 找到相应结点。

(2) 如果 $A_i = NULL$，则 B 树中不存在 K，查找失败；否则在 A_i 所指的结点中查找 K，如果找到，则查找结束；否则，若 $K_i < K < K_{i+1}$，则顺着该结点的子树指针 A_i 找相应结点，重复(2)。

2. B树查找分析

对B树进行查找包含两种基本操作：① 在B树中找结点；② 在结点中找关键字。由于B树通常存储在磁盘上，因此①的查找操作是在磁盘上进行的，②的查找操作是在内存中进行的，即在磁盘上找到某一结点后，先将结点中的信息读入内存，然后再利用顺序查找或折半查找查询关键字。显然，在磁盘上进行一次查找比在内存中进行一次查找耗费的时间多得多，因此，在磁盘上进行查找的次数，即待查关键字所在结点在B树中的层次数，是决定B树查找效率的首要因素。

根据B树的定义，第一层至少有1个结点，第二层至少有2个结点；由于除根结点之外的所有非终端结点至少有$\lceil m/2 \rceil$棵子树，因此第三层至少有$2(\lceil m/2 \rceil)$个结点……以此类推，第i+1层至少有$2(\lceil m/2 \rceil)^{i-1}$个结点。若m阶B树中具有N个关键字，则叶子结点即查找不成功的结点有N+1个，假如，B树的深度为h+1，即h+1层为叶子结点，则有

$$N+1 \geqslant 2(\lceil m/2 \rceil)^{h-1}$$

故

$$h \leqslant \log_{\lceil m/2 \rceil}((N+1)/2)+1$$

由此可得，对含有N个关键字的B树进行查找时，从根结点到关键字所在结点的路径上涉及的结点数不超过$\log_{\lceil m/2 \rceil}((N+1)/2)+1$。

3. B树的插入和删除

1) B树的插入

在m阶B树中插入关键字与在二叉排序树中插入结点不同，关键字的插入不是在叶子结点上进行的，而是在最底层的某个非叶子结点中添加一个关键字，若该结点的关键字个数小于m-1个，则可将关键字直接插入该结点；若关键字插入结点后使得该结点的关键字个数达到m个，即该结点的子树超过了m棵，这与B树定义不符，则要进行调整，即结点的“分裂”。

在m阶B树中插入一个关键字的算法如下：

(1) 在m阶B树中查找待插入关键字的插入位置，插入位置是最底层的某个非叶子结点。

(2) 把关键字插入该结点。

(3) 判断插入关键字后的结点中关键字的个数，如果小于m-1，则插入成功。

(4) 如果结点的关键字个数等于m-1，则分裂该结点，将相应关键字上移到父结点。

(5) 重复③、④。

可以看出在插入算法中，可能需要频繁分裂结点。

图8.16给出了一个B树的插入实例。已知一棵3阶B树如图8.16(a)所示，要求插入52、20、49。

插入52：首先查找插入位置，即结点f中50的后面，插入52后如图8.16(b)所示。

插入20：直接插入20后，如图8.16(c)所示，由于结点c的分支数变为4，超出了3阶B树的最大分支数3，需将结点c分裂为两个较小的结点。以中间关键字14为界，将结点c中关键字分为左、右两部分，左边部分仍在原结点c中，右边部分放到新结点c'中，中间关键字14插到其父结点的合适位置，并令其右指针指向新结点c'，如图8.16(d)所示。

插入 49：直接插入 49 后如图 8.16(e)所示。将结点 f 分裂，分裂后的结果如图 8.16(f)所示。将 50 插到其父结点 e 的 key[1] 处，新结点 f' 的地址插到结点 e 的 ptr[1] 处，结点 e 中 ptr[0] 不变，仍指向原结点 f。此时，仍需要分裂结点 e，继续分裂后的结果如图 8.16(g)所示。53 存到其父结点 a 的 key[2] 处，ptr[2] 指向新结点 e'，ptr[1] 仍指向原结点 e。

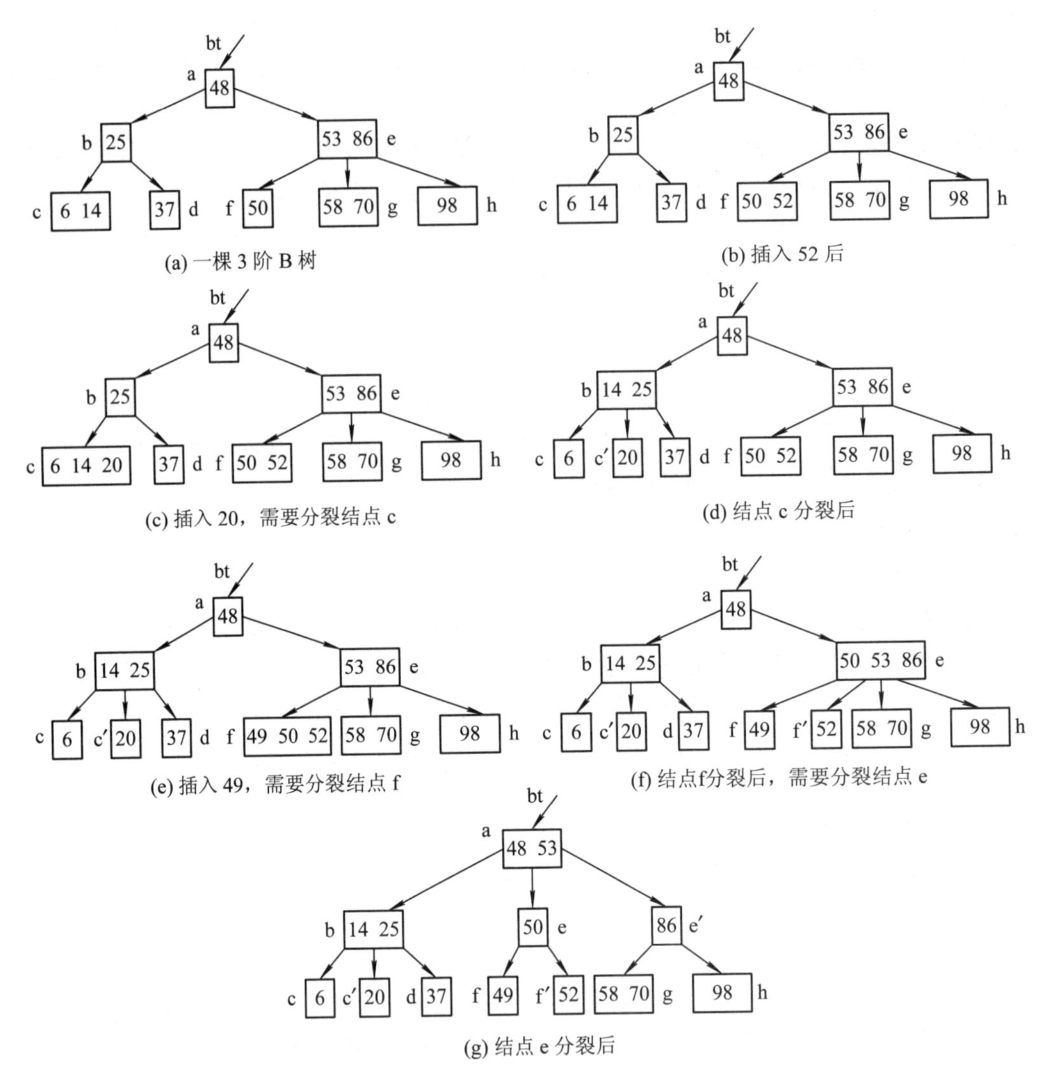

(a) 一棵 3 阶 B 树

(b) 插入 52 后

(c) 插入 20，需要分裂结点 c

(d) 结点 c 分裂后

(e) 插入 49，需要分裂结点 f

(f) 结点f分裂后，需要分裂结点 e

(g) 结点 e 分裂后

图 8.16　B 树的插入实例

2) B 树的删除

在 B 树上删除一个关键字 K，首先要查找到该关键字所在的结点，然后根据下面的两种情况进行删除：

(1) 待删除的关键字在最下层非叶子结点。

图 8.17 给出了在 B 树最下层结点中删除关键字的实例。图 8.17(a)所示为一棵 4 阶 B 树(m=4)，要求删除 11、53、39、64、27。

删除 11 时，13 与其右的指针左移即可，如图 8.17(b)所示。继续删除 53 后如图 8.17(c)所示。

结论：当最下层结点中的关键字个数大于$\lceil m/2 \rceil-1$时，可直接删除。

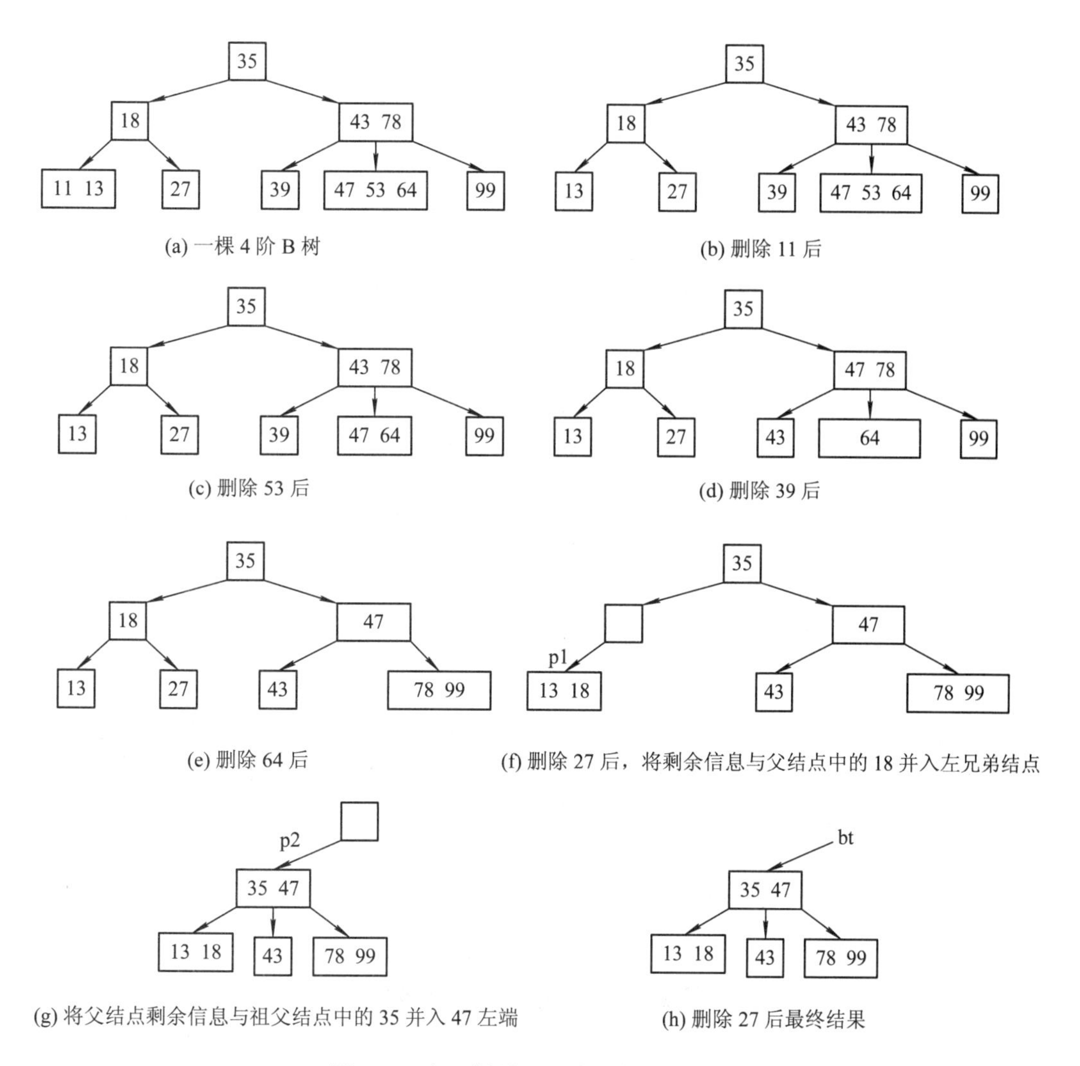

(a) 一棵 4 阶 B 树　(b) 删除 11 后

(c) 删除 53 后　(d) 删除 39 后

(e) 删除 64 后　(f) 删除 27 后，将剩余信息与父结点中的 18 并入左兄弟结点

(g) 将父结点剩余信息与祖父结点中的 35 并入 47 左端　(h) 删除 27 后最终结果

图 8.17　在 B 树最下层结点中删除关键字

删除 39 时，为保持其“中序有序”，可将父结点中 43 下移至 39 处，而将右兄弟结点中最左边的 47 上移至原 43 处，如图 8.17(d)所示。

结论：当最下层待删关键字所在结点中关键字数目为最低要求$\lceil m/2 \rceil-1$时，如果其左(右)兄弟结点中关键字数目大于$\lceil m/2 \rceil-1$，则可采用上述“父子换位法”。

删除 64 后，为保持各分支等长(平衡)，将删除 64 后的剩余信息(在此为空指针)及 78 合并入右兄弟结点，如图 8.17(e)所示。也可将删除 64 后的剩余信息及 47 与左兄弟结点合并。

结论：当最下层待删结点及其左右兄弟结点中的关键字数目均为最低要求数目$\lceil m/2 \rceil-1$时，需要进行合并处理，合并过程与插入时的分裂过程“互逆”。合并一次，分支数减 1，可能出现“连锁合并”，当合并到根结点时，各分支深度同时减 1。

删除 27 时，首先将剩余信息(在此为空指针)与父结点中的 18 并入左兄弟结点，并释放空结点，结果如图 8.17(f)所示。此时父结点也需要合并，将父结点中的剩余信息(指针 p1)

与祖先结点中的35并入47左端，释放空结点后的结果如图8.17(g)所示。至此，祖先结点仍需要合并，但由于待合并结点的父指针为NULL，故停止合并，直接将根指针bt置为指针p2的值，释放空结点后的结果如图8.17(h)所示。

(2) 在非最下层结点中删除一个关键字。

图8.18给出了在B树的非最下层结点中删除一个关键字的实例。图8.18(a)所示为一棵4阶B树，要求删除43，35。

删除43：在保持“中序有序”的前提下，可将43的右子树中的最小值47(左下端)代替43，而后在左下端中删除47，结果如图8.18(b)。

删除35：用35的左子树的右下端元素27代替35，结果如图8.18(c)，然后再删除右下端中的27，结果如图8.18(d)所示。

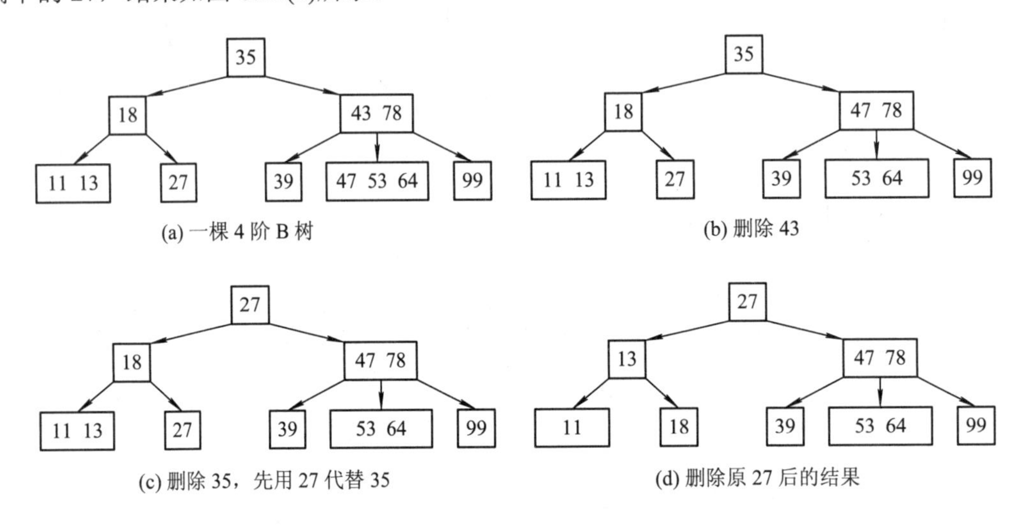

图8.18 在B树非最下层删除关键字

8.4 哈希表的查找

8.4.1 哈希表的定义

在前面讨论的各种查找算法中，其查找过程都需要依据关键字进行若干次比较，最后确定在查找表中是否存在给定关键字的元素。查找的效率与比较次数密切相关。在查找时需要不断进行比较的原因是在建立数据表时，只考虑了各数据元素的关键字之间的相对大小，而数据元素在表中的位置和其关键字无直接关系。古语云：“穷则变，变则通，通则久”。我们改变数据的存储方式即可提高查找效率。如果在数据元素的存储位置和其关键字之间建立某种关系，那么在查找时，就能直接由关键字找到相应存储位置。哈希表正是基于这种思想。

哈希表又叫杂凑表或散列表。其基本思想是：首先在数据元素的关键字k和数据元素的存储位置addr之间建立一个对应关系H，使得addr = H(k)，H称为哈希函数。在建立哈希表时，把关键字为 k 的元素直接存入 H(k)的单元中；当查找关键字为 k 的元素时，再利用哈希函数计算出该元素的存储地址 addr = H(k)，从而达到按关键字直接存取元素的目的。理想情况是经过一次比较，便能获得所查记录，也就是说，哈希函数在关键字和地址之间建立一一对应关系。这种理想状态的哈希函数特别少。

当关键字集合很大时，关键字值不同的元素可能会得到相同的地址，即 $k1 \neq k2$，但 H(k1) = H(k2)，这种现象称为冲突。此时称 k1 和 k2 为同义词。实际应用中，冲突是不可避免的，可通过改进哈希函数来减少冲突。就如同我们在日常生活中，出现冲突，不能激进，用合理的方式去解决一样。

由此可以看出，哈希表的构造及查找主要包括以下两个方面的内容：

(1) 构造哈希函数；

(2) 处理冲突。

8.4.2 哈希函数的构造方法

构造哈希函数的方法很多，但构造一个“好”的哈希函数需要很强的技术性和实践性。“好”的哈希函数是指哈希函数的构造方法简单并且发生冲突的可能性小。也就是说，一个好的哈希函数能将给定的数据集合均匀地散列到地址区间中。下面介绍构造哈希函数常用的六种方法。

1. 直接定址法

直接定址法是取关键字或关键字的某个线性函数值作为哈希地址的，即

$$H(key) = key \quad 或 \quad H(key) = a \times key + b$$

其中 a、b 为常数，在使用时为了使哈希地址与存储空间吻合可调整 a、b 的值。

例如，一个从 1 岁到 100 岁的人口统计表，如表 8.3 所示。若该查找表以年龄作为关键字，则哈希函数取关键字自身，这样一来可以直接由年龄得到相应元素的存储地址。哈希函数为 H(key) = key。

表 8.3 人口统计表

地址	年龄	人数
00	0	600 万
01	1	500 万
02	2	450 万
39	39	1500 万
…	…	…
100	100	…

又如，一个新中国成立后出生的人口调查表，关键字是年份，哈希函数取关键字加一常数：H(key) = key + (−1948)。

直接定址法的特点是地址集合和关键字集合的大小相同，即一个关键字对应一个存储地址，因此不会发生冲突，而且构造方法特别简单。但是在实际应用中能使用这种哈希函

数的情况很少，这种方法只适合于关键字分布基本连续，且关键字集合较小的情形。

2. 数字分析法

如果事先知道关键字集合，并且每个关键字的位数比哈希表的地址码位数多时，则可以从关键字中选出分布较均匀的若干位，构成哈希地址。例如，有 90 个记录，关键字为 8 位十进制整数 $d_1d_2d_3\cdots d_7d_8$，如果哈希表的地址空间为 0～99，假设这 90 个关键字中的一部分如下所示：

⋮

0 1 4 2 8 3 7 9
1 1 2 7 1 2 9 1
0 2 1 2 8 3 2 9
1 2 3 2 8 3 1 9
0 1 5 2 8 3 3 1
1 2 6 7 1 2 4 1
1 1 7 2 8 3 6 9

⋮

经过分析，各关键字中 d_3 和 d_7 分布较均匀，则哈希函数可设置为

$$H(key) = H(d_1d_2d_3\cdots d_7d_8) = d_3d_7$$

数字分析法适合于关键字是数字的情形，且可能出现的关键字均事先知道。

3. 平方取中法

平方取中法是指当无法确定关键字中哪几位分布比较均匀时，可以先求出关键字的平方值，然后按需要取平方值的中间几位作为哈希地址。这是因为平方后中间几位和关键字中的每一位都相关，故不同的关键字会以较高的概率产生不同的哈希地址。

例如，某一查找表的关键字为十进制 4 位整数，表长为 1000，则可取平方后的第 2、3、4 位作为哈希地址，如表 8.4 所示。

表 8.4　平方取中法示例

关键字	(关键字)^2	哈希函数值
0100	0010000	010
1234	1522756	522
1200	1440000	440
3214	10329796	032

4. 叠加法

叠加法是按哈希表地址位数将关键字分成位数相等的几个部分(最后一部分可以较短)，然后将这几个部分相加，舍弃最高进位后的结果就是哈希地址。具体方法有折叠法与移位法。折叠法是从一端向另一端沿分割界来回折叠，然后将各段相加；移位法是将分割后的每个部分低位对齐相加。例如，key=67117278098765478，哈希表长为 1000，则应把关键字分成 3 位一段，在此舍去最低的两位 78，分别进行移位叠加和折叠叠加，求得哈希地址为 264 和 165，如图 8.19 所示。

(a) 移位叠加	(b) 折叠叠加
671	671
172	271
780	780
987	789
+) 654	+) 654
264	165

图 8.19　由叠加法求哈希地址

5. 除留余数法

除留余数法是取关键字被某个不大于哈希表表长的数除后所得余数作为哈希地址。假设表长为 m，p 为小于等于 m 的最大素数，则哈希函数为

$$H(key) = key\%p$$

其中%为求模运算。

为了尽可能少地产生冲突，通常取 p 为不大于表长且最接近表长 m 的素数，例如表长 m = 1000 时，可取 p = 997。除留余数法是一种最简单也是最常用的构造哈希函数的方法，它不仅可以对关键字直接取模，也可以对关键字进行其他运算之后取模。

6. 伪随机数法

伪随机数法是采用一个伪随机数作为哈希函数的，即 H(key)=random(key)。

在实际应用中，应根据具体情况，灵活采用不同的方法，并用实际数据测试它的性能，以便作出判定。哈希函数的选择，通常应考虑以下五个因素：

① 计算哈希函数所需的时间；

② 关键字的长度；

③ 哈希表的长度；

④ 关键字的分布；

⑤ 查找记录的频率。

8.4.3　处理冲突的方法

通过构造性能良好的哈希函数可以减少冲突，但一般不可能完全避免冲突，因此解决冲突是哈希函数构造方的另一个关键问题。创建哈希表和查找哈希表都会遇到冲突，两种情况下解决冲突的方法应一致。下面以创建哈希表为例说明解决冲突的方法。常用的解决冲突的方法有以下四种。

1. 开放定址法

开放定址法也称再散列法，其基本思想是：当关键字 key 的哈希地址 addr=H(key)出现冲突时，以 addr 为基础产生另一个哈希地址 $addr_1$，如果 $addr_1$ 仍冲突，再以 $addr_1$ 为基础，产生另一个哈希地址 $addr_2$……直到找出一个不冲突的哈希地址 $addr_i$，将相应元素存入其中。这种方法利用下列公式计算求得下一个地址：

$$H_i = (H(key) + d_i)\%m$$

其中，H(key)为哈希函数，m 为表长，d_i 为增量序列。增量序列的取值方式不同，相应的再散列方式也就不同。主要有以下三种：

(1) 线性探测再散列：

$$d_i = 1，2，3，\cdots，m-1$$

发生冲突时，顺序查看表中下一单元，直到找出一个空单元或查遍全表。

(2) 二次探测再散列：

$$d_i = 1^2，-1^2，2^2，-2^2，\cdots，k^2，-k^2 \qquad k\leqslant m/2$$

发生冲突时，在表的左右进行跳跃式探测，比较灵活。

(3) 伪随机探测再散列：

$$d_i = \text{伪随机数序列}$$

具体实现时，应建立一个伪随机数发生器，并给定一个随机数作为起点。

例如，哈希表长为 11，哈希函数为 H(key) = key%11。如图 8.20(a)所示，假定在表中已经存入关键字为 60、17、29 的元素，现有第 4 个元素，其关键字为 38，H(38)=5，与 60 发生冲突；若用线性探测再散列的方法处理，则下一个哈希地址 $H_1 = (5 + 1)\%11 = 6$，仍冲突；再找下一个哈希地址 $H_2 = (5 + 2)\%11 = 7$，仍冲突；继续找下一个哈希地址 $H_3 = (5 + 3)\%11 = 8$，此时不再冲突，将元素存入 8 号单元中，如图 8.20(b)所示。若用二次探测再散列的方法处理，下一个哈希地址 $H_1 = (5 + 1^2)\%11 = 6$，仍冲突；再找下一个哈希地址 $H_2 = (5 - 1^2)\%11 = 4$，此时不再冲突，将元素存入 4 号单元中，如图 8.20(c)所示。

0	1	2	3	4	5	6	7	8	9	10
					60	17	29			

(a) 关键字 38 插入之前

0	1	2	3	4	5	6	7	8	9	10
					60	17	29	38		

(b) 线性探测再散列

0	1	2	3	4	5	6	7	8	9	10
				38	60	17	29			

(c) 二次探测再散列

图 8.20　开放定址法处理冲突示例

从上例可以看出，线性探测再散列容易产生“二次聚集”，即在处理同义词的冲突时又导致非同义词的冲突。线性探测再散列的特点是只要哈希表不满，就一定能找到一个不冲突的哈希地址，而二次探测再散列和伪随机探测再散列则不一定。

2. 链地址法

链地址法的基本思想是：将所有关键字是同义词的元素连接成一条线性链表，并将其链头存在相应的哈希地址所指的存储单元中。因此，查找、插入和删除操作主要在同义词链中执行。链地址法用于经常进行插入和删除操作的情况。

例如，已知一组关键字(71，27，26，30，16，46，19，42，24，49，64)，哈希表长为 13，哈希函数为 H(key) = key%13，则用链地址法处理冲突的结果如图 8.21 所示。

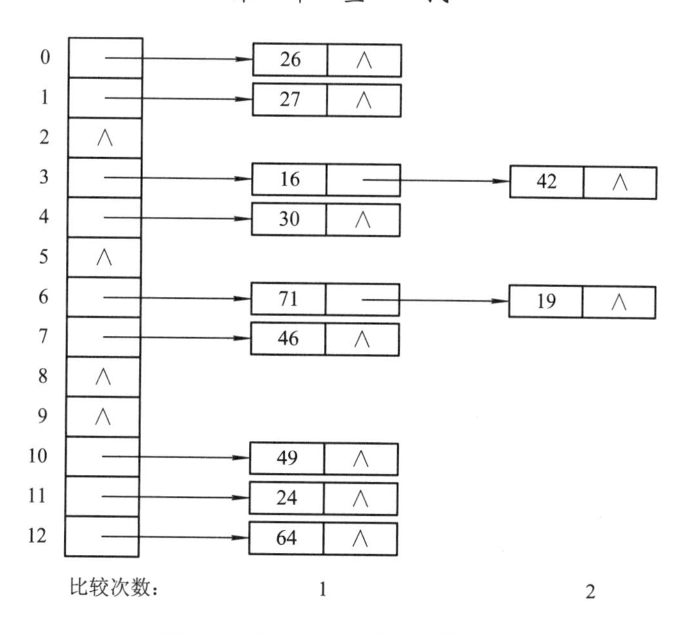

图 8.21　链地址法处理冲突的结果

3. 再哈希

再哈希的基本思想是：当发生冲突时，再用另一个哈希函数来计算下一个哈希地址，如果再发生冲突，则再使用另一个哈希函数，直到不发生冲突为止。这样预先设置一个哈希函数的序列：

$$H_i = RH_i(key) \qquad i = 1，2，\cdots，\quad k$$

RH_i 是不同的哈希函数，在同义词产生地址冲突时，计算另一个哈希函数地址，直到冲突不再发生为止。这种方法不易产生聚集，但增加了计算时间。

4. 建立公共溢出区

建立公共溢出区的基本思想是：将哈希表分为基本表和溢出表两部分，凡是与基本表发生冲突的元素一律填入溢出表。

8.4.4　哈希表的查找过程

哈希表的查找过程与哈希表的创建过程基本一致，当查找关键字为 k 的元素时，首先计算 addr = H(k)。如果单元 addr 为空，则所查元素不存在；如果单元 addr 中元素的关键字为 k，则找到所查元素；否则，按构造哈希表时解决冲突的方法，找出下一个哈希地址，直到哈希表中的某个位置为空或表中所填记录的关键字等于给定值为止。

上述查找过程可表示如下：

(1) 按给定关键字 k 求哈希地址 addr=H(k)。

(2) 若地址 addr 的单元为空，则返回查找不成功信息；若地址 addr 的单元中存放的元素的关键字为 k，则返回 addr；否则进行以下处理：

① 设置处理冲突次数 i = 1；

② 处理第 i 次冲突后求得地址 $addr_i$，若 $addr_i$ 中无元素，则返回不成功信息；若 $addr_i$

中元素的关键字值为 k，则返回 $addr_i$；否则，i++，重复执行②，直到返回成功或不成功的信息为止。

例如，已知一组关键字为(5，62，60，43，54，90，46，31，58，73，15，34)，哈希函数为 H(key) = key%13。解决冲突的方法是线性探测再散列，哈希表为 a[16]，构造所得哈希表如图 8.22 所示。

A=(5，62，60，43，54，90，46，31，58，73，15，34)

(a) 关键字序列

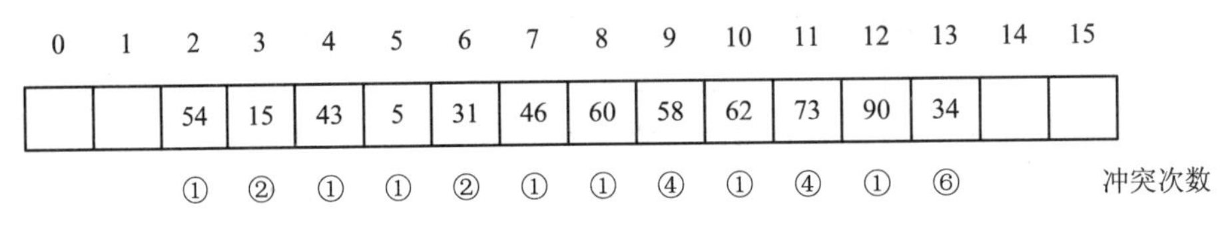

(b) 哈希表

图 8.22　哈希表 a[16]

查找 k = 31 的过程如下：

首先求得哈希地址为 H(31) = 5，a[5]不空且关键字不等于 31，按线性探测再散列方法处理冲突，求得下一地址(5+1)%16=6，a[6]=31，则查找成功，返回元素在表中的序号 6。

查找 k=38 的过程如下：

首先求得哈希地址为 H(38) = 12，a[12]不为空且关键字不等于 38，按线性探测再散列方法处理冲突，求得下一地址为(12+1)%16 = 13，a[13]不为空且关键字不等于 38；继续求得下一地址(12+2)%16 = 14，a[14]为空，表明表中不存在 k = 38 的元素。

若哈希表中每个地址对应的元素中存放一个空标识 empty 和一个关键字，则用数组表示哈希表定义如下：

```
#define TABLESIZE    13              /*表长最大以 13 为例*/
typedef   struct elem
{   int   empty;
    int data;                        /*假设为整型*/
}ElemType;
ElemType   ht[TABLESIZE];
```

下面给出哈希函数为 H(k)、解决冲突的方法为线性探测再散列，在哈希表 ht 中查找给定关键字 k 的算法。如果查到某一个 j，ht(j).empty!=1，同时 ht[j].data==k，则查找成功；否则查找失败。造成失败的原因可能是表已满且无要查的表项，或者是无此表项且找到空标识。

```
1   int search(int   k)
2   {
3       int i=H(k),   j=i;                        /* i 是计算出来的哈希地址*/
4       while(ht[j].empty!=1&& ht[j].data!=k)   /* ht[j]不空，且不等于 k，冲突*/
5       {
6           j=(j+1)%TABLESIZE;                  /*按线性探测再散列找下一个位置*/
```

```
7          if(j==i)
8             return –TABLESIZE;          /*转一圈回到开始点，表已满，失败*/
9       }
10      if(ht[j].empty!=1)
11          return j;                     /*找到满足要求的表项，返回地址 j */
12      else
13         return –j;                     /*失败*/
14  }
```

哈希查找的方法是一种直接计算地址的方法，在查找过程中所需的比较次数很少。由查找的方法可以看出，在进行哈希查找时，要根据元素的关键字由哈希函数以及解决冲突的方法找出元素关键字的哈希地址。由于存在冲突，哈希查找的方法仍需进行关键字比较，因此仍需用平均查找长度来评价其查找性能。哈希查找的方法中影响关键字比较次数的因素有三个：哈希函数、处理冲突的方法以及哈希表的装填因子。哈希表的装填因子 α 的定义如下：

$$\alpha = \frac{\text{哈希表中元素个数}}{\text{哈希表的长度}}$$

α 可描述哈希表的装满程度，显然，α 越小，发生冲突的可能性越小，而 α 越大，发生冲突的可能性也越大。因此，在考虑哈希查找的效率时，需要考虑的因素较多，哈希查找的效率分析比较复杂，这里不作讨论，有兴趣的读者请参阅其他文献。

在此，我们介绍一种手工计算等概率情况下查找的平均查找长度公式。

手工计算等概率情况下查找成功的平均查找长度公式如下：

$$ASL_{SUCC} = \frac{1}{\text{表中添入元素个数}} \sum_{i=1}^{n} C_i$$

其中，C_i 为添入每个元素时所需的比较次数。

根据此计算公式，对如图 8.22(b)所示的哈希表采用线性探测再散列的方法处理冲突，计算出等概率查找的情况下其平均查找长度为

$$ASL_{succ} = \frac{1}{12}(1\times7+2\times2+4\times2+6) = \frac{25}{12} \approx 2.083$$

对如图 8.21 所示的哈希表，采用链地址法处理冲突，计算出等概率查找的情况下其平均查找长度为

$$ASL_{succ} = \frac{1}{11}(9\times1+2\times2) = \frac{13}{11} \approx 1.18$$

为便于计算，在图 8.22(b)所示哈希表下方加注圆圈，圆圈内表示的是有冲突时的计算次数，如代表需要一次地址计算就可找到的关键字有 7 个，依此类推，即可得到计算结果。

手工计算在等概率情况下查找不成功的平均查找长度公式如下：

$$ASL_{unsucc} = \frac{1}{\text{哈希表长度}} \sum_{i=1}^{r} C_i$$

其中，C_i为查找数据确定查找不成功时的比较次数。

根据此计算公式，对如图 8.21 所示的哈希表采用链地址法处理冲突，在等概率查找的情况下查找不成功的平均查找长度为

$$ASL_{unsucc}=\frac{1}{13}(4\times1+7\times2+2\times3)=\frac{24}{13}\approx1.846$$

根据此计算公式，对如图 8.22(b)所示的哈希表采用线性探测再散列的方法解决冲突，在等概率查找的情况下查找不成功的平均查找长度为

$$ASL_{unsucc}=\frac{1}{16}(1\times4+2+3+4+5+6+7+8+9+10+11+12+13)\approx5.875$$

本章知识点总结

现实生活中，查找几乎无处不在，特别是现在的网络时代，查找占据了我们上网的大部分时间。本章介绍静态查找表、动态查找表和哈希表的概念、存储结构及实现方法。本章核心知识点总结如图 8.23 所示。

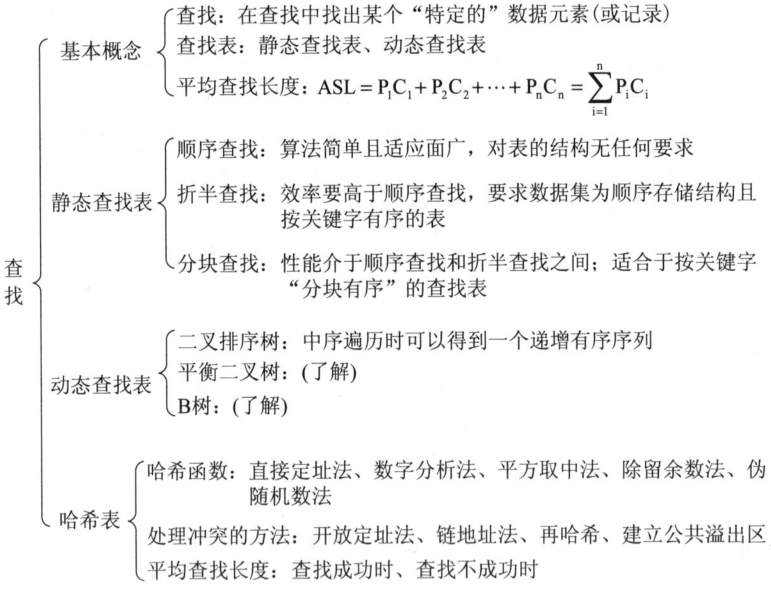

- 查找
  - 基本概念
    - 查找：在查找中找出某个“特定的”数据元素(或记录)
    - 查找表：静态查找表、动态查找表
    - 平均查找长度：$ASL=P_1C_1+P_2C_2+\cdots+P_nC_n=\sum_{i=1}^{n}P_iC_i$
  - 静态查找表
    - 顺序查找：算法简单且适应面广，对表的结构无任何要求
    - 折半查找：效率要高于顺序查找，要求数据集为顺序存储结构且按关键字有序的表
    - 分块查找：性能介于顺序查找和折半查找之间；适合于按关键字“分块有序”的查找表
  - 动态查找表
    - 二叉排序树：中序遍历时可以得到一个递增有序序列
    - 平衡二叉树：(了解)
    - B树：(了解)
  - 哈希表
    - 哈希函数：直接定址法、数字分析法、平方取中法、除留余数法、伪随机数法
    - 处理冲突的方法：开放定址法、链地址法、再哈希、建立公共溢出区
    - 平均查找长度：查找成功时、查找不成功时

图 8.23　本章核心知识点总结

(1) 基本概念：查找表、(主、次)关键字、查找、平均查找长度 ASL。

(2) 静态查找表的查找法：顺序查找法、折半查找法、分块查找法。掌握这三种查找法的查找过程、算法、平均查找长度和时间复杂度。

(3) 动态查找表：掌握二叉排序树的概念及其查找过程、平均查找长度；理解平衡二叉树的概念(平衡二叉树是二叉排序树的优化，其本质也是一种二叉排序树，只不过平衡二叉树对左、右子树的深度有了限定，即深度之差的绝对值(即平衡因子)不得大于 1)。

(4) 计算式查找法——哈希法：掌握常用哈希函数/哈希表的构造方法及处理冲突的方

法；了解哈希法中的平均查找长度的计算。

习 题

1. 在信息不对称的当今社会，拥有更高查找效率者可能会获得更多优势，而信息匮乏者则可能被边缘化。因此，在设计数据结构和算法时，我们需考虑如何确保信息的公平性和包容性，避免加剧社会不平等现象。若对大小均为 n 的有序顺序表和无序顺序表分别进行顺序查找，试在下面三种情况下，讨论两者在等概率时平均查找长度是否相同。

(1) 查找不成功，即表中没有关键字等于给定值 k 的记录；

(2) 查找成功，且表中只有一个关键字等于给定值 k 的记录；

(3) 查找成功，且表中有若干个关键字等于给定值 k 的记录，一次查找要求找出所有记录，此时的平均查找长度应考虑找到所有记录时所用的比较次数。

2. 考虑数据结构的可持续发展和环境责任，设计合理的数据结构和算法，可有效避免资源的过度消耗和对环境的影响。试述顺序查找法、折半查找法和分块查找法对被查找表中的元素的要求。对长度为 n 的表，这三种查找法的平均查找长度各是多少？

3. 什么是分块查找？它有什么特点？使用分块查找是否会增加存储和计算资源消耗是一个值得我们思考的社会问题。若一个表中共有 900 个元素，查找每个元素的概率相同，并假定采用顺序查找来确定所在的块，如何分块最佳？

4. 设计高效的查找算法不仅要考虑信息的公平性，还要考虑信息的查找速度。假定对有序表(3，4，5，7，24，30，42，54，63，72，87，95)进行折半查找。

(1) 画出描述折半查找过程的判定树。

(2) 若要查找元素 54，需依次与哪些元素进行比较?

(3) 若要查找元素 90，需依次与哪些元素进行比较?

(4) 假定每个元素的查找概率相等，求查找成功时的平均查找长度。

5. 折半查找是否适合链表结构的序列? 为什么? 折半查找的查找速度必然比线性查找的查找速度快，这种说法对吗?

6. 设计和使用高效的查找算法不仅要追求技术创新，还要考虑社会责任和可持续发展等因素，以促进数据结构的健康发展与社会责任的落实。已知一长度为 11 的有序表，而且有序排列，试画出其折半查找的判定树，并求出在等概率情况下查找成功的平均查找长度。

7. 通过合理的结构优化，可以实现资源的最优利用。直接在二叉排序树中查找关键字 K 与在中序遍历输出的有序序列中查找关键字 K，其效率是否相同？输入关键字有序序列来构造一棵二叉排序树，然后对此树进行查找，其效率如何？为什么？

8. 一棵二叉排序树结构如图 8.24 所示，各结点的值从小到大依次为 1～9，请标出各结点的值。

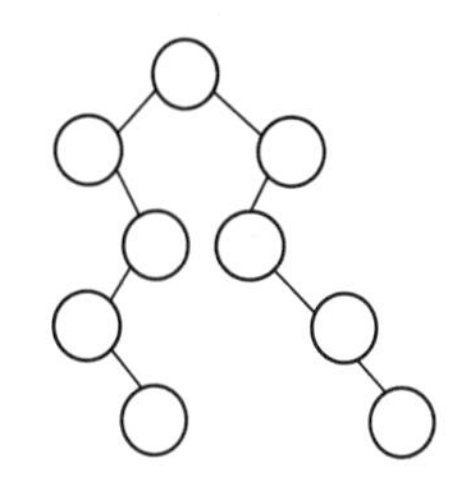

图 8.24 习题 8 图

9. 二叉排序树的平衡调整既是技术问题，也是对数据完整性和系统稳定性负责的体现。请依次输入整数序列{86，50，78，59，90，64，55，23，100，40，80，45}，画出建立的二叉排序树，并画出将其中的“50”删除后的二叉排序树。

10. 输入一个正整数序列{53，17，12，66，58，70，87，25，56，60}，试回答下列问题：

(1) 按次序构造一棵二叉排序树 BS。

(2) 依此二叉排序树，如何得到一个从小到大的有序序列?

(3) 画出在此二叉排序树中删除“66”后的树结构。

11. 给定序列 {3，5，7，9，11，13，15，17}，按元素顺序将表中元素依次插入一棵初始为空的二叉排序树中。画出插入完成后的二叉排序树，并求其在等概率情况下查找成功的平均查找长度。

12. 设哈希函数为 H(k) = k mod 7，哈希表的地址空间为 0～6，对关键字序列{32，13，49，18，22，38，21} 按链地址法处理冲突的方法构造哈希表。请指出查找各关键字要进行几次比较，并分别计算查找成功和查找不成功时的平均查找长度。

13. 设有一组关键字{9，1，23，14，55，20，84，27}，采用哈希函数 H(key) = key mod 7，表长为 10，用开放地址法的二次探测再散列的方法 $H_i = (H(key) + d_i) \bmod 10(d_i = 1^2, -1^2, 2^2, -2^2, 3^2, \cdots)$处理冲突。要求：对该关键字序列构造哈希表，并计算查找成功时的平均查找长度。

14. 设计在二叉排序树中删除一个结点的算法，使删除后的树仍为二叉排序树。设删除结点由指针 p 所指，其双亲结点由指针 f 所指，并假设被删除结点是其双亲结点的右孩子。

15. 假定一个待散列存储的线性表为(32，75，29，63，48，94，25，46，18，70)，散列地址空间为 HT[11]，若采用除留余数法构造散列函数和链接法处理冲突，试求出每一元素的散列地址，并画出最后得到的散列表，求出平均查找长度。

第九章　排　序

对数据元素建立某种有序排列的过程称为排序，在计算机软件系统设计中，排序占有相当重要的地位。本章介绍简单排序方法(简单选择排序、直接插入排序、希尔排序、冒泡排序)、先进排序方法(归并排序、快速排序、堆排序)、基数排序的基本原理及实现方法。

教学目标：

使学生熟练掌握各种排序的算法思想、方法及稳定性；理解各种排序方法的特点并能灵活应用；掌握各种排序方法的时间和空间复杂度分析。

思政目标：

引导学生脚踏实地，培养学生从观察、比较、分析具体问题出发，运用归纳、递推、分治的方法解决问题的能力。

9.1　排序的基础知识

9.1.1　排序的基本概念

排序(sorting)是按关键字的非递减或非递增顺序对一组记录重新进行整队(或排列)的操作。从第八章的讨论可以看出，在有序表中，可以采用查找效率较高的折半查找。二叉排序树或B树建表的过程本身就是一个排序过程。

为了讨论方便，下面给出排序确切的定义。

假设含有n个记录的序列为

$$\{r_1,\ r_2,\ \cdots,\ r_n\} \tag{9.1}$$

它们的关键字相应为$\{k_1,\ k_2,\ \cdots,\ k_n\}$。

对式(9.1)的记录序列进行排序就是要确定序号1，2，…，n的一种排列：

$$\{p_1,\ p_2,\ \cdots,\ p_n\}$$

使其相应的关键字满足如下的非递减(或非递增)的关系：

$$k_{p_1} \leqslant k_{p_2} \leqslant \cdots \leqslant k_{p_n} \tag{9.2}$$

也就是使式(9.1)的记录序列重新排列成一个按关键字有序的序列：

$$\{r_{p_1} \leqslant r_{p_2} \leqslant \cdots \leqslant r_{p_n}\} \tag{9.3}$$

排序不仅针对主关键字，也包括次关键字。若待排序记录中的关键字 $k_i(i = 1, 2, \cdots, n)$是主关键字，则任何一个记录的无序序列经排序后得到的结果都是唯一的；反之，若待排序记录的关键字是次关键字，则排序所得到的记录序列的结果不唯一。

假设 $k_i = k_j(1 \leqslant i \leqslant n, 1 \leqslant j \leqslant n, i \neq j)$，且在排序前的序列中 r_i 领先于 r_j(即 $i < j$)。若在排序后的序列中 r_i 仍领先于 r_j，则称所用的排序方法是稳定的；反之，若排序后的序列中 r_j 领先于 r_i，则称所用的排序方法是不稳定的。无论是稳定的还是不稳定的排序方法，均能排好序。在应用排序的某些场合，如选举和比赛等，对排序的稳定性是有特殊要求的。证明一种排序方法是稳定的，要从算法本身的步骤中加以证明；证明排序方法是不稳定的，只需给出一个反例说明。

9.1.2 排序的分类

根据在排序过程中涉及的存储器不同，可将排序方法分为两大类：内部排序、外部排序。

内部排序：在进行排序的整个过程中，待排序的所有记录全部被放置在内存中，不使用计算机外部存储器。

外部排序：在进行排序的整个过程中，由于待排序的记录个数太多，需要在内、外存之间多次交换数据。

本章仅讨论各种内部排序的方法。内部排序的方法很多，根据排序算法的时间复杂度可分为三类：简单排序方法，其时间复杂度为 $O(n^2)$；先进排序方法，其时间复杂度为 $O(n\text{lb}n)$；基数排序，其时间复杂度为 $O(d \times n)$。根据排序过程中借助的主要操作，我们把内部排序分为插入排序、交换排序、选择排序和归并排序。这些排序算法都是比较成熟的排序技术，已经被广泛应用于许许多多的程序设计语言或数据库当中，甚至它们都已经封装了排序算法的实现代码。我们学习这些算法，并不是为了编程实现，而是通过学习来提高算法设计能力，以便能够灵活运用基本的算法去解决更复杂的问题。

对内部排序来说，排序算法的性能主要考虑以下三个方面：

1) 时间性能

排序是数据处理中经常执行的一种操作，往往属于系统的核心部分，因此排序算法的时间开销是衡量其好坏的最重要的标识。在排序过程中，一般进行两种基本操作：

(1) 比较两个关键字的大小；

(2) 将记录从一个位置移动到另一个位置。

其中操作(1)对于大多数排序算法来说是必要的，而操作(2)则可以通过采用适当的存储方式予以避免。

总之，高效率的内部排序算法应该是具有尽可能少的关键字比较次数和尽可能少的记录移动次数。

2) 辅助空间

评价排序算法性能的另一个指标就是算法执行过程中需要的辅助存储空间。辅助存储空间是除存放待排序序列所占存储空间之外，执行算法所需的额外空间。

3) 算法的复杂度

这里算法的复杂度是指算法本身的复杂度，而不是指算法的时间复杂度。

排序过程体现了“优胜劣汰”原则，优秀的事物会越来越好，而劣质的事物会逐渐被淘汰。

9.1.3 存储结构

对于待排序的记录序列，有三种常见的存储表示方法：

(1) 向量结构：将待排序的记录存放在一组地址连续的存储单元中。由于在这种存储方式中，记录之间的次序关系由其存储位置来决定，所以排序过程中一定要移动记录。

(2) 链表结构：采用链表结构时，记录之间逻辑上的相邻性是靠指针来维持的，这样在排序时，就不用移动记录元素，而只需要修改指针。这种排序方法被称为链表排序。

(3) 记录向量与地址向量结合：将待排序记录存放在一组地址连续的存储单元中，同时另设一个指示各个记录位置的地址向量。这样在排序过程中不移动记录本身，而修改地址向量中记录的“地址”，排序结束后，再按照地址向量中的值调整记录的存储位置。这种排序方法被称为地址排序。

本章讨论的排序算法大部分采用向量结构，即顺序存储。为了讨论方便，假设待排序记录的关键字均为整数，均从数组中下标为 1 的位置开始存储，下标为 0 的位置存储监视哨，或空闲不用。

```
#define MAXSIZE 20                    /*一个用作示例的小顺序表的最大长度*/
typedef struct
{
        int    key;
        OtherType    otherdata;
} RecordType;
typedef struct
{
      RecordType    r[MAXSIZE];       /* r[0]闲置或作为判别标识的“哨兵”单元*/
      int      length;                /*顺序表长度*/
}SqList;                              /*顺序表类型*/
```

9.2 简单排序方法

简单排序方法中常用的有简单选择排序、直接插入排序、希尔排序和冒泡排序。

9.2.1 简单选择排序

1. 排序思想

我们假定排序结果是从小到大排列。简单选择排序的基本思想如下：

首先，在待排序序列中选择关键字最小的记录，将这个最小的数据元素与第 1 个记录交换，第 1 个记录到位，这叫作第 1 趟排序；然后从第 2 个记录到最后一个记录中选择关键字最小的记录，将该记录与第 2 个记录交换，第 2 个记录到位，这是第 2 趟；以此类推，进行 n−1 趟，序列就有序了。

也就是说，第 i 趟简单选择，就是在 n−i+1(i=1, 2, …, n−1)个记录中选择关键字最小的记录作为有序序列中第 i 个记录。经过 n−1 趟比较，直到数据表有序为止。

实例分析：对下列一组关键字序列：

$$\{49_1,\ 38,\ 65,\ 49_2,\ 76,\ 13,\ 27,\ 52\}$$

进行简单选择排序过程中，每一趟排序之后的状况如图 9.1 所示。其中 49_1 和 49_2 表示两个关键字同为 49 的不同记录。

初始关键字：	49_1	38	65	49_2	76	**13**	27	52
第 1 趟 i=1	**(13)**	38	65	49_2	76	**49_1**	27	52
第 2 趟 i=2	**(13**	**27)**	65	49_2	76	49_1	**38**	52
第 3 趟 i=3	**(13**	**27**	**38)**	49_2	76	49_1	**65**	52
第 4 趟 i=4	**(13**	**27**	**38**	**49_2)**	76	49_1	65	52
第 5 趟 i=5	**(13**	**27**	**38**	**49_2**	**49_1)**	**76**	65	52
第 6 趟 i=6	**(13**	**27**	**38**	**49_2**	**49_1**	**52)**	65	**76**
第 7 趟 i=7	**(13**	**27**	**38**	**49_2**	**49_1**	**52**	**65)**	**76**

图 9.1　简单选择排序示例

2. 排序算法

简单选择排序的算法如下：

```
1    void SelectSort(SqList *L)
2    {   /*对顺序表 L 作简单选择排序*/
3        RecordType   temp;
4        for(i=1; i<L->length; ++i)
5        {   /*选择第 i 个关键字最小的记录，并交换到位*/
6            j=i;                                    /* j 用于记录最小元素的位置*/
7            for(k=i+1; k<=L->length; k++)           /*在 L.r[i..L.length]中选择 key 最小的记录*/
8                if(L->r[k].key<L->r[j].key)   j=k;
9                    if(i!=j)   /*第 i 个关键字最小的记录 L->r[j]与第 i 个记录交换*/
10                   {   temp=L->r[j];
11                       L->r[j]=L->r[i];
12                       L->r[i]=temp;
13                   }
14       }
15   }
```

从上述简单选择排序的算法可见，在排序的过程中主要进行下列两种基本操作：

(1) 比较两个关键字的大小(算法的语句 8)。

(2) 将元素从一个位置移至另一个位置(算法的语句 10～12)。

3. 效率分析

简单选择排序的时间复杂度的分析就是以上面这两种操作的执行次数为依据的。在第 i 趟选择排序过程中，需进行 n－i 次关键字间的比较，交换记录时至多进行 3 次移动记录操作。

在简单选择排序过程中，所需移动记录的次数比较少。最好情况下，即待排序记录初始状态就已经是正序排列了，则不需要移动记录。最坏情况下，即待排序记录初始状态是按逆序排列的，则需要移动记录的次数最多为 3(n−1)。简单选择排序过程中需要进行的比较次数与初始状态下待排序的记录序列的排列情况无关。当 i = 1 时，需进行 n－1 次比较；当 i = 2 时，需进行 n－2 次比较；依此类推，需要进行的比较次数是

$$\sum_{i=1}^{n-1}(n-i)=(n-1)+(n-2)+\cdots+2+1=\frac{n(n-1)}{2}$$

即进行比较操作的时间复杂度为 $O(n^2)$。

简单选择排序是在原记录数据空间上通过记录的交换进行的，交换记录时需要用一个辅助工作变量，因此它的空间复杂度为 O(1)。

就简单选择排序方法本身讲，它是一种稳定的排序方法，但图 9.1 的示例是不稳定的，这是由于上述实现简单选择排序的算法采用的“交换记录”的策略所造成的，若改变这个策略，就可以写出不产生“不稳定现象”的选择排序算法。

9.2.2　直接插入排序

1. 基本思想

直接插入排序的基本思想是：在一个已排好序的记录子集的基础上，每一步将下一个待排序的记录有序地插入已排好序的记录子集中，直到将所有待排序记录全部插入为止。

打扑克牌时的抓牌就是直接插入排序一个很好的例子，每抓一张牌，插入合适位置，直到抓完牌为止，即可得到一个有序序列。

例如，已知待排序的一组记录的初始排列为

$$\{49_1, 38, 65, 49_2, 76, 13, 27, 52\}$$

假设在排序过程中，前 3 个记录按关键字递增的次序重新排列，构成一个含有 3 个记录的有序序列 $\{38, 49_1, 65\}$，现在要将第 4 个记录 49_2 插入上述序列，得到有序序列 $\{38, 49_1, 49_2, 65\}$。

一般情况下，第 i 趟直接插入排序的操作是：在含有 i−1 个记录的有序子序列 r[1..i−1] 中插入一个记录 r[i]后，变成含有 i 个记录的有序子序列 r[1..i]。和顺序查找类似，为了在查找插入位置的过程中避免下标出界，将 r[i]记入 r[0]中，将第 i 个记录的关键字 k_i 顺次与其前面记录的关键字 $k_{i-1}, k_{i-2}, \cdots, k_1$ 进行比较，将所有关键字大于 k_i 的记录依次向后移动一个位置，直到遇见一个关键字小于或者等于 k_i 的记录 k_j，此时 k_j 后面必为空位置，将第 i 个记录插入空位置即可。

完整的直接插入排序是从 i = 2 开始的，也就是说，将第 1 个记录视为已排好序的单元素子集合，然后将第 2 个记录插入单元素子集合中。i 从 2 循环到 n，即可实现完整的直接

插入排序。

例如，对一组关键字序列{49_1, 38, 65, 49_2, 76, 13, 27, 52}进行插入排序过程中，每一趟排序之后的状况如图 9.2 所示。

初始关键字：	49_1	38	65	49_2	76	13	27	52
第 1 趟	**(49_1)**	38	65	49_2	76	13	27	52
第 2 趟 i=2	**(38**	**49_1)**	65	49_2	76	13	27	52
第 3 趟 i=3	**(38**	**49_1**	**65)**	49_2	76	13	27	52
第 4 趟 i=4	**(38**	**49_1**	**49_2**	**65)**	76	13	27	52
第 5 趟 i=5	**(38**	**49_1**	**49_2**	**65**	**76)**	13	27	52
第 6 趟 i=6	**(13**	**38**	**49_1**	**49_2**	**65**	**76)**	27	52
第 7 趟 i=7	**(13**	**27**	**38**	**49_1**	**49_2**	**65**	**76)**	52
第 8 趟 i=8	**(13**	**27**	**38**	**49_1**	**49_2**	**52**	**65**	**76)**

图 9.2 直接插入排序示例

2. 算法实现

为了提高效率，我们附设一个监视哨 r[0]，使得 r[0]始终存放待插入的记录。监视哨的作用有两个：一是备份待插入的记录，以便前面关键字较大的记录后移；二是防止越界。

整个插入排序需进行 n−1 趟插入。只含一个记录的序列必定是个有序序列，因此插入应从 i = 2 起进行。此外，若第 i 个记录的关键字不小于第 i-1 个记录的关键字，插入也就不需要进行了。

直接插入排序的算法如下：

```
1    void InsertSort(SqList *L)
2    {  /*对顺序表 L 作插入排序*/
3       for(i=2; i<=L->length; ++i)
4          if(L->r[i].key<L->r[i-1].key)
5          {  /*当“<”时，才需将 L->r[i]插入有序表*/
6             L->r[0]=L->r[i];                  /*将待插入记录复制为哨兵*/
7             j=i-1;
8             while(L->r[0].key<L->r[j].key)
9             {   L->r[j+1]=L->r[j];            /*记录后移*/
10                j--;
11            }
12            L->r[j+1]=L->r[0];                /*插入正确位置*/
13         }
14   }
```

该算法的要点如下：

(1) 语句 6：使用监视哨 L->r[0]临时保存待插入的记录。

(2) 语句 8～11：从后往前查找应插入的位置。

(3) 查找与移动在同一循环中完成。

3. 直接插入排序算法分析

从空间角度来看，直接插入排序算法只需要一个辅助空间 L->r[0]。从时间耗费角度来看，直接插入排序算法主要时间耗费在关键字比较和移动元素上。

对于一趟直接插入排序，假如是第 i 趟插入排序，算法中的循环次数主要取决于待插记录与前 i-1 个记录的关键字的关系上。

最好情况(顺序)：L->r[i].key>L->r[i-1].key，关键字比较 1 次，且不移动记录。

最坏情况(逆序)：L->r[i].key<L->r[1-1].key，关键字比较 i 次，移动记录的次数为 i+1。

对整个排序过程而言，最好情况是待排序记录已按关键字有序排列，此时总的比较次数为 n-1 次，不移动记录；最坏情况是待排序记录按关键字逆序排列，此时总的比较次数达到最大值 $\sum_{i=2}^{n} i = \frac{(n+2)(n-1)}{2}$，移动记录的次数也达到最大值 $\sum_{i=2}^{n}(i+1) = \frac{(n+4)(n-1)}{2}$。

执行的时间耗费主要取决于数据的分布情况。若待排序记录是随机的，即待排序记录可能出现的各种排列的概率相同，则可以取上述最小值和最大值的平均值，约为 $n^2/4$。因此，直接插入排序的时间复杂度为 $T(n) = O(n^2)$。利用 r[0]始终存放待插入的记录，所以，空间复杂度为 $S(n) = O(1)$。

直接插入排序方法是稳定的排序方法。在直接插入排序算法中，由于待插入元素的比较是从后向前进行的，循环 while(L->r[0].key<L->.r[j].key)的判断条件就保证了后面出现的关键字不可能插入与前面相同的关键字之前。

直接插入排序算法简便，适用于待排序记录数目较少且基本有序的情况。当待排序数目较大时，直接插入排序算法的性能不好，为此我们可以对直接插入排序算法做进一步的改进，在直接插入排序算法的基础上，从减少“比较关键字”和“移动记录”两种操作的次数来进行改进。

4. 折半插入排序

直接插入排序的基本操作是向有序表中插入一个记录，插入位置的确定是通过对有序表中记录按关键字逐个比较得到的。可以采用折半查找算法在有序表中确定插入位置，即在有序表 r[1..i-1] 中用折半查找算法确定第 i 个元素的插入位置。

折半插入排序算法的描述如下：

```
1   void BinSort(RecordType r[ ],  int length)
2   { /*对记录数组 r 进行折半插入排序，length 为数组的长度*/
3     for(i=2; i<=length; ++i)
4     {  x= r[i];
5        low=1;   high=i-1;
6        while(low<=high)          /*确定插入位置*/
7        {  mid=(low+high) / 2;
8           if(x.key<r[mid].key)
9              high=mid-1;
10          else
11             low=mid+1;
```

```
12        }
13        for(j=i-1; j>= low; --j)
14            r[j+1]= r[j];           /*记录依次向后移动*/
15        r[low]=x;                   /*插入记录*/
16     }
17  }
```

采用折半插入排序算法可减少关键字的比较次数。每插入一个元素，需要比较的最多次数为折半查找判定树的深度，如插入第 i 个元素时，设 $i=2^j$，则需进行 lbi 次比较，因此插入 n-1 个元素的平均关键字的比较次数为 O(nlbn)。

与直接插入排序算法相比较，折半插入排序算法改善了算法中比较次数的数量级，但其并未改变移动元素的时间耗费，所以折半插入排序的总的时间复杂度仍然是 $O(n^2)$。

9.2.3 希尔排序

1. 基本思想

希尔排序又称缩小增量排序，是 1959 年由 D. L. Shell 提出的，较前述直接插入排序方法有较大的改进。直接插入排序算法简单，在 n 值较小时，效率比较高，在 n 值很大时，若序列按关键字有序，则效率依然较高，其时间效率可达到 O(n)。希尔排序即是从这两点出发，给出插入排序的改进方法的。

希尔排序的基本思想是：先将整个待排记录序列分割成若干子序列，对每个子序列分别进行直接插入排序，待整个序列中记录基本有序时，再对全体记录进行一次直接插入排序。

注意：希尔排序的特点是子序列的构成不是简单的逐段分割，而是将相隔某个增量的记录组成一个子序列。

希尔排序具体设计思路如下：

(1) 选择一个增量序列$\{t_1, t_2, \cdots, t_k\}$，其中 $t_i > t_j$，$i < j$；最后一个增量一定是 1，即 $t_k = 1$。

(2) 按增量序列个数 k 对序列进行 k 趟排序。其中每趟排序根据对应的增量 t_i 将待排序列分割成若干子序列，分别对各子表进行直接插入排序。最后一趟，增量为 1，整个序列作为一个表来进行直接插入排序。

例如，待排序列为{39，80，76，41，13，29，50，78，30，11，100，7，<u>41</u>，86}。增量分别取 5、3、1，则排序过程如图 9.3 所示。

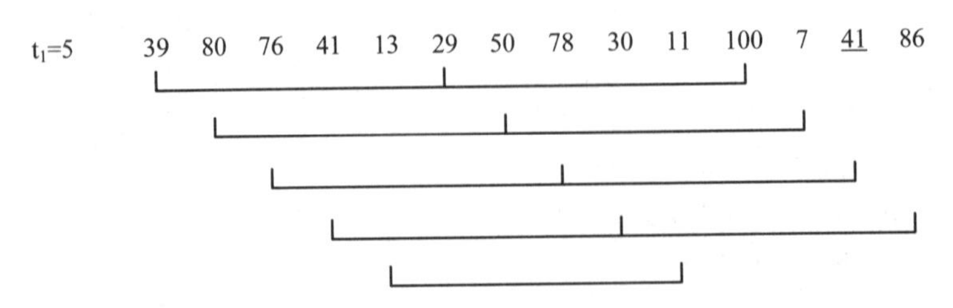

子序列分别为{39，29，100}，{80，50，7}，{76，78，41}，{41，30，86}，{13，11}。

对每个子序列进行直接插入排序，得到第一趟排序结果：

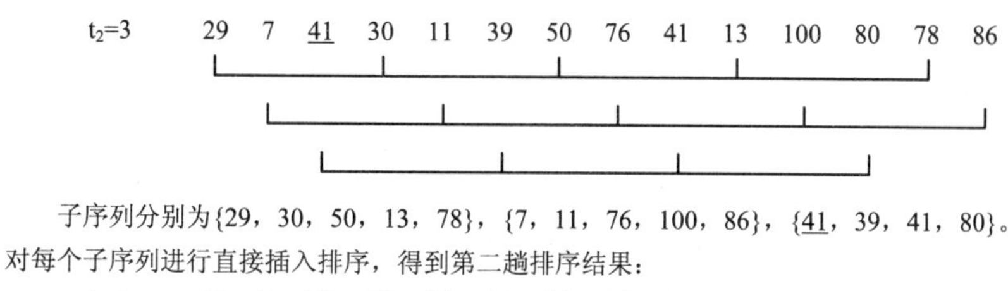

子序列分别为{29，30，50，13，78}，{7，11，76，100，86}，{41，39，41，80}。

对每个子序列进行直接插入排序，得到第二趟排序结果：

t_3=1　13　7　39　29　11　41　30　76　41　50　86　80　78　100

此时，序列基本“有序”，对其进行直接插入排序，得到最终结果：

7　11　13　29　30　39　41　41　50　76　78　80　86　100

图 9.3　希尔排序过程示例

2. 算法实现

希尔排序算法如下：

```
1    void   ShellInsert(SqList *L, int   delta)
2    {   /*对 L->r[ ]做一趟希尔插入排序，delta 为增量*/
3       for(i=1+delta; i <= L->length; i++)   /* 1+delta 为第一个子序列的第二个元素的下标*/
4           if(L->r[i].key < L->r[i-delta].key)
5           {    L->r[0] = L->r[i];              /*备份 r[i] */
6                for(j = i-delta; j > 0&&L->r[0].key < L->r[j].key; j-=delta)
7                    L->r[j+delta] = L->r[j];
8                    L->r[j+delta] = L->r[0];
9           }
10   }
     void   ShellSort(SqList *L)
     /*对记录数组 r 做希尔排序，delta[0..t-1]为增量序列数组*/
     {       for(i=0; i<t; ++i)
             ShellInsert(L，delta[i]);
     }
```

3. 算法分析

希尔排序时效分析是一个复杂的问题，关键字的比较次数与记录的移动次数依赖于增量因子序列的选取，特定情况下可以准确估算出关键字的比较次数和记录的移动次数。目前还没有更好的选取增量因子序列的方法。增量因子序列可以有各种取法，有取奇数的，也有取质数的，但需要注意：最后一个增量因子必须为 1。

从图 9.3 的排序过程中可以看出，若相同关键字记录的领先关系发生变化，则说明该排序方法是不稳定的。

9.2.4　冒泡排序

1. 基本思想

冒泡排序的过程很简单，首先将第 1 个记录的关键字和第 2 个记录的关键字进行比较，若为逆序(即 r[1].key>r[2].key)，则将两个记录交换，然后比较第 2 个记录和第 3 个记录的关键字，若为逆序(即 r[2].key>r[3].key)，则将两个记录交换，以此类推，直到第 n−1 个记录和第 n 个记录的关键字进行比较为止。上述过程称为第 1 趟冒泡排序，其结果使得关键字最大的记录被安置到最后一个记录的位置上。然后进行第 2 趟冒泡排序，对前 n−1 个记录进行同样操作，其结果是使关键字次大的记录被安置到第 n−1 个记录的位置上。一般地，第 i 趟冒泡排序是从 r[1]到 r[n−i+1]依次比较相邻两个记录的关键字，并在“逆序”时交换相邻记录，其结果是这 n−i+1 个记录中关键字最大的记录被交换到第 n−i+1 的位置上。一般情况下，整个冒泡排序只需进行 k(1≤k<n)趟冒泡操作，冒泡排序的结束条件是在某一趟排序过程中没有进行记录交换的操作。在冒泡排序的过程中，关键字较小的记录如冒泡般逐趟往上“飘浮”，而关键字较大的记录如石头般“下沉”，每一趟有一块“最大”的石头沉落“水底”。

例如，有一个原始序列{38，49，65，79，13，27，30，57}，一共有 8 个数据元素，需要进行 7 趟冒泡排序。第 1 趟冒泡排序之后，最大的元素 79 到位，如图 9.4(a)所示。第 2 趟从第 1 个元素到第 7 个元素两两相互比较，逆序则交换，65 到位，如图 9.4(b)所示，第 3、4、5、6、7 趟，以此类推。

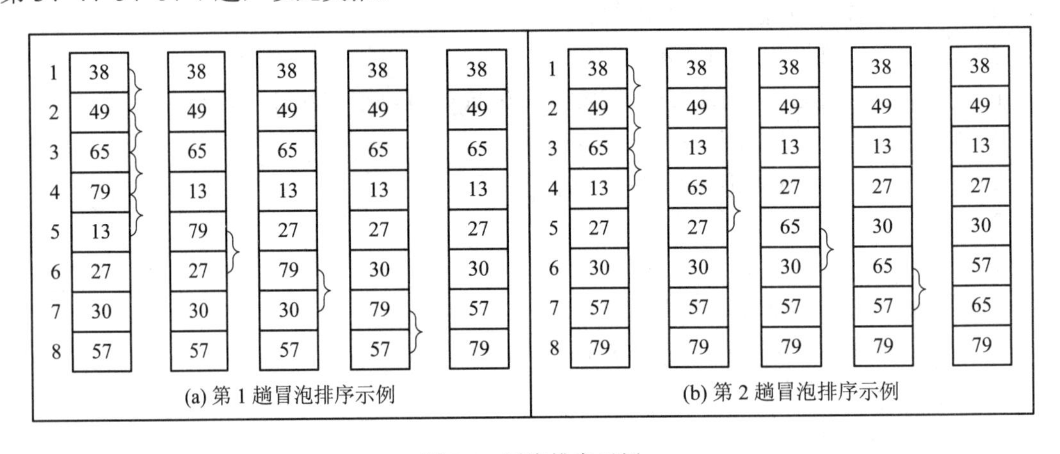

图 9.4 冒泡排序示例

2. 算法实现

对有 n 个记录的序列进行冒泡排序，最多要进行 n−1 趟，如果某一趟中没有交换记录，那么意味着该序列已经有序，算法结束。在算法中可设置一个交换标识 change 进行控制。其算法描述如下：

```
1    void BubbleSort(SqList   *L)
2    { /*对记录数组 L->r 做冒泡排序*/
3       RecordType temp;
4       n=L->length;
5       change=TRUE;                          /*设置交换标识为 TRUE，便于进入循环*/
6       for(i=1; i<=n-1&&change; ++i)
7       {   change=FALSE;                     /*在第 i 趟中先设置记录交换标识为 FALSE */
8           for(j=1; j<=n-i; ++j)
```

```
9            if(L->r[j].key > L->r[j+1].key)        /*若相邻两记录逆序，交换*/
10           {     temp = L->r[j];
11                 L->r[j] = L->r[j+1];
12                 L->r[j+1] = temp;
13                 change = TRUE;
14           }
15       }
16   }
```

3. 算法分析

最好情况下，待排序列已有序，只进行一趟冒泡排序，关键字需要 n−1 次比较，不需移动记录。

最坏情况下，待排序记录按关键字的逆序排列，此时，每一趟冒泡排序需进行 n−i 次比较关键字，3i 次移动记录。经过 n−1 趟冒泡排序后，总的比较次数为 $\sum_{i=1}^{n-1}(n-i)=\frac{n(n-1)}{2}$，总的移动次数为 3n(n−1)/2 次，因此该算法的时间复杂度为 $O(n^2)$，空间复杂度为 O(1)。另外，冒泡排序法是一种稳定的排序方法。

9.3 先进排序方法

9.3.1 快速排序

1. 基本原理

快速排序最早是由图灵奖获得者 Tony Hoare 于 1962 年提出的一种划分交换排序。它采用了一种分治的策略。该方法的基本思想是：

(1) 先从数列中取出一个数作为基准数(该记录称为枢轴)。

(2) 将比基准数大的数全放到它的右边，小于或等于基准数的数全放到它的左边。

(3) 再对左右两部分重复第(2)步，直到各区间只有一个数，达到整个序列有序。

快速排序是由冒泡排序改进而得的一种“交换”排序方法。通过一趟排序将记录分割成独立的两部分。其中一部分记录的关键字均小于枢轴的关键字，另一部分记录的关键字均大于枢轴的关键字，将待排序列按关键字以枢轴记录分成两部分的过程，称为一次划分或一趟快速排序。对各部分不断划分，直到整个序列按关键字有序为止。

快速排序算法采用的策略是分治法，把大的问题分成小问题来解决，解决了每个小问题，大问题的解就有了。同学们遇到问题时，要学会化整为零、分而治之地解决问题。

假设待排序的原始记录序列为{R_s，R_{s+1}，…，R_{t-1}，R_t}，则一趟快速排序的基本操作是：任选一个记录(通常选记录 R_s)，以它的关键字作为枢轴，凡序列中关键字小于枢轴的记录均移动至该记录之前；反之，凡序列中关键字大于枢轴的记录均移动至该记录之后，一趟排序之后，记录序列 R[s..t]将分割成两部分 R[s..i−1]和 R[i+1..t]，且使

R[j].key≤R[i]key≤R[k].key

(s≤j≤i-1) 枢轴 (i+1≤k≤t)

具体操作过程描述如下：

假设枢轴记录的关键字为 pivotkey，附设两个指针 low 和 high，它们的初值分别为 s 和 t。首先将枢轴记录移至临时变量，之后检测指针 high 所指记录，若 R[high].key≥pivotkey，则 high 减 1，否则将 R[high]移至指针 low 所指位置；之后检测指针 low 所指记录，若 R[low].key≤pivotkey，则 low 增 1，否则将 R[low]移至指针 high 所指位置；重复进行上述两个方向的检测，直至 high 和 low 两个指针指向同一位置重合为止。

2. 实现过程示例

图 9.5 给出了一趟快速排序过程示例。

初始关键字序列：{49，38，65，<u>49</u>，74，13，27，52}。

low = 1，high = 8，r[0] = r[low]，枢轴记录(49)送辅助单元。

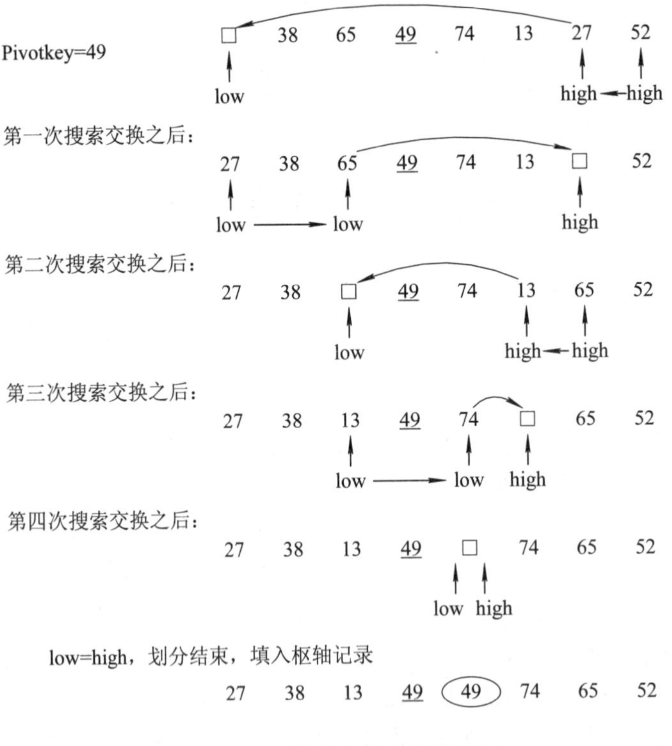

图 9.5 一趟快速排序过程示例

对枢轴两侧的左右区域继续如法炮制，即整个快速排序的过程可递归进行。若待排序的原始记录序列中只有一个记录，则显然已有序，不需要再进行排序；否则首先对该记录序列进行“一次划分”，之后分别对分割所得两个子序列“递归”进行快速排序。如图 9.6 所示。

可以用递归树来描述快速排序的递归过程的执行情况。图 9.6 所示的快速排序递归树如图 9.7 所示。

初始状态：	{ 49	38	65	49	74	13	27	52 }
一次划分之后	{ 27	38	13	49 }	**49**	{ 74	65	52 }
分别进行快速排序	{ 13 } 结束	27	{ 38	49 }	**49**	{ 52	65 }	74
			38	{ 49 } 结束	**49**	52	{ 65 } 结束	
有序序列	{ 13	27	38	49	49	52	65	74 }

图 9.6　快速排序过程示例

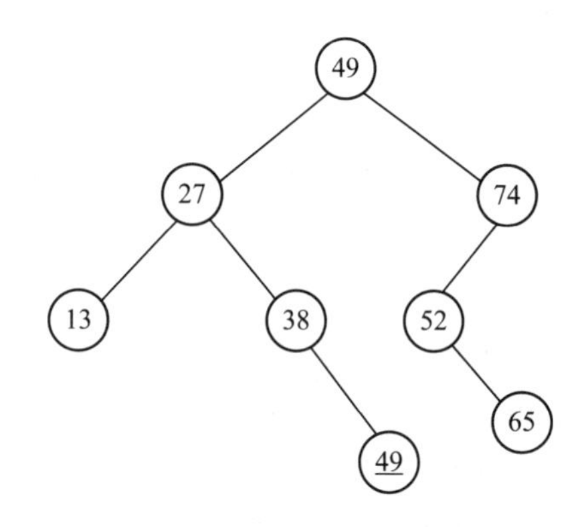

图 9.7　快速排序递归树

图 9.7 中递归树的根就是以 49 为枢轴的一次划分，其左子树中所有关键字值小于 49，右子树中所有关键字值大于 49。左子树是继续划分 49 左边的序列得来的，右子树是继续划分 49 右边的序列得来的。

3. 算法实现

一趟快速排序算法如下：

```
1   int Partition(RecordType R[],  int low,  int high)
    { /*对记录子序列 R[low..high]进行一趟快速排序，并返回枢轴记录所在位置，使得在它之前的
        记录的关键字均不大于它的关键字，在它之后的记录的关键字均不小于它的关键字*/
2     R[0]=R[low];                    /*将枢轴记录移至数组的闲置分量*/
3     Pivotkey=R[low].key;            /*枢轴记录关键字*/
4     while(low<high)                 /*从表的两端交替地向中间扫描*/
5     {  while(low<high&&R[high].key>=pivotkey)   /*从右向左扫描*/
6             --high;
7        R[low++]=R[high];            /*将比枢轴记录小的记录移到低端*/
8        while(low<high&&R[low].key<=pivotkey)    /*从左向右扫描*/
9            ++low;
10       R[high--]=R[low];            /*将比枢轴记录大的记录移到高端*/
11    }
```

```
12      R[low]=R[0];                  /*枢轴记录移到正确位置*/
13      return low;                   /*返回枢轴位置*/
14  }
```

快速排序的算法如下：

```
1   void QSort(RecordType R[], int s, int t)
2   {  /*对记录序列 R[s..t]进行快速排序*/
3       if(s<t)        /*长度大于 1 */
4       {  pivotloc=Partition(R, s, t);      /*对 R[s..t]进行一次划分，并返回枢轴位置*/
5          QSort(R, s, pivotloc-1);          /*对低端子序列递归排序*/
6          QSort(R, pivotloc+1, t);          /*对高端子序列递归排序*/
7       }
8   }
```

算法中使用了一对参数 s 和 t 作为待排序区域的上、下界。在执行算法的递归调用过程中，这两个参数随着区域的划分而不断变化。

4. 枢轴元素的选取

通常选择序列中的第一个元素作为枢轴元素，为了改善最坏情况下的时间性能，可以在枢轴的选择上进行改变。一般来说，在序列 R[s]～R[t]中，通常可选以下几种作为枢轴：

(1) 首元素 R[s]或者尾元素 R[t]。

(2) 中值元素。这里，中值的意思是取首元素 R[s]、尾元素 R[t]和中间位置的元素三者中“中间大小”的那个元素。

(3) 随机元素 R[i]，i 是 s~t 之间的一个随机整数。

为了便于编程，如果选择的枢轴元素不是首元素，则可以先将其与首元素交换，再进行划分。所以，除增加选择划分元素的操作和交换操作外，算法没有其他改变。

5. 时间、空间复杂度分析

快速排序的一次划分 Partition 算法从两头交替搜索，直到 low 和 high 重合，时间复杂度是 O(n)，整个快速排序算法的时间复杂度与划分的趟数有关，也就是说，快速排序的时间性能取决于快速排序递归的深度，如图 9.7 所示递归树，划分过程比较均匀，递归树是平衡的，此时性能比较好。

在最好情况下，Partition 每次都划分得比较均匀，如果排序 n 个关键字，则其递归树的深度为 lb n，即仅需递归 lb n 次。这样整个算法的时间复杂度为 O(n lb n)。

最坏情况是每次所选的枢轴都是当前序列中最大或最小元素，这使得每次划分所得的子表中的一个为空表，另一个表的长度是原来长度减 1。这种情况就是原始基本有序时，长度为 n 的数据表的快速排序需要经过 n 趟划分，使得整个排序算法的时间复杂度为 $O(n^2)$。

可以证明，快速排序的平均时间复杂度也是 O(n lb n)，因此，该排序方法被认为是目前最好的一种内部排序。

从空间性能上看，尽管快速排序需要一个元素的辅助空间，但快速排序是递归的，每层递归调用时的指针和参数均要用栈来存放，存储开销在理想情况下为 O(lb n)；在最坏情况下为 O(n)。

另外，从上面的例子可以看出，快速排序过程中关键字相同的元素在排序前后相对位置发生了改变，因此，快速排序是不稳定的排序方法。

从上述分析可看出，枢轴的选取是影响算法性能的关键，输入数据的次序随机性越好，排序性能越好。

9.3.2 归并排序

1. 基本原理

归并排序(merge sort)是利用归并操作的一种排序方法。所谓归并，是指将两个或两个以上的有序表合并成一个有序表，通过两两合并有序序列之后再合并，最终获得一个有序序列。归并排序是假定初始序列含有 n 个记录，则可以看成是 n 个有序的子序列，每个子序列的长度为 1，然后两两归并，得到$\lceil n/2 \rceil$个长度为 2 或 1 的有序子序列；之后再两两归并……如此重复，直到得到一个长度为 n 的有序序列为止，这种排序方法称为 2 路归并排序。

2. 递归实现归并排序算法

实现归并排序的基本思想是：在待排序的原始记录序列 R[s..t]中取一个中间位置(s+t)/2，先分别对子序列 R[s..(s+t)/2]和 R[(s+t)/2+1..t]进行归并排序，然后调用合并算法便可实现整个序列 R[s..t]成为记录的有序序列。因此，归并排序的算法也是一个递归调用的算法。

合并两个有序序列的算法如下：

```
1   void Merge(RecordType SR[], RcdType TR[], int i, int m, int n)
    {  /*将有序的 SR[i..m]和 SR[m+1..n]归并为有序的 TR[i..n] */
2      for(j=m+1, k=i; i<=m&&j<=n; ++k)      /*将 SR 中记录由小到大地并入 TR */
3      {
4          if(SR[i].key<=SR[j].key)   TR[k]=SR[i++];
5          else TR[k]=SR[j++];
6      }
7     while(i<=m) TR[k++]=SR[i++];       /*将剩余的 SR[i..m]复制到 TR */
8     while(j<=n) TR[k++]=SR[j++];       /*将剩余的 SR[j..n]复制到 TR */
9   }
10  void Msort(RecordType SR[], RecordType TR1[], int s, int t)
    {  /*对 SR[s..t]进行归并排序，排序后的记录存入 TR1[s..t]*/
11     RecordType   TR2[t-s+1];            /*开设用于存放归并排序中间结果的辅助空间*/
12     if(s==t) TR1[s]=SR[s];
13      else
14      {  m=(s+t)/2;                      /*将 SR[s..t]平分为 SR[s..m]和 SR[m+1..t]*/
15         Msort(SR, TR2, s, m);           /*递归地将 SR[s..m]归并为有序的 TR2[s..m]*/
16         Msort(SR, TR2, m+1, t);         /*递归地将 SR[m+1..t]归并为有序的 TR2[m+1..t]*/
17         Merge(TR2, TR1, s, m, t);       /*将 TR2[s..m]和 TR2[m+1..t]归并到 TR1[s..t]*/
```

```
18          }
19    }
```

例如，关键字序列{19，13，05，27，01，26，31，16，10}进行归并排序的过程如图 9.8 所示。

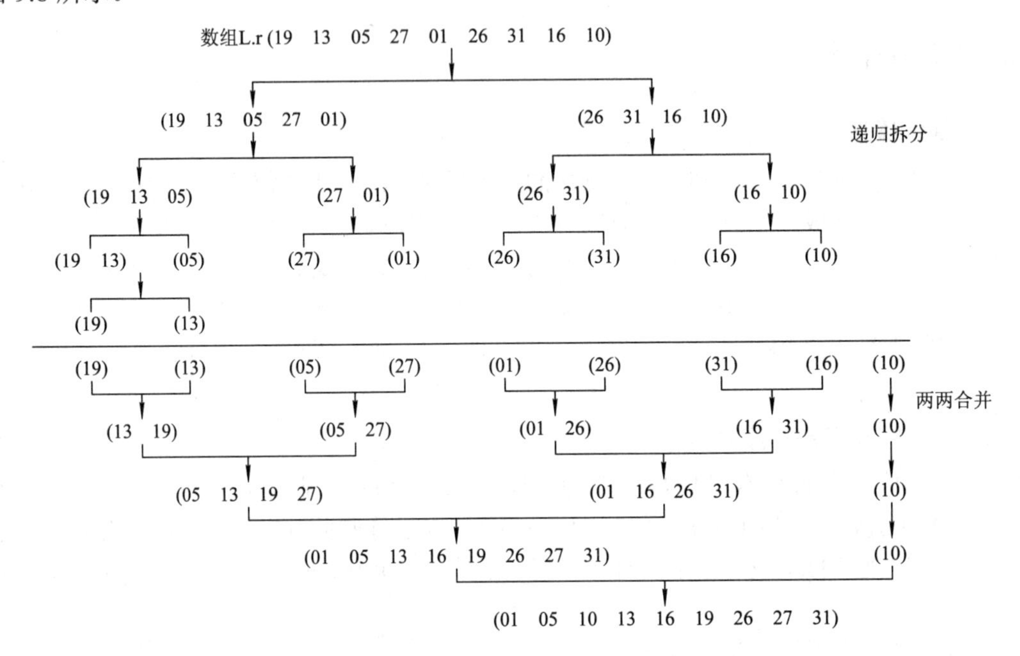

图 9.8　归并排序过程示例

3. 非递归实现归并排序

上面的递归合并排序尽管在算法上比较清晰，容易理解，但会造成时间和空间上的性能耗损，我们可以用非递归来实现合并排序，非递归过程可以从最小的序列开始归并直至完成，不需要像递归算法一样，先拆分，再归并，即图 9.8 中递归拆分部分可省略，算法性能进一步提高。

算法如下：

```
1   void  mergesort(SqList  *L)
2   {
3       int  TR[MAXL];  /*合并时用到的临时数组 TR*/
4       int k=1;
5       while(k<L->length)
6       {
7           mergepass(L->r, TR, k, L ->length);       /*合并到数组 TR*/
8           k=2*k;                                     /*子序列长度加倍*/
9           mergepass(TR, L->r, k, L ->length);       /*合并到数组 L->r */
10          k=2*k;                                     /*子序列长度加倍*/
11      }
12  }
```

语句 3 设置临时数组 TR 用于存放归并结果。

语句 5～11，while 循环，不断地归并有序序列，注意 k 值的变化，语句 8～10，不断循环中 k 值由 1->2->4->8->16，跳出循环。

例如，数组 L.r 为(19　13　05　27　01　26　31　16　10)，L 的长度为 9。

如图 9.9 所示，k = 1 时，语句 7，mergepass 将每两个相邻的只有一个数据元素的有序序列合并入 TR 中；语句 8，k = 2；语句 9，mergepass 将每两个相邻的有序序列合并入 L.r 中；语句 10，k=4，k<9，继续循环，再次归并，最终执行完语句 7～10，k = 16，循环结束。

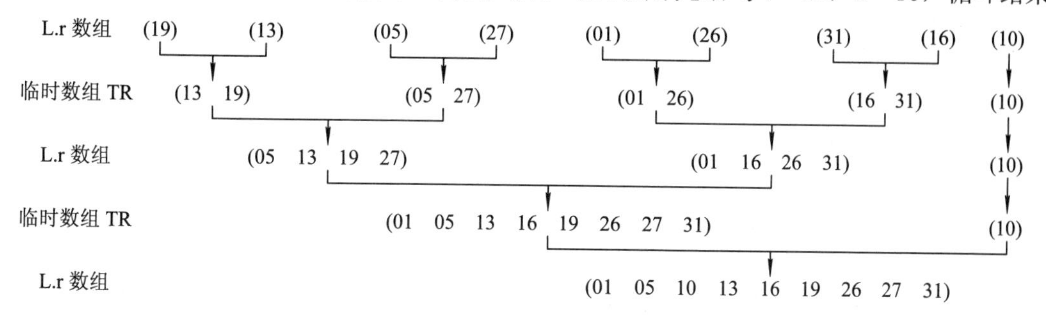

图 9.9　非递归归并排序示例

非递归的迭代归并排序方法更加直截了当，从只有一个元素的序列开始归并直至完成，不需要进行递归拆分。

mergepass 合并两个相邻有序序列的算法如下：

```
13  void  mergepass(int SR[], int TR[], int s, int n)
14  {  /*将 SR[]中相邻长度为 s 的子序列两两归并到 TR[]*/
15     int  i=1, j;
16     while(i<=n-2*s+1)
17     {
18        Merge(SR, TR, i, i+s-1, i+2*s-1);        /*两相邻有序序列合并*/
19        i=i+2*s;
20     }
21     if(i<n-s+1)                               /*归并最后两个序列*/
22       Merge(SR, TR, i, i+s-1, n);
23     else                                      /*若最后只剩下单个子序列*/
24     for(int j=i; j<=n; j++)
25       TR[j]=SR[j];
26  }
```

算法中语句 18、语句 22 调用了 Merge，Merge 是合并两个有序序列。

4. 归并排序复杂度估算

递归合并排序中，一趟归并需要将 SR[1]～SR[n]中相邻的长度为 h 的有序序列两两归并，并将结果放入 TR[1]～TR[n]中，这需要将待排序序列中的记录扫描一遍，耗时 O(n)。如图 9.8 所示，具有 n 个记录的序列进行归并排序的递归的深度就是具有 n 个结点的完全二叉树的深度，可以看出整个归并排序需要进行 lb n 次，因此，总的归并排序的时间复杂度为 O(nlbn)，而且，这是归并排序算法最好、最坏、平均的时间复杂度。

由于归并排序在归并过程中需要与原始记录序列同样数量的存储空间存放归并结果以及递归时深度为 lb n 的栈空间，因此，空间复杂度为 O(n + lb n)。

非递归的合并排序避免了递归时深度为 lbn 的栈空间，空间只是用到申请归并临时用的 TR 数组，因此，空间复杂度为 O(n)。在时间上也有一定的提升，省去了递归拆分，但是总体时间复杂度还是 O(n lb n)。应该说，使用归并排序时，尽量考虑非递归方法。

9.3.3 堆排序

1. 堆的定义

设有 n 个元素的序列{k_1，k_2，…，k_n}，当且仅当满足下述关系之一时，称之为堆：

$$k_i \leqslant \begin{cases} k_{2i} \\ k_{2i+1} \end{cases} \quad 或 \quad k_i \geqslant \begin{cases} k_{2i} \\ k_{2i+1} \end{cases} \qquad i = 1, 2, \cdots, \lceil n/2 \rceil \tag{9.4}$$

若某数列是堆，则 k_1 必是数列中的最小值或最大值，分别称满足式(9.4)所示关系的序列为小顶堆或大顶堆。

例如：{90，70，80，60，10，40，50，30，20}是一个堆，堆顶元素最大，所以，称为大顶堆；{10，20，70，30，50，90，80，60，40}也是一个堆，堆顶元素最小，所以，称为小顶堆。

从定义可看出，若将堆看成是一个完全二叉树，则堆的含义表明，该完全二叉树中所有非叶子结点的值均不大于(或小于)其左、右孩子结点的值，且根结点元素为整棵二叉树中的最小值(或最大值)。和上述两个堆对应的完全二叉树如图 9.10 所示。以下的讨论中以小顶堆为例。

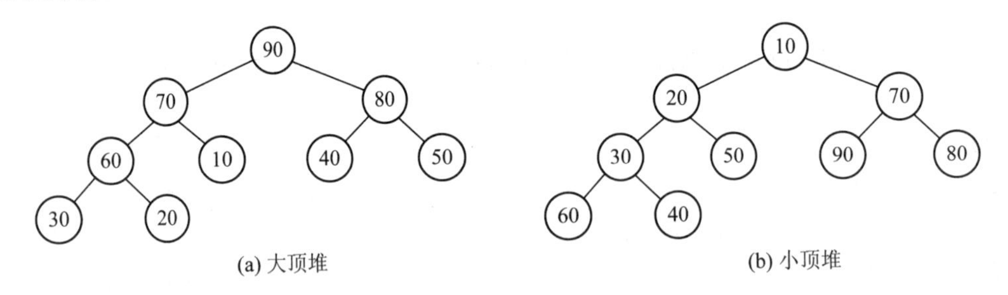

图 9.10 堆的示例

显然，在一个小(或大)顶堆中，根结点具有最小值(或最大值)，而且堆中任何一个结点的非空左、右子树都是一个堆，它的根结点到任一叶子结点的每条路径上的结点都是递增(或递减)有序的，如图 9.10 所示。

2. 堆排序

假如我们要把序列从小到大排列，堆排序的基本思想是：利用堆(小顶堆)进行排序，首先把待排序序列{R_1，R_2，…，R_n}转换成一个堆。这时，根结点具有最小值，输出根结点(可以将其与堆数组中的末尾元素交换，此时末尾元素就是最小值)，然后将剩下的 n−1

个结点重新调整为一个堆。反复进行下去，直到只剩下一个结点为止。

因此，实现堆排序需解决两个问题：

(1) 如何将 n 个元素的序列按关键字建成堆。

(2) 输出堆顶元素后，怎样调整剩余 n-1 个元素，使其按关键字成为一个新堆。

首先，讨论(2)，输出堆顶元素后，调整剩余元素重新建成堆的过程。

调整方法：设有 m 个元素的堆，输出堆顶元素后，剩下 m-1 个元素。将最后一个元素送入堆顶，堆被破坏，其原因是根结点不满足堆的性质。将根结点与左、右孩子结点中较小的进行交换。若与左孩子结点交换，则左子树堆被破坏，且仅左子树的根结点不满足堆的性质；若与右孩子结点交换，则右子树堆被破坏，且仅右子树的根结点不满足堆的性质。继续对不满足堆性质的子树进行上述交换操作，直到叶子结点，建成堆。这个自根结点到叶子结点的调整过程称为筛选。图 9.11 给出了筛选示例。

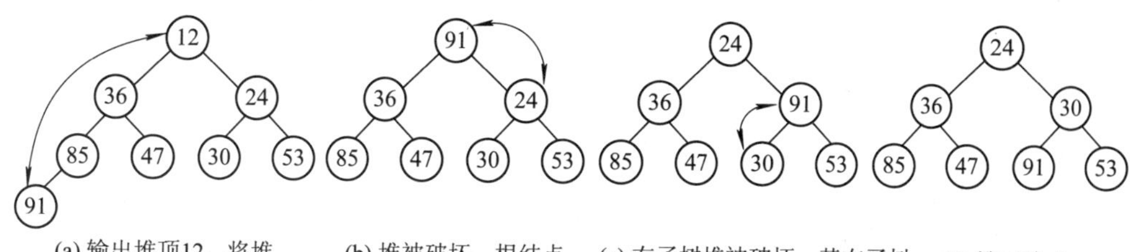

图 9.11　自堆顶到叶子结点的调整过程

假设 r[k..m]是以 r[k]为根结点的完全二叉树，且分别以 r[2k]和 r[2k+1]为根结点的左、右子树为小顶堆，调整 r[k]，使整个序列 r[k..m]满足堆的性质。筛选如下：

```
1    void sift(RecordType r[], int k, int m)
2    {   t=r[k];                  /*暂存“根”记录 r[k] */
3        x=r[k].key;
4        i=k;
5        j=2*i;                   /*左孩子结点*/
6        finished=FALSE;
7        while(j<=m&&!finished)
8       {   if(j<m&&r[j].key>r[j+1].key) /*若存在右子树，且右子树根的关键字小，则沿右分支筛选*/
9               j=j+1;
10          if(x<=r[j].key)
11              finished=TRUE;   /*筛选完毕*/
12          else                 /*否则，r[j]计入 r[i]，继续筛选*/
13          {   r[i]=r[j];
14              i=j;
15              j=2*i;
16          }              /*继续筛选*/
17       }
```

```
18        r[i]=t;              /* r[k]填入恰当的位置*/
19    }
```

再来讨论(1)，即对 n 个元素初始建堆的过程。

建堆方法：对初始序列建堆的过程就是一个反复进行筛选的过程。若将 n 个结点序列看成一棵完全二叉树，则最后一个结点是第$\lfloor n/2 \rfloor$个结点的孩子结点。对以第$\lfloor n/2 \rfloor$个结点为根的子树开始筛选，使该子树成为堆，之后向前依次对以各结点为根的子树进行筛选，使之成为堆，直到根结点。图 9.12 给出了建堆过程示例。

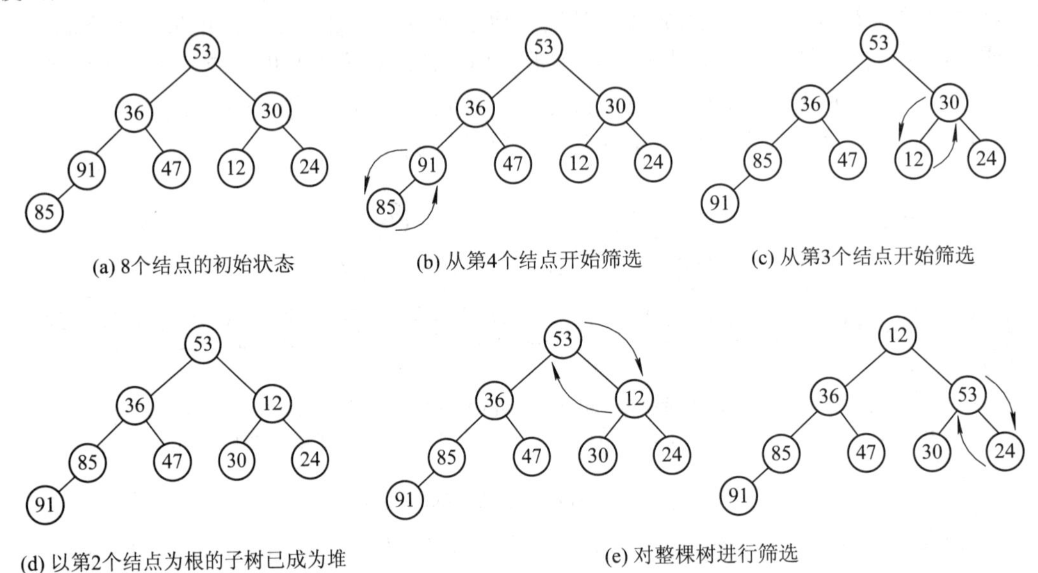

图 9.12　建堆过程示例

建堆算法如下：

```
void   crt-heap(RecordType r[ ],   int length)
/*对记录数组 r 建堆，length 为数组的长度*/
{   n=length;
    for(i=n/2; i>=1; --i)        /*自第⌊n/2⌋个记录开始进行筛选建堆*/
    sift(r, i, n);
}
```

堆排序：对 n 个元素的序列进行堆排序，先将其建成堆，以根结点与第 n 个结点交换，调整前 n−1 个结点成为堆，再以根结点与第 n−1 个结点交换；重复上述操作，直到整个序列有序。堆排序的算法如下：

```
1    void   HeapSort(RecordType   r[], int length)
     /*对 r[1..n]进行堆排序，执行本算法后，r 中记录按关键字由大到小有序排列*/
2    {   crt-heap(r, length);
3        n=length;
4        for(i=n; i>=2; --i)
```

```
5          {
6             b=r[1];                    /*将堆顶记录和堆中的最后一个记录互换*/
7              r[1]=r[i]
8              r[i]=b;
9              sift(r, 1, i-1);          /*进行调整，使 r[1..i-1]变成堆*/
10         }
11    }
```

堆排序的时间主要耗费在建初始堆和调整新建堆时进行的反复筛选上。

在构建堆的过程中，我们从完全二叉树最下层最右边的非终端结点开始构建，将它与其孩子结点进行比较和有必要的互换，对于每个非终端结点来说，其实最多进行两次比较和互换操作，因此整个构建堆的时间复杂度为 O(n)。

堆排序过程中，第 i 次取堆顶记录后重新建堆的时间复杂度为 O(lb i)，这是因为完全二叉树的某个结点到根结点的距离为$\lfloor \text{lb } i \rfloor+1$，需要取 n−1 次堆顶记录，因此重新建堆的时间复杂度为 O(n lb n)。

因此，堆排序在最坏情况下，其时间复杂度也为 O(n lb n)，这是堆排序的最大优点。

与树形排序相比较，堆排序中只需要存放一个记录的辅助空间，因此也将堆排序称作原地排序。然而堆排序是一种不稳定的排序方法。堆排序方法对记录较少的文件并不适用，但对 n 较大的文件还是很有效的。

9.4 基数排序**

基数排序(radix sorting)是和前几节讨论的排序方法完全不同的一种排序方法。从前几节的讨论可见，实现排序主要是通过关键字之间的比较和移动记录这两种操作来完成的，而基数排序是一种借助于多关键字排序的思想，将单关键字按基数分成多关键字进行排序的方法。

1. 多关键字排序

关于多关键字排序，我们可以通过一个例子来了解。例如，我们可以用分配和收集的方法来对扑克牌进行排序。52 张扑克牌可按花色和面值分成两个字段，其大小关系如下：

花色：　　梅花 < 方块 < 红心 < 黑桃

面值：　　2 < 3 < 4 < 5 < 6 < 7 < 8 < 9 < 10 < J < Q < K < A

对扑克牌按花色、面值进行升序排序，得到如下序列：

梅花 2，3，…，A；方块 2，3，…，A；红心 2，3，…，A；黑桃 2，3，…，A

即两张牌若花色不同，不论面值怎样，花色低的那张牌小于花色高的，只有在同花色情况下，大小关系才由面值的大小确定。这就是多关键字排序。

为得到排序结果，我们讨论两种排序方法。

方法一：先对花色排序，将其分为 4 个组，即梅花组、方块组、红心组、黑桃组；再对每个组分别按面值进行排序，最后，将 4 个组连接起来即可。

方法二：先按 13 个面值给出 13 个编号组(2 号，3 号，…，A 号)，取出牌按面值依次放入对应的编号组，分成 13 堆；再按花色给出 4 个编号组(梅花、方块、红心、黑桃)，取出 2 号组中的牌分别放入对应花色组，再取出 3 号组中的牌分别放入对应花色组……这样，4 个花色组中均按面值有序，然后，将 4 个花色组依次连接起来即可。

这两种理牌的方法便是两种多关键字的排序方法。

一般情况下，若 n 个元素的待排序列为{R_1，R_2，…，R_n}，且每个记录包含 d 个关键字{k^1，k^2，…，k^d}，则称序列对关键字{k^1，k^2，…，k^d}有序，即对于序列中任意两个记录 R[i]和 R[j](1≤i≤j≤n)都满足下列有序关系：

$$(k_i^1, k_i^2, \cdots, k_i^d) < (k_j^1, k_j^2, \cdots, k_j^d)$$

其中，k^1 称为最主位关键字，k^d 称为最次位关键字。

多关键字排序按照从最高位关键字到最低位关键字或从最低位关键字到最高位关键字的顺序逐次进行排序，分以下两种方法：

(1) 最高位优先(most significant digit first)法，简称 MSD 法：先按 k^1 排序分组，同一组中记录的关键字 k^1 相等，再对各组按 k^2 排序分成子组，之后，对后面的关键字继续这样排序分组，直到按最次位关键字 k^d 对各子组排序后，再将各组连接起来，便得到一个有序序列。扑克牌按花色、面值排序中介绍的方法 1 即是 MSD 法。

(2) 最低位优先(least significant digit first)法，简称 LSD 法：先从 k^d 开始排序，再对 k^{d-1} 进行排序，依次重复，直到对 k^1 排序后便得到一个有序序列。扑克牌按花色、面值排序中介绍的方法二即是 LSD 法。

2. 链式基数排序

基数排序的思想酷似上面两种理牌的方法。可以将有的逻辑关键字看成是由若干个关键字复合而成的。例如，若关键字 k 是数值，且其值都在 0～999 范围内，则可把每一个十进制数字看成一个关键字，即可认为 k 由 3 个关键字(k^2, k^1, k^0)组成，其中 k^2 是百位数，k^1 是十位数，k^0 是个位数；又若关键字 k 是由 5 个字母组成的单词，则可认为其是由 5 个关键字(k^4, k^3, k^2, k^1, k^0)组成的，其中每个字母 k^j 都是一个关键字，k^0 是最低位，k^4 是最高位。由于如此分解而得的每个关键字 k^j 都在相同的取值范围内，故可以按分配和收集的方法进行排序。假设记录的逻辑关键字由 d 个关键字构成，每个关键字可能取 RADIX 个值，则只要从最低位关键字起，按关键字的不同值将记录分配到 RADIX 个队列之后再收集在一起，如此重复 d 趟，最终完成整个记录序列的排序。按这种方法实现的排序称为基数排序，其中，基数指的是 RADIX 的取值范围。

链式基数排序：以链表存储 n 个待排记录，从最低位关键字起，按关键字的不同值将序列中的记录分配到 RADIX 个队列中，然后再收集之，如此重复 d 次即可。链式基数排序是用 RADIX 个链队列作为分配队列，关键字相同的记录存入同一个链队列中，收集时则是将各链队列按关键字大小顺序连接起来。

链式基数排序过程示例如图 9.13 所示。图中，f[i]是数字 i 队列的队头指针，e[i]是数字 i 队列的队尾指针。设初始记录的静态链表如图 9.13(a)所示。

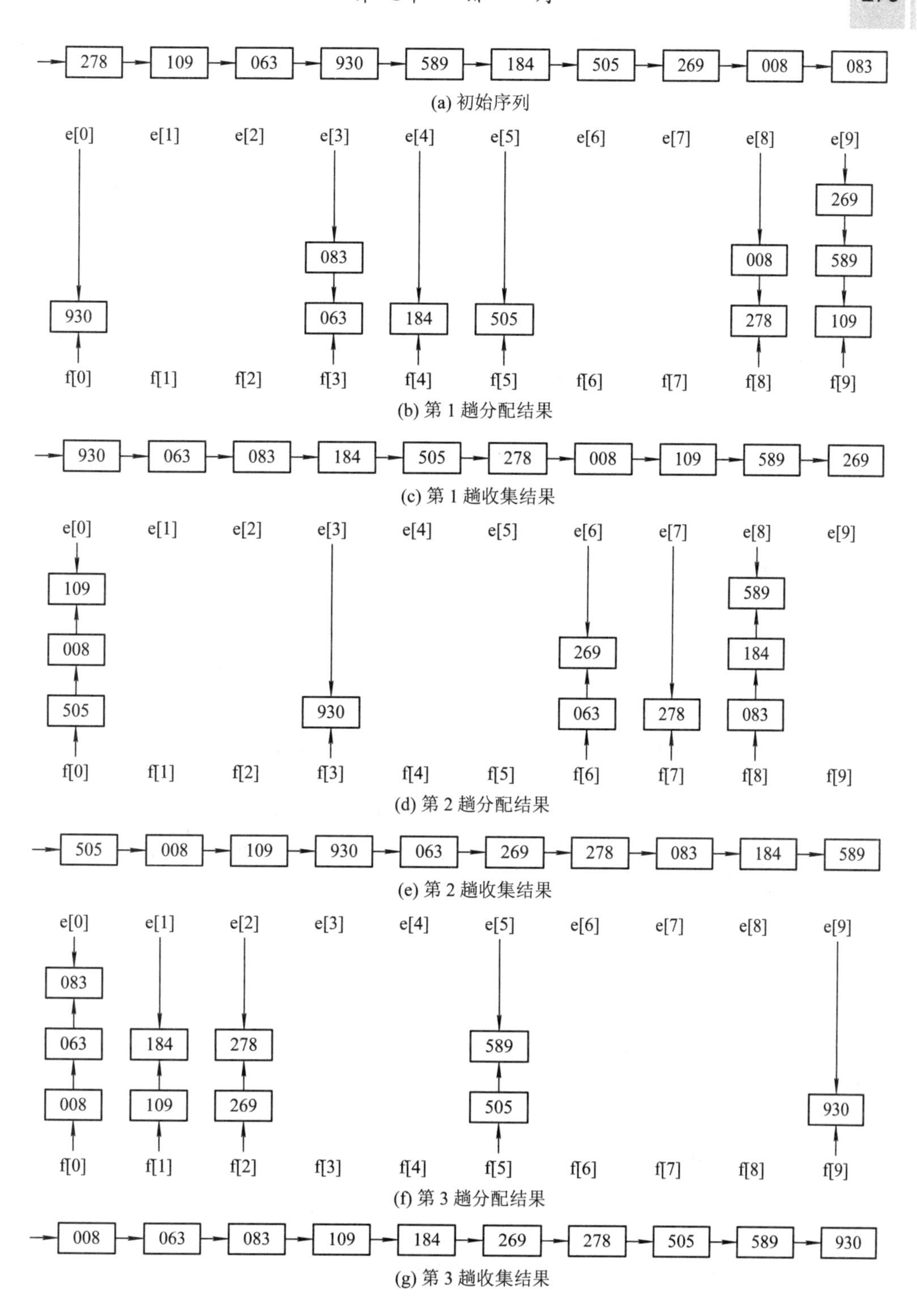

图 9.13 链式基数排序过程示例

第 1 趟按个位数分配，修改结点指针域，将链表中的记录分配到相应链队列中，如图 9.13(b)所示；第 1 趟收集是将各队列连接起来，形成单链表，如图 9.13(c)所示。

第 2 趟按十位数分配，修改结点指针域，将链表中的记录分配到相应链队列中，如图 9.13(d)所示；第 2 趟收集是将各队列连接起来，形成单链表，如图 9.13(e)所示。

第 3 趟按百位数分配，修改结点指针域，将链表中的记录分配到相应链队列中，如图 9.13(f)所示；第 3 趟收集是将各队列连接起来，形成单链表，如图 9.13(g)所示。此时，序列已有序。

为了有效地存储和重排记录，算法采用静态链表，头结点指向第 1 个记录。

有关数据类型的定义如下：

```
#define  MAX_KEY_NUM   8              /*关键字项数最大值*/
#define  RADIX   10                   /*关键字基数，此时为十进制整数的基数*/
#define  MAX_SPACE  1000              /*分配的最大可利用存储空间*/
typedef  struct
{
    KeyType  keys[MAX_KEY_NUM];       /*关键字字段*/
    InfoType otheritems;              /*其他字段*/
    int  next;                        /*指针字段*/
}NodeType;                            /*表结点类型*/
typedef  struct
{
    NodeType  r[MAX_SPACE];           /*静态链表，r[0]为头结点*/
    int  keynum;                      /*关键字个数*/
    int  length;                      /*当前表中记录数*/
}LTBL;                                /*链表类型*/
typedef  int  ArrayPtr[radix];        /*数组指针，分别指向各队列*/
```

一趟分配算法如下：

```
1    void  Distribute(LTBL *s, int i, ArrayPtr *f, ArrayPtr *e)
2    {  /*静态链表 s 的 r 域中记录已按(kye[0], keys[1], …, keys[i-1])有序)*/
        /*本算法按第 i 个关键字 keys[i]建立 RADIX 个子表，使同一子表中的记录的 keys[i]相同*/
        /* f[0..RADIX-1]和 e[0..RADIX-1]分别为队头和队尾，分别指向各队列的队头和队尾*/
3       for(j=0; j<RADIX; j++)        /*各队列子表初始化为空表*/
4       {
5           f[j]=0;
6           e[j]=0
7       }
8       for(p=s->r[0].next; p; p= s->r[p].next)
9       {
10          j=ord(s->r[p].keys[i]);       /* ord 将记录中第 i 个关键字映射到[0..RADIX-1]*/
11          if(!f[j])
12              f[j]=p;
```

```
13          else
14            s->r[e[j]].next=p;
15            e[j]=p;                    /*将 p 所指的结点插入第 j 个子表中*/
16        }
17    }
```

一趟收集算法：

```
1    void  Collect(NodeType *r， int i, ArrayPtr f, ArrayPtr e)
2    {  /*本算法按 keys[i]自小到大地将 0..RADIX-1 个队列依次连接成一个链表*/
3       for(j=0; !f[j]; j=succ(j));        /*找第一个非队列，succ 为求后继函数*/
4         r[0].next=f[j];                  /* r[0].next 指向第一个非空队列队头*/
5         t=e[j];
6       while(j<RADIX)
7       {
8          for(j=succ(j); j<RADIX-1&&!f[j]; j=succ(j));   /*找下一个非空队列*/
9           if(f[j])
10          {
11             r[t].next=f[j];
12             t=e[j];
13          }                              /*连接两个非空队列*/
14      }
15      r[t].next=0;                       /* t 指向最后一个非空子表中的最后一个结点*/
16   }
```

链式基数排序算法如下：

```
1    void   RadixSort(LTBL *ltbl)
2    {   /*对 ltbl 作基数排序，使其成为按关键字升序的静态链表，ltbl->r[0]为头结点*/
3       for(i=0; i<ltbl->length; i++)
4         ltbl->r[i].next=i+1;
5       ltbl->r[ltbl->length].next=0;         /*将 ltbl 改为静态链表*/
6       for(i=0; i<ltbl->keynum; i++)         /*按最低位优先依次对各关键字进行分配和收集*/
7       {
8          Distribute(ltbl->r, i, f, e);      /*第 i 趟分配*/
9          Collect(ltbl->r, i, f, e);         /*第 i 趟收集*/
10      }
11   }
```

从算法中容易看出，对于 n 个记录(每个记录含 d 个子关键字，每个子关键字的取值范围为 RADIX 个值)进行链式排序的时间复杂度为 O(d(n + RADIX))，其中每一趟分配算法的时间复杂度为 O(n)，每一趟收集算法的时间复杂度为 O(RADIX)，整个排序进行 d 趟分配和收集，所需辅助空间为 2 × RADIX 个队列指针。当然，由于需要链表作为存储结构，因此相对于其他以顺序结构存储记录的排序方法而言，还增加了 n 个指针域空间。

9.5 各种内部排序方法的综合比较

迄今为止，已有的排序方法远远不止本章讨论的几种方法，人们之所以热衷于研究多种排序方法，是由于排序在计算机中所处的重要地位；另外，由于这些方法各有其优缺点，难以得出哪个最好和哪个最坏的结论，因此，排序方法的选用应视具体场合而定。一般情况从以下几个方面考虑：

(1) 待排序的记录个数 n；

(2) 记录本身的大小；

(3) 关键字的分布情况；

(4) 对排序稳定性的要求等。

下面就从这几个方面对本章所讨论的各种排序方法进行综合比较。

1. 时间性能

按平均时间性能来分，有三类排序方法：

(1) 时间复杂度为 O(n lb n)的方法有快速排序、堆排序和归并排序，其中快速排序被认为是目前最快的一种排序方法，后两者比较，在 n 值较大的情况下，归并排序较堆排序更快。

(2) 时间复杂度为 $O(n^2)$的方法有直接插入排序、冒泡排序和简单选择排序，其中以直接插入排序最为常用，特别是对于已按关键字基本有序排列的记录序列尤为如此，而简单选择排序过程中记录的移动次数最少。

(3) 时间复杂度为 O(n)的排序方法只有基数排序一种。

当待排序记录序列按关键字顺序有序时，直接插入排序和冒泡排序的时间复杂度能达到 O(n)。而对于快速排序而言这是最不好的情况，此时它的时间复杂度为 $O(n^2)$，因此应尽量避免。

简单选择排序、堆排序和归并排序的时间性能不随记录序列中关键字的分布而改变。在大多数情况下，人们应事先对要排序的记录关键字的分布情况有所了解，才可对症下药，选择有针对性的排序方法。

以上对排序的时间复杂度的讨论主要考虑排序过程中所需进行的关键字间的比较次数，当待排序记录中其他各数据项比关键字占有更大的数据量时，还应考虑到排序过程中移动记录的操作时间，有时这种操作时间在整个排序过程中占的比例更大，从这个方面考虑，简单排序方法中冒泡排序效率最低。

2. 空间性能

空间性能指的是排序过程中所需的辅助空间大小。所有的简单排序方法(包括直接插入、冒泡和简单选择排序)和堆排序的空间复杂度均为 O(1)。快速排序为 O(lb n)，是递归程序执行过程中栈所需的辅助空间。归并排序和基数排序所需辅助空间最多，其空间复杂度为 O(n)。

3. 稳定性能

本章讨论的排序方法中不稳定的排序方法有简单选择排序、希尔排序、快速排序和堆排序。

稳定性是由方法本身决定的。一般来说，若排序过程中所进行的比较操作和交换数据仅发生在相邻的记录之间，且没有大步距的数据调整，则排序方法是稳定的。而简单选择排序没有满足稳定的要求是因为每趟排序在右部无序区找到最小记录后，常要跳过很多记录进行交换调整。显然若修改交换调整的方式就能写出稳定的选择排序算法。对于不稳定的排序方法，不论其算法的描述形式如何，总能举出一个说明它不稳定的实例来。

综合上述，可得表 9.1 所示结果。

表 9.1　各种内部排序方法对比

排序方法	平均时间	最坏情况	最好情况	辅助空间	稳定性
直接插入排序	$O(n^2)$	$O(n^2)$	O(n)	O(1)	稳定
简单选择排序	$O(n^2)$	$O(n^2)$	$O(n^2)$	O(1)	不稳定
冒泡排序	$O(n^2)$	$O(n^2)$	O(n)	O(1)	稳定
快速排序	O(n lb n)	$O(n^2)$	O(n lb n)	O(lb n)	不稳定
归并排序	O(n lb n)	O(n lb n)	O(n lb n)	O(n)	稳定
堆 排 序	O(n lb n)	O(n lb n)	O(n lb n)	O(1)	不稳定
基数排序	O(d × n)	O(d × n)	O(d × n)	O(n)	稳定

由此，在选择排序方法时有下列几种：

(1) 若待排序的记录个数 n 值较小(例如 $n < 30$)，则可选用直接插入排序法，若记录所含数据项较多，所占存储量较大，则应选用简单选择排序法；反之，若待排序的记录个数 n 值较大，则应选用快速排序法，若待排序记录关键字有“有序”倾向，则慎用快速排序法，可选用归并排序法或堆排序法。

(2) 快速排序和归并排序在待排序的记录个数 n 值较小时的性能不及直接插入排序，因此在实际应用时，可将它们和直接插入排序混合使用。如在快速排序划分子区间的长度小于某值时，转而调用直接插入排序；或者对待排序记录先逐段进行直接插入排序，然后再利用归并排序进行两两归并直至整个序列有序为止。

(3) 基数排序的时间复杂度为 O(d × n)，因此特别适合待排序记录个数 n 值很大而关键字“位数 d”较小的情况，并且还可以调整基数(如将基数定为 100 或 1000 等)以减少基数排序的趟数 d 的值。

(4) 一般情况下，进行排序的记录的“排序码”各不相同，故排序时所用的排序方法是否稳定无关紧要，但在有些情况下的排序必须选用稳定的排序方法。例如，一组学生记录已按学号的顺序有序排列，由于某种需要，希望根据学生的身高进行一次排序，并且排序结果应保证相同身高的同学之间的学号具有有序性。显然，在对“身高”进行排序时必须选用稳定的排序方法。

我们上面提到的排序方法是对比较单纯的数据模型进行讨论的，而实际的问题往往比较复杂，需要综合运用学过的排序办法。例如在有些应用场合，关键字的组成结构不一定是整数型，每个分关键字有不同的属性值，如汽车牌照 01E3054、14B4417 是字母和数字混合结构。这是一种多关键字的排序应用，需要把关键字拆成数字、字母和数字 3 个分关键字，进行 3 次排序。

综上所述，从各种排序方法时间、空间性能的分析可以看出，它们各有所长，也各有所短，应根据不同的应用场景选择合适的排序算法。

本章知识点总结

本章介绍了简单排序方法、先进排序方法、多关键字排序方法。本章核心知识点总结如图 9.14 所示。

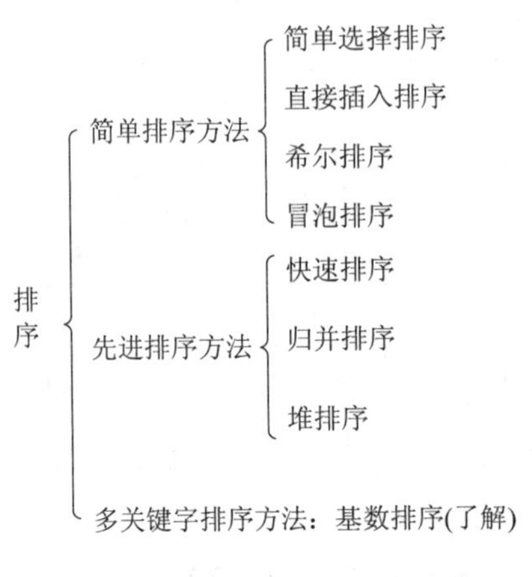

图 9.14　本章核心知识点总结

(1) 排序的基本概念：内部排序和外部排序、稳定性、排序中的基本操作(比较和移动)。

(2) 简单排序方法：简单选择排序、直接插入排序、希尔排序、冒泡排序。掌握这些排序方法的排序过程以及时间复杂度、空间复杂度和稳定性分析。

(3) 先进排序方法：快速排序、归并排序、堆排序。掌握这些排序方法的排序过程以及时间复杂度、空间复杂度和稳定性分析。

(4) 排序方法的选用：视具体场合而定，一般情况下需考虑以下几个方面。

① 待排序的记录个数 n；

② 记录本身的大小；

③ 关键字的分布情况；

④ 对排序稳定性的要求等。

习　　题

1. 按照排序过程涉及的存储设备的不同，排序方法可分为哪几类?

2. 对于给定的一组键值：{83, 40, 63, 13, 84, 35, 96, 57, 39, 79, 61, 15}，分别画出应用直接插入排序、简单选择排序、快速排序、堆排序、归并排序进行排序的各趟结果。

3. 判别下列序列是否为堆(小顶堆或大顶堆)，若不是，则将其调整为堆：

(1) {100, 86, 48, 73, 35, 39, 42, 57, 66, 21}；

(2) {12, 70, 33, 65, 24, 56, 48, 92, 86, 33}；

(3) {103, 97, 56, 38, 66, 23, 42, 12, 30, 52, 06, 20}；

(4) {05, 56, 20, 23, 40, 38, 29, 01, 35, 76, 28, 100}。

4. 将两个长度为 n 的有序表归并为一个长度为 2n 的有序表，最少需要比较 n 次，最多需要比较 2n−1 次，请说明这两种情况发生时，两个被归并的表有何特征。

5. 试举例说明快速排序的不稳定性。快速排序是否在任何情况下效率都很高?

6. 什么是内部排序? 什么是外部排序? 排序方法的稳定性指的是什么? 常用的内部排序方法中哪些排序方法是不稳定的?

7. 希尔排序中按某个增量序列将表分成若干个子序列，对子序列分别进行直接插入排序，最后一趟对全部记录进行一次直接插入排序。那么，希尔排序的时间复杂度肯定比直接插入排序的大。这句话对不对? 为什么?

8. 设有 5000 个无序元素，要求用最快的速度挑选出其中前 5 个元素，在快速排序、希尔排序、堆排序、归并排序、基数排序中，采用哪一种最好? 为什么?

9. 请设计一个双向冒泡的排序算法，即相邻两边向相反方向冒泡。

10. 试以单链表作为存储结构实现简单选择排序算法。

11. 试以单链表作为存储结构实现直接插入排序算法。

12. 设计一算法，实现以下功能：输入 50 个学生的记录(每个学生的记录包括学号和成绩)，组成记录数组，然后按成绩由高到低的次序输出(每行 10 个记录)。

13. 有 N 个整数数据用数组存储，设计一算法将所有偶数调整到所有奇数之前。要求算法的时间复杂度为 O(N)，空间复杂度为 O(1)。

例如已知数组 A 的初始状态为[17，28，3，10，36，97，6，59，66]，则调整之后 A 为[66，28，6，10，36，17，97，59，3]。

14. 已知序列为{50，72，43，85，75，20，35，45，65，30}。

(1) 写出以第一个元素为轴的一趟快速排序结果；

(2) 写出第 1 趟 2 路归并的结果；

(3) 将序列调整为大顶堆。

第十章　经典算法介绍

算法(algorithm)是对问题求解过程的描述。一个算法由有限条可完全机械地执行的、有确定结果的指令组成。本章将介绍四种经典的算法：分治法、贪婪法、回溯法、动态规划法。

教学目标：

使学生了解四种经典的算法(分治法、贪婪法、回溯法、动态规划法)的设计思路及其特点。

思政目标：

引导学生明白尺有所短、寸有所长的道理，在学习、工作中学会扬长避短。

10.1　分　治　法

对任何一个可以用计算机求解的问题，解题所需的计算时间都与其规模有关。问题的规模越小，越容易直接求解，解题所需的计算时间也越少。例如，对于 n 个元素的排序问题，当 $n=1$ 时，不需任何计算；$n=2$ 时，只要做一次比较即可排好序；$n=3$ 时只要做 3 次比较即可……而当 n 较大时，问题就不那么容易解决了。要想直接解决一个规模较大的问题，有时是相当困难的。

对于某些问题，直接求解是很困难的，但若把它们分解为一些较小的问题(子问题)，然后分别求解，就可得到整个问题的解。将一个难以直接解决的大问题，分解成一些规模较小的相同问题，以便各个击破，分而治之(divide and conquer)。这就是分治法的基本思想。

1．分治法的前提

使用分治法的前提是问题是可分治的。所谓可分治，是指满足下列几点：

(1) 可分解：问题能分解为更小更容易解决的子问题。

(2) 可综合：由子问题的综合可得到整个问题的解。

2．分解的方法

分解的方法一般有两大类：

(1) 平面分解：问题能划分为若干个相互独立的子问题。这里的相互独立是指各子问题的解不相互依赖。

(2) 迭代分解：将待解答的问题分解为子问题 s_1、s_2、…、s_n，其中，s_n 是问题的最终解，s_i 的解需在 s_{i-1} 的基础上或在 s_1～s_{i-1} 中的某些基础上获得。

3. 分治法设计过程

分治法设计过程如图 10.1 所示，分为三个阶段：

(1) Divide：整个问题划分为多个子问题。

(2) Conquer：求解每个子问题。

(3) Combine：合并子问题的解，形成原始问题的解。

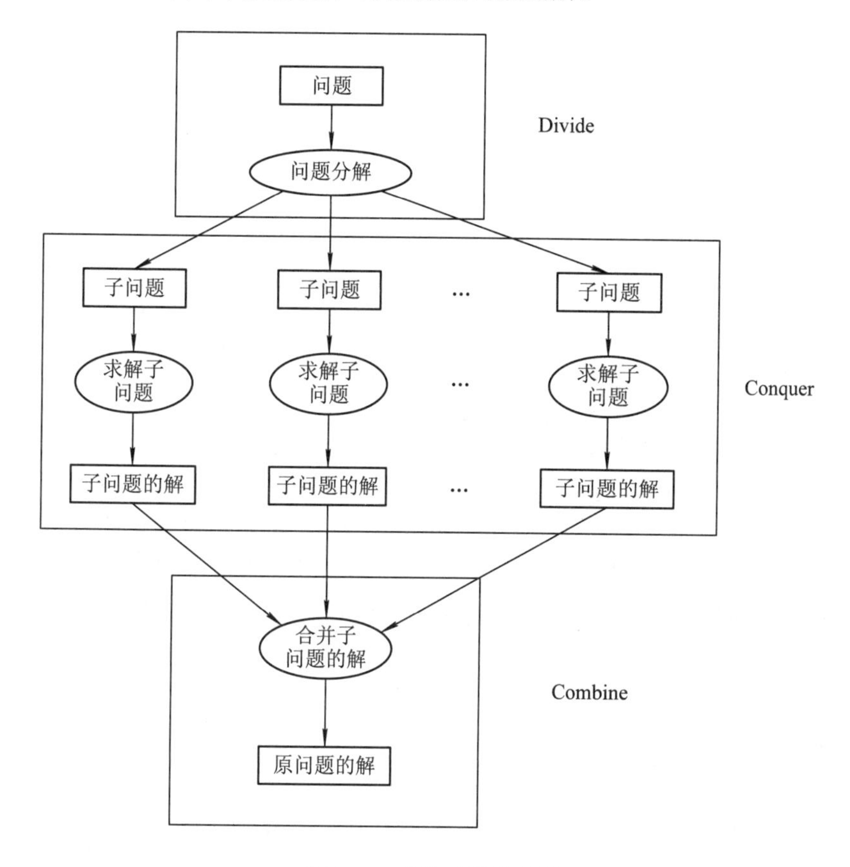

图 10.1　分治法设计过程

将大问题分解成小问题，通常可以保持子问题和大问题结构相同，因而可以采用递归实现分治法。一般来说，递归的分治算法具有下面的通用形式：

```
divide-and-conquer(P)
{
    if(|P|<=n0) adhoc(P);                    //解决小规模的问题
    divide P into smaller subinstances P1, P2, …, Pk;    //分解问题
    for (i=1, i<=k, i++)
        yi=divide-and-conquer(Pi);           //递归解各子问题
    return merge(y1, …, yk);                 //将各子问题的解合并为原问题的解
}
```

其中，|P|表示问题规模；n0 表示最小问题，可以直接求解。当|P|≤n0 时，直接调用 adhoc(P) 获得解。函数 merge()是将各个子问题的解合并为 P 的解。

人们从大量实践中发现，在用分治法设计算法时，最好使子问题的规模大致相等，即将一个问题分解成大小相等的 k 个子问题的处理方法是行之有效的。这种使子问题规模大致相等的做法出自一种平衡(balancing)子问题的思想，它几乎总是比子问题规模不等的做法要好。

分治法的应用实例很多，比如折半查找、快速排序、合并排序等，这些算法我们在第八章和第九章都已经介绍过，在此不再赘述。

10.2 贪 婪 法

顾名思义，贪婪法是指作出在当前看来最好的选择。也就是说，贪婪法并不从整体最优考虑，它所作出的选择只是在某种意义上的局部最优选择。当然，我们希望贪婪法得到的最终结果也是整体最优的。虽然贪婪法不能对所有问题作出整体最优解，但对许多问题它能作出整体最优解。在一些情况下，即使贪婪法不能作出整体最优解，其最终结果却是最优解的近似。

下面通过一个简单例子说明。设某种货币有 5 元、2 元、1 元三种面值，现设某服务员要给顾客找回 18 元，要求找回货币的张数最少。服务员可以先分别拿出 3 张 5 元的，然后拿出 1 张 2 元的，再拿出 1 张 1 元的，共找回 5 张货币。显然这是最优的方案(全局最优，找回货币的张数最少)。这就是分步决策方法，所求的解是找回的若干张货币。求解该问题共有 5 个步骤(每步找回一张)，每一步都选择面值尽可能大的货币(以期获得局部最优)。所以这是一种贪婪法。

但是，这种找币的方法并不是总能获得全局最优解。例如，在上面的问题中，若增加一种 4 元面值货币，则按贪婪法，找回的仍然是 5 张(3×5 元，1×2 元，1×1 元)，但是，最好的方案显然是(2×5 元，2×4 元)，共 4 张币，这个方案显然不是按贪婪法得到的。这个例子表明，用贪婪法是否能得到最优解，要经过证明才能确认。

例 10.1 活动安排问题。

问题描述：设有 n 个活动的集合 $E = \{1, 2, \cdots, n\}$，其中每个活动都要求使用同一资源，如演讲会场等，而在同一时间内只有一个活动能使用这一资源。每个活动 i 都有一个要求使用该资源的起始时间 s_i 和一个结束时间 f_i，且 $s_i < f_i$。如果选择了活动 i，则它在半开时间区间 $[s_i, f_i)$ 内占用资源。若区间 $[s_i, f_i)$ 与区间 $[s_j, f_j)$ 不相交，则称活动 i 与活动 j 是相容的。也就是说，当 $s_i \geqslant f_j$ 或 $s_j \geqslant f_i$ 时，活动 i 与活动 j 相容。活动安排问题就是要在所给的活动集合中选出最大的相容活动子集合。

活动安排问题是可以用贪婪法有效求解的例子。该问题要求高效地安排一系列争用某一公共资源的活动。

输入的活动以其完成时间的非减序排列，所以每次总是选择具有最早完成时间的相容活动加入集合 A 中。按这种方法选择相容活动为未安排的活动留下尽可能多的时间。也就是说，该算法的贪婪选择的意义是使剩余的可安排时间段极大化，以便安排尽可能多的相容活动。算法如下：

```
1   void GreedySelector(int n, int s[], int f[], int A[])
2   {
3       A[1]=1;
4       int j=1;
5       for (int i=2; i<=n; i++)
6       {
7           if (s[i]>=f[j])
8           {   A[i]=1;
9               j=i;
10          }
11          else A[i]=0;
12      }
13  }
```

算法 GreedySelector 的效率极高。当输入的活动已按结束时间的非减序排列时，算法只需 O(n)的时间安排 n 个活动，从而使最多的活动能相容地使用公共资源。如果所给出的活动未按非减序排列，则可以用 O(n log n)的时间重排。

哈夫曼树的构造、单源最短路径问题、最小生成树问题等都是用贪婪法实现的，建议读者复习相关章节，体会贪婪策略的应用，这里不再赘述。

值得注意的是，虽然我们希望通过贪婪算法的局部最优选择得到最终整体最优解。但贪婪算法不能对所有问题都得到整体最优解。

对于一个具体问题，要确定它是否能通过贪婪选择得到整体最优解，必须证明每一步所做的贪婪选择均可最终得到问题的整体最优解。

10.3　回　溯　法

回溯法有“通用的解题法”之称。用它可以系统地搜索一个问题的所有解或任一解。回溯法是一个既有系统性又有跳跃性的搜索算法。回溯法不是根据某种确定的计算法则，而是利用试探和回溯的搜索技术求解。回溯法实际上是遍历解空间树的过程，解空间树不是遍历前预先建立的，而是遍历过程中动态生成的。

回溯法的基本操作是搜索，是一种将问题的所有解组织得井井有条的、能避免不必要的搜索的穷举式搜索法。这种方法适用于解一些组合数相当大的问题。

回溯法的基本思想是：在问题的解空间树中，按深度优先策略，从根结点出发搜索解空间树，搜索至解空间树的任意一点时，先判断该结点是否包含问题的解。如果肯定不包含，则跳过对该结点为根结点的子树的搜索，逐层向其祖先结点回溯；否则，进入该子树，继续按深度优先策略搜索。

1. 基本思想

回溯法主要针对一类求解问题，这类问题的每个结果(一个解)都能分别被抽象为一个 n

元组$(x_1, x_2, \cdots, x_n)$，每个解通常需要满足一定的条件(约束条件)。约束条件有时用判定函数$B(x_1, x_2, \cdots, x_n)$表达，不一定满足约束条件的解称为可能解。

有时需要对解的"好坏"作出评价。衡量解的"好坏"的标准称为目标函数。最优解就是可使目标函数取极值的可能解。

回溯法一般采用逐步扩大解的方式生成任一解。每进行一步求解，都试图在当前部分解的基础上扩大该部分解。扩大时，首先检查扩大后是否违反了约束条件，若不违反，则在此基础上按类似方法进行，直至其成为完整解；否则，放弃该步(以及它所生成的部分解)，再按类似方法尝试其他可能的扩大方式，此时若发现已尝试过所有方式，则结束，表示该解的生成失败。一般情况下，解可能不唯一，此时可能需要求出全部解，也可能按某种目标筛选最优解，等等。若求全部解，则在得到一个解后不终止，而是回退一步，继续按类似的方法尝试新的解(可能需要多次回退)，如此进行，直到所有的可能都尝试过(回退到开始处，且开始处的各种情况也都尝试完)。

回溯法与穷举法有某些联系，它们都是基于试探。但是，穷举法要将一个解的各部分全部生成后才检查是否满足条件，若不满足，则直接放弃该完整解，然后从头再来，没有逐步回退。而回溯法的一个解的各部分是逐步生成的，若发现当前生成的某部分解不满足约束条件，则终止该步骤，退到上一步进行新的尝试，而不是放弃整个解重来。显然，回溯法要比穷举法效率高。

在回溯法中，每次扩大当前部分解时，都面临一个可选的状态集合，新的部分解就通过在该集合中进行选择构造而成。这样的状态集合，结构上是一棵多叉树，每个树结点代表一个可能的部分解，它的孩子结点是在它的基础上生成的其他部分解。树根为初始状态，这样的状态集合称为解空间树。因此，逐步生成解的过程，也可以看作是一个搜索过程——在逻辑上存在的解空间树中进行搜索。

回溯法的适用范围很广，许多问题都可以用回溯法解决。比较经典的回溯法运用例子有 8 皇后问题、迷宫问题、稳定婚姻问题、子集和问题、图的可着色问题、哈密顿回路、背包问题等。下面就介绍其中几个例子。

2. 问题的解空间及搜索方式

应用回溯法求解问题时，首先应明确定义问题的解空间。问题的解空间应至少包含问题的一个(最优)解。

例 10.2 0-1 背包问题。

问题描述：给定 n 种物品和一个背包，物品 i 的重量是 w_i，其价值为 v_i，背包的容量为 C。问应如何选择装入背包的物品，使得装入背包中物品的总价值最大?

分析 此问题可描述为：给定 $C>0$，$w_i>0$，$v_i>0$，$1\leqslant i\leqslant n$，要找出 n 元 0-1 向量$(x_1, x_2, \cdots, x_n)$，$x_i\in\{0,1\}$，使得$\sum_{i=1}^{n} w_i x_i \leqslant C$，且$\sum_{i=1}^{n} v_i x_i$达到最大。

其解空间由长度为 n 的 0-1 向量组成。$n=3$ 时，其解空间为$\{(0, 0, 0), (0, 0, 1), (0, 1, 0), (0, 1, 1), (1, 0, 0), (1, 0, 1), (1, 1, 0), (1, 1, 1)\}$。此时，0-1 背包问题的解空间可用一棵状态树表示，如图 10.2 所示。从根结点到叶子结点的任一路径表示解空间中的一个元素。

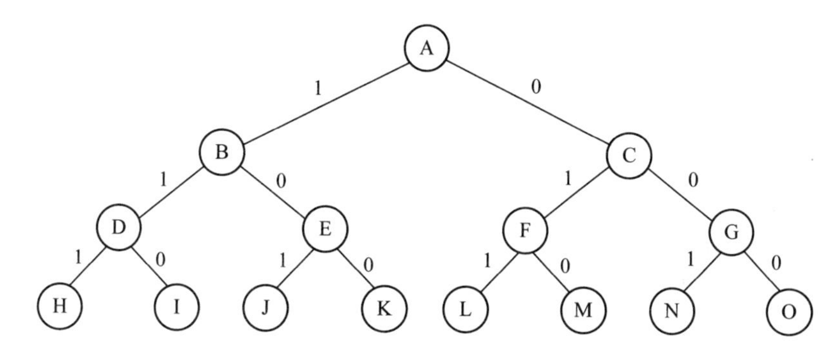

图 10.2　0-1 背包问题的解空间树

确定了解空间的组织结构后，回溯法就从根结点出发，以深度优先的方式搜索整个解空间，这个开始点就成为一个活结点，同时也成为当前的扩展结点。在当前的扩展结点处向纵深方向搜索移至一个新结点，这个新结点就成为一个活结点，并成为当前的扩展结点。如果当前的扩展结点处不能再向纵深方向移动，则当前的扩展结点成为死结点。此时，应回溯到最近的一个活结点处，并使这个活结点成为当前的扩展结点。回溯法就是以这种方式在解空间树中进行搜索，直到找到所要求的解或解空间中已无活结点为止。

回溯法的设计步骤如下：

(1) 针对所给问题，定义问题的解空间。

(2) 确定易于搜索的解空间结构。

(3) 以深度优先方式搜索解空间树，并在搜索过程中用剪枝函数避免无效搜索。

常用剪枝函数：用约束函数在扩展结点处剪去不满足约束的子树；用限界函数剪去不可能得到最优解的子树。

用回溯法解题的一个显著特征是在搜索过程中动态产生问题的解空间。在任何时刻，算法只走过从根结点到当前扩展结点的路径。

关于例 10.2 的 0-1 背包问题的回溯算法如下：

```
   #define N 100
   float C, totv, maxv;       /* C 为背包容量; totv 为全部物品的总价值; maxv 为当前最大价值*/
   int x[N];                  /*解的情况*/
   int cop[N];                /*当前解的选择情况*/
   struct                     /*物品结构信息*/
   {
       float w, v;
   } a[N];
   int   n;   /*物品种数*/
1  void find(int i ,float   tw,   float   tv)
2  { /*第 i 号物品的选择。tw：已包含的物品的重量之和；tv：能达到的总价值的期望值*/
3     int k;
4     if (tw+a[i].w<=C)  /*考虑物品 i 包含在当前方案中的可能性；遍历解空间树的左分支*/
5     {     /*包含物品 i 可行*/
```

```
6          cop[i]=1;                        /*将物品 i 包含在当前方案中*/
7          if (i<n-1)
8              find(i+1, tw+a[i].w, tv);    /* 进入下一层 */
9          else
10         {
11             for(k=0;k<n; k++)            /*当前方案作为临时最佳方案保存*/
12                 x[k]=cop[k];
13             maxv=tv;
14         }
15         cop[i]=0;
16     }
17     if(tv-a[i].v>maxv)                   /*不包含物品*/
18        if(i<n-1)
19           find(i+1, tw, tv-a[i].v);
20      else
21      {          /*又一完整方案*/
22          for(k=0;k<n; k++)               /*当前方案作为临时最佳方案保存*/
23             x[k]=cop[k];
24          maxv=tv-a[i].v;
25      }
26  }
```

其中，maxv 初始化为 0；cop[] 初始化为{0, 0, 0, …, 0}，totv 为全部物品总价值。如果有 n 件物品，依次遍历解空间，可调用 find(0, 0, totv)函数实现。

例 10.3　组合问题。

问题描述：找出从自然数 1, 2, …, n 中任取 r 个数的所有组合。例如 n = 5，r = 3 的所有组合为

(1) 1, 2, 3　　(2) 1, 2, 4　　(3) 1, 2, 5

(4) 1, 3, 4　　(5) 1, 3, 5　　(6) 1, 4, 5

(7) 2, 3, 4　　(8) 2, 3, 5　　(9) 2, 4, 5

(10) 3, 4, 5

则该问题的解空间为

$$E = \{(x_1,\ x_2,\ x_3) \mid x_i \in S,\ i = 1,\ 2,\ 3\}$$

其中，S = {1，2，3，4，5}。

采用回溯法求问题的解，将找到的组合以从小到大的顺序存于 a[0], a[1], …, a[r−1] 中，组合的元素满足以下性质：

(1) a[i+1]＞a[i]，后一个数字比前一个大。

(2) a[i] − i≤n − r + 1，

a[i]选取某个数字后，a[i+1]～a[r-1] 还有数字可以选取。

例如，n = 5，r = 3 时，a[0] 只能选取 1, 2, 3，因为如果 a[0] 取 4，则 a[1] 只能取 5，a[2] 就没有可取的数了。

解空间可用图 10.3 所示的树表示。

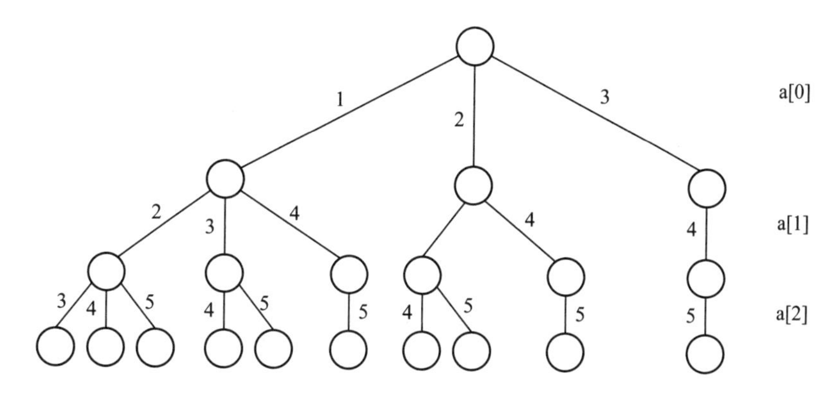

图 10.3　n = 5，r = 3 时组合的解空间

按回溯法的思想，求解过程就是深度优先遍历解空间树的过程：

候选组合从只有一个数字 1 开始。该候选组合解满足除问题规模之外的全部条件，扩大其规模，并使其满足上述条件(1)，候选组合改为 1，2。继续这一过程，得到候选组合 1，2，3。该候选组合满足包括问题规模在内的全部条件，因而是一个解：1, 2, 3。在该解的基础上，选下一个候选解，因 a[2]上的 3 调整为 4，以及以后调整为 5 都满足问题的全部要求，得到解 1，2，4 和 1，2，5。由于对 5 不能再做调整，就要从 a[2] 回溯到 a[1]，这时，a[1] = 2，可以调整为 3，并向前试探，得到解 1，3，4。重复上述向前试探和向后回溯的过程，直至要从 a[0] 再回溯时，说明已经找完问题的全部解。

组合问题的回溯算法如下：

```
    #define MAXN 100
    int a[MAXN];
1   void comb(int m, int r)
2   { /*找出从自然数 1、2、…、m 中任取 r 个数的所有组合 */
3     int i,   j;
4     i=0;
5     a[i]=1;       /* a[0]=1*/
6     do
7     {
8         if (a[i]-i<=m-r+1)        /* a[i]选取某个数字后，a[i+1]～a[r−1] 还有数字可以选取*/
9         {
10            if(i==r-1)            /*已经找到一组解*/
11            {
12               for (j=0; j<r; j++)
13                   printf("%4d", a[j]);
14               printf("\n");
```

```
15              }
16              a[i]++;
17              continue;
18          }
19          else
20          if (i==0) return;
21              a[--i]++;           /* i 回溯到上一层*/
22        }
23    } while (1)
```

10.4 动态规划法

动态规划法与分治法类似，其基本思想也是将待求解的问题分解成若干个子问题，先求解子问题，然后从这些子问题的解得到原问题的解。与分治法不同的是，经分解得到的子问题往往不是互相独立的，这种现象称为子问题重叠。若用分治法解这类问题，则分解得到的子问题数量太大，以至于最后解决原问题需要耗费指数级的时间。另外，在用分治法求解时，有些子问题被重复计算了许多次。如果能够保存已解决的子问题的答案，而在需要时再找出已求得的答案，就可以避免大量重复计算，从而得到多项式时间算法。为了达到这个目的，可以用一个表记录所有已解决的子问题的答案，只要计算过子问题一次，就将结果存起来。后面的步骤可以直接引用，不必重新计算，从而节省计算时间。

如果只从过程来看，可以简单地把动态规划法看作是把一个问题分成多个子问题，每个子问题都可在前面结果的基础上获得一个子问题的解，子问题的解随着步骤的进行而逐步“扩大”，最后一步得到完整的解。在任一步骤(初始除外)，子问题的解都是在前面得到的子问题解的基础上生成的，而且生成方式一般是递推的，即第 i 步的子问题的解与它前面的子问题的解存在递推关系。也就是说，一个问题的最优解包含其子问题的最优解，这就是最优子结构性质。

通俗地讲，最优子结构性质是指在多步决策中，各子问题只与它前面的子问题的解相关，而与如何得到子问题的过程无关，而且各子问题的解都是相对于当前状态的最优解，换言之，整个问题的最优解是由各个子问题的最优解构成的。显然，如果一个问题满足最优性原理，那么，它的最优解就可递推得到，而不需要在解空间搜索。因此，这会有很高的计算效率。

综上所述，使用动态规划法求解的问题必须满足两个条件，即具有最优子结构和子问题重叠。下面以矩阵连乘积问题来说明动态规划法的运用。

例 10.4 矩阵连乘积问题。

在科学计算中经常要计算矩阵的乘积。矩阵 A 和 B 可乘的条件是矩阵 A 的列数等于矩阵 B 的行数。若 A 是一个 $p \times q$ 的矩阵，B 是一个 $q \times r$ 的矩阵，则其乘积 $C = AB$ 是一个 $p \times r$ 的矩阵。计算 $C = AB$ 总共需要 $p \times q \times r$ 次乘法。

矩阵连乘积问题是给定 n 个矩阵 $\{A_1, A_2, \cdots, A_n\}$，其中 A_i 与 A_{i+1} 是可乘的，$i = 1, 2, \cdots,$

n−1。要求计算出这 n 个矩阵的连乘积 $A_1A_2\cdots A_n$ 最少需要多少次乘法。

由于矩阵乘法满足结合律，因此，计算矩阵连乘可以有许多不同的计算次序，每种计算次序都可以用不同的加括号方式确定。如果矩阵连乘完全加了括号，则说明计算矩阵连乘的次序也完全确定了，则可以依此次序反复调用 2 个矩阵相乘的标准算法，计算出矩阵的连乘积。完全加括号的矩阵连乘积可递归地定义如下：

(1) 单个矩阵是完全加括号的。

(2) 矩阵连乘积 A = BC 是完全加括号的，A 可表示为 2 个完全加括号的矩阵连乘积 B 和 C 的乘积并加括号，即 A = (BC)。

例如，矩阵连乘积 $A_1A_2A_3A_4$ 有以下 5 种不同的完全加括号的方式：

$(A_1(A_2(A_3A_4)))$，$(A_1((A_2A_3)A_4))$，$((A_1A_2)(A_3A_4))$，$((A_1(A_2A_3))A_4)$，$(((A_1A_2)A_3)A_4)$

每一种完全加括号的方式对应于一个矩阵连乘积的计算次序，这决定着做乘积所需要的计算量。先考察 3 个矩阵$\{A_1,A_2,A_3\}$连乘的情况。

设这 3 个矩阵的维数分别为 10×100，100×5，5×50。加括号的方式只有两种：

$((A_1A_2)A_3)$，$(A_1(A_2A_3))$

第一种方式需要的乘次数为

$$10\times100\times5+10\times5\times50=7500$$

第二种方式需要的乘次数为

$$100\times5\times50+10\times100\times50=75000$$

第二种加括号方式的计算量是第一种方式计算量的 10 倍。

由此可见，在计算矩阵连乘积时，加括号方式即计算次序对计算量有很大的影响。于是，自然提出矩阵连乘积的最优计算次序问题，即对于给定的相继 n 个矩阵$\{A_1, A_2, \cdots, A_n\}$(其中矩阵 A_i 的维数为 $p_{i-1}\times p_i$，$i=1, 2, \cdots, n$)，如何确定计算矩阵连乘积 $A_1A_2\cdots A_n$ 的计算次序(完全加括号方式)，使得依此次序计算矩阵连乘积需要的数乘次数最少。

穷举法是最容易想到的解决方法，该方法列举出所有可能的计算次序，并计算出每一种计算次序相应需要的乘次数，从中找出一种乘次数最少的计算次序。

对于 n 个矩阵的连乘积，设其不同的计算次序为 P(n)。由于每种加括号方式都可以分解为两个子矩阵的加括号问题$(A_1\cdots A_k)(A_{k+1}\cdots A_n)$，因此可以得到关于 P(n)的递推式如下：

$$P(n)=\begin{cases}1 & n=1\\ \sum_{k=1}^{n-1}P(k)P(n-k) & n>1\end{cases}\Rightarrow P(n)=\Omega\frac{4^n}{n^{3/2}}$$

式中 Ω 表示该时间复杂度为下界，可以理解为“最好情况”的时间复杂度。

由此可见，穷举法的计算量太大，它不是一个有效的算法，下面采用动态规划法解矩阵连乘积的最优计算次序问题。

(1) 分析最优解的结构。

假设将矩阵$\{A_1, A_2, \cdots, A_n\}$连乘记为 A[1:n]，计算 A[1:n] 的一个最优计算次序。假设一个计算次序在 A_k 和 A_{k+1} 之间断开，$1\leqslant k<n$，则完全加括号方式为

$(A_1\cdots A_k)(A_{k+1}\cdots A_n)$

依此次序分别计算 A[1:k] 和 A[k+1:n] 具有的最少乘运算数次序，总的计算量就是 A[1:k] 和

A[k+1:n] 的计算量加上 A[1:k] 和 A[k+1:n] 相乘的计算量。这个问题的关键特征是 A[1:n]的最优计算次序包含计算子矩阵链 A[1:k] 和 A[k+1:n] 的计算次序也是最优的。

矩阵连乘计算次序问题的最优解包含其子问题的最优解。问题的最优子结构性质是该问题可用动态规划法求解的显著特征。

(2) 建立递归关系。

设计算 A[i:j]($1\leqslant i\leqslant j\leqslant n$)所需要的最少乘次数为 m[i, j]，则 A[1:n] 的最优值为 m[1, n]。A_i 的维数为 $p_{i-1}\times p_i$。

当 $i=j$ 时，$A[i:j]=A_i$，因此，$m[i, i]=0$，$i=1, 2, \cdots, n$；

当 $i<j$ 时，$m[i, j]=m[i, k]+m[k+1, j]+p_{i-1}\times p_i\times p_j$ ，其中 $i\leqslant k<j$，k 的位置只有 j−i 种可能，是使计算量达到最小的那个位置。

可以递归地定义 m[i, j] 为

$$m[i,j]=\begin{cases}0 & i=j\\ \min\limits_{i\leqslant k<j}\{m[i,k]+m[k+1,j]+p_{i-1}p_kp_j\} & i<j\end{cases}$$

若将 m[i, j] 的断开位置 k 用 s[i, j]记录，即 $s[i, j]=k$，则在计算出最优值 m[i, j] 后，可由 s[i, j] 递归地构造出相应的最优解。

(3) 计算最优值。

根据 m[i, j]的递推式，很容易编写递归算法计算 m[1, n]，但是简单的递归算法计算将耗费指数级的计算时间。事实上，对于 $1\leqslant i\leqslant j\leqslant n$，不同的有序对(i, j)对应于不同的子问题。可以看出，在递归计算时，许多子问题被重复计算多次。

用动态规划法解此问题，可依据其递归式以自底向上的方式进行计算。在计算过程中，保存已解决的子问题答案。每个子问题只计算一次，而在后面需要时只要简单查一下，从而避免大量的重复计算，最终得到多项式时间的算法。

下面给出计算 m[i, j]的动态规划算法：

```
1   void MatrixChain(int *p, int n, int **m, int **s)
2   {
3      for (int i = 1; i <= n; i++)    m[i][i] = 0;
4      for (int r = 2; r <= n; r++)
5       for (int i = 1; i <= n - r+1; i++)
6       {
7          int j=i+r-1;
8          m[i][j] = m[i+1][j]+ p[i-1]*p[i]*p[j];
9          s[i][j] = i;
10         for (int k = i+1; k < j; k++)
11         {
12             int t = m[i][k] + m[k+1][j] + p[i-1]*p[k]*p[j];
13             if (t < m[i][j])
14             {   m[i][j] = t;
15                 s[i][j] = k;
```

```
16          }
17        }
18      }
19  }
```

该算法首先计算出 m[i][i] = 0(i=0, 1, 2, …, n)，然后按照递推式，求 2 个相邻矩阵相乘的最少乘次数 m[i][i+1]，3 个矩阵相乘的最少乘次数……直到 n 个矩阵相乘的最少乘次数 m[1][n]。

例如，6 个矩阵 $A_1A_2A_3A_4A_5A_6$ 连乘，求最少乘次数的序列。其中各矩阵的维数分别为 30×35、35×15、15×5、5×10、10×20、20×25。

求解 m[i][j] 的计算次序，如图 10.4(a)所示，m[i][j] 的结果，如图 10.4(b)所示，记录断开位置的 s[i][j]，如图 10.4(c)所示。

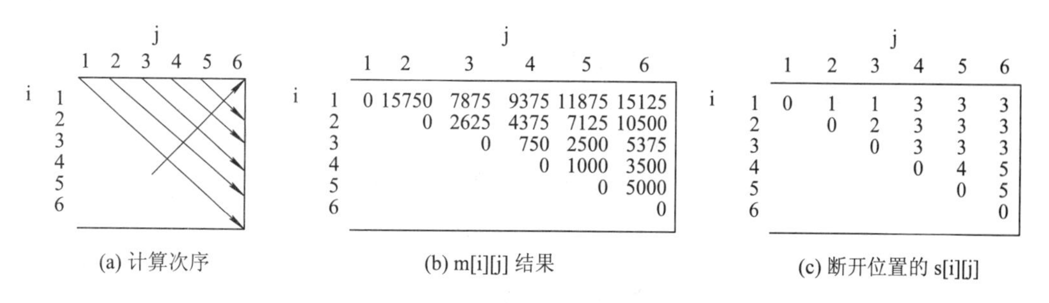

(a) 计算次序

i \ j	1	2	3	4	5	6
1	0	15750	7875	9375	11875	15125
2		0	2625	4375	7125	10500
3			0	750	2500	5375
4				0	1000	3500
5					0	5000
6						0

(b) m[i][j] 结果

i \ j	1	2	3	4	5	6
1	0	1	1	3	3	3
2		0	2	3	3	3
3			0	3	3	3
4				0	4	5
5					0	5
6						0

(c) 断开位置的 s[i][j]

图 10.4　矩阵连乘计算次序

例如，计算 m[2][5] 的过程如下：

$$m[2][5]=\min\begin{cases} m[2][2]+m[3][5]+p_1p_2p_5=0+2500+35\times15\times20=13000 \\ m[2][3]+m[4][5]+p_1p_3p_5=2625+1000+35\times5\times20=7125 \\ m[2][4]+m[5][5]+p_1p_4p_5=4375+0+35\times10\times20=11375 \end{cases}$$

算法 MatrixChain 的主要计算量取决于算法中对 r、i 和 k 的三重循环。循环体内的计算量为 O(1)，而三重循环的总次数为 $O(n^3)$。因此算法的计算时间上界为 $O(n^3)$，算法所占用的空间显然为 $O(n^2)$。

(4) 构造最优解。

算法 MatrixChain 只是计算出了最优值，并未给出最优解。也就是说，通过算法 MatrixChain 的计算，只是得到最少数乘次数，但不知道具体应按什么次序来做矩阵乘法才能达到最少数乘次数。

事实上，MatrixChain 已记录了构造最优解所需要的全部信息。s[i][j] 中的数表明，计算矩阵链 A[i:j] 的最佳方式应在矩阵 A_k 和 A_{k+1} 之间断开，即最优的加括号方式应为 (A[i:k])(A[k+1:j])。因此，从 s[1][n]记录的信息可知，计算 A[1:n] 的最优加括号方式为 (A[1:s[1][n]])(A[s[1][n]+1:n])。同理可以最终确定 A[1:n]的最优完全加括号方式，即构造出问题的一个最优解。

算法 trace_back 按算法 MatrixChain 计算出的断点矩阵 s 的加括号方式输出计算 A[i : j] 的最优计算次序。要输出 A[1: n]的最优计算次序，只要调用 trace_back(1, n, s)即可。

```
    void trace_back(int i, int j, int s[][n])
1   {
2       if(i==j)
3       {
4           printf("A%d",i);
5           return;
6       }
7       printf("(");
8       trace_back(i,s[i][j],s);
9       trace_back(s[i][j]+1, j, s);
10      printf(")");
11  }
```

对于上面所举的例子，有如下运行结果：

((A1(A2A3))((A4A5)A6))

7.5.2 小节中求任意一对顶点的最短路径的弗洛伊德算法就是应用动态规划算法实现的。大家可复习 7.5.2 小节的算法设计及实现过程，体会动态规划算法的具体应用。

本章知识点总结

本章介绍了常用的几类算法：分治法、贪婪法、回溯法、动态规划法。每一种算法都有其各自的特点。

(1) 分治法：将一个难以直接解决的大问题，分割成一些规模较小的相同问题，以便各个击破，分而治之。将大问题分解成小问题，通常可以保持子问题和大问题结构相同，同时各个子问题是相互独立的，因而可以采用递归或迭代实现分治法。

(2) 贪婪法：贪婪法希望通过局部最优选择得到最终整体最优解。但贪婪法不能对所有问题作出整体最优解。对于一个具体问题，要确定它是否能通过贪婪选择得到整体最优解，必须证明每一步所做的贪婪选择均可最终得到问题的整体最优解。

(3) 回溯法：将问题的所有解组织得井井有条、能避免不必要的搜索的穷举式搜索法。这种方法适用于解一些组合数相当大的问题。在问题的解空间树中，按深度优先策略，从根结点出发搜索解空间树。回溯法的适用范围很广，许多问题都可以用回溯法解决。

(4) 动态规划法：运用动态规划法的问题必须满足两个条件，即具有最优子结构和子问题重叠。动态规划法与分治法类似，也是将待求解的问题分解成若干个子问题，先求解子问题，然后从这些子问题的解得到原问题的解。与分治法不同的是，经分解得到的子问题往往不是互相独立的，这种现象称为子问题重叠。若用分治法解这类问题，则分解得到的子问题数量太大，以至于最后解决原问题需要耗费指数级的时间。另外，在用分治法求解时，有些子问题被重复计算了许多次。动态规划法保存已解决的子问题的解，可以避免大量重复计算，从而得到多项式时间算法。

习　题

1. 请设计一个有效的算法，用于进行两个 n 位大整数的乘法运算。(提示：用分治法)

2. 用分治法设计算法，实现一个满足以下要求的比赛日程表：

(1) 每个选手必须与其他 n−1 个选手各赛一次；

(2) 每个选手一天只能赛一次；

(3) 循环赛一共进行 n−1 天。

3. 给定两个序列 $X = \{x_1, x_2, \cdots, x_m\}$和 $Y = \{y_1, y_2, \cdots, y_n\}$，设计算法，找出 X 和 Y 的最长公共子序列。

4. 设计一个实现 Kruskal 最小生成树的算法。

5. 用递归法实现迷宫问题。

6. 分别用递归和非递归方法实现 n 皇后算法。

7. 在 3 × 3 个方格的方阵中要填入数字 1 到 N(N≥10)内的某 9 个数字，每个方格填一个整数，使得所有相邻两个方格内的两个整数之和为质数。试设计算法，求出所有满足这个要求的各种数字填法。

参 考 文 献

[1] 严蔚敏，李冬梅，吴伟民. 数据结构(C 语言版). 2 版. 北京：人民邮电出版社，2021.
[2] 耿国华. 数据结构；用 C 语言描述. 3 版. 北京：高等教育出版社，2021.
[3] ALSUWAIYEL M H. 算法设计技巧与分析：修订版. 曹霑懋，译. 北京：电子工业出版社，2019.
[4] 维斯. 数据结构与算法分析：C 语言描述. 冯舜玺，译. 北京：机械工业出版社，2019.
[5] 陈卫卫，王庆瑞. 数据结构与算法. 3 版. 北京：高等教育出版社，2023.